国家自然科学基金面上项目（41272310号）

三峡大学土木工程学科建设项目

三峡地区地质灾害与生态环境湖北省协同创新中心项目

特大顺层岩质水库滑坡研究

肖诗荣　刘德富　张国栋　著

中国水利水电出版社

www.waterpub.com.cn

内 容 提 要

本书以三峡水库 2003 年蓄水以来变形破坏的千将坪滑坡、藕塘滑坡、凉水井滑坡为例，对三峡库区的典型特大顺层岩质水库滑坡进行了系统研究。通过工程地质研究、物理模型实验研究和数值实验研究，探讨了这类滑坡的地质模型、变形机理、库水响应特征、空间预测模型及临滑变形特征等。

本书可供从事国土资源、水利水电、交通、矿山、国防工程等部门地质工程和岩土技术人员及高等院校有关师生参考。

图书在版编目（ＣＩＰ）数据

特大顺层岩质水库滑坡研究 / 肖诗荣，刘德富，张
国栋著. -- 北京 : 中国水利水电出版社，2015.12
ISBN 978-7-5170-3968-6

Ⅰ．①特… Ⅱ．①肖… ②刘… ③张… Ⅲ．①三峡水
利工程－水库－岩质滑坡－研究 Ⅳ．①TV697.3
②P642.22

中国版本图书馆CIP数据核字(2015)第302606号

书　　名	**特大顺层岩质水库滑坡研究**
作　　者	肖诗荣　刘德富　张国栋　著
出版发行	中国水利水电出版社
	（北京市海淀区玉渊潭南路 1 号 D 座　100038）
	网址：www.waterpub.com.cn
	E-mail：sales@waterpub.com.cn
	电话：(010) 68367658（发行部）
经　　售	北京科水图书销售中心（零售）
	电话：(010) 88383994、63202643、68545874
	全国各地新华书店和相关出版物销售网点
排　　版	中国水利水电出版社微机排版中心
印　　刷	北京纪元彩艺印刷有限公司
规　　格	184mm×260mm　16 开本　21.75 印张　519 千字　2 插页
版　　次	2015 年 12 月第 1 版　2015 年 12 月第 1 次印刷
印　　数	0001—1000 册
定　　价	**68.00 元**

序言 XUYAN

世界上最早研究顺层岩质水库滑坡是从 1963 年 10 月意大利瓦伊昂滑坡的发生开始的，中国水利史上最早关注和研究水库顺层滑坡始于 1961 年 3 月湖南柘溪水库的塘岩光滑坡，三峡工程最早立项研究顺层岩质水库岸坡（滑坡）是 1982 年 7 月云阳鸡扒子滑坡发生之后（国家"七五"公关项目），而 2003 年 7 月的千将坪滑坡是三峡库区第一个滑动失稳的特大顺层岩质水库滑坡。上述著名的水库顺层滑坡都造成了巨大的生命和财产损失，激发了工程界和学术界的巨大研究兴趣和使命感。

千将坪滑坡发生后，国土资源部三峡库区地质灾害防治工作指挥部委托三峡大学进行研究，研究滑坡的发生机理及其预测预报模型、条件和判据。三峡大学拥有"三峡大学教育部三峡库区地质灾害重点实验室"和"湖北省长江三峡滑坡国家野外科学观测研究站"两个国家和部级研究机构，拥有一批从事水库滑坡研究的科研团队，具备从事滑坡灾害机理、预测预报及防治研究专门的试验场所、试验设备和相关分析计算软件，具有多年从事滑坡机理研究、滑坡治理及预测预报研究的经历，取得了一定的较有影响的研究成果。

2012 年，本课题组肖诗荣博士获批国家自然科学基金面上项目"靠椅状顺层岩质水库滑坡机理及空间预测模型研究"（基金号 41202317），对三峡库区的其他典型顺层岩质滑坡进行研究，如奉节藕塘滑坡、云阳凉水井滑坡等，进一步研究顺层岩质滑坡滑动机理和空间预测模型。

本书就是以三峡库区千将坪滑坡及其他滑坡为典型代表的特大顺层岩质水库滑坡的研究总结。通过工程地质研究、物理和数值模拟研究，对顺层岩质滑坡的地质模型、滑动机理及预测预报模型和条件进行了较深入的研究，提出了一些新观点、新方法和新结论。

国土资源部三峡库区地质灾害防治工作指挥部为本课题研究提供了强有力的工作和技术支撑，没有他们的支持和指导，完成本课题研究是不可想象的，在此致以崇高的敬意和衷心的感谢。

　　长江水利委员会三峡勘测研究院为本课题研究提供了现场工作支持和部分技术资料，衷心感谢三峡勘测研究院对三峡大学及课题组的支持。

　　原三峡大学土木水电学院院长、现上海交通大学教授罗先启是千将坪滑坡研究课题的主要负责人之一，从课题的立项、现场和实验室研究到课题结题验收各个环节无不凝聚着他的心血，本书的出版得到了罗教授的大力支持，在此深表谢意。

　　中科院武汉岩土所郑宏教授、武汉大学姜清辉教授为本项目的完成提供了部分技术方法支持及滑坡运动学模拟计算，中国地质大学（北京）文宝萍教授对千将坪滑坡滑带进行了深入系统的研究，课题的完成凝聚着他们的心血，在此深表谢意。

　　北京科技大学姜福兴教授、长江科学院姜小兰教授指导和参与了千将坪滑坡物理模型试验，对他们的忠于事业、探索求真和精诚合作精神致以崇高的敬意。

　　课题组程圣国教授、王世梅教授、谭健民高级工程师、胡志宇讲师在千将坪滑坡现场进行了艰苦的勘查试验工作，张振华博士、王志俭博士、曹玲博士、冯强博士为千将坪滑坡研究做了大量的数值计算分析工作，并参与了相关章节的编写，在此表示感谢。

　　在课题研究和本书的撰写、编辑出版过程中还得到了很多同事和朋友们的支持和帮助，在此一并表示感谢。

　　研究生卢树盛、管宏飞、宋桂林、明成涛、陈德乾、胡志强、沈健、于文静、王祥宇参与了课题研究工作及本书的编写工作，在此表示感谢。

作者

2015 年 6 月 20 日

目录 MULU

第1章 绪 论

1.1 项目立项背景

1.1.1 千将坪滑坡概况

2003年7月13日零时20分，湖北省秭归县沙镇溪镇千将坪村二组和四组山体突然下滑，造成房屋倒塌、厂房摧毁、交通中断、青干河堵塞，经济损失惨重。沙镇溪镇金属硅厂、页岩砖厂、装卸运输公司、建筑公司四家企业毁于一旦。据当地政府统计，千将坪村二组、四组村民129户房屋被毁，连同被毁企业的职工共1200人无家可归。到7月20日上午已有14人死亡，10人失踪。滑坡失稳后，巨大的涌浪和爬坡浪对沙镇溪镇镇址下游造成较大的冲击，使青干河水质浑浊，数条停泊在码头的渔船被毁，山林植被局部破坏，土地使用价值降低。

千将坪滑坡位于长江南岸支流青干河左岸（见图1.1）、秭归县沙镇溪镇千将坪村向南东倾斜的斜坡上，斜坡坡度自上而下为30°～15°，接近河边地带又变陡。滑坡发育在侏罗系中—下统聂家山组碎屑岩中，岩性为中—厚层粉砂岩夹粉沙质泥岩、页岩，岩层倾向与斜坡坡向基本一致，上陡下缓，倾角30°～15°，构成顺向坡。

图1.1 秭归县沙镇溪镇千将坪滑坡地理位置

滑坡整体滑动后，后缘形成明显的层面滑壁，左右两侧形成高陡的剪切滑壁（见图1.2）。

图 1.2　秭归县沙镇溪镇千将坪滑坡远眺图

滑坡规模：宽度一般 410～480m，最宽 521m，最大长度为 1205m，滑坡平面面积 0.52km²；滑坡厚度中后部 20～30m，中前部 40～50m，最大厚度 59m，滑坡体积为 1542 万 m³。

滑坡边界：以中后部顺层层间剪切错动带及前缘近水平裂隙型断层带（含岩桥）联合构成底滑面，以走向 SE 的陡倾角裂隙型断层形成侧向切割边界，以青干河岸坡为临空面构成千将坪滑坡的边界。

滑坡物质组成：滑坡主要由块裂岩体组成，在滑坡表部局部见有松散堆积块体及原地表崩坡积物。

滑坡发生在强降雨（6 月 21 日至 7 月 11 日，沙镇溪地区总降雨量为 162.7mm）及三峡水库第一期 135m 高程蓄水 1 个月后。

1.1.2　三峡库区特大顺层岩质滑坡发育及分布概况

三峡水库库区干流长 690km，干支流库岸总长约 3000km，顺向坡段干支流长 665km，占库岸总长的 22.2%，占干流岸坡总长 25%。经调查，三峡库区方量大于 100 万方的特大顺层岩质滑坡总数约 70 个。图 1.3 为三峡库区顺层岩质滑坡分布图，图中可知该类滑坡主要集中分布在秭归卡子湾至巴东西壤坡、巫山唤香坪至奉节花莲树、奉节百换坪至云阳狮子碑一带等干流河段；而在万州、忠县及重庆主城区巴南区也有分布，但分布较少。支流库区滑坡主要集中分布在香溪河、青干河、大溪河及梅溪河，特别是大溪河和梅溪河段顺层岩质滑坡尤为发育。

1.2　立项意义

（1）千将坪滑坡在三峡库区的研究意义。

千将坪滑坡是三峡水库初期蓄水发生的第一个特大水库型顺层岩质滑坡，事前历次库岸勘查与研究均未发现该处为滑坡或潜在不稳定岸坡，该滑坡具有隐蔽性、突发性、规模大、损失惨重的特点。

千将坪滑坡的地形地貌、物质组成及结构构造在三峡库区具有典型代表性。千将坪滑

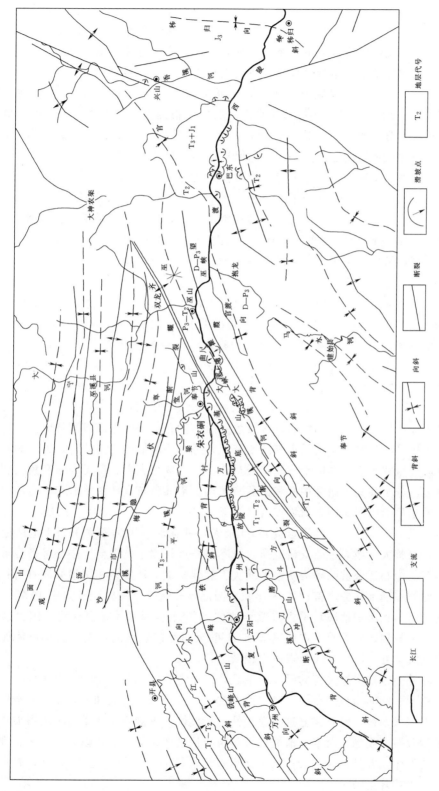

图 1.3 三峡库区顺层岩质滑坡分布图

坡发生时，恰逢雨季及三峡水库第一期蓄水，因此，降雨和库水作用可能是该滑坡的主要诱因，其诱发因素在三峡库区具有普遍存在性。三峡水库还要完成至正常高水位175m的蓄水，水库水位还要继续升高40m；此外，水库完建后还要不断经历145～175m的升降调度。在未来的水库蓄水和运行过程中，还会出现多少个"千将坪滑坡"，这都是受到普遍关注的问题。因此，深入研究千将坪滑坡，研究千将坪滑坡的形成与破坏机制，研究"千将坪类"典型滑坡——特大顺层岩质水库滑坡的预报判据，对于预测、预防三峡库区水库型滑坡具有十分重要意义，对于自1963年意大利瓦依昂滑坡发生以来受到高度重视的世界水电建设地质环境问题的深入研究和保护人类生命财产具有十分重大意义。

（2）千将坪滑坡研究对世界水电建设的重要意义。

1961年3月6日，湖南省资水拓溪水库蓄水初期，近坝库区右岸发生体积165万 m³ 的高速滑坡，最大滑速达25m/s，滑坡体高速滑落水库，激起巨大涌浪。涌浪漫过坝顶，造成重大损失，死亡40余人。这是我国第一例由于水库蓄水触发产生的大型滑坡。水库位于基岩峡谷区，滑坡区位于大坝上游右岸1550m处的塘岩光，塘岩光上、下游3km的河段库岸为上陡下缓、前缘临空的顺向坡。

瓦依昂水库滑坡事件是滑坡研究史上的重要里程碑。该滑坡为上陡下缓、前缘近水平的顺向坡。在1960年初次蓄水至645m高程时滑坡前缘首先出现一个小崩塌，同时在上部平台上发生裂缝。于是降低水位，对滑坡的稳定性进行各种调查。1963年第二次蓄水时，从正常水位下降之后，2.4亿 m³ 的滑体以15～30m/s速度突然滑入水库，淤积体高出库水面150m，涌浪高达260m，下泄洪水流速高达280km/h。溢出的水流袭击了与Piave河汇合处的Longarone镇，造成3000余人死亡的灾难性后果。

瓦依昂水库滑坡这一巨大的惨痛事件发生之后，世界上一些先进国家（地区）已从历史的沉痛教训中醒悟过来，将地质灾害防治与工程地质环境保护列为政府最关注的问题之一。意大利立即成立了全国性的滑坡防治委员会，并在罗马大学、都灵大学和意大利结构模型试验研究所分别建立了研究中心和试验室；瑞士洛桑科技大学由政府和电力部门资助成立了研究阿尔卑斯山区崩塌、滑坡灾害的试验中心；日本自1963年开始成立了日本滑坡学会，至今已有4个分会，拥有会员2000余人，并在新泻大学建立了积雪地区地质灾害研究中心，京都大学建立了防灾研究所，日本科技厅设立了防灾研究中心等；香港地区的地质工作者的中心任务被明确为防治地质灾害和保护地质环境；美国地质调查所将地质灾害调查研究列在基本任务之首；1988年联合国倡导开展的"减轻自然灾害10年"活动中，地质灾害防治和保护地质环境占有重要地位；1989年国家计委根据我国国民经济和社会发展及长远规划，并着眼于本世纪末和21世纪初经济发展的需要，已将环境保护和控制重大自然灾害列为国家9大重点研究领域之一。

尽管国际社会重视滑坡灾害的研究与治理，水电建设也加强了水库滑坡的调查研究，甚至还有一些水库顺向岸坡的专门研究，但对类似瓦依昂水库滑坡和塘岩光水库滑坡机理的研究仍不够深入系统，没有建立这类隐蔽性、突发性、大规模、惨重损失的滑坡相应的预测预报模型及监测模型，对水库滑坡灾害预防与治理的指导不够，以致后来一直都有类似水库滑坡的发生，并且损失巨大，见于文献报道、影响较大的就是2003年三峡水库蓄水初期发生的千将坪滑坡了。

因此，深入研究千将坪滑坡机理、建立特大顺层岩质水库滑坡的预测预报模型对于世界水电建设的顺利进行、保护自然环境和人类生命财产具有十分重大的意义。

1.3　研究历史与现状

1.3.1　水库型滑坡

（1）研究简史。

自 1961 年湖南柘溪塘岩光滑坡发生以来，特别是 1963 年意大利瓦依昂水库发生特大水库滑坡灾难以来，全世界开始关注和重视水库型滑坡，加强了水库型滑坡的调查、机理研究、预测预报研究。瓦依昂滑坡发生以来，欧洲和美洲的许多高校和研究机构一直没有停顿地研究该滑坡的地质结构、诱发机理、形成历史等。国内许多学者也致力于水库蓄水对滑坡的影响研究。长江三峡工程自 1956 年开始勘探的初期，就注意到了库岸稳定性问题的重要性，从长江三峡工程水库岸坡稳定研究历史可以见证大型特大型水库工程对水库型滑坡的重视。

三峡工程水库岸坡稳定研究大致可分为六个阶段。

1）第一阶段从 1957—1965 年，早期的研究主要在地矿部系统进行，偏重于库区的工程地质测绘和对已发现的个别滑坡进行调查，虽不够深入和全面，但已注意到建库前后库区岸坡可能存在的一些问题。随后长江委、中科院、交通部等单位也参与了库区工作。例如王士天 1958 年对碚石至重庆的塌岸工程地质进行过调查；胡海涛、刘广润最早（1959 年）论述了三峡水库工程地质条件，并把库岸再造作为重要的工程地质问题之一提了出来；地质部三峡大队在 1959 年和北京地质学院的师生联合组队，对水库干流和主要支流进行过库岸稳定性调查，编写了 1∶10 万三峡水库工程地质测绘报告。在此之后至 1975 年还进行过几次类似的调查。

2）第二阶段是从 1965—1980 年，在初期的调查之后，就开始了近坝地段的个别重点滑坡崩塌的调研工作：1965 年地质部三峡工作处对链子崖进行了 1∶2000 的工程地质测绘；1968 年开展了长期监测和勘探试验工作，与此同时，水电部长办也开始了对新摊滑坡 1∶2000 的工程地质测绘，随后也逐渐进行了一些勘探、试验研究与观测（1977 年）工作。这一阶段主要的研究重点集中在新滩与链子崖两处，做了较深入的工作，为新滩滑坡的复活滑动准确预报打下了良好的基础。除此以外，库区其余地段的研究工作也开展起来，发现了数十处滑坡与崩塌。但对多数的滑坡与崩塌的认识还不深入，主要是调查了解地质背景、滑坡地形地貌、结构与性状等，对滑坡的形成机制和稳定性评价，还没有做深入的工作。

3）第三阶段是 1980—1986 年，随着改革开放政策的实施，国家建设对能源的需求增长，三峡工程逐渐提到议事日程上来，对三峡库区的研究也活跃起来。同时更由于这一时期在这个区域发生了一系列重大的崩塌、滑坡事件，加深了人们对库区环境地质问题及其重要性的认识。例如 1980 年盐池河崩塌造成了严重的生命和财产损失。1982 年 7 月川东地区暴雨，造成鸡扒子等大型滑坡复活，严重妨碍长江航运。1985 年 6 月新滩滑坡重新大滑动摧毁了新滩镇，对航运成威胁，以及黄蜡石滑坡开始出现活动等。这一系列事件促进了各单位对库区勘探研究工作的深入，加深了人们对三峡库区环境地质问题的重视。地矿部各单位、长江委、湖北岩崩调查处等单位不仅对新滩、链子崖、鸡扒子和黄蜡石滑坡进行了测绘、勘探、监测等较深入的工作，而且在总结鸡扒子、新滩滑坡的勘探研究成果基础上同时对库区的调查工作也更深入、更广泛，对许多滑坡的发生、变形、破坏机理有了进一步的认识了解，进行了稳定性评价。其中尤其对新滩滑坡、鸡扒子滑坡研究有较深入的进展，同时对库区的许多大中型滑坡的发现数量不断增多，认识有了深化。反映这一阶段各单位工作的总结性文献有：长江委 1985 年《长江三峡水利枢纽初步设计阶段工程地质勘察报告》的库岸稳定性评价，指出在库区干流河段发现一定规模滑坡崩塌 66 处，其中规模大于 $1 \times 10^6 \mathrm{m}^3$ 的崩塌滑坡有 33 处，内有崩塌危岩体 11 处，滑坡 22 处，主要分布在庙河至云阳间，而地矿部门则在庙河至重庆 592km 库段内发现岩崩滑坡 203 处，其中大于 $10 \times 10^6 \mathrm{m}^3$ 的崩塌滑坡 30 处，$1 \sim 10 \times 10^6 \mathrm{m}^3$ 的崩塌滑坡 65 处；1986 年长办三峡大队和勘测科研所的《长江三峡水利枢纽库岸稳定性研究》，统计了长寿以下干流库岸有一定规模的危岩和滑坡 173 处；1987 年地矿部水文地质工程地质司《长江三峡工程前期阶段库岸稳定性研究报告》，系统总结了该部门的研究成果，是以前研究报告中最全面、最深入的总结，该报告研究表明在三斗坪至江津间 690km 干流两侧岸坡已发现 41 处不同规模滑坡，崩塌体 277 处，总方量达 18 亿 m^3。以上这些数据反映了这一阶段各单位调研工作蓬勃的进展和丰硕的成果。

鸡扒子滑坡的研究方法是基本正确的，特别是其地质力学模型模拟是很成功的，在降雨入渗加载时抓住雨水入渗抬高地下水位的实质，简化和跳过了模型材料渗流相似的难点，是值得借鉴和学习的。滑坡机理的研究结论是基本可靠的。但是，研究中关于洪水（汛期江水抬高 38m）对滑坡的作用研究不够透彻，且缺乏与地质力学模型模拟成果对比的滑坡变形破坏数值分析成果。

4）第四阶段是"七五"期间（1986—1990 年）国家把库岸稳定性作为长江三峡工程重点攻关课题之一，这是一个新阶段，其特点是对三峡库区整个库岸稳定性和大型滑坡进行全面和重点相结合的研究和稳定性评价，对岸坡的变形破坏机制进行深入的理论分析探讨。

《三峡工程库区顺层岸坡研究》是国家"七五"攻关课题研究成果，是对三峡库区一类潜在危险性最大的岸坡——顺层岸坡的变形破坏机制及稳定性研究评价的专著。以顺层岸坡的地质环境为出发点，着重从古今气候环境、河谷地文史、内外动力因素、边坡岩体结构与软弱矿物物理力学性质等方面阐明岸坡变形破坏机理。从野外调研实例出发，总结出顺层岸坡的多种变形破坏模式，进行了变形破坏与时效机制、地质力学模拟实验与数值分析，对重点研究段边坡进行了包括极限平衡、敏感因素、破坏概率、板裂介质力学等多种方法的稳定性评价，对变形破坏后的滑速滑程进行了研究与预测。最后对顺层岸坡段用自然坡危险与自然概率法等进行了研究与预测。其中，典型靠椅状顺层岩质滑坡研究案例有奉节安坪岸坡段岸坡（潜在滑坡，包括藕塘滑坡）、奉节百换坪滑坡、云阳旧县坪滑坡、高坪滑坡、故陵滑坡等。

著者认为，《三峡工程库区顺层岸坡研究》代表了 20 世纪 90 年代国内外滑坡研究的最高水平，以岸坡地质结构分析为基础，使用了当时最为先进和前沿的一些数学分析方法与物理模型模拟手段，也是三峡库区顺层岸坡滑坡研究的集大成和里程碑。但是，在滑坡影响因素研究上，深入不够，如成灾降雨过程研究仅以统计方法为主，未考虑滑坡入渗条件；限于当时计算机发展水平，缺乏对于降雨与库水耦合条件下滑坡变形破坏数值模拟；所作岸坡物理模型模拟未能模拟实际降雨与库水作用边界条件，缺少对于典型滑坡的物理模型模拟；缺乏对于典型滑坡的变形破坏综合机理研究；对于特大型靠椅状顺层岩质滑坡的空间预测模型研究不够深入和系统。

5）第五阶段"八五"期间（1991—1995 年），国家重点科技攻关项目中的三峡工程重大技术问题研究，仍将库区地质与库岸稳定列为课题，解决了"七五"科技攻关中的遗留问题，开展了长江三峡工程地壳稳定性与库水诱发地震等问题的研究，特别是针对链子崖危岩体和新滩滑坡开展了长江三峡工程库区重大危险性崩塌滑坡监测方法与预报判据研究，取得了一些新的成果。

6）第六阶段（2000—2012 年）国土资源部环境司、国科司结合三峡水库分期蓄水，分别启动了"长江三峡库区崩滑地质灾害监测工程试验（示范）区"（国科司 1999 年项目）、国土资源部 2000 年科技专项计划"长江三峡库区地质灾害监测与预报"（国科司 2000 年项目）、国土资源部环境司 2003 年启动"三峡库区滑坡塌岸防治专题研究"（环境司 2003 年项目）、国土资源部 2009 年启动"三峡库区三期地质灾害防治重大科学研究项目"。

（2）水库型滑坡分类研究。

描述滑坡的术语和滑坡分类体系在工程地质和岩土工程学科中略有不同。由于研究领域关心的问题各不相同，所采用的描述滑坡的术语各具特色。国际工程地质与环境协会（IAEG 1990）和联合国教科文组织世界滑坡目录工作组（WP/WLI）提出了一套描述滑坡的标准术语，后被广泛采用。

关于滑坡的分类，工程地质中应用最广泛的是 Varnes（1978 年）和 Hutchinson（1988 年）的分类体系，后来，Cruden 和 Varnes（1996 年）又对 Varnes 分类体系作了修正。岩土工程中，Terzaghi（1950 年）建议采用一套考虑各种滑坡因素的分类体系，Morgenstern（1992 年）提出了一套"面向问题的分类方法"。

刘广润、晏鄂川等（2002 年）在广泛查阅和总结国内外滑坡分类基础上，以滑坡监测预报与防治为目的，遵从滑坡活动各要素的地位与作用，根据分类体系的完备性需要，建立了具有层次系统性的综合性滑坡分类体系，并将该滑坡分类体系应用于三峡库区常见多发型滑坡地质模型的建立。该分类体系将滑坡体按类、型、式、性或期进行分类。其中滑体组构按"类"进行分类，动力成因按"型"进行分类，变形运动特征按"式"进行分类，发育阶段按"性"或"期"进行分类。采用该滑坡分类体系进行分类，可以对滑坡有一个基本的认识。如三峡库区八字门滑坡的滑坡类型为复活性牵引式水库型土质岩床类滑坡。

按滑坡形成历史分类，水库型滑坡最有意义的两大类是水库复活型滑坡和水库新生型滑坡。水库复活型滑坡易于引起关注，而水库新生型滑坡则具有一定的隐蔽型和突发性，容易被疏漏。

（3）水库型滑坡影响因素研究。

1）水库蓄水对滑坡的影响。许多学者对水库诱发滑坡做了较深入的研究，水库蓄水对滑坡的诱发作用已得到普遍的认同。

水库蓄水后，随着水位的上升，周围的地下水位也随之上升，使地下水和库水共同作用于岩土体介质中和岸坡表面，对岩土体产生物理、化学和力学的作用。物理作用主要是软化和泥化岩土体中断层带物质和软弱夹层物质，从而使岩土体的强度降低；化学作用主要是通过水岩土体离子交换、溶解、水化等作用来改变岩土体的结构而降低其强度；力学作用主要通过孔隙静水压力和孔隙动水压力改变水对岩土体的作用，孔隙静水压力减小岩土体中法向应力而降低岩土体强度，孔隙动水压力对岩土体产生推力而降低岸坡的稳定系数；水库蓄水后，岸坡土体饱和度增加，基质吸力降低至消失，土体强度降低，从而诱发岸坡失稳。

尽管如此，目前水库诱发滑坡作用机制的研究，无论是数值模拟、物理实验验证都存在较大的研究空间。

2）水库诱发地震及其对滑坡的影响。水库诱发地震最早发现于希腊的马拉松水库，伴随该水库蓄水，1931 年库区就产生了频繁的地震活动。1935 年美国的胡佛坝截流蓄水，1936 年 9 月库区产生频繁的地震活动，主要震级达 5 级，地震活动一直持续到 70 年代。最早发生震级大于 6 级的水库诱发地震是我国的新丰江水库的 6.1 级地震（1962 年 3 月 19 日），强震区房屋严重破坏几千间，死伤数人，水库边坡发生地裂崩塌和滑坡，大坝右侧坝体发生裂缝。到 1995 年我国已经有 19 座水库发生了诱发地震。

三峡水库诱发地震问题一直是人们关注的问题，经过多年论证认为，从三峡工程所处的地质环境分析，不排除局部地段产生水库诱发地震的可能，从最不利的情况分析，即使在距坝趾最近的九湾溪断裂处产生较强的水库诱发地震，影响到坝区的地震烈度也不超过 6 度。坝址区基本烈度为 6 度，设计烈度为 7 度。

研究表明，三峡水库诱发地震对库区内滑坡影响不大。

3）降雨对滑坡的影响。滑坡是一种最常见的地质灾害，对国民经济建设及人民生命财产具有巨大的影响。孙广忠在《中国典型滑坡》一书中列举了 90 多个滑坡实例，表明 95％以上的滑坡与水直接有关，其中相当部分发生在雨季，直接起因于雨季渗流荷载。降雨诱发滑坡存在暴雨诱发、久雨诱发两种。玉皇观、草街子、安乐寺、太白崖、鸡扒子是暴雨诱发滑坡，其中鸡扒子滑坡是典型的暴雨诱发滑坡，由"82.7"大暴雨造成。黄腊石的石榴树包、陈家吊崖、桃园、猫须子、新滩、龙王庙等是久雨诱发滑坡，其中新滩滑坡是典型的久雨诱发滑坡。

在三峡水库未蓄水以前，地下水补给来源主要是降雨。三峡库区是多暴雨的地区，历史上曾经发生过著名的"35.7"大暴雨和"82.7"暴雨，近期的"82.7"暴雨由三次强暴雨过程组成，使库区发生大量滑坡。

吴宏伟（1999 年）针对香港地区一种典型非饱和土斜坡和香港地区降雨的特点，用有限元法模拟雨水入渗引起的土坡暂态渗流场，分析降雨强度、降雨持时、雨型及土体渗透特性、坡面防渗及阻水层埋藏条件等因素对暂态渗流场的影响，并用极限平衡法研究斜坡安全系数对上述影响因素的敏感性。香港公路以及许多工业及民用建筑均紧贴山脚，每年雨季都有滑坡造成的灾害，防不胜防。为此，香港土木工程署在香港全境内有滑坡危险的地区布置了 50 多个自记雨量站，当日降雨量超过 50mm 即自动报警，组织人员撤退，以减少伤亡损失。滑坡多发生在雨季当然是水对边坡的作用，但如何认识降雨对边坡的不利作用有待深入的研究。

经过长期的实践，人们已初步认识到降雨对滑坡变形及稳定具有极为不利的影响，具体表现在以下两方面。一是力的作用：当降雨入渗补给给地下水时，将使地下水位抬高，顺滑坡方向的渗透力增大；当降雨入渗在浅层形成滞水时，将使非饱和带土层的含水量增加，加大该土层的湿容重，使自重荷载增加，同时使非饱和带负孔隙水压力减小；当降雨在地表形成坡面径流时，会对坡面形成冲刷力及动水压力。上述各种力的增加，对滑坡稳定及变形均属不利因素。二是对强度的影响：滑体及滑带在入渗水的物理及化学作用下均会使其抗剪强度降低；非饱和带负孔隙水压力减小也将使其抗剪强度大幅度的降低。

要想定量分析上述降雨对滑坡的影响及其处理措施的效果必须搞清两方面的问题，一是降雨—入渗—坡面产流的定量计算问题，二是水对滑坡的作用问题。对第一个问题，目前在这方面的研究尚停留在实时监测工作和数值模拟研究阶段，同时也见到一些野外现场人工降雨入渗实验的报道。实时监测及野外实验由于受条件的限制，只能进行给定条件下的研究。在数值模拟时，大多将降雨入渗与坡面产流分开考虑，在进行降雨入渗数值模拟时常将坡面当作已知入渗流量的边界。由于影响滑坡降雨入渗及坡面产流的因素较多，如坡面形态及植被情况、土的入渗能力及其分布、土的初始饱和度、降雨强度与降雨持时曲线等，这种做法与实际相差较大，致使数值模拟方法的应用受到限制。有关水对滑坡的作用问题，目前尚停留在水对岩土力学性质影响的实验研究及降雨入渗对滑坡影响的数值模拟阶段，尚缺乏大型结构模型试验的验证。

从现有的资料中可知，众多的研究者从降雨与滑坡发生的数量，利用数理统计原理，导求降雨过程（暴雨或久雨）的阈值或称临界线，一般都提出了各自的结论。多数研究者将降雨过程的强度、历时与滑坡发生的次数作为变量进行研究，没有与滑体的入渗特性、强度特性相结合，因而，其成果尚无法达到实用的程度。

目前降雨入渗的研究一般假定为无限平面的垂直一维入渗。针对土壤及土质滑坡的降雨入渗的研究成果较多。由于裂隙岩体的多样性，针对裂隙岩体入渗的研究困难较大，其成果较少。降雨入渗的研究涉及到含水率、基质势、饱和渗透系数等参数的确定。经验解答的使用也较多，如美国农业部推荐 Holtan 经验公式。无论何种解答，均需依据对研究对象的实验寻求降雨入渗的参数和经验常数。目前在三峡库区尚无可供实用的降雨入渗成果。

降雨入渗是渗流分析的基本条件。只有了解到入渗特性后，对滑坡降雨过程的雨型研究才具有实际意义。

1.3.2　特大顺层岩质水库滑坡研究现状

1963 年 10 月意大利瓦依昂滑坡的发生，启动和推动了世界滑坡及水库滑坡的研究，瓦依昂水库滑坡事件是滑坡研究史上的重要里程碑。

自意大利瓦依昂水库近坝左岸巨型顺层滑坡发生以来，国内外众多学者就开始对顺层滑坡的成因条件、发育分布特征、影响因素、破坏模式、力学模型、稳定性评价、变形特征以及运动学特征进行研究（见图 1.4）。

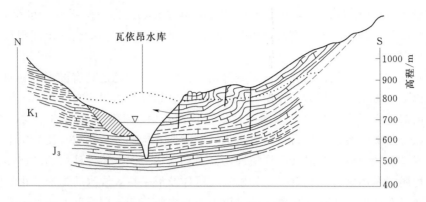

图 1.4 瓦依昂水库滑坡典型剖面图

在滑坡启动和高速滑动机理方面，Skempton. A. W（1966 年）从滑坡岩体的力学性质方面进行了研究，认为是岩体的残余强度太低造成，Muller（1968 年）提出触变液化的观点，L. G. Bellon 和 R. Stefani（1987 年）则认为：在滑坡稳定性分析过程中应该充分考虑孔隙水压力 。

在滑坡空间预测方面，E. Semenza（1959 年、1960 年）通过现场地质调查就认识到了瓦依昂岸坡是一个巨型古滑坡，并提出了滑坡地质模型，但未受到重视，并且 E. Semenza 认为工程建设的前期地质工作的不充分为滑坡灾害的发生留下了隐患。

在滑坡变形破坏过程及机制方面，D. N. Petley 和 D. J. Petley（2006 年）重新分析研究了瓦依昂滑坡 1960—1963 年四年的位移监测数据，通过 1/velocity—time 关系分析，发现滑坡变形机制的转变关系，1960—1962 年滑坡为塑延性变形机制，1963 年为脆性变形破坏。多数学者认为，对于瓦依昂滑坡的空间预测失误、库水作用变形机理认识不清导致了瓦依昂滑坡悲剧的发生。

1961 年 3 月 6 日发生在中国湖南柘溪水库的塘岩光滑坡，体积方量约为 165 万 m^3，历时约 10s，滑速达 25m/s，产生了高达 21m 的涌浪，死亡 40 人，同属靠椅状顺层岩质水库滑坡。钟立勋（1994 年）将塘岩光滑坡和瓦依昂滑坡从形成的地理—地质环境及其影响因素进行了对比研究，指出了不利的地貌与地质结构是导致岸坡失稳的基本条件，不利的构造结构面的切割使之成为潜在的不稳定岸坡地段，水库蓄水作用诱发了滑坡的形成。

张年学等（1993 年）系统论述了云阳—奉节段顺层岸坡的地质背景条件、发育分布规律，对顺层岸坡的变形破坏演变机制和失稳影响因素进行了分析，并对顺层岸坡的力学特性、失稳机制进行了物理和数值模拟研究，同时对典型岩质顺层高边坡失稳后的运动特性、稳定性进行了分析计算，得出了许多重要和极有价值的结论 。

孙广忠（2004 年）提出板裂介质岩体力学模型，解释了顺层溃屈破坏型滑坡变形的力学机制。张倬元等提出的滑移—弯曲地质模型阐释了其形成条件、变形破坏演变过程、启动机制以及稳定程度判别准则等。

2003 年三峡库区千将坪滑坡发生后，肖诗荣（2010 年）通过对瓦依昂滑坡、塘岩光滑坡、千将坪滑坡三大滑坡工程地质比较研究，找出了其地形地质条件、诱发因素、变形特征的基本规律和共性，初步总结了水库顺层岩质滑坡短期及临滑变形特征。

李远耀（2007 年）研究了三峡库首秭归香溪镇—巴东新县城段顺层基岩岸坡的地质环境及发育破坏特征，阐述了其岸坡稳定性影响因素且分析了其破坏机制，同时以三峡库首区巴东西壤坡这一典型变倾角顺层基岩库岸为例，采用数值模拟和稳定性计算分析等手段，从定量的角度，深入分析其失稳破坏的可能，并探讨了在库水位的涨落下岸坡地下水渗流场的变化规律。

邹宗兴（2012 年）等根据滑坡滑面发展形态，将顺层岩质滑坡划分成前进式渐进破坏模式和后退式渐进破坏模式两大类，并从力学角度揭示顺层岩质滑坡渐进破坏过程的本质是滑坡力学参数弱化的过程。

李守定（2007 年）等将基岩顺层滑坡的滑带形成演化过程划分为 3 个阶段：原生软岩、层间剪切带和滑带，并总结出了大型基岩顺层滑坡滑带的形成演化模式。

程圣国等（2006 年）深入研究了顺层岩质边坡的刚度与其破坏特性之间的关系，认为其破坏力学模型、破坏形态以及临界长度与其柔度大小密切相关，并指出溃屈破坏一般只在特定的情况下才发生。

陈自生（1991 年）着重研究了拱溃型顺层岩质滑坡，认为该类滑坡首先在坡脚处岩层逐层拱起，并开裂脱层，发展成抗滑段，最后与沿岩层层面发育的主滑段相贯通，由此呈现崩溃与滑动。

1.3.3　滑坡预测预报

（1）滑坡预报研究历史。

虽然人类与滑坡灾害的斗争由来已久，但起先多是消极被动的，或有研究也是零星片断的。直至 20 世纪第二次世界大战以后，人们才真正广泛开始对滑坡进行专门的、系统的研究。最初主要是在对可能失稳边坡进行长期观测的基础上，开展滑坡加固方法与措施的研究。而滑坡之所以往往给人类造成严重的损失，究其原因是人们难以事先准确知道其发生的地点、时间、强度和影响，也就预先难以防范，所以对于滑坡灾害重在预测。

在滑坡灾害预测预报的专门研究中，日本学者斋藤迪孝可能算是先驱代表之一，他于 20 世纪 40 年代中期就滑坡预报开始实验研究，并于 1968 年提出一个预报滑坡的经验公式及图解，即著名的"斋藤法"；苏联 E. II. EMejibrhoba 曾从八个方面讨论滑坡预报的内容（1959 年）；Hoek（1969 年）据智利 Chuqicamata 矿滑坡监测时间—位移曲线提出了外延法；F. O. Jones（1961 年）、P. C. Stevenson（1977 年）、T. H. Nilsen, etal.（1979 年）、T. Endo（1970 年）、E. Fussganger（1976 年）、G. Guidicini（1976 年）等先后对滑坡预报的经验法或统计学方法进行研究。这一时期我国滑坡预报研究相关的报道甚少，仅有卢螽栖（1976 年，1977 年）、李天池（1979 年）等个别研究者做过一些探索性的工作。这些为 20 世纪 60—70 年代的经验—统计学方法。

自 20 世纪 80 年代始，预测滑坡学逐渐成为滑坡学和预测科学交叉的分支科学，这一阶段不但经验式和统计学方法有了进一步的发展，还出现了敏感性制图、信息论等预报方法，数理科学的一些新理论，如灰色系统理论等开始被应用于滑坡预报研究。

对 20 世纪 90 年代以后滑坡预报研究的特点，可以归纳为三个方面：①多种预报方法的综合研究与应用；②广泛的现代数理科学新理论应用于滑坡预报理论研究；③滑坡预报的技术手段得到前所未有的发展。

（2）滑坡时间与空间预报模型。

人类社会遭受滑坡或地震一类的自然灾害时，人们最为关心的主要有三个问题：灾害发生在哪里、什么时候发生灾害及灾害发生带来的影响或破坏程度如何，因此滑坡预报的主要任务或对象，主要应包括对滑坡灾害发生的地点（空间）、时间、强度（滑坡活动强度及破坏程度）等进行预测预报。要达到这一目标，滑坡预报研究的主要内容或要解决的关键问题应该是建立起与滑坡实体相适应的预测预报模型，而其核心又是预报方法与预报判据。

事实上，从滑坡预报问题的提出开始，人们就一直试图寻找或建立一种与滑坡体相适应、预报准确、可操作性强的滑坡预报模型；经过近半个世纪的探索，国内外许多相关专家、学者从不同的角度提出了各种各样的预报模型。近年研究较为活跃的滑坡预报模型主要类型及对应的预报方法与判据可归纳为表 1.1 所列。

表 1.1 滑坡预报模型的主要类型

预报对象	预报模型	预报方法	预报判据
空间预测	线性回归模型	统计预测法	
	聚类分析模型	灰色聚类法	聚类向量择大
	人工神经网络模型	ANN 法	期望输出
	GIS 多因子定量分析模型	逐步筛选综合系数法	最佳预测因子
时间预报	斋藤模型	经验公式	应变速率
	福囿模型	实验拟合公式	滑坡速度
	Hayashi 模型	拟合公式	滑坡速度
	位移加速度回归模型	监测曲线回归议程外推法	位移加速度
	匀加速条件时间预报模型	统计方法	位移
	灰色 Verhulst 模型	灰色统计方法	
	滑体变形功率模型	功能原理	位移峰值
	分形时间预测模型	分形理论	位移分维值
	非线性动力模型	反演理论	动力学判据
	Pearl 预报模型	统计方法	位移
强度预报	运动机理滑速或滑距模型	运动机理与运动学结合	
强度预报	滑坡敏感度图	制图法	危险度分区
	地震滑坡危险度图		
	GIS 滑坡灾害灾情评估系统	图形信息一体化	

在表 1.1 所列预报模型中，以斋藤迪孝法为代表的一类方法是用严格的推理方法，特别是在数学、物理方法方面进行精确分析，得出明确的预测判断，故称之为确定性预报模型，即是可以用明确的函数来表达其数学关系的一种预报方法。这类方法一般为加速度蠕变经验方程，精度较低，适用于滑坡的中短期预报和临滑预报。

灰色预报、生长曲线预报、线性回归等类方法与确定性预报模型相反，是一类非确定性预报模型，这类模型是不能用明确的函数来表达其数学关系的，它们是建立在因果分析和统计分析基础上的，多属趋势预报或跟踪预报，适用于各类滑坡的中期、短期预报；一般说来，当滑坡发展至加速变形阶段时，可以较准确地预报滑坡时间。

由于每一个滑坡的具体条件均不一样，各种预报方法的适用性也不尽相同，因此，应根据每个滑坡的具体条件选择合适的预测方法，并尽可能采用多种方法进行综合预报，这对提高滑坡预报的精度和成功率大有裨益。

（3）滑坡预报的主要问题与讨论。

尽管国内外专家学者在滑坡灾害预测预报方面取得了不少进展，并且也确有预报成功的实例。但是，由于斜坡演化过程的复杂性、随机性和不确定性，要想准确地预报滑坡的发生时间是十分困难的。当前在滑坡时空预报方面主要存在以下问题。

1）对滑坡空间预测和定性研究不够，或工程地质研究不够，特别是对典型滑坡的典型地质模型研究不够系统、深入。比如，瓦依昂滑坡滑前主要研究人员对大滑坡的性质认识是不够的，而塘岩光滑坡和千将坪滑坡在滑前则根本就没有认识，不是没有进行工程地质调查，而是没有对潜在滑坡地质模型的认识和经验。

2）对一些复杂的滑坡系统，我们目前的认识和理论水平还受到很大的局限。滑坡是一个复杂的地质力学过程，又是一个高度复杂的非线性系统，这个系统的特点就在于构成系统的内部条件、外部因素都具有很强的随机性和非确定性，而且这种特性用传统的理论难于表达。

3）对于复杂的滑坡系统，我们能够获得的信息是极为有限的。对大多数的滑坡，如果在事前没有被纳入人们的视野或被人们所认识，就几乎不可能掌握它的任何信息，因此，往往这类滑坡的发生使我们感到非常的被动和突然，也最容易造成灾害。即便是那些已经纳入监控对象的坡体，往往监控的手段和监控的数量也是有限的，很难做到对各种信息的全面和足够深度的把握，因此，实施预报就很困难。从这个意义上来讲，对某些高度复杂的滑坡，如果所掌握的信息不足，预报则几乎是不可能的。

4）认识问题的思路上还存在一定的问题，更多的依赖对监测结果的数学推演，而忽视了对边坡变形破坏机理的认识。抛开临滑预报和现象预报不说，现在大多数滑坡中长期或短期预报主要是依靠对位移监测曲线的推演，通过位移的相对变化（或速率的变化）来预报其今后的行为，也可以称为"相对位移预报"。固然，滑坡位移随时间的变化对滑坡预报具有绝对重要的作用，但是，如果对这种位移随时间的变化仅停留在曲线"几何形态"变化的认识上，而过多的依赖于数学方程进行各种外推式预报，显然对问题的认识就仅停留在表面上。采用这种方法对一些结构和过程简单、监测曲线与一般的标准蠕变曲线接近的边坡可能取得成功。但是，大多数情况下，这种预报方法是达不到效果的。

实际上，从理论上看，当你所掌握的只是变形曲线在等速蠕变阶段的简单"几何"信息时，按照数学模型预报（或相对位移预报）这个思路，滑坡中长期预报几乎是不可能的。

5）就数学模型预报而言，现行的预报理论模型适用性和实用性比较差。已有的预报模型或预报系统具有很强的地域性限制和条件限制，分散性也比较大，稳定性不好。尤其是基于非线性理论的一系列模型，如非线性动力学模型、协同预报模型、突变理论模型和神经网络模型等，虽然在理论上具有一定的优越性，但同样由于没有与滑坡机理联系在一起，因此，实用性较差，还有待在结合工程的实践中进一步检验完善。

6）缺乏滑坡综合预报判据。由于滑坡地质体的演化过程极其复杂多变，要真正实现滑坡的成功预报，仅靠理论模型进行预报是不行的，应该更多的考虑多种方法的综合预报问题。目前，在这方面还没有建立一套适用的综合预报指标体系和相应的具有一定普遍意义的预报判据。这是今后必须努力的方向。

7）滑坡灾害实时监测技术的应用与研究不够。准确的滑坡灾害预测预报必须掌握实时的滑坡运动信息和诱发因素的动态信息，对各种信息的监测是开展滑坡灾害实时预报的必要手段。除要加强目前常用的滑坡位移动态信息的监测技术应用和研究外，还需要开展针对不同类型、不同规模、不同气候条件下的滑坡所适用的其他技术的应用研究，如地下水压力及水化学场动态信息、热信息、微震（声发射）信息、气象信息等的实时监测，从而建立适合不同类型滑坡、采用不同监测信息源的预测预报方法和模型进行滑坡灾害的时空预测预报。这方面的研究和发展需要工程技术领域专家的积极参与。

1.4 研究方法与技术路线

研究方法与技术路线见图 1.5。

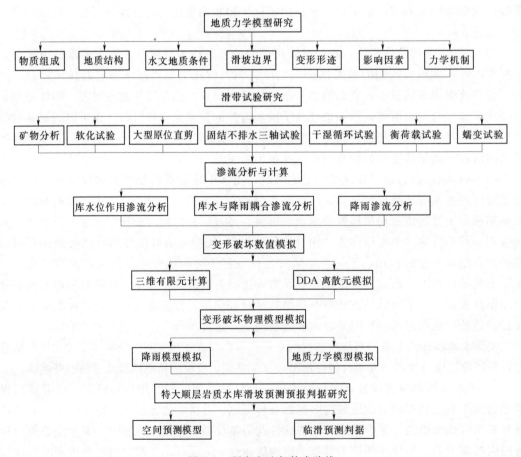

图 1.5 研究方法与技术路线

1）通过对千将坪滑坡已经滑动的滑动区和影响区勘察试验研究，以及工程地质分析，对千将坪滑坡滑动区的变形形迹、滑后参数、滑后形态、滑后水文地质结构进行分析，并与千将坪滑坡影响区对比分析，建立千将坪滑坡地质力学模型。

室内试验进行了滑带年龄测试、常规土工试验以及软化试验、固结不排水三轴试验（CU）、干湿循环试验（DWC）、衡荷载试验（LD）、蠕变试验（CREEP），研究剪切错动带在水环境变化条件下的强度与变形特性及时效特性。

现场试验进行了现场渗透试验研究滑坡渗透特性，进行了原位直剪试验研究剪切错动带的强度特性。

2）数值模拟、物理模拟相结合的方法研究千将坪滑坡失稳机制。

物理模拟考虑了千将坪滑坡在库水、暴雨作用下，冲刷、雨水入渗（地下静水、地下动水、滑带软化）等物理力学作用及其化学作用。

数值模拟采用二维有限元方法、三维有限元分析方法、三维极限平衡方法以及 DDA 方法对千将坪滑坡的变形破坏特征、稳定性及失稳后的运动特征进行了分析。

3）通过对顺层岩质水库滑坡失稳机制的认识，通过同类滑坡比较研究及统计分析，建立并完善特大顺层岩质滑坡分析方法，并建立特大顺层岩质水库滑坡空间预测模型及临滑预报判据。

1.5　研究内容及课题设置

1.5.1　项目主要研究内容

通过对千将坪滑坡已经滑动的滑动区和影响区勘察试验研究，对千将坪滑坡滑动区的变形形迹、滑后参数、滑后形态、滑后水文地质结构进行分析，并与千将坪滑坡影响区对比分析，建立千将坪滑坡地质力学模型。采用工程地质分析、数值模拟、物理模拟相结合的方法研究千将坪滑坡失稳机制。通过世界主要特大顺层岩质水库滑坡的对比研究及统计分析，获得滑坡的空间预测模型及临滑预报判据。

在滑坡监测数据分析基础上，研究三峡库区其他顺层岩质滑坡如奉节藕塘滑坡、云阳凉水井滑坡及鸡扒子滑坡等滑坡的库水响应特征及其变形破坏机理，并对滑坡稳定性进行预测。

1.5.2　项目课题设置

（1）专题 1：千将坪滑坡地质力学模型研究。

通过对千将坪滑坡滑动区与影响区的勘察试验及对比研究，查明千将坪滑坡的物质组成、结构及滑坡边界条件，分析滑坡影响因素及其影响机理，反演滑坡启动、滑动、解体的运动过程及运动参数，建立千将坪滑坡的地质模型和力学模型。

（2）专题 2：千将坪滑坡滑带综合研究。

对滑坡区滑带和牵引区软弱带进行了测年分析，通过滑带和牵引区软弱带形成的时间顺序建立其生成关系。

对千将坪滑坡层间剪切错动泥化带进行软化试验、固结不排水试验、干湿循环试验、恒载试验、蠕变试验以及对滑坡区和影响区层间剪切错动泥化带现场直剪试验研究，揭示千将坪滑坡层间剪切错动泥化带在水库蓄水及大气降雨条件下的变形破坏机理。

（3）专题3：降雨及库水耦合作用下千将坪滑坡饱和—非饱和、非稳定渗流场研究。

将千将坪滑坡体进行材料分区，研究千将坪滑坡岩土体的渗透特性，得到千将坪滑坡体的土水特征曲线和渗透性函数。采用数值方法计算降雨和库水单独作用以及耦合作用时千将坪滑坡体的地下水渗流场。

（4）专题4：千将坪滑坡失稳机制的数值模拟研究。

在所建立的千将坪滑坡地质模型、渗流力学模型的基础上，采用二维有限元及三维有限元方法，计算千将坪滑坡在水库水位上升、降雨及二者联合作用条件下滑坡位移场和塑性区的分布，得出坡体在库水位上升、降雨及二者联合作用条件下位移场和塑性区分布的变化规律以及对坡体稳定性的影响，从而揭示千将坪滑坡的整体变形破坏特征。

采用三维极限平衡方法对千将坪滑坡在三峡水库135m蓄水并遭遇降雨过程的稳定性进行计算，确定影响滑坡发生的主要影响因素，对滑坡在不同条件下的稳定性进行评价。

采用DDA方法对千将坪滑坡的运动全过程进行数值模拟研究，模拟方案充分依据该滑坡的地质、地形特征，按不同岩土体和地质结构面类型进行块体单元的划分，模拟蓄水和强降雨条件下滑坡发生、发展的渐进破坏过程以及滑坡触发后的运动情况，再现千将坪滑坡的整个动态过程，揭示滑坡产生和发展的运动机制。

（5）专题5：千将坪滑坡失稳机制的物理模型试验研究。

通过以微震和百分表位移为主要试验量测手段的地质力学模型试验，对三峡库区千将坪滑坡进行滑坡机理和利用微地震监测预报预警岩质滑坡的可行性研究。探讨蓄水前的强降雨对滑坡稳定性的影响、水库蓄水产生的浮托力作用对滑坡的变形影响以及滑带被水浸泡弱化强度降低对滑坡的作用影响，通过滑坡微震事件再现滑坡变形破裂破坏过程，并揭示滑带破裂贯通的规律，从试验角度论证利用微地震监测预报预警岩质滑坡的可行性。

（6）专题6：特大顺层岩质水库滑坡空间预测模型及临滑预报判据研究。

在千将坪滑坡机理研究成果的基础上，通过与千将坪滑坡相似的国内外典型的特大顺层岩质水库滑坡的比较研究，进一步归纳研究特大顺层岩质水库滑坡的地形地质条件、诱发因素、变形特征的基本规律；建立特大顺层岩质水库滑坡空间预测模型；初步构建基于临滑变形破坏特征的特大顺层岩质水库滑坡临滑综合预报判据。

（7）专题7：三峡库区其他典型顺层岩质滑坡库水响应特征及变形破坏机理研究。

在滑坡监测数据分析基础上，研究三峡库区其他顺层岩质滑坡如奉节藕塘滑坡、云阳凉水井滑坡等滑坡的库水响应特征及其变形破坏机理，并对滑坡稳定性进行预测。

第2章 千将坪滑坡地质力学模型

2.1 滑坡运动过程及特征

2.1.1 滑坡变形破坏过程

三峡水库于 2003 年 6 月 1—10 日完成第一期 135m 高程蓄水，千将坪村青干河库水面由高程 92m 升高至 135m。

6 月 21 日至 7 月 11 日，千将坪地区发生强降雨，总降雨量为 162.7mm。

2003 年 6 月 13 日，后缘高程 400m 左右即开始出现断续拉张裂缝，随着滑坡变形加剧裂缝逐步扩张，至 7 月 12 日，拉张裂缝出现弧形贯通，张开宽约 2m，深约 2m。

7 月 1 日起，平行岸坡的硅厂公路（高程 200m）出现顺公路走向的断续的毫米级细裂缝，不易为人们所觉察。

7 月 12 日深夜 11 时许，千将坪村二组和四组所在山体岸坡多处出现明显裂缝，且裂缝急剧张开，岸坡山体晃晃欲坠。当地政府紧急组织滑坡所在地的居民和工厂撤离。一时间，救灾指挥所的高音喇叭声、搬运撤离的汽车笛声、居民匆忙撤离的呼号声、山体撕裂的呼啸声交织混杂在千将坪村的夜空。

约 1h 后，7 月 13 日零时 20 分，千将坪村二组和四组山体剧烈启动，呈整体高速下滑，滑坡整体下滑历时约 1min。滑坡整体下滑后，出现小规模二次滑坡，滑坡后缘和两侧局部出现牵引下滑体，5min 后，滑坡停止，山体恢复平静。

滑坡过程中，有居民 14 人来不及逃离，被滑坡吞噬；位于青干河中的 22 条渔船被滑坡涌浪掀翻，14 个渔民遇难。

滑坡过后，房屋倒塌、厂房摧毁、交通中断、青干河堵塞，见图 2.1～图 2.8。

图 2.1 滑坡全貌

图 2.2 滑坡侧视图

图 2.3　滑坡内地貌地物破坏情景

图 2.4　滑坡堵江情景

图 2.5　滑坡东侧边界残存的半间房屋

图 2.6　滑坡内平直移动、尚未倾倒的楼房

图 2.7　青干河南岸滑坡堆积区地层反翘

图 2.8　河流卵砾石随滑坡堆积于青干河南岸坡上

　　千将坪滑坡损失巨大，据秭归县统计，千将坪村二组、四组村民连同被毁企业的职工共 1200 人无家可归，14 人死亡，10 人失踪，19 人受伤。农户房屋倒塌 346 间，损毁农

田 1067 亩，其中柑橘园 367 亩，涌浪导致附近 5 个村毁坏农田 120 亩。年产值 7000 万～
8000 万元、税收 300 万～400 万元的沙镇溪镇金属硅厂、页岩砖厂、装卸运输公司、建筑
公司四家企业毁于一旦，直接经济损失 5736 万元以上。省道宜昌至巴东公路在滑坡区内
被毁，交通中断，输变电线路 5 条共计长 20.5km、变压器 2 台被损坏，22 条停泊在码头
的渔船被毁，山林植被局部破坏。

2.1.2　滑坡规模

滑坡宽度一般为 410～480m，最宽处位于下部平台，宽 521m；滑坡最大长度自后缘
三角滑壁至青干河南岸滑坡堆积体为 1080m；滑坡平面面积 0.52km²。

滑坡厚度：中后部 20～30m，中前部 40～50m，最大厚度 59m。

滑坡体积：1542 万 m³。

入水方量：266 万 m³。

2.1.3　滑动方向

根据后缘滑壁产状及滑坡下部平台纵、横裂缝变形形迹在平面上判断滑坡主滑方向。

中后部：高程 180m 以上，滑坡滑移方向 135°～140°左右。

中前部：高程 180m 以下，受滑床面的控制，滑坡滑动方向向东偏移至 110°～120°。

2.1.4　滑距

根据滑坡滑动前后地貌、地物标志的对比，判断滑坡的滑距。滑坡滑动将滑坡区内的
秭巴省道及其他乡镇公路错断，是最为明显的判断滑距标志。分析表明，西部滑体较东部
滑体滑距大。

东部滑距：160～180m；西部滑距：220～240m。

2.1.5　滑速

千将坪深层岩质滑坡 1～5min 之内完成滑动，其滑动经历了启动—加速—（受阻）
减速—停止的滑动过程。

（1）滑坡启动速度 v_0。

按照计算滑坡启程剧动初始公式，求得 $v_0 = 2.20\text{m/s}$。

（2）滑坡最大滑速 v_{max}。

1）地震台网监测分析成果。据三峡微震台网监测资料，千将坪滑坡最大滑速为 16m/s。

2）根据能量守恒定律计算分析。根据能量守恒定律，导出最大滑速公式。

$$\frac{1}{2}mv_0^2 + mgH - m_wgh_w - (mg\cos\alpha\tan\varphi + c)L = \frac{1}{2}mv^2 \tag{2.1}$$

可得滑体滑速

$$v = \sqrt{v_0^2 + 2gH - \frac{2m_wgh_w}{m} - 2\left(g\cos\alpha\tan\varphi + \frac{c}{m}\right)L} \tag{2.2}$$

式中：m 为滑体质量，t；m_w 为滑体滑动过程中排开水的质量，t；v_0 为滑坡启动速
度，m/s；v 为滑坡即时滑动速度，m/s；α 为滑坡平均坡角，（°）；φ 为滑带平均内摩擦
角，（°）；c 为滑带平均黏聚力，10^3Pa；L 为滑动距离，滑坡启动点—受阻爬坡开始处
（最大滑速处），m；H 为滑体下滑高度，m；h_w 为涌浪高度，m。

计算参数及成果见表 2.1。

表 2.1　　　　　　　　　千将坪滑坡最大滑速计算参数及成果表

计算参数	取值	计算参数	取值
m（剖面单宽）/t	7249	H/m	23.24
m_w（剖面单宽）/t	99021	v_0/(m/s)	2.2
α/(°)	15	φ/(°)	5
$c/10^3 \text{Pa}$	15	L/m	72.49
h_w/m	24	v/(m/s)	17.66

理论计算千将坪滑坡最大滑速 v_{max} 为 17.66m/s。

3）综合分析。上述两种方法分析计算结果较为接近。能量守恒计算方法中，计算公式为近似公式，滑体质心落差计算也存在误差。因此，比较分析认为，微震台网监测资料及其分析计算结果更精确一些。

所以，综合分析结果，千将坪滑坡最大滑速为 16m/s。

2.1.6　滑坡涌浪

（1）涌浪实测。

涌浪高度可从两岸植被被水流冲蚀痕迹的最大高度量测，滑坡体处涌浪高度为 23～25m（理论计算 24.5m）；下游 0.7km 处的青干河大桥处涌浪高度 7.4m（图 2.9）；下游 1km 处的锣鼓洞河口涌浪高度 6m，在该河口的锣鼓洞上游 1km 处有渔船被涌浪掀翻。

图 2.9　下游 0.7km 处的青干河
大桥处涌浪高度 7.4m

（2）理论计算。

本次计算采用美国土木工程协会建议的推算法。首先计算滑坡体滑动前后的重心位置及面积（要求滑动前后的面积相等），根据重心位置计算重心距离水面的高度 H，然后根据坡长确定坡体的平均厚度 H_s，再根据水位线确定水深 H_w，最后预测滑坡的涌浪高度。

参看波浪特性分区图 2.10，首先根据滑坡相对滑速和 H_s/H_w，确定波浪所属的分区。

令 $V_r = \dfrac{V_s}{\sqrt{gH_w}}$，为相对值，无量纲，表示为相对滑速，式中，$H_w$ 为水深，m；g 为重力加速度，m/s^2。

然后计算 H_s/H_w（无量纲），H_s 为下滑体的平均厚度，m。

再根据前面计算的相对滑速 V_r，查看滑坡涌浪预测图 2.11，确定 H_{max}/H_s，其中 H_{max} 即为滑坡的预测涌浪高度。

其中，图 2.11（a）得到的是滑坡体入水处的最大涌浪高度预测值，而与入水处距离 X 处的涌浪高度还需计算 $X_r = X/H_w$，再根据图 2.11（b）预测距离 X 处的最大涌浪高度。计算结果见表 2.2。

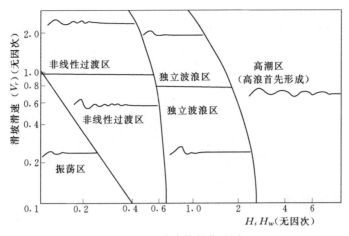

图 2.10　波浪特性分区图

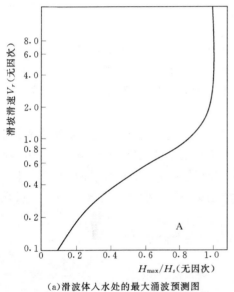

（a）滑波体入水处的最大涌波预测图

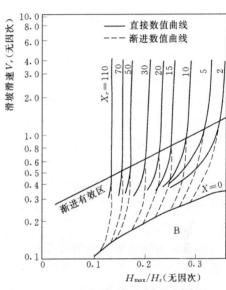

（b）入水处不同距离的最大涌浪预测图

图 2.11　滑坡涌浪预测图

表 2.2　　　　　　　　　　　涌浪计算成果表

预测结果	参数取值	计算水位/m	135
		平均厚度/m	28
		滑落高度/m	43
		平均水深/m	35
	滑速 V_s/(m/s)		17.603
	滑速 V_r（无因次）		0.907
	H_s/H_w（无因次）		0.857
	波浪特性确定		非线性过渡区
	落水点处最大波高/m		24.504

距离 100m	X/H_w 值（无因次）	2.857
	最大波高/m	10.14
距离 500m	X/H_w 值（无因次）	14.29
	最大波高/m	8.409
距离 1000m	X/H_w 值（无因次）	28.57
	最大波高/m	6.13

2.2 区域地理地质背景

2.2.1 自然地理

滑坡区位于长江支流青干河岸坡，距长江 3km，秭归—巴东省道公路自滑坡区通过，水路、陆路交通便利。

秭归县境内河流水系发育，长江横贯县境中部，境内长 64km，江面宽多 100～300m，多年平均流量 1.4 万 m^3/s，历史最高水位 91.55m（归州镇处），历史最大流量 7.11 万 m^3/s。滑坡所处的青干河是流经县境第二大河，发源于巴东县绿葱坡，全长 70km，年均流量 19m^3/s（陕西营水文站）。

秭归县属亚热带暖湿东南季风气候区，温暖湿润，据 1960—1985 年观测资料统计，邻近该滑坡的归州镇多年平均降水量 1028.6mm，年降雨量极大值 1430.6mm（1963 年），极小值 733mm（1966 年），雨季在 5—10 月，其降雨量约占全年降水量的 70%；最大月降雨量 192.3mm（1962 年 7 月 15 日），历史平均气温 18℃，极端最高气温 42℃，极端最低气温－8.9℃。

沙镇溪镇为秭归县主要纳税基地，农业以脐橙为主要经济作物，工矿企业主要为煤炭，兼有建材（硅）等，经济基础较好。

2.2.2 区域构造与地震背景

（1）区域地形及地层背景。

滑坡地处鄂西山地长江三峡中的巫峡与西陵峡间的秭归盆地，盆地内山顶高程一般为 500～1500m，主要为侵蚀构造中、低山地貌类型。区内河谷地貌发育，青干河总体呈北东向流经滑坡区，锣鼓洞河近南北流向，两河在青干河大桥下游陕西营处汇合后一并注入长江。分水岭呈一弧形鱼脊状山脊，西高东低，高程 200～675m。区内河流阶地不发育，仅在青干河邓家湾北见到长约 400m、宽约 100m 的一级阶地，阶面高程 110m 左右，已淹没在三峡水库 135 m 高程水位下。

滑坡及周缘出露的基岩为侏罗系中—下统聂家山（J_{1-2n}）底部碎屑岩，岩性以黄绿色、浅灰色、灰绿色及紫红色泥质粉砂岩为主，局部夹青灰色长石砂岩，少量粉砂质泥岩。第四系按成因可分为崩坡积堆积层（Q^{col+dl}）、滑坡堆积层（Q^{col}）及河漫滩堆积层（Q^{al}）。

（2）区域构造背景。

本区在大地构造上位于扬子准地台（Ⅰ）上扬子台褶带（Ⅱ）鄂中褶断区（Ⅲ）。鄂中褶断区分为五个 IV 级构造单元。其中与工程有直接关系的秭归台褶束及其主要断裂见图 2.12。

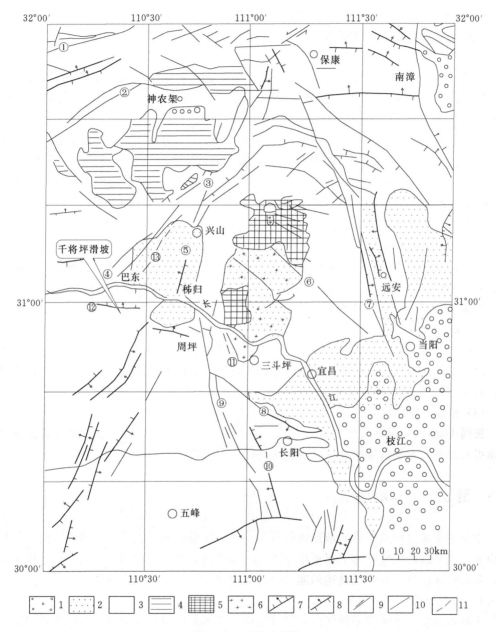

图 2.12　区域地质图

1—第四系亚构造层；2—白垩—第三系亚构造层；3—震旦系—侏罗系盖层构造层；4—中新元古界似盖层构造；
5—新太古—早元古界基底构造层；6—晋宁期中酸性侵入岩类；7—正断层；8—逆断层；9—平移断层；
10—性质不明断层；11—线形影像构造带；①房县—青峰断裂带；②阳日湾断裂带；③新华断裂带；
④牛口断裂；⑤水田坝断裂；⑥雾渡河断裂；⑦远安断裂带；⑧天阳坪断裂带；⑨仙女山断裂带；
⑩松园坏断裂；⑪狮子口重力滑动构造带；⑫蛤蟆口断裂带；⑬炮台山断裂带

秭归台褶束主要是三叠系和侏罗系地层组成的秭归向斜，它恰属于三组不同方向构造线汇而不交的部位。东为黄陵断裂，北为 NW 走向的南大巴山弧形褶皱带的尾部，南为 NE、NEE 向恩施弧形褶皱带。这一特殊的构造部位貌似三角形，其间是应力作用微弱的地区，因此形变轻微。向斜槽部产状平缓，一般小于 20°；翼部产状变陡，一般 30°～45°，局部可达 60°～79°；向斜长轴方向 NNE，南端翘起，轴向 NE—近 EW，呈弧形转折，东翼倾向 W，北西和南翼分别倾向 SE 和 NE。向斜北西和南西翼的岩层走向，自内向外，自东向西，分别由 NE 和 SE 向逐渐转向 EW 向，在巴东以西合并为三叠系组成的东西褶皱束。

与本区有关的区域性断裂，周围有平阳坝、新集、九畹溪、天阳坪等断裂。这些断裂在燕山晚期差异活动明显，沿断裂形成槽地和盆地；喜山运动时期，具一定的继承性活动，荒口、周坪等地可见仙女山断层逆冲于白垩纪红层之上；新生代活动微弱。中部有水田坝断裂，断裂分东、西两支。其中东断裂总的走向 NE20°，倾向 NW，倾角 70°左右，下盘（东盘）岩层倾向 270°，倾角 39°～45°；上盘（西盘）南部岩层倾向 NWW，倾角 14°～28°，北部岩层倾向以 SEE 为主，倾角小于 25°。断面大多不明显，个别地段可见由于受软硬岩性影响而造成的时缓时陡断面，断层上盘岩层呈挤压揉皱、挠曲特征。断层破碎带从数米至 85m 不等。断层带内发育 1～2m 宽挤压片理化构造。据最新成果资料，该断裂生成于燕山期，喜山期继承性活动，挽近期以来活动于 Q_2 晚期至 N_2 晚期。早期形变较强，晚期不明显。

千将坪滑坡位于秭归向斜南端向西弧形转折倾伏端与百福坪—流来观背斜向东倾伏的过渡地段，位于百福坪—流来观背斜南翼，出露岩性为侏罗系碎屑岩类，岩层产状总体稳定，走向 NE，倾向 120°～160°，倾角 15°～45°。

（3）地震基本烈度。

根据 1977 年中国地震烈度区划图（1：400 万，超越概率 10%）及三峡工程论证地震专家组的意见，青干河滑坡群一带地震基本烈度为Ⅵ度。

2.3 滑坡区基本地质条件

本节主要通过滑坡滑前的地形资料收集、滑坡区及影响区的勘查及其工程地质条件对比研究，恢复滑坡区滑前的工程地质条件，为滑坡边界的形成和滑坡结构特征提供地质背景。除特别注明外，本章所描述的地质条件均为滑坡滑动前的地质条件。

2.3.1 地形地貌

千将坪滑坡所在的青干河河段右岸（南岸）为逆向陡崖，左岸（北岸）为顺向坡，坡度 13°～35°，河谷呈明显不对称 V 形。滑坡滑动前及三峡水库蓄水前的天然条件下，谷底宽度 50～80m，高程 89m 左右，枯水期水深 0.5～3.0m。三峡水库 135m 高程水位下，河面宽度 200～300m，水深 45m 左右。在青干河左岸滑坡附近发育有与青干河正交的冲沟，沟深 5～35m。

（1）滑坡滑动前原始地貌。

图 2.13 为滑坡滑动前以及三峡水库蓄水前的原始地形平面图。由图可知，千将坪滑

坡所在的青干河北岸岸坡为一半圆弧形凸岸地貌，半圆弧中点为青干河老公路桥。高程140～210m 为 10°～15°左右缓坡，210～380m 为 25°左右斜坡，380～400m 为 10°～15°左右缓坡，400m 以上为 30°斜坡，岸坡西侧及前缘为高 25～40m 的临空陡崖，岸坡前缘河滩高程约 100m。

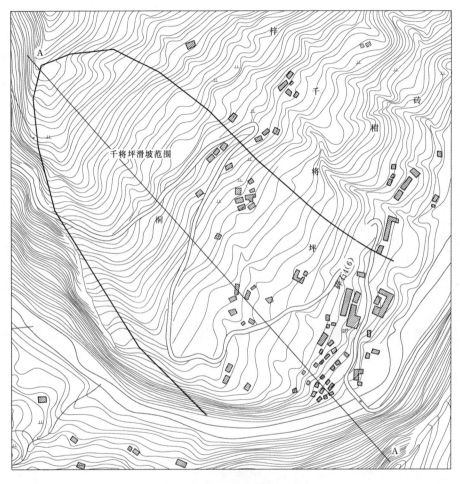

图 2.13　滑坡滑动前地形平面图

　　图 2.14 是经过勘查后恢复的千将坪岸坡在蓄水后、滑坡滑动前的原始地形地质剖面图。

　　(2) 滑坡滑动后地形地貌。

　　滑坡滑动后，后缘高程 280～400m 范围形成宽 200～400m、长约 200m 的三角形顺层滑壁；西侧形成一条走向 330°左右的沟槽及堆积垄；东侧为一个走向 310°左右、倾角 50°左右的陡壁；滑坡中后部高程 170～280m 为滑坡平直滑动的斜坡段，原始地形基本未变，为 20°～25°的斜坡；滑坡中前部高程 150～170m 为滑坡弧形滑动的反翘（反向倾角 10°～20°）区，地形总体平缓，但凌乱，横向裂缝发育，多见树木及房屋向坡里倾斜；滑坡滑舌跨过青干河，滑体堆积在青干河及其南岸，滑舌最大爬高约 80m。滑坡滑动后地形地貌及地质结构见图 2.15、图 2.16。

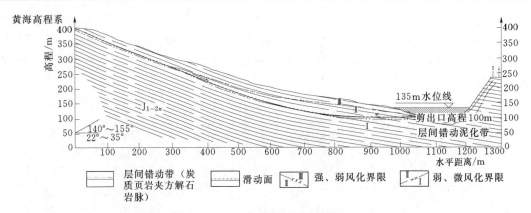

图 2.14 滑坡滑动前典型地质剖面图（A－A）

（a）平面地貌图   （b）剖面地貌图

图 2.15 滑坡滑动后地貌图

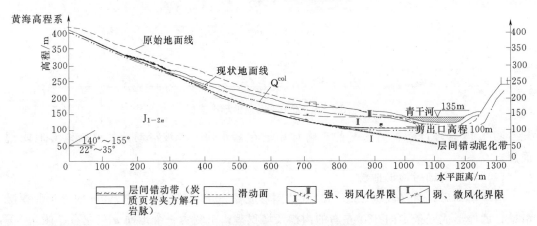

图 2.16 滑坡滑动后典型地质剖面图

2.3.2 地层岩性

组成斜坡的基岩为侏罗系中—下统聂家山组（J_{1-2n}）碎屑岩，第四系主要有崩坡堆积物、河漫滩堆积，河漫滩堆积的砂卵石层已淹没于三峡水库中。

聂家山组（J_{1-2n}）：中厚层泥质粉砂岩、紫红色粉砂质泥岩、厚层石英砂岩、夹生物碎屑灰岩及碳质页岩条带。

崩坡积堆积层（Q^{col+dl}）：碎（块）石土，厚 $1\sim 8m$，碎（块）石主要成分为泥质粉砂岩、粉砂质泥岩、石英砂岩，最大砾径可达 $1.0\sim 1.5m$，呈稍密—中密状态。

河漫滩堆积层（Q^{al}）：主要为砂卵石层，砂卵石主要成分为泥质粉砂岩、长石砂岩、灰岩及石英岩等，砾径一般 $3\sim 10cm$，少数较大卵石砾径为 $30\sim 50cm$。目前已淹没于三峡水库中，但千将坪滑坡将部分河漫滩堆积物推出水面，堆积于对岸，清晰可见（图2.8）。

滑坡区地层见表2.3。

表 2.3 　　　　　　　　　　　　　滑 坡 区 地 层 简 表

地 层				厚度/m	岩 性 简 述
系	组	段	代号		
第四系			Q	$0\sim 10$	崩坡积及冲积：土夹碎块石、漂卵石
侏罗系	聂家山组	中段	J^2_{1-2n}	未见顶	紫红色黏土岩夹中厚层灰绿色细砂岩
				14.70	上、下部为灰绿、紫红色黏土岩夹灰绿色粉细砂岩，中部为薄—厚层灰绿色黏土质粉砂岩夹少量黏土岩
				25.40	黄绿色中—厚层粉细砂岩与灰绿色粉砂质黏土岩互层，顶部为一层厚3.0m灰白色厚层石英砂岩
				18.16	灰绿色中—厚层长石砂岩与薄—中厚层灰色粉砂质黏土岩不等厚互层，中部夹一透镜状煤层，最大厚度30cm，底部见一透镜状泥化夹层，局部具分叉现象，厚 $0.5\sim 20cm$
		下段	J^1_{1-2n}	21.02	中、上部为灰白色中—巨厚层长石英砂岩，下部为黄—灰绿色黏土质粉砂岩与中—厚层长石砂岩互层
				10.35	浅灰绿色岩屑长石砂岩夹少量粉砂质黏土岩及页岩，底部厚2.33m为紫红色泥岩
				36.40	顶部厚 $4.5\sim 5.0m$，灰绿色厚—巨厚层长石英砂岩，中下部为灰绿色粉细砂岩夹粉砂质黏土岩

2.3.3　地质构造

滑坡位于秭归向斜南端向西弧形转折倾伏端与百福坪—流来观背斜向东倾伏的过渡地段，背斜轴部位于沙镇溪流来观，滑坡处于百福坪—流来观背斜的南翼，受区域构造影响，滑坡区构造较发育。地层产状总体较稳定，变化范围为 $110°\sim 150°\angle 15°\sim 30°$，变化趋势是上陡下缓，其中，高程180m以上为产状 $140°\sim 150°\angle 25°\sim 30°$，高程180m以下产状为 $110°\sim 120°\angle 15°\sim 20°$。

滑坡区的断层、裂隙及层间软弱夹层是滑坡形成的内在条件和物质基础。

（1）断层。

由于岩层为较软岩，且地表风化覆盖严重，地表仅见11条裂隙性断层或破碎带，破碎带宽度均小于0.4m，多为高倾角长大裂面，延伸在100m以上，其中走向 $120°\sim 150°$

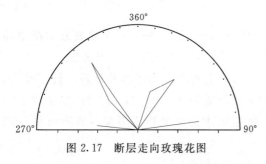

图 2.17　断层走向玫瑰花图

断层占 42％，近东西走向断层占 42％，走向 20°～30°断层占 16％。在平硐中见有 5 条断层，其中 3 条为中—高倾角断层，破碎带宽度 1～5.5m；2 条为裂隙性缓倾角断层（破碎带），见于 2 号平洞中。滑坡区断层统计见表 2.4、图 2.17。

裂隙性缓倾角断层（破碎带）：滑坡区见 2 条于 2 号平洞中（见图 2.20），宽 0.1～0.4m，出露于洞顶面，断层面波状光滑，可见长度 7m、7.5m，破碎带物质为粉质黏土夹碎块、软塑状，主要产状 305°∠5°，微倾坡内，总体近水平。此外，在沙镇溪加油站附近的公路边坡见一组缓倾角裂隙（图 2.18），产状 300°～310°∠2°～5°，间距约 2m，其中有一条可视为裂隙性缓倾角断层（破碎带），延伸达 15m，破碎带厚 3～10cm，为碎屑、碎块，且该结构面将岩层错开约 15cm，显逆冲态势。值得注意的是，这种缓倾角结构面成为千将坪滑坡在前缘切层滑出的最便捷路径。

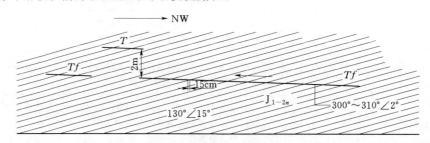

图 2.18　缓倾角裂隙性断层素描图

Tf—裂隙性破碎结构面；T—同 Tf 方向的裂隙，与 Tf 间距 2m

（2）裂隙。

滑坡区裂隙较发育，但疏密不均，局部较稀疏，局部见有裂隙密集带。裂隙线密度一般为 0.5～1 条/m，面密度一般为 0.43 条/m²，裂隙密集带裂隙间距 0.1～0.2m，线密度 5～10 条/m。

综合地表、平洞、竖井揭露的裂隙进行统计，统计结果见于图 2.19。统计表明，走向 285°～315°、30°～60°裂隙较发育，分别占 40％和 28％；裂隙以高倾角（30°～60°）为主，占 87％，缓倾角（0°～30°）占 11.7％，其中 0°～11°占 5.7％。裂面一般平直稍粗，以泥质充填和无充填为主，裂隙长度一般小于 10m。

缓倾角裂隙：倾角 2°～10°，微波状—波状，倾向 300°～40°不等，发育疏密不均，较密集处 0.5～1 条/m，长度一般在 10m 以内，该组裂隙局部将层面错动 0.3～0.5m，显逆冲性质，见于滑坡西侧秭归—巴东公路边坡。

（3）软弱夹层。

软弱夹层包括三类：①类是原生沉积形成，在一定范围内延伸分布较稳定；②类由层间错动产生的碎屑碎块形成，多具有分布不连续和尖灭的特征；③类为次生软弱夹层，是近地表特别是岸（边）坡处，沿卸荷张开的岩层层面风化形成，这类软弱夹层规模较小。

表 2.4　　　断层（破碎带）统计表

断层编号	产状/(°)			宽度/m			延伸长度/m	物质组成	工程地质性状	位置
	走向	倾向	倾角	破碎带	影响带	总宽				
f2	13	283	72	0.3		0.3	>75	碎块	断面较平直见近水平擦痕，破碎带以碎块为主，断面附近具片理化现象。反扭正断层，垂直错距 15cm	滑坡西部边界附近
f3	20	110	85	0.2		0.2	>50	碎块	裂隙型断层，断面较平直，破碎带以碎块为主	滑坡西部边界附近
f4	327	237	50~62	0.6		0.6	>74	碎块	面波状起伏，断层带见为碎块及顺断面方向排列的透镜体	滑坡西部边界附近
f6	320	220	65~75	0.1		0.1	>143	岩屑，碎块	长大裂面，面波状粗糙，裂面附近见约 10cm 的岩屑与碎块。呈片理化现象。地貌上形成 1~3m 的陡坎	构成滑坡西侧边界切割面
f7	300~320	210~230	65~85	0.1		0.1	>280	岩屑，碎块	长大裂面，面波状粗糙，裂面附近见约 10cm 的岩屑与碎块。呈片理化现象。地貌上形成 2~5m 的陡坎	
f8 (R4)	35	305	5 总体近水平	0.2~0.4		0.2~0.4	洞内可见长 7	黏土+碎块石	断层面波状光滑，局部可见阶步及擦痕，指示运动方向为逆冲。带内物质为粉质黏土夹碎石，软塑状。沿断层面渗水	影响区
f9	278	188	60				>127	碎块	长大裂隙密集带，滑体相对错动沿裂面形成 1~2m 高的陡坎	滑坡西部
f10	271	1	78				>271	碎块	长大裂隙型，断面较平直，滑体相对错动沿裂面形成 1~2m 深的沟槽	滑坡体东部
f11	82	352	78	0.3		0.3	>83	岩屑，碎块	裂隙型，断面平直微波状	滑坡体东部

29

续表

断层编号	产状/(°)			宽度/m			延伸长度/m	物质组成	工程地质性状	位置
	走向	倾向	倾角	破碎带	影响带	总宽				
f12	82	352	75	0.4		0.4	>50	岩屑、碎块	裂隙型。断面平直微波状。岩体破碎，呈碎裂结构，强风化状态	滑坡体东部
f13	82	352	78	0.3		0.3	>83	岩屑、碎块	裂隙型。断面较平直	滑坡体东部
f14	308~317	218~227	65~80	0.3		0.3	>324	岩屑、碎片碎块	断层面平直微波状，见顺断层走向的擦痕及阶步。破碎带呈碎片及碎块状，具片理化现象	构成滑坡东侧边界
f15 (p1f1)	325	55	70	1~2		1~2		碎裂岩、碎斑岩、岩屑、碎块	断层面较平直，可见顺组阶步，沿断层面见0.2~0.3m的土状风化物。碎裂岩、碎斑岩呈碎块状。沿断层有渗水现象	影响区
f16 (p1f2)	30	120	49	2.5	1	3.5		岩屑、碎块	主断层面不明显，构造岩为泥岩碎块夹砂质透镜体。沿断层强风化加剧	影响区
f17 (R7)	35	305	1~5 近水平	0.1~0.3		0.1~0.3	洞内可见长7.5	黏土+碎块石	断层面较模糊，带内物质为粉质黏土夹碎石，软塑状。沿断层面滴水	影响区
f18	307	37	64	0.4	1.5	1.9	>100	碎块	断层面略呈波状，见有显反扭的擦痕及阶步。构造岩为定向排列的碎块夹透镜体。断层影响带为裂隙密集带	影响区
f19 (p2f1)	32	122	44	4~5.5		4~5.5		碎块、风化土	主断层面不明显，破碎带为碎块夹碎石，强风化加剧，局部断面见逆冲的擦痕及阶步	影响区

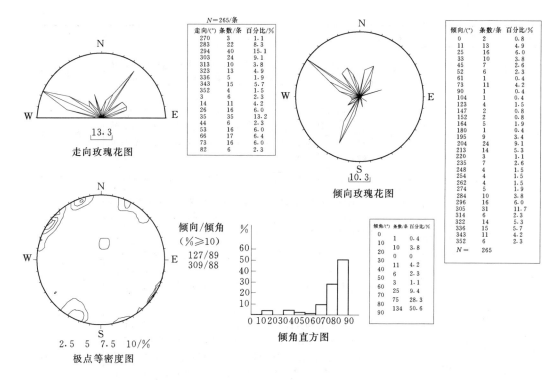

图 2.19　裂隙统计图

软弱夹层受水的作用产生泥化，则形成泥化夹层。

在滑坡范围坡体内，见有唯一的一层含碳质页岩夹层，为原生沉积夹层，一般厚 20～30cm，在后期构造运动层间错动下，碳质页岩夹层受到改造，形成层间剪切错动泥化带（1 号平洞中的 S6），构成千将坪滑坡的顺层滑带。

受区域构造影响，滑坡区层间错动软弱夹层较发育，地表出露见于千将坪滑坡后缘，钻孔、平洞与竖井揭露深部软弱夹层发育情况，以平洞与竖井的资料较为可靠，列于表2.5、表 2.6 和图 2.20。

表 2.5　　　　　　　　　　　　　　　1 号平洞软弱夹层统计表

编　号	产　状	厚度/cm	地　质　描　述	性　质
R1	144°∠33°	5～7	充填黄褐色粉质黏土，湿、软塑状	泥化夹层
R2	105°∠42°	3～5	充填黄褐色粉质黏土，湿、软塑状	泥化夹层
R3	117°∠45°	3～5	充填黄褐色粉质黏土，湿、软塑状	泥化夹层
R4	140°∠30°	5～10	充填黄褐色粉质黏土，湿、软塑状	泥化夹层
R5	144°∠20°～42°	4～30	左壁一条，延伸至顶板及右壁分为两条，充填黄褐色黏土，很湿、软塑状	泥化夹层
R6	144°∠20°～30°	45	顺层发育，成分为碎石角砾土，土石比 3∶7，碎石成分为长石石英砂岩，土为粉质黏土，软塑状，碎石都成挤压扁平状、渗水	泥化夹层

续表

编号	产 状	厚度/cm	地 质 描 述	性 质
R7	140°∠50°	5～25	只在右壁出露，延伸长 2m，成分为紫红色角砾土，角砾成分为长石石英砂岩、泥岩、棱角状、很湿、可塑状	泥化夹层
R8	155°∠32°	5～25	带内岩性为碎裂岩夹泥质条带，碎裂岩中岩块被挤压呈扁平状，具片理化。泥质条带为黄褐色粉质黏土，湿、软塑状，泥化带宽 5～8mm。碎裂岩体原岩成分为长石石英砂岩，此带下部 1m 处发育 R9	顺层发育
R9	164°∠24°	40～50	顺层发育，平行 R8 发育，带宽 40～50cm，性状同 R8	层间剪切带
R10	142°∠27°	15～50	岩性为碎裂岩夹泥质条带，碎裂岩成分为泥质粉砂岩，较破碎，局部挤压成扁平状，泥化条带宽 0.5～1cm，湿、软塑状，成分为黄褐色粉质黏土	层间错动带
R11	128°∠32°	10～40	碎裂岩体夹泥化条带，碎裂岩成分为泥质粉砂岩，被挤压成扁平状、透镜体状。泥化条带宽 0.2～5cm，稍湿、可塑状，成分为黄褐色粉质黏土，顶板见擦痕，指示运动方向逆冲	层间错动带
S1	140°～150°∠26°～54°	100～200	带内主要为强风化破碎带夹软夹层，破碎带岩石被切割成碎块状，表面呈褐色，铁锰质浸染，从左壁上看，至顶湮灭。泥化夹层中为黄褐色粉性土夹原岩碎块，碎块直径一般 3～5cm，次棱状、强风化状，具磨光、很湿、黏性土、软塑状	层间错动带
S2	146°∠28°	100～170	主带内充填泥质，上下岩体破碎呈块状，纵横裂隙发育，风化强烈，岩块多呈透镜体状，主带内泥质呈黄褐色，很湿、软塑状	层间错动带
S3	120°∠42°	17～25	影响带宽 50～70cm，岩体破碎，风化明显，裂隙发育，充填泥质，岩块呈透镜体状，主带内风化强烈，呈土状，夹少量碎石，湿、软塑状，有滴水现象	层间错动带
S4	146°∠30°	40	带内为碎石土，风化严重，碎石直径一般 3～5cm，棱角状、强风化状，原岩成分为泥质粉砂岩，粉质黏土充填，软塑状，土石比 2：8，湿，见水渗出	层间错动带
S5	127°∠35°	3～10	碎裂岩夹泥质条带，带内成分为泥质粉砂岩，碎裂岩被挤压成透镜体状、扁平状、片状，泥质条带宽 2～5mm，成分为黄褐色粉质黏土，湿、软塑状	层间剪切带
S6	140°∠31°	30～50	主错动带处为碎斑岩局部糜棱岩化原岩成分为炭质页岩夹灰岩条带或团块，碎裂岩分布于主错动带上部，岩层挤压成片状，泥质钙质胶结，风化明显，受滑动牵引，普见纵向擦痕及阶步。主错动带下部为碎斑岩，厚 3～7cm，顶部为一层连续延伸的方解石脉，厚 1～3cm，下部为一层厚 3～7cm 的灰岩，泥质胶结、风化强烈，呈土状，夹角砾，具磨光面，呈扁平状，上部方解石脉上可见斜向擦痕，指示运动方向为左旋正错。此主错动带在平洞左壁为灰黑色，饱和断层泥，呈软塑状。在平洞右壁为黄褐色粉质黏土夹黑色条带或透镜状、团块状、稍湿、呈可塑状	层间错动泥化带

表 2.6			2 号平洞软弱夹层统计表	
编号	产　状	厚度/cm	地　质　描　述	性　质
S1	140°∠25°	10～30	层间错动带，带内物质为可塑状粉质黏土夹直径 5～10cm 的强风化状原岩透镜体，湿，土含量 30%，透镜体因挤压呈扁平状，长轴方向与产状相同，顶板发育阶步、发育方向逆冲，顺层发育	层间错动
S2	124°∠37°	30～150	带内物质为碎石土，具挤压片理化现象，夹透镜体，下部见 1.7m 厚的原岩破碎带，风化强烈，风化裂隙发育，多泥质充填，上部见渗水现象，水量 1 滴/min	层间错动
S3	124°∠37°	50～80	平行 S2 发育，形态同 S2，两者间为强风化破碎带	层间错动
S4	110°∠28°	20～30	带内为碎石角砾土，碎石角砾直径 0.5～3cm，表面具磨光，局部见挤压壁理现象，成分为粉砂质泥岩，土石比 7∶3	层间错动
R1	118°∠18°	3～8	层间发育，带内物质为碎石土，碎石具挤压现象，扁平状，土为紫红色粉质黏土，湿、可塑，土石比 6∶4	泥化夹层
R2	123°∠29°	10～14	层内物质为粉质黏土夹角砾，紫红—灰绿色，土石比 7∶3，土湿、软塑	泥化夹层
R3	105°∠24°	10～20（长 15m）	带内岩性为碎石角砾土，碎石角砾直径 3～5cm，成分为粉砂质泥岩，强风化状，颜色为紫红色	软夹层
R6	130°∠24°	2～30	带内岩性为黄褐色—黄绿色黏土，夹碎块石透镜体，饱和软塑状，碎石透镜体直径一般 15～30cm，扁平状，长轴方向与 R6 产状一致，成分为强风化状泥质粉砂岩、泥岩。顶板出露于 49.5～52.4m 的顶壁，面光滑平直，产状 130°∠24°	泥化夹层

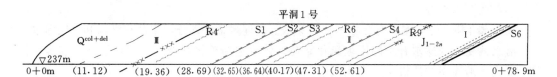

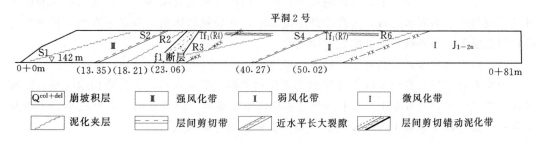

图 2.20　1 号、2 号平洞泥化夹层及层间剪切错动带分布示意图

　　勘探表明，滑坡及影响区各部位软弱夹层的数量、间距及发育率有一定差别。愈靠近边坡表部，次生泥化软弱夹层愈多，这是卸荷作用及风化影响所致；层间错动软弱夹层数量、间距及发育率的差别则是因为层间错动的不均匀造成的；而原生软弱夹层就相对稳定得多，勘探表明，在整个千将坪滑坡区范围，原生软弱夹层 S6 是比较连续的，其工程地

质性状有所差别和不均匀是其受层间错动和风化泥化程度的不同造成的。

所以，受层间错动改造的原生夹层 S6 是影响岸坡稳定的控制性结构面，具有形成岸坡整体滑坡滑带的良好条件。

2.3.4 水文地质

（1）地表水系。

滑坡后坡第一分水岭高程 420～560m，汇水面积约 1km² （包括影响区），汇水区内地表水系由青干河及大小冲沟组成。青干河位于滑坡南侧，年均流量 19m³/s，汇水区内大小冲沟均不是常流性沟谷，除白果树沟为季节性流水外，大部分为干沟。

两条较大冲沟望家沟和白果树沟分别位于汇水区的西侧和东侧，切割较深，较小冲沟位于汇水区前缘，降雨大部分呈坡面径流汇入冲沟后，排入青干河，少部分下渗成为地下水。

（2）含水介质类型。

汇水区内有如下两种含水介质类型。

1）孔隙含水层：本区松散堆积的崩坡积碎块石土为孔隙性含水，具较强透水性，其 k 值一般为 0.02～0.008cm/s。

河漫滩砂卵石层为孔隙含水透水层，具较强透水性，k 值在 0.09cm/s 左右。

2）裂隙含水岩体：岸坡强、弱风化岩体内裂隙和卸荷风化软弱夹层较发育，由裂隙和卸荷风化软弱夹层形成立体网络状空隙含水，具中等透水性，k 值在 0.001cm/s 左右。

1 号、2 号平洞揭露的地质条件较清楚地说明了岸坡强、弱风化岩体具裂隙性弱（中等）透水性。正是由于岸坡强、弱风化岩体的中等透水性，使得三峡库水在 1 个月时间内渗透侵入库岸，浮托滑体阻滑段，浸泡软化降低滑带的抗剪强度。

（3）地下水类型。

按含水介质划分，本区有孔隙水和裂隙水。按埋藏条件划分，本区有潜水和上层滞水。

潜水：受三峡库水补给的岸坡风化卸荷岩体（包括千将坪滑体）内地下水为裂隙性潜水，形成了沿库岸的浸没带，潜水面已与三峡水库水面相接。

上层滞水：上层滞水是汇水区内库水位以上的地下水主要赋存形式，在崩坡积堆积区以基岩或黏土层为隔水底板，为孔隙性上层滞水；在裂隙岩体内，多以页岩或含粉质黏土的软弱夹层为隔水底板，为裂隙性上层滞水。

（4）地下水含水量及其补给、径流与排泄。

地质调查结果，目前本区仅在东侧白果树沟发现一个泉水点，流自崩积物与基岩接触界面，流量较小，约 0.05L/s；平洞及竖井勘探施工揭示，岸坡坡体含水量较小，平洞及竖井较干燥，地下水量不大，仅沿部分裂隙及软弱夹层滴水或渗水。

影响区地下水观测说明，岸坡坡体含水量受大气降雨影响明显，坡体上层滞水主要受降雨补给，岸坡坡体潜水主要受三峡库水补给、其次为受降雨补给，排泄基准面为青干河河面。

2.3.5 岩体风化

（1）风化分带。

岩体风化是千将坪滑坡的重要工程地质特征。本区岩体风化分带自上而下主要为强风化带、弱风化带、微风化带。

强风化岩体：砂岩表面呈砂状、呈黄褐色，紫红色泥岩多风化成土状，岩体呈碎裂块状，块径多在 0.5～1.5m。岩芯以碎块为主、含短柱状，纵波波速为 700～1500m/s。

弱风化岩体：岩体裂隙、风化软弱夹层发育，地下水相对较丰富，多见含泥或泥化软弱夹层，岩芯以短柱状为主、含碎块，纵波波速为 1500～3000m/s。

微风化岩体：仅沿部分裂隙有轻微蚀变，岩芯以柱状为主，纵波波速为 3000～4000m/s。

（2）风化岩体分布。

滑坡区岩体风化厚度见表 2.7 和表 2.8。可知滑坡区风化岩体铅直厚度为：中后部斜坡 32～55m，下部平台 50～67m，滑坡前缘 48～52m。

勘探表明，千将坪滑坡滑体均为强、弱风化岩体，滑带基本沿弱风化带底板分布。

表 2.7　　　　　　　　　平洞岩体风化厚度统计表

平洞编号	洞口高程/m	洞深/m	强风化带/m	弱风化带/m	微风化带/m
1 号	237.56	78.9	5～11	11～54	54～78.9
2 号	142.0	81	0～10	10～57	57～81

表 2.8　　　　　　　　　滑坡区钻孔风化厚度综合统计表

滑坡分区	剖面编号	覆盖层/m	强风化带/m	弱风化带/m	强—弱风化总厚/m
后部斜坡	1—1	0	20.21	35.00	55.21
	2—2	0	14.42	18.20	32.62
	3—3	0	15.69	23.78	39.47
中部斜坡	1—1	0	18.97	37.79	56.76
	2—2	0	24.98	30.07	55.05
	3—3	2.03	18.62	38.91	57.53
下部平台	1—1	6.43	24.85	42.92	67.77
	2—2	13.67	16.62	39.62	56.24
	3—3	11.30	20.81	29.72	50.53
前缘	1—1	1.23	18.69	33.99	52.68
	2—2	3.62	14.95	33.96	48.91
	3—3	0	12.1	37.46	49.56

2.4　滑坡边界条件及物质组成

2.4.1　滑坡边界及其形成的岩体结构面特征

（1）东侧边界。

滑坡东侧边界地形上为一个走向 310°左右、倾角 50°左右的陡壁，多为碎石土覆盖。经地质调查及探槽揭露，顺陡壁存在一条裂隙性断层，即 f14：断层产状 308°～317°/

SW∠65°～80°，断层面平直微波状，见顺断层走向的擦痕及阶步，破碎带宽 0.3m 呈碎块状及透镜体（图 2.21）。

东侧边界主要表现为滑坡体顺裂隙性断层 f14 的剪切运动。

（a）东侧地形陡壁 　　　　　（b）裂隙性断层 f14 及其擦痕及阶步

图 2.21　滑坡东侧边界

（2）西侧边界。

滑坡西侧边界是走向 330°左右的岩壁、沟槽及堆积垄，很明显，岩壁面即是长大裂面，是为 f06－07：断层产状 320°/SW∠65°～75°，面波状粗糙，裂面附近见约 10cm 的岩屑与碎块，呈片理化现象（图 2.22）。

西侧边界主要表现为滑坡体顺裂隙性断层 f06－07 的拉裂运动。

（a）西侧拉裂槽 　　　　　　（b）裂隙性断层 f06

图 2.22　滑坡西侧边界

（3）后缘滑壁。

滑坡发生后，在滑坡后缘形成一个宽 200～400m、长约 200m、平面上大致呈三角形展布、控制高程 280～400m 的平直光滑壁面（见图 2.23），为岩层层面，产状总体为 140°∠30°，为层间剪切错动泥化带，厚 0.3m 左右，物质组成主要为碳质页岩夹方解石脉及生物碎屑灰岩透镜体，多处见 3～10cm 的泥化黏土透镜体，壁面上见两组方向（195°及 135°）的擦痕。其中 195°方向擦痕为历次层间错动擦痕，135°方向擦痕为本次滑坡滑动擦痕。

后缘滑壁上滑体表现为顺层面倾向（135°～140°）的下滑运动。

（a）平直光滑壁面

（b）碳质页岩及生屑灰岩透镜体

图 2.23　后缘滑壁

（4）滑带。

勘察表明，滑坡滑带从物质组成和地质背景来划分可分为两大部分：中上部顺层滑带，即为顺层层间剪切错动泥化带；前缘为切层滑带，即切层的近水平缓倾角不连续结构面（缓倾角裂隙性断层或破碎带，含岩桥）；从滑面形态自后缘至前缘可分为两段：①平直顺层滑带（25°～29°）；②近水平切层滑带。滑坡滑带组成分布见图 2.24 和图 2.25。

图 2.24　滑带各组成部分平面分布示意图

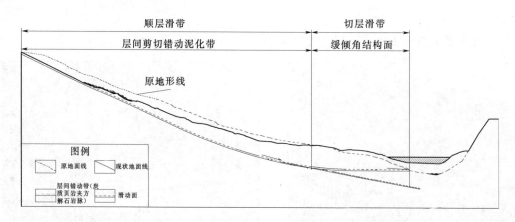

图 2.25　滑带各组成部分剖面分布示意图

滑坡剪出口位置：滑坡剪出口位置及高程见表 2.9。滑坡西部剪出口位于原青干河边的陡崖上、距河漫滩约 10m 高度，约 111m 高程；滑坡东部剪出口位于原青干河漫滩附近，约 100m 高程。

表 2.9　　　　　　　　　　　　　滑坡剪出口位置及高程表

勘探剖面	剪出口高程/m	位置
1—1	111	岸边陡崖
2—2	100	河漫滩
3—3	95	河漫滩

2.4.2　滑坡物质组成

（1）滑带物质组成及宏观地质特征。

1）顺层滑带。

a. 顺层滑带原型——层间剪切错动泥化带。顺层滑带未滑动前的原型为层间剪切错动泥化带，在坡体范围内普遍存在，且其主要物质组成和厚度相对较均一，但其软化泥化程度不太均一，甚至差别较大。

顺层滑带在后缘滑壁见厚 30cm 左右，物质组成主要为碳质页岩夹方解石脉及生物碎屑灰岩透镜体，多处见 3～10cm 的泥化黏土透镜体。

影响区 1 号平洞见厚 20～50cm 的层间错动带，厚度分布见图 2.26。主错动面处为碎斑岩局部糜棱岩化，原岩成分为炭质页岩夹灰岩条带或团块，碎裂岩分布于主错动面上部，岩层挤压成片状，泥质钙质胶结，风化明显，受滑动牵引，普见纵向擦痕及阶步。主错动面下部为碎斑岩，厚 3～7cm，顶部为一层连续延伸的方解石脉，厚 1～3cm，下部为一层厚 3～7cm 的灰岩条带，上部方解石脉上可见斜向擦痕，指示运动方向为左旋正错。此主错动面在平洞左壁为灰黑色，饱和断层泥，呈软塑状。在平洞右壁为黄褐色粉质黏土夹黑色条带或透镜状、团块状、稍湿，呈可塑状。

b. 滑动后顺层滑带特征。1 号竖井内顺层滑带滑动后特征描述：厚 30cm，黑褐色碎石角砾土。上部湿、可塑状；下部 1cm，饱和，软塑状；碎石角砾直径 1～8cm，具磨光，

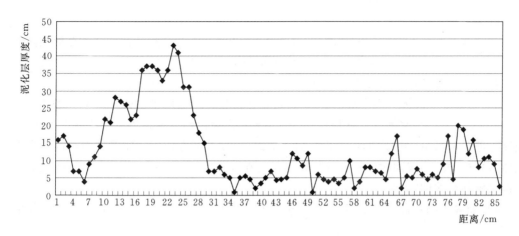

图 2.26　1 号平洞层间错动带厚度分布图

可见擦痕，呈次圆状—次棱状，碎石角砾成分为黑色炭质页岩、黄绿色泥质粉砂岩，强—弱风化，中部可见断续的方解石脉，厚 1～2cm，表面见横向及纵向两组擦痕，碎石角砾土中土石比 7∶3，土为粉质黏土，底部 1cm 为黏土，灰黑色不连续。

　　2）前缘切层滑带。综合分析认为，前沿 250～300m 长的切层滑带可能是由一组近水平裂隙性断层形成，该带包括缓倾角近水平裂隙性断层及间断其间的较完整岩体或称岩桥两部分。调查研究表明，近水平裂隙性断层带的连通率为 50%～60%。

　　未滑动前缓倾角近水平裂隙性断层性状：典型性状可见于影响区 2 号平洞内，紫红色粉质黏土夹碎石角砾，很湿、软塑状，面光滑，具 140°方向的擦痕。碎石角砾直径 3cm 左右，成分为紫红色粉砂质泥岩，强风化，含量 20%～30%。图 2.27 为 2 号平洞顶板揭露的近水平缓倾角裂隙型断层 f17，可见长 7.5m，紫红色黏土夹碎块石，面波—微波状，见顺扭擦痕，显逆冲压覆性。

图 2.27　2 号平洞内顶板近水平缓倾角裂隙型断层 f17

　　滑坡启动后，缓倾角近水平裂隙性断层间的岩桥被剪断，断层带完全贯通，经碾磨成为黄绿色碎石土，湿，结构稍密，碎石直径一般 3～5cm，次磨圆，表面具磨光，成分为弱风化状泥质粉砂岩，土为黄绿色黏性土，湿，可塑—软塑状，土石比 4∶6。

　　（2）滑体。

　　滑坡体主要由块裂岩体组成，在滑坡地表局部见有松散崩坡积物。

　　1）块裂岩体：滑坡主要组成部分，岩性为中厚层粉沙质泥岩、泥质粉沙岩夹厚层长石石英砂岩，岩体一般为块状—次块状结构，局部沿裂隙断开形成裂缝、岩体较为破碎、为碎裂结构。块裂岩一般为强—弱风化状态。滑坡块裂岩体厚一般 20～30m，最厚约 50m。

在滑坡中后部，由于是平移滑动，块裂岩体产状与原岩产状变化不大，在滑坡前缘及坡脚区，受滑体弧形转动影响，块裂岩体产状趋于平缓乃至反倾，在青干河南岸滑坡堆积区出现岩层中等倾角反倾现象，岩层产状为 $337°\sim353°\angle41°\sim47°$。

2) 松散堆积块体：在滑坡后缘滑壁见有滑坡散落残留堆积块体，块度一般 $1m\times2m$ ~$1.5m\times2.5m$，少数孤立块体块度达 $3m\times5m$；滑坡西侧的堆积垄由松散堆积块体组成，块度一般 $1m\times2m$；由于滑坡内部块体间的撞击运动及惯性作用，在滑坡中后部平直滑动块体与中前部弧形转动块体接合部位，局部存在散落块体堆积层，块度一般 1m 左右，成为滑坡解体分块的标志。

3) 崩坡积物：碎石土、粉质黏土夹块石，厚一般 3~8m。分布于滑坡中前部滑体表部。

（3）滑床。

滑床为微风化新鲜的中厚层粉沙质泥岩、泥质粉沙岩夹厚层长石石英砂岩，仅沿部分裂隙有轻微蚀变，岩芯以柱状为主，岩体较完整。

2.5 滑坡变形特征及滑坡结构分区

2.5.1 滑坡变形形迹

由于滑坡总体以平移运动为主，滑坡滑动后，原有的地形地貌改变不大，基本轮廓未变。滑坡滑动过程中出现一定程度的解体分块现象，主要变形形迹见图 2.28，分述如下：

（1）后缘拉裂缝。

据调查，2003 年 6 月 13 日，后缘高程 400m 左右即开始出现拉张裂缝，随着滑坡变形加剧裂缝逐步扩张，至 7 月 12 日，后缘 280m 高程以上出现弧形贯通拉张裂缝，张开宽约 2m，深约 2m。

（2）侧向拉裂槽（壁）。

滑坡发生后，滑坡西侧边界形成长约 400m、宽 20m 左右、深 10~15m 的拉裂槽，槽内散落堆积块体；滑坡东侧主要受剪切作用，形成高 5~13m 的陡壁。

（3）横向张裂缝。

下部缓坡平台的后缘部位（高程 165~170m）120~180m 宽度范围出现带状横向张裂缝，裂缝走向约 30°，宽一般 0.2~0.5m，可见深 2~3m，连续延伸长度一般 5~10m，多呈"之"字形追踪分布，显张性特征。裂缝间距一般 5~10m。此处带状横向张裂缝是滑体下部弧形转动滑块的后缘标志（见图 2.3）。

（4）下部缓坡平台地面反翘。

下部缓坡平台的后缘部位（高程 165~170m）120~180m 宽度范围出现房屋、树木向坡后歪斜，部分路面、地坪向坡后倾斜 10°~20°，也是滑体下部弧形转动滑块的标志。

（5）纵向裂缝。

滑坡前缘、滑体中部高程 180~280m（平直滑动区）范围见有纵张裂缝分布，分布稀疏不均。纵张裂缝反映了滑体运动过程中的受挤压状态,前缘滑体受到河床及青干河南岸坡的阻滞与挤压,中后部平直滑动区滑体受到中下部弧形转动滑块的相对阻滞与挤压。

(6)堆积区地层反翘。

受滑坡变形破坏影响,块裂岩体产状与原岩有一定变化,在青干河南岸滑坡堆积区出现岩层反翘现象,岩层产状为 $337°\sim353°\angle41°\sim47°$(见图 2.7)。

(7)影响区拉裂缝。

受滑坡影响,滑坡影响区残坡积物中出现牵引拉裂缝,张开宽度 $0.05\sim0.3$m,走向主要为顺侧边界线近 EW 向。

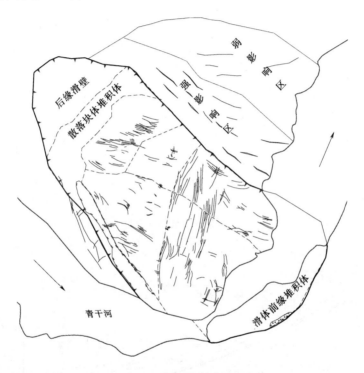

图 2.28 千将坪滑坡地表裂缝分布图

2.5.2 滑坡结构分区

滑坡结构分区见图 2.29 及图 2.30。

横向分区:按整体滑移中的相对错动,滑坡体总体分东、西两大区,两区分界线大体在滑体中部略偏东,地貌上以沟和洼地分界,见有明显的纵向拉裂缝。西区地势较东区高,西区相对东区向滑坡滑移方向错动 $10\sim20$m。

纵向分区:滑坡滑动后,滑坡纵向上自后缘滑壁至河南岸堆积区分为后缘滑壁、散落块体堆积区、平直滑动区、弧形滑动区、滑坡堆积区。其中,东区平直滑动区又分为两亚区,两亚区有如图 2.29 所示的相对错动,这是滑坡滑动后期滑块间的调整所造成。

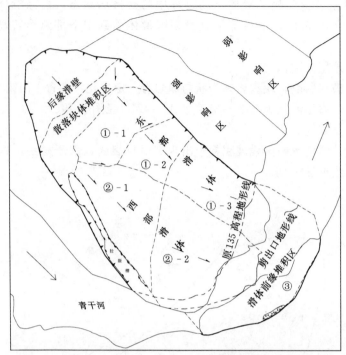

①-1、①-2—东部滑体平直滑块　①-3—东部滑体弧形转动滑块
②-1—西部滑体平直滑块　②-2—西部滑体弧形转动滑块

图 2.29　千将坪滑坡结构分区示意图

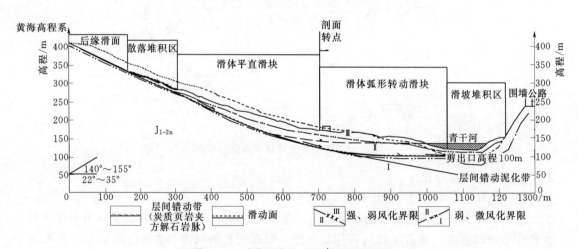

图 2.30　千将坪滑坡 2—2' 剖面示意图

2.6　滑带及牵引区软弱带形成年代

为了深入分析滑带和牵引区软弱带的成因及其相互关系，研究滑坡形成机制，本项研究中对滑坡区滑带和牵引区软弱带进行了测年分析。滑带和牵引区软弱带测年分析工作由

本课题子项目承担单位中国地质大学（北京）完成，负责人为文宝萍教授。

2.6.1　测试方法与式样

（1）测试方法。

由于在滑带和牵引区软弱带内普遍含有方解石和石英，因此本项研究中选用分别适宜于方解石和石英矿物测年的热电离质谱铀系法（TIMS－U 系法）和电子自旋共振方法。

1）热电离质谱铀系法（TIMS-U 系法）。热电离质谱铀系法（Thermal ionization mass spectrometry，TIMS）是基于经分离纯化的试样在 Re、Ta、Pt 等高熔点的金属带表面上，通过高温加热产生热致电离的一门质谱技术。主要应用于地球化学、宇宙化学及地质年代学等领域的高精度同位素比值的测定。TIMS－U 铀系法（简称 U 系法）测定地质年龄范围在数百年到 50 万年之间，其中第四纪碳酸盐质沉积物等是最适合的研究对象。

U 系法测年的基本原理：在自然界的岩石和水体中，广泛分布着放射性元素铀。在天然水体中，铀与碳酸根形成铀酰络合阴离子 $[UO_2(CO_3)_3]^{4-}$ 和 $[UO_2(CO_3)_3]^{3-}$，它们容易溶于水并被水搬运。相反，Th^{4+} 则容易水解，沉淀或被吸附在其他物质上。形成沉淀的 Th 能被其他固体物质吸附，而不被水带走迁移。已有的研究证明，只有在 pH 值 ＝3.5 的情况下，Th 才能与 U 一起迁移，天然环境中是极少具备这种条件的。这就是铀系不平衡测定碳酸盐年龄的基础。

铀系定年技术是利用铀的衰变系列中的母体和子体不平衡来定年的。U 所产生的衰变系列包含许多不同的元素的放射性同位素。由于 U 的各子体地球化学性质不同，在自然界各种外力作用下，能把衰变链断开，每对断开后没有达到平衡的母子体都可用于定年。近年来，最广泛使用的 U 系定年法为 ^{238}U–^{234}U–^{230}Th 体系来定年。

^{238}U–^{234}U–^{230}Th 体系定年的基本公式为

$$(^{230}Th/^{238}U) = 1 - e^{\sim 1234t} + 1230/(1230 - 1234)[(^{234}U/^{238}U) - 1][1 - e^{\sim(1230-1234)t}]$$

公式中，$(^{230}Th/^{238}U)$ 和 $^{234}U/^{238}U$ 是样品实测的放射性比值，1230 和 1234 分别是 ^{230}Th 和 ^{234}U 衰变常数，t 为样品年龄。

2）电子自旋共振（ESR）法。ESR 或 EPR（电子顺磁共振）是一种测量液体或固体中的顺磁中心浓度和自由基的非介入方法。

ESR 测年的基本原理：第四纪沉积物在各种地质作用下最后一次被搬运、沉积的过程中，或挤压受力过程中有某些或者全部信号晒退回零。这一点就是测年的零点，沉积物的沉积年龄就从此算起直到现在为止。ESR 是一种测试沉积物中矿物的原子中未成对电子的方法。ESR 测年方法一般选用石英颗粒作为测年的对象。石英沉积之后，在自身和其所在的环境中放射性元素（U，Th，40K 等）衰变所产生的 α、β、γ 以及其他射线（宇宙射线）的辐射下，形成空穴心（原子核）和自由电子，自由电子能被矿物颗粒中杂质（Ge 心，Ti 心，Al 心）与晶格缺陷捕获而形成杂质心与缺陷中心。这些杂质心与空穴心都是顺磁性的，称为顺磁中心。这些顺磁中心的数目与沉积的时间长短成正比。通过对顺磁中心的个数进行测量从而达到测定沉积物年龄的目的。顺磁中心的数目与矿物颗粒自沉积以来所接受的总辐射剂量成正比关系，只要测出矿物自沉积以来的接受的总辐射剂量（TD），并测算出矿物颗粒所在环境中的年剂量率（D），就可以算出样品的年龄（T）。$T = TD/D$。

（2）试样。

本项研究中从千将坪滑坡滑壁处有明显新老两组擦痕的方解石脉上采样两组用于 TIMS－U 系法测年。从滑坡上 1 号浅井、钻孔 ZK1、ZK2 内采集主滑带灰黑色、紫红色和黄绿色黏性土样各 1 组、从牵引区 1 号平洞、2 号平洞、钻孔 WK2、WK8 内采集 2 组灰黑色黏性土样、紫红色黏性土和黄绿色黏性土软弱带土样各 1 组，用于电子自旋共振法测年。

2.6.2 测试结果

（1）TIMS－U 系法测年结果。

采自滑坡后壁两组方解石脉试样的 U 系法测年结果如表 2.10 所示。由于试样 QJP－2 中铀含量太低，所测结果误差较大，已经没有严格的定量意义。样品 QJP－1 的测年结果显示，方解石脉的形成时间可能在 5.5 万～6.7 万年之间。据此推测，方解石脉上记录的与滑坡新近滑动时间斜交的擦痕形成时间应在不足 5.5 万～6.7 万年。

表 2.10　　　　　　　　　　　　TIMS－U 系法测年结果

试样编号	采样位置	样品类型	铀含量/ppm	$^{234}U/^{238}U$	$^{230}Th/^{238}U$	^{230}Th 年龄/千年	备注
QJP－1	滑坡后壁	方解石	0.017	1.97±0.14	0.44±0.03	61±6	
QJP－2	滑坡后壁	方解石	0.005	1.60±0.16	1.01±0.08	262±$^{+1...}_{-...}$	无意义

（2）电子自旋共振（ESR）测年结果。

ESR 测年结果见表 2.11。根据测试结果，滑坡中不同类型主滑带的形成时间不同，灰黑色、黄绿色、紫红色滑带的形成时间可能分别为 9.1 万～10.9 万年、7.5 万～11 万年、24.7 万～31.3 万年。

牵引区不同类型的软弱带形成时间也不相同，并且与对应成因滑带的形成时间也不一致，牵引区不同部位同一层灰黑色黏性土软弱带测得 6.1 万～7.5 万年（1 号平洞部位）和 11.4 万～15.6 万年（WK2 钻孔部位）两个形成时间，黄绿色软弱带的形成时间 12 万～13.4 万年，牵引区前缘反倾坡内紫红色软弱带的形成时间可能为 7.8 万～9.3 万年。

表 2.11　　　　　　　　　　　电子自旋共振（ESR）测年结果

试样编号	采样位置	试样类型	钻剂量/Gy	Alpha Counting/ks	年剂量/Gy	年龄/千年
SJ1－SZ	滑坡 1 号浅井 25.3m	滑带（灰黑色黏性土）	331±30	16.21	3.283	100±9
ZK1－SZ	滑坡 ZK1 钻孔 33.1m	滑带（紫红色黏性土）	1030±121	9.7	3.669	280±33
ZK2－SZ	滑坡 ZK2 钻孔 49m	滑带（黄绿色黏性土）	307±40	7.52	3.147	98±13
PD1－F4	牵引区 1 号平洞，F4	软弱带（灰黑色黏性土）	380±35	11.70	5.535	68±7
PD2－WZ	牵引区 2 号平洞，R4	软弱带（紫红色黏性土）	359±33	10.49	4.249	85±8
WK2－WZ	牵引区 WK2 钻孔 17.1m	软弱带（灰黑色黏性土）	380±60	7.15	2.826	135±21
WK8－WZ3	牵引区 WK8 钻孔 38.8m	软弱带（黄绿色黏性土）	460±26	10.67	3.639	127±7

2.6.3　基于测年结果的滑带、牵引区软弱带成因及滑坡性质

（1）灰黑色黏性土滑带和牵引区软弱带。

由于 U 系法测年的方解石脉试样和 ESR 测年的灰黑色滑带土样均位于灰黑色页岩层上，但是，测年结果显示，前者记录的构造活动时间（5.5 万～6.7 万年）晚于后者（9.1 万～10.9 万年）。以此推测，滑坡区灰黑色页岩层间至少可能经历了至少两次变形破坏过程。后一次显然与滑坡无关，前一次是否与滑坡有关，仅仅根据测年结果尚无法判断。但是，测年结果至少证实了在滑坡的新近活动（2003 年 7 月 13 日）之前，滑坡区的灰黑色滑带为已经存在的软弱带，并非新近形成的滑带。

同样，位于牵引区同一层灰黑色页岩上两个不同部位的灰黑色黏性土软弱带的两个不同测年结果表明，该层软弱带也可能经历了至少两次变形破坏过程（6.1 万～7.5 万年，11.4 万～15.6 万年）。1 号平洞中灰黑色软弱带下部发育的方解石脉表明发育的斜向擦痕说明，牵引区页岩层间也至少经历过一次构造变形过程，而软弱带表面和方解石脉上顺向擦痕是否与顺层斜坡变形破坏有关，还是与构造错动有关，根据测年结果尚难以判断。

对比滑带和牵引区软弱带的测年结果，发生在滑坡后壁方解石脉上的早期层间错动与牵引区 1 号平洞 F4 断层处的方解石脉斜向擦痕记录的层间错动很可能属于同一次构造运动，其活动时间可能在 5.5 万～7.5 万年之间。根据钻孔和平洞揭露的牵引区页岩层的发育位置及其产状判断，滑坡区和牵引区的页岩层应为同一岩层，则发育页岩层上的滑坡区灰黑色滑带和牵引区灰黑色软弱带亦应为同一层。综合灰黑色黏性土样的测年结果，可以初步判断，千将坪斜坡区的页岩层面很可能为层间剪切错动面，该层面至少经历了 3 次变形破坏过程。其中至少有 1 次与岩层倾向斜交的构造错动，发生在 5.5 万～7.5 万年之间，其余两次以上更早时间的层间错动是否与顺层斜坡运动有关，目前难以判断。

（2）紫红色黏性土滑带和牵引区软弱带。

根据测年结果，滑坡区紫红色主滑带形成时间可能为 24.7 万～31.3 万年。这一结果早于灰黑色滑带的形成时间。说明该层滑带也为滑坡新近活动前已经存在的层间剪切带。

滑坡牵引区前缘发育的缓倾坡内的紫红色软弱带的形成时间为 7.8 万～9.3 万年，不同于滑坡区顺层滑带和牵引区层间软弱带的形成时间。显示千将坪斜坡区除经历了数次层间错动变形破坏外，还经历了切层变形破坏过程。但是，目前尚无证据判断，该类切层错动带的形成与构造作用有关，还是历史上的斜坡变形破坏有关。

（3）黄绿色黏性土滑带和牵引区软弱带。

根据测年结果，滑坡区前部黄绿色主滑带也为一层在滑坡新近活动之前已经存在的层间软弱带，其活动时间可能为 7.5 万～11.1 万年。

滑坡牵引区黄绿色软弱带测年结果则显示，其构造活动时间可能为 12 万～13.4 万年。如果滑坡区、牵引区内，该层软弱带为同一层，该层可能至少经历了两次层间错动。

（4）滑坡性质。

根据测年结果，千将坪三类主滑带中，滑坡中后部和前部的灰黑色（6.1 万～7.5 万年，11.4 万～15.6 万年）黏性土滑带、黄绿色黏性土滑带（7.5 万～11.1 万年，12 万～13.4 万年）似乎具有相近的活动时间，但是滑坡中前部的紫红色黏性土主滑带（24.7 万～34.3 万年）则与前两类滑带活动时间不同。如果千将坪滑坡为巨型古滑坡，滑坡新近

活动沿老滑带滑动，则老滑带应该具有相近的活动时间。然而，测年结果反映的滑坡主滑带活动时间不一致性，说明新近活动滑坡的主滑带可能并非老滑带滑坡，可能是滑坡前岩层内已经存在的层间错动带，因此，千将坪滑坡可能并非复活型老滑坡，而是沿层间错动带发育的新滑坡。

2.7 滑坡岩土物理力学性质及其变化规律

2.7.1 概述

千将坪滑坡是三峡水库蓄水初期发生的上部沿层间剪切带顺层滑动、前缘切层滑出的大型高速深层岩质滑坡。为了研究滑坡的形成机理，对滑体、滑带及其原型——层间剪切带物质取样进行了化学矿物成分测试及岩土常规物理力学试验，并对滑带（包括滑带原型——层间剪切错动带）进行了专项试验研究。滑带专项试验研究包括形成年龄测试、膨胀性试验、浸泡软化试验、干湿循环试验（DWC）、恒荷载试验（DL 试验）、蠕变试验（CREEP 试验）、现场原位大型直剪试验等，详见第 3 章和第 4 章，本章仅叙述其成果结论，并在试验研究的基础上，结合滑坡变形历史，对滑坡滑带的综合力学参数进行了反分析。

滑坡岩土试验工作主要由三峡大学岩土试验室完成，中国地质大学（武汉）、中国地质大学（北京）、国土资源部宜昌地矿所等单位也参与了部分测试工作。

2.7.2 滑坡岩石常规物理力学试验

千将坪滑坡为一个特大顺层岩质滑坡，滑体大部为岩体，岩层软硬相间，以软岩和较软岩为主。在滑体及滑床取 18 组岩芯样进行常规物理力学试验，18 组岩芯样中，泥质粉砂岩 4 组，粉细砂岩 9 组，细砂岩 2 组，长石石英砂岩 3 组。滑坡及滑床以粉、细砂岩及泥质粉砂岩为主，长石石英砂岩主要见于滑体上部。

岩石物理力学试验依照《工程岩体试验方法标准》（GB/T 50266—99）进行，主要试验成果汇总见表 2.12。成果表明，滑坡中的软岩软化系数低，被水浸泡后抗剪强度急剧降低。

表 2.12　　　　　　　　滑坡岩石物理力学试验主要性质指标汇总表

岩组类别	性质	饱和抗压强度/MPa	软化系数	饱和黏聚力/MPa	饱和内摩擦角/(°)
（紫红色）粉砂质泥岩	软岩	3.69～5.38	0.18～0.21	1.4～1.6	19.9～20.8
泥质粉砂岩	较软岩	7.7～12.5	0.34～0.49	1.3～2.5	32.0～34.1
粉砂岩	较硬岩	27.6～42.6	0.51～0.70	3.8～4.7	37.2～39.7
细砂岩	硬岩	62.8～75.6	0.77～0.86	11.5	44.8
长石石英砂岩	硬岩	66.2～74.1	0.81～0.87	9.8	42.5

2.7.3 顺层滑带化学及矿物成分分析

（1）试验成果。

分两次共取 11 组顺层滑带（层间剪切带）试样进行化学成分及矿物成分分析，分析试验成果见表 2.13～表 2.15。

（2）试验成果分析。

1）滑带化学元素以 Ca、Fe、K、Mg、Mn、Na 等元素为主，其中 Fe、Mn 尤其是 Fe 的含量较高，滑带氧化物以 SiO_2、Al_2O_3、Fe_2O_3、CaO 为主，反映了顺层滑带（层间剪切带）在地质历史时期所遭受的较强烈的风化氧化作用。

2）滑带矿物主要有石英、绿泥石、伊利石，次为方解石、高岭石、长石等，滑带矿物以层状硅酸盐矿物为主，具较好的亲水性，且伊利石属中等膨胀程度的黏土矿物。石英、长石为黏土岩的成岩矿物（但滑带现有的长石含量已很低），经过后期的低温热液改造作用，长石等原生矿物蚀变成绿泥石、伊利石、高岭石等，并在低温热液环境中产生方解石矿物。上述滑带矿物的共生及演变关系反映了滑带受低温水解氧化作用的形成历史。

表 2.13　　　　　　千将坪滑坡顺层滑带化学成分分析成果表（一）　　　　　　（%）

样　品	SiO_2	Al_2O_3	CaO	MgO	Na_2O	TiO_2	P_2O_5	MnO	灼失	Fe_2O_3
滑带土	55.98	16.31	5.87	1.12	0.780	0.972	0.402	0.188	10.06	5.01
剪切带土1	58.93	20.08	1.30	1.19	0.793	0.944	0.434	0.764	7.35	5.04
剪切带土2	56.82	17.04	5.56	1.38	0.666	0.841	0.502	0.346	8.94	5.02
剪切带土3	62.22	17.47	1.61	0.954	0.763	0.945	0.813	0.132	5.94	5.62

表 2.14　千将坪滑坡顺层滑带及其原型（层间剪切带）化学成分分析成果表（二）

（单位：mg/kg）

试样编号	Ag	As	Ba	Ca	Cd	Co	Cr	Cu	Fe	K	Li	Mg	Mn	Na	Ni	P	Pb	Sr	Zn	备注
千将坪滑坡影响区1号平洞剪切带a组	7.74	60.8	669.7	19340		21.22	46.94	76.74	29170	11820	17.62	9987	2037	2983	41.61	2828	242.6	175.6	160.4	
千将坪滑坡影响区1号平洞剪切带b组	5.2	93.71	624.8	12110		33.12	51.7	94.7	29490	12480	14.1	9149	3136	3708	47.3	1863	594	155.2	211.5	
千将坪滑坡影响区1号平洞剪切带c组	9.71	65.12	862.5	24350	0.61	25.73	80.33	110.3	32110	15810	25.69	13230	5673	4316	50.06	3948	580.5	234	241.9	
千将坪滑坡1号竖井顺层滑带以上碎石黏土	3.94	94.41	974.5	5438		33.53	52.69	89.93	35670	13400	26.57	11720	4019	3558	38.09	592.1	382.5	137.8	251.5	
千将坪滑坡1号竖井顺层滑带处粉质黏土层	6.47	326.5	673.2	42870		28.05	47.73	67.56	26680	9966	24.19	9366	2805	3155	46.19	1671	128	230.5	146.5	
千将坪滑坡1号竖井顺层滑带角砾土	6.61	259.2	695.2	48520		27.17	49.4	59.98	26520	9566	21.2	8805	3184	3050	42.54	1906	161.1	236.3	152.8	
千将坪滑坡1号竖井顺层滑带下炭质页岩	3.09	622.4	375.3	117000	3.17	18.23	26.95	107.6	26090	7806	17.46	8672	2527	2671	18.93	3905	139.4	792.2	139.5	

表 2.15　　　千将坪滑坡顺层滑带及其原型（层间剪切带）矿物成分分析成果表　　　（％）

试 样 编 号	绿泥石	伊利石	石英	长石	方解石	高岭石	备注
千将坪滑坡影响区 1 号平洞剪切带 a 组	22	25	40	3		10	
千将坪滑坡影响区 1 号平洞剪切带 b 组	27	25	40	3		5	
千将坪滑坡影响区 1 号平洞剪切带 c 组	25	20	35	3	17		
千将坪滑坡 1 号竖井顺层滑带以上碎石黏土	30	30	35	5			
千将坪滑坡 1 号竖井顺层滑带处粉质黏土层	20	17	30	3	15	15	
千将坪滑坡 1 号竖井顺层滑带角砾土	20	22	35	3	20		
千将坪滑坡 1 号竖井顺层滑带下炭质页岩	27	20	20	3	25	5	

2.7.4　顺层滑带土及其原型（层间剪切带）物理力学试验

（1）室内土常规物理力学试验。

滑带土样品取自 1 号竖井，为新近滑动过的滑带土样；剪切带样品取自 1 号平洞，是滑坡影响区的剪切带物质。

分别对取自剪切带、滑带的 12 组试样进行了室内常规的物性指标试验、颗分试验、膨胀性试验及直接快剪试验，试样地质描述及试验结果见表 2.16～表 2.19、图 2.31。

1）颗分及土类划分。

根据颗分成果（表 2.19），滑带土（剪切带）总体上滑带以粉质黏土—黏土为主，次为含砾粉质黏土及角砾土。

2）膨胀性分析。

综合滑带土矿物成分、稠度特征及胀缩性各项指标，滑带土具弱膨胀性，根据试验及类比资料，膨胀力小于 $30 \times 10^3 Pa$。

3）抗剪强度。

由于滑带土体的不均匀性，以及抗剪强度试验分两次取样且在不同的试验单位进行，所以，本次滑带土抗剪强度试验成果具有一定的离散性，但总体来说，试验是成功的，试验成果和地质经验判断是基本符合的。

剪切带：

快剪试验结果：$c = (10 \sim 30) \times 10^3 Pa$，$\varphi = 10° \sim 20°$。

反复剪试验结果：黏土 $c = 20.6 \times 10^3 Pa$，$\varphi = 16.2°$；

　　　　　　　　粉质黏土 $c = (1.5 \sim 5) \times 10^3 Pa$，$\varphi = 17.5° \sim 18.4°$。

顺层滑带：

快剪试验结果：粉质黏土 $c = 28.3 \times 10^3 Pa$，$\varphi = 18.2°$；

　　　　　　　　粉质黏土，重塑土 $c = 19.3 \times 10^3 Pa$，$\varphi = 25.1°$。

反复剪试验结果：黏土 $c = 13.8 \times 10^3 Pa$，$\varphi = 17.6°$。

表 2.16　　　　　　　　　　顺层滑带（层间剪切带）室内土常规试验主要成果汇总表

试验对象	试验方法	快剪试验		反复剪试验		膨胀性试验
		c/kPa	φ/(°)	c/kPa	φ/(°)	膨胀力/kPa
剪切带	黏土	10～30	10～20	20.6	16.2	30
	粉质黏土			1.5～5	17.5～18.4	
顺层滑带	黏土			13.8°	17.6	
	粉质黏土	28.3 19.3（重塑土）	18.2 25.1（重塑土）			

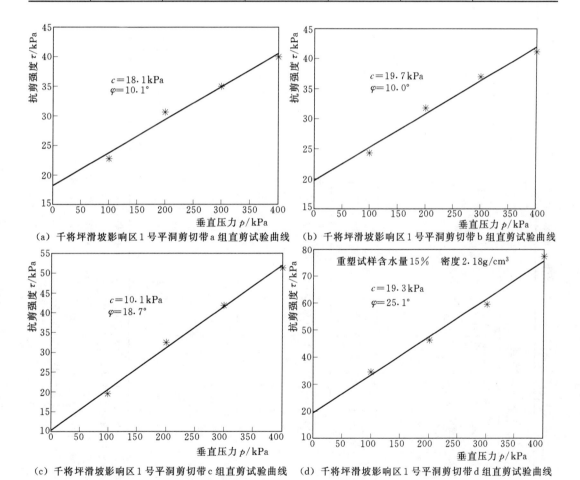

（a）千将坪滑坡影响区1号平洞剪切带a组直剪试验曲线
（b）千将坪滑坡影响区1号平洞剪切带b组直剪试验曲线
（c）千将坪滑坡影响区1号平洞剪切带c组直剪试验曲线
（d）千将坪滑坡影响区1号平洞剪切带d组直剪试验曲线

图 2.31　千将坪滑坡顺层滑带原型（层间剪切带）直剪试验成果图

注：影响区剪切带直剪试验的土样为原状样；滑带散土直剪试验的土样为重塑样，由于试验制样的要求，试验室内重塑样的含水量为15%，密度为2.18g/cm³。

表 2.17　千将坪滑坡土体常规物理力学试验指标（一）

取样部位	天然物理指标									土粒组成						力学性指标			
	湿密度 ρ/(g/cm³)	干密度 ρ_d/(g/cm³)	含水率 ω/%	比重 G_s	孔隙比 e	饱和度 S_r/%	液限 W_L/%	塑限 W_p/%	塑性指标 I_p/%	砂粒 >1.0mm	1~0.5mm	0.5~0.25mm	0.25~0.075mm	粉粒 0.075~0.005mm	黏粒 <0.005mm	直接快剪 c/kPa	φ/(°)	反复剪 c'/kPa	φ'/(°)
顺层滑带土①	2.02	1.70	19.89	2.71	0.59	85.1	40.5	17.0	23.5	7.2%	8.7%	4.0%	11.4%	43.9%	24.8%	28.3	18.2	13.8	17.6
滑体土②	2.03	1.75	15.76	2.72	0.56	79.0	35.0	18.5	16.5	5.9%	7.3%	3.5%	12.7%	55.7%	14.9%	23.2	20.1	7.3	19
剪切带黄土③	2.00	1.65	19.22	2.71	0.64	86.7	40.0	18.0	22.0	3.2%	7.9%	7.0%	14.6%	43.4%	23.9%	29.7	17.7	20.8	16.2
剪切带黑土④	2.20	1.98	10.23	2.72	0.38	78.1	34.0	17.3	16.7	4.7%	8.4%	10.3%	12.1%	40.8%	23.8%	20.0	21.6	1.5	17.5
剪切带黄、黑色混合土⑤	1.99	1.73	14.59	2.74	0.58	72.6	40.0	23.0	17.0	17.5%	4.7%	9.6%	8.4%	41.7%	18.0%	20.5	19.0	5	18.4

① 取自1号竖井，颜色为以黑灰色为主并夹有部分黄色，碎石含量约7%的混合体塑性黏土。
② 黄色，以粉粒土碎石含量少，颗粒成分较均匀，呈硬塑状态。
③ 泥化黏土碎石含量少，粒径1cm×0.5cm×0.5cm，内部揉褶和剪切页理发育，呈塑性状态。
④ 含炭质黑灰色黏土含量约5%，多呈棱角状，粒径2cm×2cm×2cm，呈塑性—硬塑性状态。
⑤ 黄、黑色混合土基本是以上两种物质的相间排列。

表 2.18　千将坪滑坡顺层滑带及其原型（层间剪切带）土体常规物理力学试验指标（二）

试样编号	取样深度 M/m	含水量 W /%	密度 湿 ρ/(g/cm³)	密度 干 ρd/(g/cm³)	比重 Gs	孔隙比 e	孔隙度 n /%	饱和度 Sr /%	液限 WL /%	塑限 Wp /%	塑性指数 Ip /%	液性指数 IL /%	有荷载膨胀率 δep 50kPa /%	缩限 Ws /%	体缩率 δv /%	线缩率 δsj /%	收缩系数 λs	自由膨胀率 δe /%	直剪 内聚力 c /kPa	直剪 摩擦角 φ /(°)	定名	备注
千将坪滑坡影响区1号平洞剪切带 a组		18.9	2.12	1.79	2.74	0.573	34.9	96.5	38.0	19.4	18.6	<0	0.215	13.2	15.3	3.90	0.495	72.5	18.1	10.1	黏土	
千将坪滑坡影响区1号平洞剪切带 b组		13.3	2.0	1.77	2.71	0.531	34.7	67.9	30.2	17.3	12.9	<0	0.615	3.56	6.3	2.09	0.200	61.0	19.7	10.0	粉质黏土	
千将坪滑坡影响区1号平洞剪切带 c组		10.9	2.13	1.92	2.72	0.416	29.4	71.2	31.9	16.7	15.2	<0	0.405	8.41	15.6	5.44	0.684	44.5	10.1	18.7	粉质黏土	
千将坪滑坡1号竖井滑带处粉质黏土层									31.8	14.5	17.3										黏土	
顺层滑带（扰动样）		15.0	2.19	1.90	2.72	0.428	30.0	95.2	32.0	16.2	15.8								19.3	25.1	粉质黏土	

注：
1. 剪切带 a 组：浅褐色黏土，有机质含量较高，较均匀，呈可塑状，中间含有少量的砾石。
2. 剪切带 b 组：棕褐色粉质黏土，土样松散，有机物含量较高，不均匀，呈可塑状，中间含有砾石、中间含有碎石，孔隙大。
3. 剪切带 c 组：紫黑色粉质黏土，不均匀，中间夹有黄褐色土和大块砾石，大粒径的碎石含量较多。
4. 千将坪滑坡 1 号竖井滑带处粉质黏土层：棕褐色黏土，土质均匀，呈可塑状，砂砾石含量低。
5. 滑带散土：铁灰色，成团状，不均匀，中间夹有砾石，为扰动样。

表 2.19　干将坪滑坡顺层滑带及其原型（层间剪切带）土的颗粒分析成果表

试样编号	取样深度 M/m	颗粒分析												定名	备注
		>10mm	5~10mm	2~5mm	1~2mm	0.5~1mm	0.25~0.5mm	0.075~0.25mm	0.075~0.05mm	0.01~0.05mm	0.005~0.01mm	<0.005mm		
干将坪滑坡影响区 1 号平洞剪切带 a 组				0.8%	1.8%	2.4%	1.9%	5.1%	3.9%	17.7%	10.1%	55.3%	黏土	
干将坪滑坡影响区 1 号平洞剪切带 b 组				14.8%	15.5%	19.6%	7.2%	10.3%	1.8%	11.2%	3.7%	15.9%	粉质黏土	
干将坪滑坡影响区 1 号平洞剪切带 c 组			9.8%	12.0%	5.9%	12.1%	6.3%	13.3%	11.9%	2.0%	2.6%	24.1%	含砾粉质黏土	
干将坪滑坡 1 号竖井滑带处粉质黏土层						10.2%	4.3%	27.4%	8.6%	14.0%	7.9%	42.1%	黏土	
干将坪滑坡 1 号竖井滑带角砾土		14.2%	21.0%	37.2%	8.9%	9.5%	3.1%	5.1%	1.0%				角砾土	
顺层滑带（扰动样）			24.0%	25.4%	7.4%	8.6%	3.9%	7.1%	1.9%	4.5%	3.2%	14.0%	含砾粉质黏土	

（2）土三轴试验。

三轴试验采用饱和样的不固结不排水剪，模拟滑坡深层滑带受库水和降雨影响下处于饱和状态、高速剪切、排水困难时的力学状态。

顺层滑带土重塑样强度可视为滑带三轴试验残余强度的下限值；3 组剪切带试验成果可视为滑带三轴试验峰值强度。千将坪滑坡三轴试验成果见表 2.20。

表 2.20　　　　　　　　　千将坪滑坡三轴试验成果表

样　号		各主应力值 σ/kPa				c/kPa	φ/(°)	备注
千将坪滑坡影响区 1 号平洞剪切带 a 组	σ_3	100.0	200.0	300.0	400.0	49.50	7.5	
	σ_1	237.8	380.2	505.6	629.9			
千将坪滑坡影响区 1 号平洞剪切带 b 组	σ_3	100.0	200.0	300.0	400.0	20.61	1.7	饱和（UU）
	σ_1	149.3	254.2	361.6	467.8			
千将坪滑坡影响区 1 号平洞剪切带 c 组	σ_3	100.0	200.0	300.0	400.0	26.47	2.9	
	σ_1	159.7	287.2	387.6	495.2			
顺层滑带（挠动样）	σ_3	100.0	200.0	300.0	400.0	5.85	1.5	
	σ_1	117.0	221.7	330.1	431.7			

（3）原位大型直剪试验。

本章简要介绍现场原位大型直剪试验成果，试验详细内容见第 3 章。

本次现场原位大型直剪试验共进行 4 组，分别在滑坡影响区 1 号平洞内的层间剪切带（滑带原型）和 1 号竖井内的滑带各进行 2 组，根据试验条件，1 号平洞内的层间剪切带（滑带原型）的试验成果为天然条件下的滑带峰值抗剪强度，1 号竖井内的滑带试验成果为天然条件下的滑带残余抗剪强度。

1）层间剪切带原位直剪试验。

在 1 号平洞进行原位直剪试验研究，获得层间剪切带（滑带原型）土抗剪强度指标。试验在 1 号平洞的两条支洞展开，试验分为 2 组，左右支洞各一组，每组试样 4 个，其中右支洞试验为 YZJ1，左支洞试验为 YZJ2，试样尺寸为 50cm×50cm×35cm。

试验结果见图 2.32、图 2.33。

试验结果表明，两组试验得出的抗剪强度参数差别较大，左支洞为（$c=6.83$kPa，

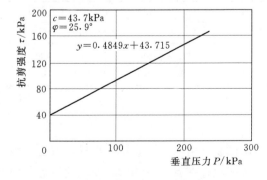

图 2.32　右支洞 YZJ1 试验组抗剪强度

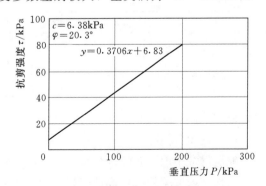

图 2.33　左支洞 YZJ2 试验组抗剪强度

$\varphi=20.3°)$ 右支洞为（$c=43.7\text{kPa}$，$\varphi=25.9°$），与宏观地质调查和描述的层间剪切带的不均匀性是基本吻合的。

2）滑带原位直剪试验。

滑带现场原位直剪试验在 1 号竖井内左右两条支洞内完成，左右两条支洞各长 5m。左右支洞滑带性状有较大差异，与 1 号平洞内的剪切错动带性状相近。

试验结果见图 2.34、图 2.35。

试验结果表明，两组试验得出的抗剪强度参数差别较大，c 值为 3.28kPa～21.33kPa，φ 值 $6.7°\sim15.2°$，说明了滑带物质组成及力学性状的不均匀性。

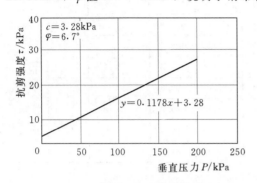
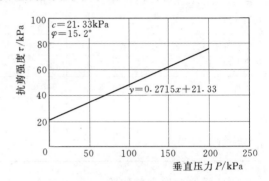

图 2.34　千将坪 1 号竖井原位直剪抗剪强度（一）　图 2.35　千将坪 1 号竖井原位直剪抗剪强度（二）

2.7.5　前缘切层滑带物理力学实验

分析认为，勘探揭露的滑坡前缘缓倾角近水平的裂隙性断层可能构成滑坡的切层滑带，该带包括两部分：各条缓倾角近水平裂隙性断层及间断其间的较完整岩体或称岩桥（强—弱风化岩体），勘查分析表明近水平裂隙性断层带的连通率为 $50\%\sim60\%$。

未滑动前缓倾角近水平裂隙性断层性状：典型性状可见于影响区 2 号平洞内，紫红色粉质黏土夹碎石角砾，很湿、软塑状，面光滑，具 140° 方向的擦痕，所含碎石角砾直径 3cm 左右，成分为紫红色粉砂质泥岩，强风化，含量 $20\%\sim30\%$；间断的岩桥主要为紫红色粉砂质泥岩，遇水易软化。

前缘切层滑带岩土物理力学试验成果见表 2.21。

表 2.21　　　　　　　　　　前缘切层滑带岩土物理力学试验成果

岩土样类型	饱和抗压强度/MPa	软化系数	黏聚力/kPa	内摩察角/(°)
（紫红色）粉砂质泥岩	3.69～5.38	0.18～0.21	1400～1600	19.9～20.8
紫红色黏土			112.8（峰值） 104.48（残余）	20.7（峰值） 14.27（残余）

2.7.6　滑带抗剪强度参数反分析

（1）概述。

顺层滑带土取原状样进行室内直剪或三轴剪切试验，由于试样数量及取样位置受到限制，致使室内试验结果代表性较差；现场大型直剪试验存在受力不均匀、难以测量剪切面的孔隙水压力变化过程、现场加载过程无法进行伺服控制等问题，导致试验成果的离散性较大；而切层滑带不具备取原状样及原位试验的条件。因此，单纯依靠试验成果无法得出较为准确可靠的滑带物理力学参数。通常，滑坡稳定性分析和防治工程设计中使用的滑带土抗剪强度参数主要是根据相关实验资料、结合地质条件给出，或假定滑坡体处于极限平衡状态、利用二维或三维极限平衡法进行反演计算求得。

本次通过二维极限平衡法的 Geo-slope 软件程序对整个滑带（含顺层与切层滑带）进行力学参数反演分析，因此，本次反演计算所得的滑带力学强度指标为组合滑带综合指标。

本次反演分析的滑坡极限平衡工况为：临滑极限平衡状态，在 135m 库水浮托滑坡前缘切层阻滑段的前提条件下，由降雨产生的作用力，随着滑体饱和度增加，逐渐增大，加大滑体下滑力，使阻滑段岩桥处剪应力不断加大，岩桥被一个个剪断，后缘拉裂缝逐步变宽、加深并圆弧状贯通，终于在 2003 年 7 月 13 日零时 20 分剪断最后一个岩桥，滑带完全贯通，此时，滑坡进入临滑状态，K 值取 0.95。

（2）Geo-slope 反演分析。

分析对象取 2—2 剖面（见图 2.36），$\gamma_{sat}=25.5\text{kN/m}^3$，反演 K 值取 0.95。

反演计算结果见表 2.22。由表可得滑带综合抗剪强度指标：$c=15\times10^3\text{Pa}$，$\varphi=15°$。

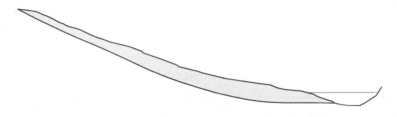

图 2.36　千将坪滑坡临滑极限平衡状态反演分析模式图

表 2.22　　　　　　千将坪滑坡临滑极限平衡状态反演分析计算成果表

计算方法	Fellenius				Bishop				Janbu				M. P.			
c/kPa $\varphi/(°)$	$c=10$	$c=15$	$c=20$	$c=25$	$c=10$	$c=15$	$c=20$	$c=25$	$c=10$	$c=15$	$c=20$	$c=25$	$c=10$	$c=15$	$c=20$	$c=25$
$\varphi=10$	0.607	0.627	0.647	0.666	0.722	0.743	0.765	0.786	0.624	0.644	0.664	0.684	0.637	0.657	0.678	0.698
$\varphi=15$	0.902	0.921	0.941	0.961	1.079	1.096	1.118	1.139	0.928	0.948	0.968	0.987	0.949	0.967	0.988	1.008
$\varphi=16$	0.962	0.982	1.002	1.022	1.151	1.173	1.194	1.212	0.990	1.010	1.030	1.050	1.013	1.033	1.053	1.072
$\varphi=17$	1.023	1.043	1.063	1.083	1.225	1.246	1.267	1.289	1.053	1.073	1.093	1.113	1.078	1.098	1.118	1.138
$\varphi=18$	1.085	1.105	1.125	1.144	1.299	1.320	1.341	1.363	1.116	1.136	1.156	1.176	1.143	1.163	1.183	1.203
$\varphi=19$	1.147	1.167	1.187	1.207	1.374	1.395	1.416	1.438	1.181	1.201	1.220	1.240	1.208	1.229	1.249	1.269
$\varphi=20$	1.210	1.230	1.250	1.270	1.450	1.471	1.492	1.514	1.246	1.266	1.286	1.305	1.275	1.295	1.315	1.336

2.7.7　千将坪滑坡物理力学参数建议值

（1）滑体、滑床岩石物理力学性质与参数。

滑体、滑床主要岩石物理力学性质与参数见表 2.23。

表 2.23　　　　　　　　　　　　　　岩石物理力学参数表

岩石类别	容重/(kN/m³)		饱和抗压强度/MPa	软化系数	备注
	湿	干			
粉砂质泥岩			3.69～5.38	0.18～0.21	
泥质粉砂岩	24.4～25.0	23.9～24.3	7.7～12.5	0.34～0.49	
粉砂岩	25.7～26.2	25.2～25.8	27.6～42.6	0.51～0.70	
细砂岩	25.3～25.9	24.4～25.3	62.8～75.6	0.77～0.86	
长石石英砂岩	25.6～25.9	24.9～25.3	66.2～74.1	0.81～0.87	

（2）滑带抗剪强度。

滑带抗剪强度试验值及反分析值见表 2.24。

表 2.24　　　　　　　　　滑带抗剪强度试验值及反分析值汇总表

		顺层滑带		层间剪切带		前缘切层滑带		综合（顺层+切层）	
		c/kPa	φ/(°)	c/kPa	φ/(°)	c/kPa	φ/(°)	c/kPa	φ/(°)
试验值	室内直接快剪	20～30	18～25	10～30	10～20				
	室内三轴（uu）	5.85	1.5	20～50	1.7～7.5				
	现场大型直剪	3.28～21.33	6.7～15.2	6.83～47.3	20.3～25.9				
	非饱和直剪试验	$c'=11$	$\varphi'=22$ $\varphi_b=18$	10～39	19～31				
反分析	临滑极限平衡（7月12日 $K=0.95$）暴雨与库水耦合，滑带以上处于暂态饱和							15	15

（3）千将坪滑坡主要物理力学参数建议值。

滑坡崩坡积土体、微风化、新鲜岩体及滑带取值主要依据试验值，强弱风化岩体以及切层缓裂结构面取值主要依据工程类比及经验值，此外，还对滑坡临滑的特殊工况进行了滑带综合参数反演分析。综合上述，给出千将坪滑坡主要物理力学参数建议值如表 2.25。

表 2.25　　　　　　　　　千将坪滑坡主要物理力学参数建议值

材料名称		重度/(kN/m³)		抗压强度/MPa	抗剪强度				弹模/万 MPa	泊松比
					c/kPa		φ/(°)			
		干	湿		水上	水下	水上	水下		
滑体崩坡积土		20.2			23.2	18.0	20.1	18.0		
滑体强风化层		24.5	25.5	7～15	100～150	50～70	30	28	0.05	0.38
滑体弱风化层		24.5	25.5	15～30	500～800	250～400	35	32	0.5	0.32
滑带	切层	顺层层间错动带	16.3	23.2		15～30	10～25	15～20	10～15		
		缓裂结构面				20	15	20	13		
		岩桥（强弱风化岩体综合）	24.5	25.5	20～30	120～400	100～160	32	28	0.6	0.30
		临滑反演综合值（$K=0.95$）				15		15			
滑床（微风化岩层）		25.0	26.0	30～40	3000～5000	2000～4000	38～45	36～42	2.0	0.26

2.8　滑坡形成机制及滑动机理工程地质分析

2.8.1　滑坡致滑因素及其影响机理分析

根据调查及资料分析，排除地震及其他人为因素对千将坪滑坡的致滑作用，滑坡致滑因素主要为三峡水库蓄水与久雨暴雨，其作用机理分析如下：

（1）库水渗透及降雨入渗使滑坡地下水位上升，增加对阻滑段滑体的浮托作用。

滑坡启动的力学原因主要是水压作用，地下水在下部对滑体的作用力主要是浮托力，中上部则为浮托与推力共存。由于这类岸坡结构下部岩层产状平缓，主要提供抗滑力，但是由于浮托力的作用，使下部岩体减轻体重而失去足够的抗滑阻力而下滑（图 2.37）。如果没有足够地下水压力的作用，岸坡是稳定的，因此其破坏的必要条件是使岸坡地下水位升高到使坡体下部阻滑段不能提供足够的抗滑力而使岸坡失稳。而特大暴雨久雨、水库蓄水及两者耦合才能使岸坡地下水位迅速升高。通常出现大降雨的概率很小，所以在降雨条件下滑坡浮托失稳的概率很小或在成百上千年间才可能发生一次；而水库蓄水可以很快使岸坡地下水位升高导致滑坡失稳；而规模较大的水库滑坡多是特大暴雨久雨与水库蓄水二者耦合作用下发生。千将坪滑坡发生前的 2003 年 6 月 1—15 日水库蓄水将库水位由高程 92m 抬升至 135m，6 月 21 日至 7 月 11 日持续降雨达 162.7mm，具备库水与降雨耦合的作用条件。

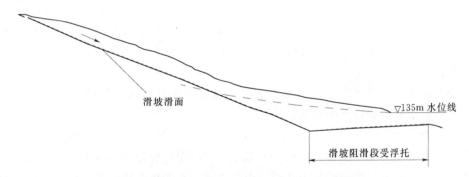

图 2.37　滑坡缓倾部分承压地下水浮托失稳模式

（2）久雨暴雨加大顺层滑带处扬压力、增加滑体渗透下滑力。

由于厚 30～50cm 的含碳质页岩的层间剪切带为隔水层，因此，其下伏的厚 5～10m 的弱风化带在暴雨久雨充水后就具有承压性，沿层间剪切带对滑体形成扬压力；暴雨久雨使饱和滑体，抬升地下水位，高水头地下水渗流产生较大的渗透力（见图 2.38）。上述由降雨产生的作用力，随着滑体饱和度增加，逐渐增大，加大滑体下滑力，加速滑坡失稳。

（3）地下水对滑带膨胀土的作用，使滑坡存在膨胀岩活化松动破坏作用。

根据黏土岩和滑带土矿物测试结果，滑带土中伊利石含量达 20%～30%，具弱膨胀性，其膨胀压力 $P_e < 30kPa$。很显然，千将坪滑坡滑带以上滑体重力分力 P_r 大于膨胀压力 P_e，膨胀压力 P_e 单独将不能顶托滑体，但 P_e 的作用仍将抵消一定量的滑体重量，降低滑坡的阻滑力（见图 2.39）。

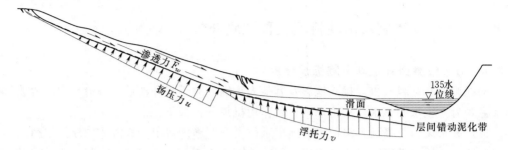

图 2.38　降雨加载模式图

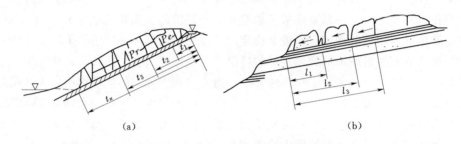

图 2.39　膨胀弱岩层活化对岸坡破坏的作用模式（张年学，1993）

（4）地下水的浸泡软化泥化滑带土，降低滑带抗剪强度。

根据滑带黏土矿物分析结果可知，千将坪滑坡滑带矿物主要有石英、绿泥石、伊利石，次为方解石、高岭石、长石等，滑带矿物以层状硅酸盐矿物为主，此外，层间剪切带底部的碳质页岩层含碳质。层状硅酸盐矿物及碳质具较好的亲水性，它们在滑带中是易受软化的矿物。

滑带中伊利石约占 25%，其亲水性和胀缩性在层状硅酸盐矿物中仅次于蒙脱石，是对岩石软弱和活化影响较大的矿物。

绿泥石约占 25%。它的晶格也类似于云母，为层状结构，其层是极化的。它的化学成分中比云母含更多的水。M. Shurendra 认为，"绿泥石含量与黏土抗潮解性能成反比，绿泥石含量增加则页岩抗潮解能力降低。由于具有膨胀潜势能的绿泥石黏土矿物含量的增加，会使黏土破坏加剧"，因而含绿泥石的黏土岩也容易风化。

滑带中碳质主要存在于层间剪切带底部的碳质页岩层。碳质之所以成为弱化岩石矿物，因为它们在岩石中常是定向分布，还因为含碳量越高时岩石的胶结程度越差，并且页理发育易于风化。

（5）滑带被库水及久雨暴雨浸泡后，由非饱和状态变为饱和状态，基质吸力丧失，抗剪强度大大降低。

在地下水位较深的残积土中，靠近地面的土具有负孔隙水压力，这对保持土坡稳定起着重要的作用。但连续暴雨或库水回灌可能使较大深度范围内的孔隙水压力增大，从而造成土坡失稳。出现滑坡时，滑动面上的孔隙水压力可能是负值，也可能是正值，在非饱和带滑动面上的孔隙水压力是负值，在饱和带滑动面上的孔隙水压力是正值。

Fredlund 等（1995 年）提出非饱和土剪切强度能够利用饱和土剪切强度参数和土水

特征曲线计算出来，即从吸力作用面积随饱和度减少而减少的理论出发，建议了下列非线性强度公式（2.3）

$$\tau = c' + \tan\varphi(\sigma \sim u_a) + \tan\varphi' \int_0^{s_u} \left[\frac{s - s_r}{1 - s_r} \right] ds \qquad (2.3)$$

式中：$s_u = u_a \sim u_w$ 为吸力；s 为饱和度；s_r 为残余饱和度，饱和度可用土水特征曲线拟合公式计算。

Mckee，Bumb（1984 年）和 Brook，Corey（1964 年）利用土水特征曲线方程，分别给出了非饱和土剪切强度预测模型的闭合解。这些解虽然近似，但形式简单，适合于饱和消散相对较快、有较低的进气值的砂性土、砂土和粉土。

Lamborn（1980 年）通过延伸建立在不可逆的热动力学原理基础上的微观力学模型提出了一种土的抗剪强度方程，这种不可逆的热动力学原理考虑了包含固相、液相、气相等多相材料的能量和体积关系，方程如公式（2.4）

$$\tau = c' + (\sigma \sim u_a)\tan\varphi' + (u_a \sim u_w)\theta_w \tan\varphi' \qquad (2.4)$$

式中：θ_w 为土的体积含水率，定义为水的体积与土体总体积之比；θ_w 随着基质吸力的增加而减少，是基质吸力的非线性函数。

从式中可以看出与基质吸力相联系的摩擦角不可能变为 φ'，除非体积含水量等于 1。

Peterson（1988 年）对于饱和度小于 85% 的黏土，提出下列抗剪强度方程式（2.5）

$$\tau = c' + (\theta - u_a)\tan\varphi' + c_\phi \qquad (2.5)$$

式中：c_ϕ 是由于吸力而产生的黏聚力。

方程中，吸力对抗剪强度的影响考虑为黏土黏聚力的增加，表观黏聚力 c_ϕ 是依赖于土的含水量。

对于各种土，当含水量接近于零时，吸力值近似为 10^6 kPa。当含水量接近饱和度时，吸力值为零。Russam（1958 年）、Corney 等（1958 年）、Fredlund（1964 年）、Fleureau（1993 年）和 Varapalli（1994 年）对各种土的试验结果都支持这个结论，这个被观察到的表现也得到热力学原理的支持（Richards，1965 年）。工程师们总是关心较低吸力范围内岩土结构的性状，高达 10^6 kPa 的吸力值和与此相对应的较低的含水量仅仅定义流量边界条件有用，以及在数学上确定整个土水特征曲线具有价值。

所以，滑坡滑带被库水及连续降雨的雨水浸泡后，滑带土由非饱和状态变为饱和状态，孔隙气压力等于孔隙水压力，基质吸力丧失，抗剪强度大大降低。

2.8.2　滑坡形成机制

滑坡形成及变形破坏过程见以下的分析和图 2.40。

（1）边坡（潜在滑坡）的形成。

在长期的内外力地质作用下，形成了不利于稳定的千将坪岸坡结构，构成了潜在滑坡的地质模型：以中后部顺层层间剪切错动带及前缘近水平裂隙型断层带（含岩桥）联合构成底滑面，以走向 SE 的陡倾角裂隙型断层形成侧向切割边界，以青干河岸坡为临空面构成千将坪滑坡的边界；滑体主要为强、弱风化岩体，表部见少量崩坡积物。

潜在滑坡以顺层层间剪切错动带为控制滑面，前缘近水平裂隙型断层及其岩桥（强弱风化）为滑坡阻滑段，在水库蓄水前，滑坡稳定，阻滑段的阻滑力大于滑体下滑力，滑坡沿滑带处于极缓慢的蠕变变形状态。阻滑段特别是阻滑段的岩桥部分剪应力集中。

（2）水库135m蓄水破坏边坡应力平衡，导致滑坡进入等速蠕变，出现宏观变形。

2003年6月10日，三峡水库初期蓄水至135m，将滑坡前缘阻滑段滑体淹没浸泡在库水下。库水的浸泡降低阻滑段风化岩桥的抗剪强度约20%～40%。库水的浮托降低了滑带的正应力，阻滑段的阻滑力减少约30%～40%，阻滑段剪滑力相对增大，在Griffis断裂裂纹效应下，阻滑段靠近层间剪切带的第一个岩桥开始剪断，滑坡后缘出现张应力，并于6月13日出现后缘断续拉裂缝，滑坡进入等速蠕变状态。

（3）暴雨久雨加速滑坡蠕变。

6月21日至7月11日千将坪地区持续降雨达162.7mm，暴雨久雨在层间剪切带形成静水扬压力，饱和滑体，增大滑体容重，并产生较大的渗透力。上述由降雨产生的作用力，随着滑体饱和度增加，逐渐增大，加大滑体下滑力，使阻滑段岩桥处剪应力不断加大，岩桥被一个个剪断，剪滑加速；后缘拉裂缝逐步变宽、加深并呈圆弧状贯通；在滑体中部200m高程左右出现横向拉裂缝。

（4）滑坡高速失稳。

在2003年7月13日零时20分，滑坡剪断最后一个岩桥，在滑坡临床弹冲—峰残强降剧动效应下，滑坡释放巨大的弹性能量，以较高的启动速度（2.2m/s）加速下滑，最高下滑速度达16m/s，滑坡下滑堵塞青干河。滑坡总体以平移滑动为主，在下部出现弧形转动，滑坡滑动过程中出现一定程度的解体分块现象。

2.8.3 滑坡高速失稳机理

程谦恭（1999年）在其著作《高速岩质滑坡动力学》中对滑坡锁固段聚能效应—临床峰残强降加速机理进行了详细的阐述，基本符合千将坪滑坡失稳机理。

（1）剧动启程阶段锁固段聚能效应—临床峰残强降加速机理。

1）基本概念。

a. 峰残差（$\Delta\tau$）。胡广韬（1963年）最早提出"剧动式滑坡"。当时，"剧动"的含义是指斜坡急剧滑动。当坡体滑前处于应力极限平衡状态时，在潜在滑床面附近岩土的原始抗剪强度（S_0）与潜在滑床面处被扰动岩土的滑动抗剪强度（S_a）之间（实质即峰值强度与残余强度之间），存在着悬殊差（Δs），这是滑动的关键。峰值强度（τ_p）与残余强度（τ_r）的悬殊差值，称为"峰残差"，即式（2.6）

$$\Delta\tau = \tau_p - \tau_r \tag{2.6}$$

b. 临床峰残强降（S_d）。峰残差在数值上极为显著。据已有资料，岩石强度越高，其峰残差值越大；大部分高强度岩石呈脆性破坏时，从峰值强度到残余强度，其强度下降50%～60%。在岩质斜坡发生滑坡的过程中，在滑床面形成的同时及其前后亦即斜坡骤然滑动破坏时，滑床面两侧原有临床岩石峰值强度，便迅速降低到残余强度，呈现"临床峰残强降"，即式（2.7）

$$S_d = \frac{\Delta\tau}{\tau_p} = \frac{\tau_p - \tau_r}{\tau_p} \tag{2.7}$$

式中：S_d为临床峰残强降率。

c. 节理岩体岩桥剪断扩展与斜坡渐进破坏。由处于同一延伸平面而又间隔有岩桥的

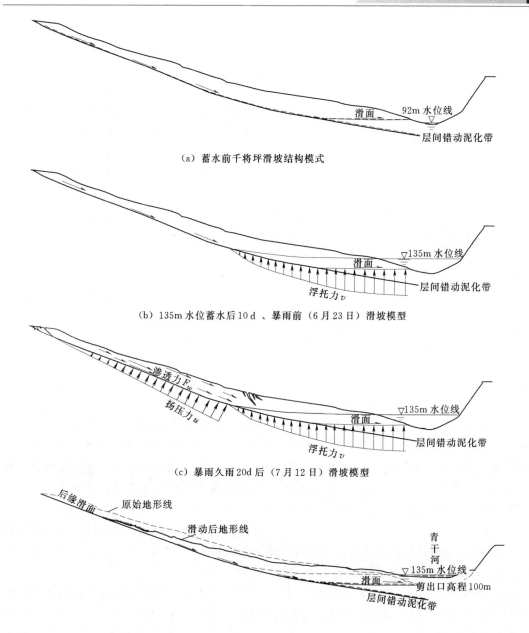

（a）蓄水前千将坪滑坡结构模式

（b）135m 水位蓄水后 10 d 、暴雨前（6 月 23 日）滑坡模型

（c）暴雨久雨 20d 后（7 月 12 日）滑坡模型

（d）滑坡滑动后典型剖面

图 2.40　千将坪滑坡形成及变形破坏演化示意图

一组节理，亦即一组共线等距等长节理组成的断续状有序分布节理岩体，其岩体直剪试验和相似材料平面物理模型试验研究表明（朱维申等，1996），在进入稳定破裂阶段后，始终保持潜在剪切面上法向应力不变，逐级施加水平荷载，直至破坏，则潜在剪切面上岩桥被剪断的全过程，经历了如图 2.41 所示几个典型阶段：①首先在节理处出现斜向侧推力的羽状小裂纹（图 2.41 中 a）；②先在节理的端部，迎推力方向出现拐折翼型，张裂纹（即拉张分支裂隙），另一端继而出现另一条拐折张裂纹（图 2.41 中 b）；③随剪应力增

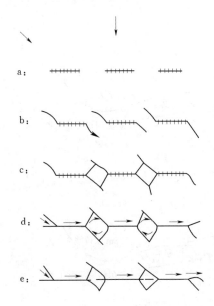

图 2.41　节理岩体岩桥剪断扩展模式
（朱维申，1996）

加，在相邻的两条张裂纹间的近正交方向，出现一对压性横裂纹（亦即法向压碎带），这四条裂纹构成菱形方块（图 2.41 中 c）；④随剪切位移的发展，锁固段（岩桥）剪应力集中程度不断增高，菱形方块发生转动，节理上部岩体沿起伏的裂面出现抬升、剪胀现象，大裂纹附近又产生了次一级的小裂纹（图 2.41 中 d）；⑤随剪动进展，菱形方块凸起体被剪断，岩体发生切断方块对角线的宏观剪断破坏（图 2.41 中 e）。

由此可见，节理岩体的破坏模式有侧向张裂和剪切滑移两种基本形式，虽然在不同节理连通率和不同垂直应力条件下，其具体的发展次序和形式有所不同，表现出压扭性、张扭性或纯剪切破坏，但最后总是形成沿节理面和岩桥剪断面的综合性整体剪切破坏。

弹脆性岩体斜坡破坏发展过程表明，斜坡岩体的潜在破坏面往往由一系列的破裂面（节理面）和锁固段（岩桥）构成，斜坡的破坏具有渐近性、积累性，在一定时间内以剪切破裂—裂缝扩展—剪切破坏的方式逐渐发展，波及整个斜坡，最终导致整个斜坡的完全失稳。岩质斜坡在失稳过程中表现出的渐近特性是岩体结构面及岩石特性在工程荷载下的体现。

d. 临床峰残强降加速效应。在岩质斜坡破坏产生滑坡的过程中，在滑床面形成的同时及其前后，临床岩土抗剪强度会出现显著峰残差。因此，滑动前天然完整斜坡在静力极限平衡状态时形成的与抗剪强度相当的推滑应力，由于抗剪强度骤然或迅速地按该处"峰残强降率"降低了 50%～60%（有时甚至更大），也就骤然或迅速地释放了原有推滑力的 50%～60%，有时更大。这个被释放出的巨大力量，便顺着滑坡床面使滑坡体在启程剧动开始的瞬间出现相当高的"启程剧发速度"，向斜坡重力方向迅猛下滑，呈现为"启程剧动式滑坡"。这便是启程剧动的临床峰残强降加速机理。

2）滑坡体锁固段剪断释能效应分析。

a. 滑坡体锁固段与滑坡启程剧发速度。根据斜坡累进性变形破坏机理，斜坡前缘坡脚处剪应力集中，应力尚未超过该处岩石抗剪强度，仅有变形而未剪滑，并由该段保持斜坡整体起到锁固作用，为"蠕变变形段"或"锁固段"；斜坡后缘坡体顶部拉应力集中，为"蠕变拉裂段"。由后缘拉裂段、前缘锁固段组合而成的破坏面，即为将来可能产生的滑床面位置。锁固段临近滑床面两侧岩体，当应力集中（临床剪应力）的程度超过将要产生滑床面处的抗剪强度，则锁固段（岩桥）被累进性"各个击破"，剪切滑动面贯通，斜坡突然整体失稳，瞬间出现"启程剧发速度"，形成剧动式滑坡。

b. 滑坡锁固段岩体峰残强降释能—启程剧动。一旦滑坡锁固段岩体上的抗剪强度丧失，由峰值强度下降为残余强度，锁固段岩体突然剪断，则按"峰残强降率"比例突然释放出的巨大滑坡推滑力，使滑坡启程剧动。这个相当于"剪切应变能"大小的突释能量可转化为使滑坡向前运动的动能，表现出"峰残强降启程速度"。

（2）剧动启程阶段临床弹冲—峰残强降复合加速效应。

1）裂隙岩体应变能。根据 Griflih 准则，对于一个含有单个裂纹的连续介质弹性系统，外力场所做的功由两部分构成，即对同等大小的不含裂纹的弹性体所做的变形功与由裂纹存在而对裂周连续部分做的附加功。这部分功都将以相应的弹性应变能贮存于裂周弹性介质中。因此，外力做功引起的含单裂纹的弹性系统的应变能 U 等于连续介质部分的应变能 U_0 与因为裂纹而贮存的所谓裂纹应变能 U_c 之和，即式（2.8）

$$U = U_0 + U_c \tag{2.8}$$

2）临床冲动带弹性应变能分析。斜坡岩体滑动破坏前，在重力及其他外力的长期作用下，虽然整个滑体内的岩体都产生弹性变形，从而聚集赋存了弹性应变能，但在岩体滑落破坏的瞬间，只有锁固段上可能产生滑床面附近的岩体弹性变形所聚集赋存的应变能，才能使岩体产生弹性回跳，转变成使滑坡体下滑的动能。这部分弹性应变能称为"有效应变能"。聚集赋存"有效应变能"而产生弹性变形的岩体称之为"有效变形体"或"临床冲动带"。"临床冲动带"的长度 l 是斜坡累进性变形破坏最后阶段的瞬间被整体剪断的长度，亦即为"临界锁固段长度"，$0 < l < L$，L 为滑体平均长度；"临床冲动带"的高度 h，是弹性应变能聚集赋存并在锁固段剪断瞬间岩体产生弹性回跳突释其能量的高度，$0 < h < H$，H 为滑体平均高度。

3）锁固段剪断突释能量转化—启程剧动。锁固段滑床面剪断瞬间，剪断突释能量转化为滑坡剧动动能，即

$$U = U_0 + U_c = \frac{1}{2} m v_{es}^2 = \frac{1}{2g} H L_\rho v_{es}^2 \tag{2.9}$$

式中：m 为单位宽度的滑体质量。由此可求得式（2.10）

$$v_{es}^2 = \tau_p h \sqrt{\frac{8g}{5E\rho}\frac{lh}{LH}\left\{1 + \frac{5(1-\mu^2)}{8\pi^2 h^2} S_d^2 \left[F(l/h)\right]^2\right\}} \tag{2.10}$$

式（2.10）即为"临床弹冲—峰残强降"复合启程速度（v_{es}）公式。

式中：$\tau_p = H\rho\cos\alpha\tan\varphi_p + C$，为锁固段峰值剪切强度；$S_d = \dfrac{\tau_p - \tau_r}{\tau_p}$，为锁固段岩石"临床峰残强度率"；函数 $F(l/h)$ 值由式 $F(\eta) = \ln\dfrac{2e^\eta - 1 + 2e^\eta\sqrt{1 - e^{-\eta}}}{2e^\eta - 1 - 2e^\eta\sqrt{1 - e^{-\eta}}}$ 求出。

4）千将坪滑坡启动速度。按照上述计算滑坡启程剧动初始公式，求得千将坪滑坡启动速度 $v_{es} = 2.20 \text{m/s}$。计算参数取值如表 2.26 所示。

表 2.26　　　　　千将坪滑坡启程剧动初始速度计算参数表

参　　数	取值	参　　数	取值
滑体底面长 L_1/m	275	岩体容重 ρ/(MN/m³)	0.025
滑体顶面长 L_2/m	1078	岩体内聚力 C/(MN/m³)	0.7
滑体高 H/m	50	峰值内摩擦角 φ_p/(°)	37
临床冲动带长 l/m	10	残余内摩擦角 φ_r/(°)	25
临床冲动带高 h/m	35	岩体弹性模量 E/MPa	0.45×10^4
滑床面倾角 α/(°)	3	岩体泊松比 μ	0.32

2.9 小结

经过勘察分析，有如下基本结论。

1）滑坡规模：宽度一般 410～480m，最宽 521m，最大长度为 1205m，滑坡平面面积 0.52km²；滑坡厚度中后部 20～30m，中前部 40～50m，最大厚度 59m，滑坡体积为 1542 万 m³。

2）滑坡边界：以中后部顺层层间剪切错动带及前缘近水平裂隙型断层带（含岩桥）联合构成底滑面，以走向 SE 的陡倾角裂隙型断层形成侧向切割边界，以青干河岸坡为临空面构成千将坪滑坡的边界。

3）滑坡物质组成：滑坡主要由块裂岩体组成，在滑坡表部局部见有松散堆积块体及原地表崩坡积物。

4）滑坡运动特征：滑坡滑动方向中后部为 140°左右，下部转为 110°～120°方向；滑坡滑距东部约 160～180m，西部约 220～240m；千将坪滑坡在 1～5min 内完成滑动，启动速度约 2.2m/s，最大滑速为 16m/s；滑坡体处涌浪高度为 23～25m。

5）滑坡影响和诱发因素：水库蓄水和强降雨的联合作用最终导致千将坪滑坡产生大规模深层滑动。

从半定量计算结果看，库水位的上升与暴雨久雨在千将坪滑坡形成过程中起到了几乎同样重要的作用，但库水的抬升浮托浸泡具有先决作用。库水的抬升和浸泡启动千将坪滑坡的渐进破坏过程，滑坡由减速蠕变进入等速蠕变，最终进入加速蠕变状态导致滑坡失稳，而暴雨只是加快了这一进程。

6）千将坪滑坡破坏过程及形成机制：滑坡以顺层层间剪切错动带为控制滑面，前缘近水平裂隙型断层及其岩桥（强弱风化）为滑坡阻滑段，在水库蓄水前，滑坡稳定，阻滑段的阻滑力大于滑体下滑力，滑坡沿滑带处于极缓慢的蠕变变形状态。阻滑段特别是阻滑段的岩桥部分剪应力集中。

水库 135m 蓄水破坏边坡应力平衡，导致滑坡进入等速蠕变，出现宏观变形。暴雨久雨加速滑坡蠕变。暴雨久雨在层间剪切带形成静水扬压力，饱和滑体，增大滑体容重，并产生较大的渗透力。上述由降雨产生的作用力，随着滑体饱和度增加，逐渐增大，加大滑体下滑力，使阻滑段岩桥处剪应力不断加大，岩桥被一个个剪断，剪滑加速；后缘拉裂缝逐步变宽、加深并圆弧状贯通；在滑体中部 200m 高程左右出现横向拉裂缝。

在 2003 年 7 月 13 日零时 20 分滑坡剪断最后一个岩桥，在滑坡临床弹冲—峰残强降剧动效应下，滑坡释放巨大的弹性能量，以 2.20m/s 启动速度，加速下滑，最高下滑速度达 16m/s，滑坡下滑堵塞青干河，并在青干河南岸坡爬高约 80m。

7）滑坡成因类型：根据滑坡变形形迹、滑动过程及力学成因分析，千将坪滑坡为三峡水库初期蓄水与强降雨联合诱发的水库新生型特大高速深层岩质滑坡。

第3章 千将坪滑坡滑带物理力学试验研究

对滑带（层间剪切错动带）进行了物理力学试验研究，包括非饱和三轴固结不排水试验、干湿循环试验、恒荷载试验、蠕变试验、现场原位大型直剪试验、软化试验（见第4章）等。

3.1 千将坪滑坡层间剪切错动泥化带非饱和三轴固结不排水试验

千将坪滑坡层间剪切错动泥化带在一般条件下处于非饱和状态，其抗剪强度一般通过同时控制吸力和净周围压力的非饱和土三轴固结不排水剪切试验确定。

3.1.1 试样制备

试验前将土料烘干并碾碎，过 2 mm 的筛，按照液限含水率配成湿土，闷料 24h 使土中含水量均匀，采用削土法制样，将土样削成高 100 mm、直径 50mm 的重塑黏土试样。测定土样比重、试样重量，计算初始含水率、干密度及孔隙比，土样物理参数见表3.1。

表 3.1   土 样 物 理 参 数

重量 /g	容重 /(kN/m³)	比重	含水率 /%	干密度 /(g/cm³)	孔隙比
393.1	19.6	2.70	19.6	1.67	0.57

3.1.2 试验仪器设备

同时控制吸力和净周围压力的非饱和土三轴固结不排水剪切试验的试验仪器采用英国 GDS 公司生产的饱和—非饱和应力路径双室三轴仪，该仪器最大的优点在于避免了试样体积测量误差，并通过一个差压传感器自动连续地测量参照管和内室的水位差变化，从而可以随时直接读取试样在试验过程中的体变。

3.1.3 试验方案及结果

试验按吸力控制情况分 4 组进行，吸力分别为 0×10^3 Pa，50×10^3 Pa，100×10^3 Pa，200×10^3 Pa，每组 3 个土样，净周围压力 $(\sigma_3 - u_a)$ 分别为 50×10^3 Pa，100×10^3 Pa，150×10^3 Pa。

相同吸力下的 Mohr 圆归为一组，其公切线即为破坏包线，并得出其破坏包线的截距和斜率。不同吸力条件下的 c 和 φ 如表 3.2 所示。

表 3.2   层间剪切错动泥化带在不同吸力情况 c 和 φ 值

吸力/kPa	0	50	100	200
c/kPa	10	40.3	59.1	94
φ/ (°)	26.6	27.2	27.5	28.2

由表 3.2 可知，在试验的吸力范围内（$0 \sim 200 \times 10^3$ Pa），φ 值变化不大。当吸力为零

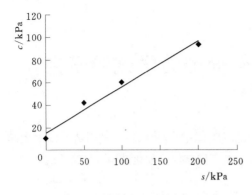

图 3.1　总黏聚力与吸力关系

时，即为饱和土的三轴试验，由此可确定 φ' $=26.6°$。

由表 3.2 可给出图 3.1，可见总黏聚力 c 与吸力 (u_a-u_w) 基本成线性关系，线性方程可表示为式（3.1）

$$c=c'+(u_a-u_w)\tan\varphi^b \qquad (3.1)$$

式中：c' 为在给定的基质吸力和净法向应力为零的情况下，引申的 Mohr-Coulomb 包面与剪应力轴的截距，即总黏聚力截距。

这样，由上试得到：$c'=15.7\times10^3\,\mathrm{Pa}$，$\varphi^b$ $=22°$。

综合上述结果，千将坪滑坡层间剪切错动泥化带的强度可以用库仑公式（3.2）表示

$$\tau_f=c'+(\sigma-u_a)_f\tan\varphi'+(u_a-u_w)_f\tan\varphi^b=15.7+0.5(\sigma-u_a)_f+0.405(u_a-u_w)_f$$

$$(3.2)$$

式中：τ_f 为破坏面上的剪应力，即土的抗剪强度；$(\sigma-u_a)_f$ 为破坏面上的净法向应力；$(u_a-u_w)_f$ 为破坏面上的吸力。

3.2　千将坪滑坡层间剪切错动泥化带干湿循环试验（DWC）

由于非饱和土干湿循环对强度的影响这一问题的复杂性，使得有关干湿循环对非饱和土强度的影响这方面的研究结果很少。一般干湿循环试验都是在无荷载作用下进行，这与具有一定埋深的实际边坡土体是不相符的。本文以千将坪滑坡为对象，模拟实际工况下具有一定埋深的滑坡滑带土，在干湿循环条件下的强度变化特性，为揭示千将坪滑坡失稳机理提供试验数据。

3.2.1　试验方案

图 3.2 为本次试验的应力路径。试验步骤分为饱和固结、干湿循环、剪切三个阶段。干湿循环试验是采用基质吸力来加以控制模拟土体的干燥和浸湿过程（浸湿—干燥—浸湿），得到土体在干湿循环之后的 $q-\varepsilon_a$ 等关系曲线，具体试验过程如下。

试样放入压力室后，在初始压力 p_a 下经过反压饱和，并在各向等压（$p=\sigma_1=\sigma_2=\sigma_3$）下分级加载至围压等于 p_0（$p_0>p_a$）固结稳定，三个试样的 p_0 分别控制为 $50\times10^3\,\mathrm{Pa}$、$100\times10^3\,\mathrm{Pa}$、$150\times10^3\,\mathrm{Pa}$。为了使吸力在加压过程中保持不变，本次试验采用的加压速率控制在 $0.6\times10^3\,\mathrm{Pa/h}$ 左右，加压速率的大小可以利用式（3.3）估算

$$R_L=\frac{2c_v^w u_{\lim}}{h^2} \qquad (3.3)$$

式中：R_L 为加压速率；c_v^w 是非饱和土样中水相的固结系数；$u_{\lim}$ 为试样顶部的超孔隙水压力的界限值，可取所控制吸力的 10%；h 为试样的高度。

固结稳定标准参考《土工试验规程》（SL 237—1999），定为：2h 排水量小于 $1\mathrm{mm}^3$。饱和、固结稳定后，控制 $p-u_a=p_0$ 不变，在各向等压的作用下基质吸力从 0 逐级增加至

某一设定值，这一过程中，吸力平衡的判别非常重要，它直接影响到后继试验成果的可靠性。本试验所采用吸力平衡判别标准：24h 内测得试样排水或吸水量小于试样体积的 0.05%。稳定后仍控制净围压不变，基质吸力再从设定值逐级卸载至 0。如此通过吸力的加、卸载完成一次土体的干湿循环。

文献表明：非饱和土体在经过 4 次干湿循环后，强度值达到稳定。故在本次试验中，对试样进行 4 次同样的干湿循环过程，每次均测定总体积变形，排水量，计算含水率。干湿循环完成后，控制 $u_a - u_w$ 不变，施加偏应力，进行三轴剪切试验。试样干湿循环的应力路径见图 3.2。参考《非饱和土土力学》中"三轴试验的应变速率"和《土工试验规程》（SL 237—1999）中"剪切速率的确定"，在试验中，剪切速率确定为 0.155mm/min。

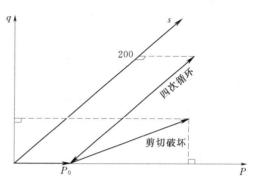

图 3.2　试样干湿循环的应力路径

3.2.2　试验结果及分析

图 3.3 和表 3.3 表示在不同围压情况下，试样的体积应变和含水率在干湿循环过程中的变化情况。结果表明，在本次干湿循环试验的初始 1 次、2 次循环中，试样的压缩变形较大，而在随后的循环中，干缩变形量与湿胀变形量十分相近。但两者并非一个完全可逆的过程，其吸水湿化膨胀的速度比失水干燥收缩的速度要快。但根据以往很多的试验研究表明，土水特征曲线具有逆向回滞现象，如果把土体变形认为是微观变形与宏观变形的总和，则在此可以看作微观变形在结构层次上是一个可逆过程。另外，从图 3.3 中还可看到，在干湿循环阶段，不同固结压力下，同样的吸力变化范围内，体变的大小相差不大，这表明了在这一阶段，吸力对体变性状的影响占主导地位。

从土体干湿循环试验结果也可以看到：饱和土体的基质吸力与含水率间并不存在唯一的关系。其原因是影响基质吸力的因素除了含水率（饱和度）之外，还与含水率的变化路径有密切关系。换言之，非饱和土体当前的含水率是从饱和度较高的状态脱湿而得，还是从较干燥的状态吸湿而致，或者是经过多次的干湿循环而得，对于土的基质吸力是有影响的。从试样干湿循环过程中的含水率变化情况来看，即是土体的脱湿—吸湿过程不重合。显然，这种现象将引起土体的强度差异，因为即使含水率相同，其对应的基质吸力却差别较大，或基质吸力相同，对应的含水率却不同。非饱和土体的含水率变化历史和路径不同，也使土骨架承受不同的应力

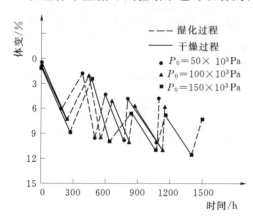

图 3.3　不同固结压力下干湿循环
过程中 $\varepsilon_v - h$ 曲线

路径。而土与其他材料的差别之一就是：强度与变形等力学特性与其应力路径有关。由此也可推测，土体的力学特性与其含水率的变化路径有关。

表 3.3　　　　　　　　　不同围压下，试样含水率在干湿循环过程中的变化情况　　　　　　　　　（％）

循环后含水率 围压	初始	1 次		2 次		3 次		4 次	
		干燥	湿化	干燥	湿化	干燥	湿化	干燥	湿化
$P_0 = 50 \times 10^3 Pa$	32	30	31.6	28.8	30.7	28.7	30.5	28.6	30.5
$P_0 = 100 \times 10^3 Pa$	29.3	26.9	28.7	25.2	27.8	24.8	27.5	24.7	27.3
$P_0 = 150 \times 10^3 Pa$	21.6	18.4	19.9	17.7	19.4	17.2	18.8	17	18.2

图 3.4 显示的是 3 个试样在不同的净围压下剪切过程的体变曲线（剪切过程中的体变是在干湿循环完成后的基础上重新计算的）。从图中可以看到：各试样在剪切过程中体积均发生收缩。在这 3 个试样中，各试样由于剪切产生的体积收缩量随固结压力的增加而增大，表明固结压力对体变性状具有很大的影响，这点与其他学者的研究结论类似。

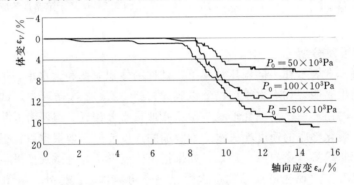

图 3.4　$\varepsilon_a - \varepsilon_v$ 关系曲线

图 3.5 为干湿循环结束后，试样在剪切过程中轴向应变 ε_a 与偏应力 q 的关系曲线。取轴向应变 $\varepsilon_a = 15\%$ 对应的剪应力作为土样的抗剪强度（$P_0 = 50 \times 10^3 Pa$，$q = 98 \times 10^3 Pa$、$P_0 = 100 \times 10^3 Pa$，$q = 140 \times 10^3 Pa$、$P_0 = 150 \times 10^3 Pa$，$q = 166 \times 10^3 Pa$），由 Mohr—Clumb 准则（如图 3.6 所示）得到 $c' = 11.19 \times 10^3 Pa$，$\varphi' = 21.6°$。

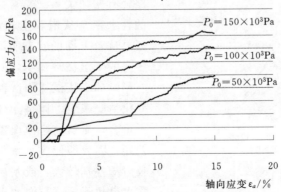

图 3.5　$\varepsilon_a - q$ 关系曲线

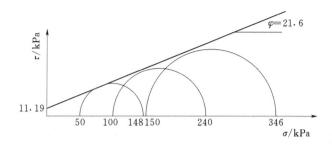

图 3.6　干湿循环后剪切所得的 Mohr 圆及包线

结合前面 CU 试验，两次试验结果相比较，发现经过 4 次干湿循环后的土样（$c' = 11.19 \times 10^3 \mathrm{Pa}$，$\varphi' = 21.6°$）与 CU 试验中未经干湿循环的土样在同等条件（基质吸力（$u_a - u_w$）$= 0$，$\sigma_3 - u_a = 50 \times 10^3 \mathrm{Pa}$，$c' = 15.7 \times 10^3 \mathrm{Pa}$，$\varphi' = 26.6°$）下相比较，黏聚力下降 28.7%，内摩擦角下降 18.8%。

这一数据充分说明了对于常年受库水位涨落及降雨、蒸发等一系列自然因素的影响的水库库岸，如果存在软弱夹层，如千将坪滑坡的层间剪切错动泥化带，其实际的剪切强度比用 CU 试验确定的强度参数要低。

就土体结构来讲，在大气营力的作用下，尤其是在降雨、库水位变化、蒸发等作用下，非饱和土体反复胀缩，比如在干燥状态下开裂后，其土体的原状结构遭到破坏，从而颗粒间的胶结减弱，结构力逐渐消失，如果随后遇水，则会有结合水溶剂膜的楔入发生。此外，在干湿循环的过程中，土体内部由于不可逆的范德华力的作用，颗粒聚集，使得黏粒含量减小，比表面积减小，因而孔隙率增大，渗透性增强，可塑性降低，表现在土粒之间结构连接减弱，显然抗剪强度也会随之减小。另外，实际的工程经验告诉我们，土体的胀缩裂隙主要是在干缩过程中产生，其产生的程度又会随着压力的减小、循环幅度增大而增大。因此，可以说在此类试验中，土样的抗剪强度指标会由于其压力、循环次数、循环幅度的不同而有不同的表现。

3.3　千将坪滑坡层间剪切错动泥化带恒荷载试验（DL 试验）

在降雨及库水位作用过程中，土体的剪切破坏主要是由于孔隙水压力增加或者说是基质吸力的减小引起的。Brand（1981 年）认为基质吸力的降低使得坡体的潜在滑动面上的有效应力降低，从而降低其抗剪强度。各向异性三轴试验可以模拟土体孔隙水压力从初始的负值不断增加到土体破坏的过程中，σ_1、σ_3 都保持不变，这样开展的非饱和土试验可以比较准确地模拟现场水库蓄水和大气降雨导致的非饱和土边坡失稳的应力路径，从而更好地了解在降雨或库水位作用下边坡土体的变形破坏特性。

非饱和土三轴恒荷载试验可以模拟在降雨及库水位上升的过程中，基质吸力减小对于非饱和土体的强度及体变特性的影响。

3.3.1　试样制备、试验仪器设备、试验方案

试样制备与试验仪器设备同 CU 试验，试验方案如下。

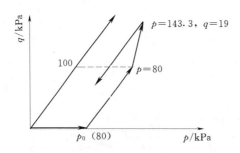

图 3.7　恒荷载（DL）试验的应力路径

图 3.7 为本次试验的应力路径。试验分为饱和固结、脱湿、各向异性固结、吸力降低四个阶段，具体过程如下。

试样放入压力室后反压饱和、固结。然后控制 $p-u_a=p_0$ 不变，在各向等压的作用下基质吸力从 0 逐级增加至某一设定值，吸力稳定后，开始对试样进行各向异性固结。试样顶端与轴向压力传感器探头相接触，各向异性固结（$\sigma_1=\sigma_3/k_0$），在这里静止侧压力系数按照 $k_0=1-\sin\varphi'$（φ' 的取值参照 CU 试验的结果，即 $\varphi'=26.6°$，$k_0=0.55$）取值。固结稳定后，测定总体积变形量、轴向变形以及横向变形、排水量，计算土体含水率。试验过程中加压速率及吸力稳定标准参照相关文献。

固结稳定标准参考《土工试验规程》（SL 237—1999），定为：2h 排水量小于 $1\mathrm{mm}^3$。

固结稳定后，控制 u_a 不变，u_w 逐级增加，亦即基质吸力逐渐降低。在此过程中，各相异性固结压力保持不变，即总应力 σ_1、σ_3、偏应力 $q=\sigma_1-\sigma_3$ 始终作为恒荷载作用在试样上。随着基质吸力的逐级降低，剪切变形开始。在试样受剪过程中，采用 GDS 的 "4D UNSATURATED" 模块中的应变控制模式，直到轴向应变 ε_a 达到峰值时认为试样完全破坏。

3.3.2　试验成果与分析

（1）脱湿过程。

以试样经过反压、固结后的状态作为初始状态（按照固结完成后测得的排水量和总体积变化量，计算出此时的含水率为 18.50%）。吸力分级加载，每级目标值分别为：$20\times10^3\mathrm{Pa}$，$60\times10^3\mathrm{Pa}$，$100\times10^3\mathrm{Pa}$。图 3.8（a）显示的是试样在脱湿阶段中含水率随时间变化的曲线，可以看到曲线分为明显的三段，随着目标吸力值的逐渐增高以及试验时间的持续，含水率减小值逐渐升高，在第一级吸力即 $u_a-u_w=20\times10^3\mathrm{Pa}$ 作用下稳定时含水率 $\omega=17.66\%$，第二级 $u_a-u_w=60\times10^3\mathrm{Pa}$ 稳定时为 16.02%，第三级 $u_a-u_w=100\times10^3\mathrm{Pa}$ 稳定时为 14.95%。

图 3.8（b）表示试样在脱湿过程中的体积变化情况。与含水率的变化情况相似，体积变化曲线也分为三级，每一级里面体积变化的速度由快至慢并逐渐趋于稳定值。整个阶段的体积均缩小，在这里定义绝对收缩率 η_d 为式（3.4）

$$\eta_d=\frac{|v_d-v_0|}{v_0}\times100\%\tag{3.4}$$

式中：v_d 为脱湿阶段末，吸力稳定时的试样体积；v_0 为试样在脱湿阶段初始时的体积。在本次试验中，体积收缩率为 3.35%。

另外，还可以得到在脱湿阶段中，每一级吸力平衡时单位体积（$v=1+e$）与其对应的吸力值的关系，图 3.9 为以单位体积为纵坐标，以 $\ln[(s+p_{at})/p_{at}]$（s 为基质吸力值，p_{at} 为参照压力，即一个标准大气压）为横坐标的关系曲线。从图中可以看

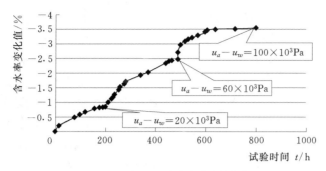

(a) 脱湿过程中含水率的变化情况

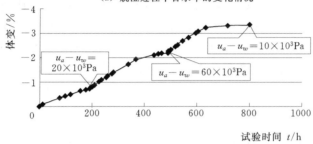

(b) 脱湿过程中的体变情况

图 3.8　脱湿过程中含水率及体变情况

出，在吸力从 $0 \sim 100 \mathrm{kPa}$ 范围内，单位体积与吸力的关系基本呈线性关系，可用如式（3.5）表达

$$v = v_s - k_s \ln \left(\frac{s + p_{at}}{p_{at}} \right) \tag{3.5}$$

式中：v_s 和 k_s 分别为 v—$\ln[(s+p_{at})/p_{at}]$ 关系曲线在吸力等于 0 处的截距和曲线斜率，其中，$k_s = 0.0751$，$v_s = 1.6448$。

这一体变性状与 Gens 和 Alonso 针对非饱和土提出的 SI 屈服包线的存在不一致，造成这一差别的原因应该是 $100 \times 10^3 \mathrm{Pa}$ 的吸力值还没有到达屈服吸力点。本次试验的吸力变化范围只是处在土体变形的弹性阶段。

（2）各向异性固结阶段。

当吸力平衡后 $u_a - u_w = 100 \times 10^3 \mathrm{Pa}$，$u_a = 150 \times 10^3 \mathrm{Pa}$，$u_w = 50 \times 10^3 \mathrm{Pa}$ 分级加载，让试样

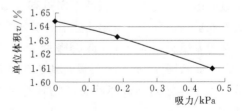

图 3.9　吸力平衡时试样单位体积
与吸力的关系

各向异性固结 $[p = (\sigma_1 + 2\sigma_3)/3$，$\sigma_3 = k_0 \sigma_1]$，此阶段以脱湿阶段完成后的稳定状态为初始状态，当轴向加载结束时，$\sigma_1 - u_a = 270 \times 10^3 \mathrm{Pa}$，$\sigma_3 - u_a = 80 \times 10^3 \mathrm{Pa}$ 试样的轴向变形量为 5.19%。图 3.10 为此阶段中单位体积与平均净正应力 p 的关系曲线。

在图 3.10 的曲线上可看到 $100 \times 10^3 \mathrm{Pa}$ 的吸力对应的压缩曲线上存在非常明显的屈服

点。屈服点对应的平均净正应力为 $114.6\times10^3\,\mathrm{Pa}$，孔隙比 e 为 0.561。屈服以后的压缩系数 $\alpha_v=0.009\times10^3\,\mathrm{Pa}^{-1}$，这为后期坡体变形量的计算提供了依据。

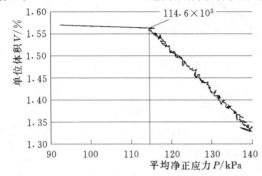

图 3.10　吸力为 $100\times10^3\,\mathrm{Pa}$ 时各向异性固结压缩曲线

（3）吸力降低至破坏阶段。

各向异性固结稳定后，模拟坡体在降雨或库水位上升阶段，基质吸力不断降低的应力路径进行恒荷载试验，即各相异性固结压力 σ_1、σ_3 保持不变，$\sigma_1=420\times10^3\,\mathrm{Pa}$，$\sigma_3=230\times10^3\,\mathrm{Pa}$，偏应力 $q=\sigma_1-\sigma_3$ 始终作为恒荷载作用在试样上，基质吸力分级降低（$100\times10^3\,\mathrm{Pa}$—$80\times10^3\,\mathrm{Pa}$—$60\times10^3\,\mathrm{Pa}$—$40\times10^3\,\mathrm{Pa}$—$30\times10^3\,\mathrm{Pa}$—$20\times10^3\,\mathrm{Pa}$—$5\times10^3\,\mathrm{Pa}$），土样随着吸力的逐级降低，变形量逐渐增加。这一过程以固结稳定后的状态为初始状态。

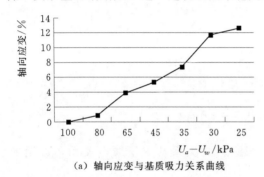

（a）轴向应变与基质吸力关系曲线

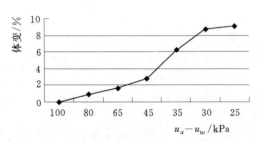

（b）体变与基质吸力关系曲线

图 3.11　轴向应变、体变与基质吸力关系曲线

图 3.11（a）、图 3.11（b）显示的是每一级吸力消散稳定时，轴向应变、体变与基质吸力的关系曲线。从图 3.11（b）中可以看出千将坪非饱和滑带土在吸湿过程中表现出膨胀性。这是因为孔隙水和孔隙气影响了非饱和土的变形行为，对于吸湿路径三轴试验，在各级的围压、反压和气压的平衡过程，即非饱和土的固结过程中宏观孔隙就被挤垮、消失，在剪切过程中，微观孔隙中的水分重新分配，从而引起土体膨胀。

当基质吸力 u_a-u_w 最后降低到等于 $5\times10^3\,\mathrm{Pa}$ 而且消散稳定时，轴向应变 $\varepsilon_a=12.6\%$，从图 3.11（a）可以看到，轴向应变 $\varepsilon_a-(u_a-u_w)$ 曲线已达到峰值并趋于平缓，故认为土样已达到破坏状态，此时的应力状态为：$u_a-u_w=5\times10^3\,\mathrm{Pa}$，$\sigma_1-u_a=270\times10^3\,\mathrm{Pa}$，$\sigma_3-u_a=80\times10^3\,\mathrm{Pa}$。

与前面非饱和土 CU 试验的强度参数试验结果进行比较：在 CU 试验中 $\tau_f=c'+(\sigma-u_a)_f\tan\varphi'+(u_a-u_w)_f\tan\varphi^b$，其中 $\varphi'=26.6°$，$\varphi^b=22°$，$c'=15.7\times10^3\,\mathrm{Pa}$，若假定认为应力路径对土体抗剪强度指标没有影响，则将上述 φ'、φ^b、c' 代入进行计算得：在 $\sigma_1-u_a=270\times10^3\,\mathrm{Pa}$，$\sigma_3-u_a=80\times10^3\,\mathrm{Pa}$，$u_a-u_w=5\times10^3\,\mathrm{Pa}$ 的压力环境下，土体剪破面上的剪应力 $\tau=86.96\times10^3\,\mathrm{Pa}$，抗剪强度 $\tau_f=84.05\times10^3\,\mathrm{Pa}$。这一结果说明了库水位上升、降雨等引起的土体吸湿，伴随着孔隙水压力的上升、基质吸力 u_a-u_w 的降低，会使得原本稳

定的土体破坏、坡体失稳。

3.4　千将坪滑坡层间剪切错动泥化带蠕变试验（CREEP 试验）

　　蠕变试验同样选取影响区 1 号平洞内黄褐色剪切滑带土作为试验土样，通过室内非饱和蠕变试验来获得滑坡滑带土的蠕变特性，为该区域的长期稳定性评价提供依据。该滑带土的基本物理力学参数如表 3.4。

表 3.4　　　　　　　　　　　　千将坪滑坡试验土样物理力学参数

密度 /(g/cm³)	孔隙比	含水率 /%	土粒组成/mm						抗剪强度	
			>1.0	1~0.5	0.5~ 0.25	0.25~ 0.075	0.075~ 0.005	>0.005	c/kPa	φ/(°)
1.36	19.9	0.93	7.2	8.7	4	11.4	43.9	24.8	28.3	18.2

3.4.1　蠕变试验仪器

　　蠕变试验仪器采用江苏溧阳永昌工程试验仪器厂生产的两联式非饱和三轴蠕变仪器（2FSR—6 双联型），其技术指标为周围压力 $\sigma_3 = 0 \sim 600 \times 10^3$ Pa，孔隙气压 $U_a = 0 \sim 600 \times 10^3$ Pa，孔隙水压 $U_w = 30 \times 10^3 \sim 600 \times 10^3$ Pa，体变 $\Delta V = 0 \sim 50$ mL，轴向变形 $\Delta L = 0 \sim 25$ mL，试样尺寸为直径 6.18cm，高度 12.5cm。本试验通过砝码来施加轴向压力，砝码的重量与压力的转换公式为 10^3 Pa = 0.0255kg。实验数据采集系统为 TSW—3 型。

　　（1）FSR—6 双联型非饱和土三轴蠕变仪（图 3.12）。

　　1）主要技术指标：①试样尺寸为 $\Phi 6.18$cm×12.5cm；②周围压力为 $\sigma_3 = 0 \sim 600 \times 10^3$ Pa；③孔隙水压力为 $U_w = 30 \times 10^3 \sim 600 \times 10^3$ Pa；④孔隙气压力为 $U_a = 0 \sim 600 \times 10^3$ Pa；⑤轴向力为 $F = 6$kN；⑥轴向变形为 $\Delta L = 0 \sim 25$mm；⑦试样外测体积变化为 $\Delta V = 0 \sim 50$cm³；⑧加载方式为砝码加载。

　　2）功能：主要用于非饱和土试样的各种三轴蠕变试验。

图 3.12　FSR—6 双联型非饱和土三轴蠕变仪

　　3）组成部分：①非饱和土双层三轴压力室 FSS30 型；②加荷部件；③整架部件；④控制部件；⑤土工试验数据采集系统；⑥各种传感器及夹具、接头。

　　（2）TSX—3 型土工试验数据采集系统。

　　本仪器采用 TSX—3 型土工试验数据采集系统，本系统可用于控制四台三轴仪、40 台压缩仪、10 台直剪试验的数据采集。打印各种试验曲线并自动编写成果报告。另有用于单台三轴试验的采集系统，如图 3.13 所示。

（a）数据采集系统传感器接入箱

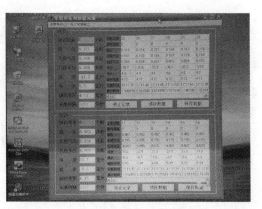

（b）非饱和土蠕变试验采集软件

图 3.13　试验数据采集系统

3.4.2　蠕变试验步骤

蠕变试验步骤如下：

1）准备工作，测定土样的基本物理力学参数，如密度、含水量、抗剪强度等；

2）对压力室、检测仪和传感器进行标定；

3）制备试样，将重塑土样制成尺寸为直径 6.18cm，高度 12.5cm 的圆柱体试样，而后进行试样饱和；

4）装样，把试样用乳胶膜套好，装入压力室，密封好，罐满水；

5）先施加围压，接着施加孔隙气压，进行试样固结；

6）将固结完成后测得的读数作为蠕变试验的初始读数。把固结好的试样通过砝码分级施加轴向偏应力来进行剪切蠕变试验；

7）试验结束，卸载荷载，围压和孔隙气压，放空压力室内的水，把试样卸载下来，清理试验仪器。

施加偏应力阶段，观测时间可设定为：1min 以内采样间隔为 5s（0.083min）；1～10min 以内采样间隔为 30s（0.5min）；10min～1h 以内采样间隔为 5min；1～24h 以内采样间隔为 60min；24h 以内采样间隔为 4h。

对于偏应力水平为 $0.7\tau_{cu}$、$0.9\tau_{cu}$ 的试验，1h 以后的采样间隔应适当加密。蠕变观测总历时 7～15 天。

3.4.3　蠕变试验内容

取滑坡影响区 1 号平洞内剪切滑带土作为试验土样，采用 4 个试样，围压各为 150×10^3Pa、200×10^3Pa，300×10^3Pa、400×10^3Pa，即保持基质吸力从 50×10^3Pa 变化到 200×10^3Pa（试验方案见表 3.5）。在此状态下固结排水稳定后，分应力比为 0.3、0.5、0.7、0.9 来分级加载，从而获得滑带土的变形随时间变化的完整蠕变曲线。

将试样饱和固结后，再进行排水剪切试验，其应力路径如图 3.14。

表 3.5　　　　　　　　　　　　　　非饱和蠕变试验方案

土样号	偏应力水平	围压/kPa	吸力/kPa
1	0.3	150	50
1	0.5	150	50
1	0.7	150	50
1	0.9	150	50
2	0.3	200	100
2	0.5	200	100
2	0.7	200	100
2	0.9	200	100
3	0.3	300	150
3	0.5	300	150
3	0.7	300	150
3	0.9	300	150
4	0.3	400	200
4	0.5	400	200
4	0.7	400	200
4	0.9	400	200

3.4.4　蠕变试验结果及分析

根据流变试验原始数据计算整理出千将坪滑坡滑带土流变试验的应力—应变—时间关系曲线。

（1）围压 100×10^3 Pa、孔隙气压 50×10^3 Pa 时蠕变试验结果。

分级加载时的蠕变曲线见图 3.15，总轴向变形随围压变化见图 3.16。

（2）围压 150×10^3 Pa、孔隙气压 50×10^3 Pa 时蠕变试验结果。

分级加载时的蠕变曲线见图 3.17，总轴向变形随围压变化见图 3.18。

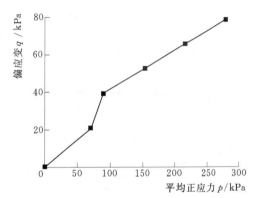

图 3.14　应力路径

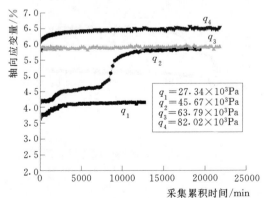

图 3.15　围压 100×10^3 Pa、孔隙气压 50×10^3 Pa 时分级加载蠕变图

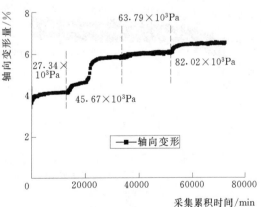

图 3.16　围压 100×10^3 Pa、孔隙气压 50×10^3 Pa 时总蠕变图

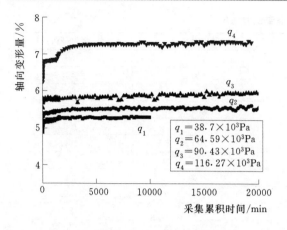

图 3.17　围压 $150×10^3$ Pa、孔隙气压
$50×10^3$ Pa 时分级蠕变图

图 3.18　围压 $150×10^3$ Pa、孔隙气压
$50×10^3$ Pa 时总蠕变图

（3）围压 $100×10^3$ Pa、孔隙气压 $50×10^3$ Pa 时蠕变试验结果与围压 $150×10^3$ Pa、孔隙气压 $50×10^3$ Pa 时蠕变试验结果对比。

分级加载时的蠕变曲线见图 3.19，总轴向变形随围压变化见 3.20，等时曲线见图 3.21。

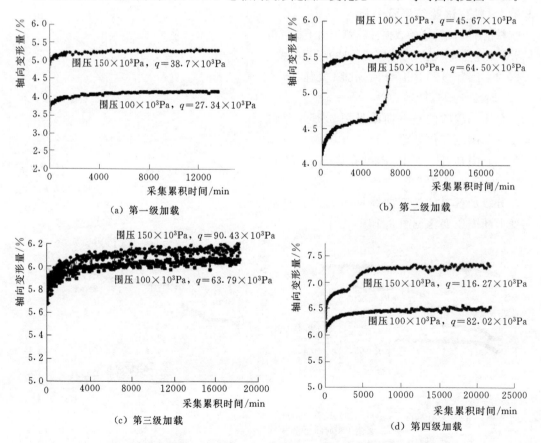

图 3.19　孔隙气压 $50×10^3$ Pa 时，不同围压下各级加载轴向变形图

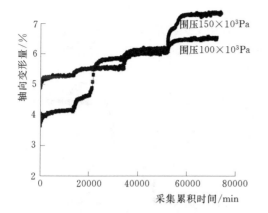

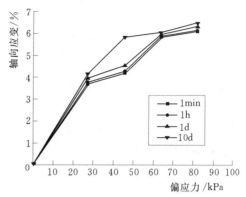

图 3.20 孔隙气压 50×10^3 Pa 时，
不同围压下总轴向变形图

图 3.21 $\sigma_3 = 100 \times 10^3$ Pa，
$U_a = 50 \times 10^3$ Pa 时变形图等时曲线图

可以看出，当孔隙气压一定时，总轴向蠕变变形随围压的增大总体上是变大的。

（4）围压 200×10^3 Pa、孔隙气压 100×10^3 Pa 时蠕变试验结果。

分级加载时的蠕变曲线见图 3.22，总蠕变图见图 3.23。

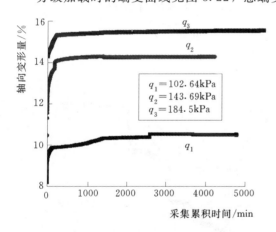

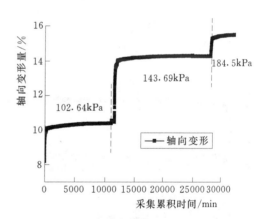

图 3.22 围压 200×10^3 Pa，孔隙气压
100×10^3 Pa 时分级轴向变形图

图 3.23 围压 200×10^3 Pa，孔隙气压
100×10^3 Pa 时总轴向变形图

蠕变阶段的持续时间取决于岩土的性质和荷载值，对于同种岩土体，随着应力水平的增加，岩土蠕变变形值也增加，蠕变过程从衰减的变成非衰减的，而荷载越大，岩土体破坏越快。在低应力水平下，只出现蠕变的第一阶段，蠕变具有衰减特性；在中等应力水平下，出现蠕变的第一和第二阶段，变形（黏塑性流动）可以不断地发展，但不过渡到第三阶段；当应力较大时，蠕变的三个阶段都出现，变形加速发展直至土体破坏；当应力很大时，蠕变第三阶段几乎是在加载之后立即发生的，岩土体马上就发生破坏。由上述试验结果可以看出，该滑带土在低应力水平下表现为只出现蠕变的第一阶段，蠕变具有衰减特性，即变形值 $\varepsilon(t)$ 趋向于与荷载值有关的某一稳定值，不会导致岩土发生破坏，这种蠕变对工程危害小。随着应力水平的上升，是否会出现非衰减特性，我们特地进行了围压为

$300 \times 10^3 \, \text{Pa}$ 和 $400 \times 10^3 \, \text{Pa}$ 两组试验，试验结果如下。

（5）围压 $300 \times 10^3 \, \text{Pa}$、孔隙气压 $150 \times 10^3 \, \text{Pa}$ 时蠕变试验结果。

分级加载时的蠕变曲线见图 3.24，总蠕变图见图 3.25。

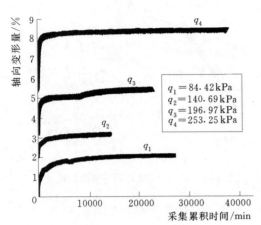

图 3.24　围压 $300 \times 10^3 \, \text{Pa}$，孔隙气压
$150 \times 10^3 \, \text{Pa}$ 时分级轴向变形图

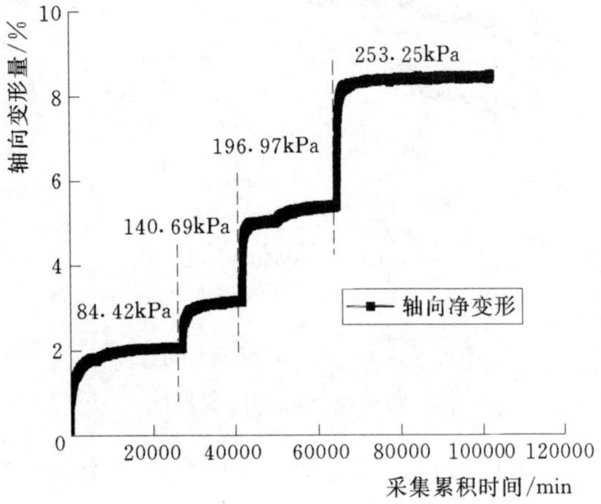

图 3.25　围压 $300 \times 10^3 \, \text{Pa}$，孔隙气压
$150 \times 10^3 \, \text{Pa}$ 时总轴向变形图

（6）围压 $400 \times 10^3 \, \text{Pa}$、孔隙气压 $200 \times 10^3 \, \text{Pa}$ 时蠕变试验结果。

分级加载时的蠕变曲线见图 3.26，总蠕变图见图 3.27。

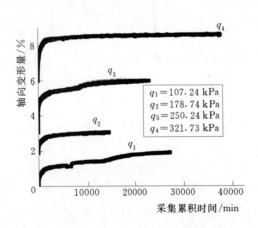
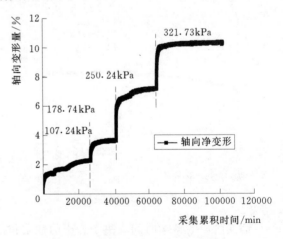

图 3.26　围压 $400 \times 10^3 \, \text{Pa}$，孔隙气压
$200 \times 10^3 \, \text{Pa}$ 时分级轴向变形图

图 3.27　围压 $400 \times 10^3 \, \text{Pa}$，孔隙气压
$200 \times 10^3 \, \text{Pa}$ 时总轴向变形图

从上面几组试验数据曲线可以看出，千将坪滑坡剪切带土的变形是以减速发展的，最后变形速率趋于零，即具有衰减蠕变特性，那将不会导致土体发生破坏。

3.4.5　蠕变模型拟合

Burgers 蠕变模型（Bu 体）是由马克斯韦尔模型（M 体）和开尔文模型（K 体）串联组合的黏弹性结构模型，它可以描述介质具有初始瞬时弹性应变、衰减蠕变阶段及稳定蠕变阶段，见图 3.28。

伯格蠕变黏塑性模型 Cvisc 模型是 Burgers 蠕变模型的改进，它由一个 Burgers 蠕变模型和一个摩尔—库仑模型组成，它考虑材料的黏弹塑性应力偏量特性与弹塑性体积变化特性。假定黏弹性与塑性应变速度分量以串联方式共同作用。黏弹性本构定律和伯格模型（开尔文体和麦克斯韦尔体串联组成）一致，而塑性本构定律与摩尔—库仑模型一致。

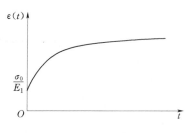

图 3.28　Bu 体蠕变试验曲线图

Burgers 蠕变模型的方程为

$$\varepsilon(t)=\sigma_0\left[\frac{1}{E_1}+\frac{t}{\beta_1}+\frac{1}{E_2}(1-e^{-E_2 t/\beta_2})\right] \tag{3.6}$$

该模型有四个参数 E_1、β_1、E_2、β_2，曲线拟合公式（3.7）

$$\varepsilon(t)=P_1+P_2 t+P_3(1-e^{-P_3 P_4 t}) \tag{3.7}$$

式中：$E_1=\dfrac{\sigma_0}{P_1}$；$\beta_1=\dfrac{\sigma_0}{P_2}$；$E_2=\dfrac{\sigma_0}{P_3}$；$\beta_2=\dfrac{\sigma_0}{P_3 P_4}$。

经分析可以得出，P_3 对拟合影响不大，故采用 $\varepsilon(t)=P_1+P_2 t+P_3(1-e^{-P_4 t})$ 进行拟合。

对围压 300×10^3 Pa，孔隙气压 150×10^3 Pa 和围压 400×10^3 Pa，孔隙气压 200×10^3 Pa 两组蠕变数据进行 Burger 蠕变模型拟合。

通过拟合获得 Burger 黏弹塑性蠕变模型及参数为：围压 300×10^3 Pa、孔隙气压 150×10^3 Pa 时蠕变拟合参数见表 3.6，围压 400×10^3 Pa、孔隙气压 200×10^3 Pa 时蠕变拟合参数见表 3.7。

表 3.6　　　　　　　Burger 模型方程参数（围压 300kPa、孔隙气压 150kPa）　　　　（单位：kPa）

参数	第一级加载	第二级加载	第三级加载	第四级加载	平均值
E_1	151.209	82.75882	74.10459	55.53728	90.90243
β_1	422100	468966.7	1969700	2532500	1348317
E_2	52.7625	165.5176	109.4278	101.3	107.252
β_2	1172.5	2068.971	2188.556	2026	1864.007

表 3.7　　　　　　　Burger 模型方程参数（围压 400kPa、孔隙气压 200kPa）　　　　（单位：kPa）

参数	第一级加载	第二级加载	第三级加载	第四级加载	平均值
E_1	192.0831	77.0431	54.1645	53.00329	94.0735
β_1	214480	893700	500480	804325	603246.3
E_2	97.49091	262.8529	208.5333	136.9064	176.4459
β_2	9749.091	7510.084	10426.67	1521.182	7301.756

围压 300×10^3 Pa、孔隙气压 150×10^3 Pa 时拟合图见图 3.29，围压 400×10^3 Pa，孔隙气压 200×10^3 Pa 时拟合图见图 3.30。

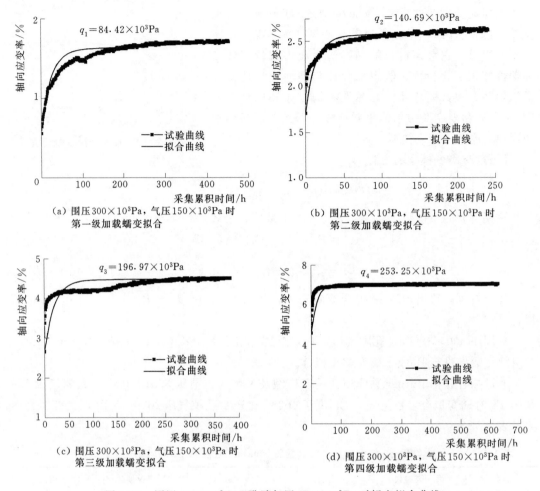

图 3.29　围压 $300 \times 10^3 Pa$，孔隙气压 $150 \times 10^3 Pa$ 时蠕变拟合曲线

通过图 3.29 和图 3.30 蠕变拟合曲线可以看出，Burger 黏弹塑性蠕变模型可以比较好地拟合蠕变试验成果。

3.4.6　小结

通过千将坪层间剪切错动泥化带的非饱和蠕变实验，获得了滑带土的衰减蠕变特性，没有发生非衰减的加速蠕变破坏阶段。针对蠕变试验成果，整理出了滑带土的 Burger 黏弹塑性蠕变模型，并且可以与试验数值图像比较好的吻合，进而可以确定该模型的模型参数，为进行滑坡的长期稳定计算提供相应的材料模型及参数。

3.5　千将坪滑坡区与影响区层间剪切错动泥化带现场直剪试验

3.5.1　概述

原位试验由于试样尺寸较室内试验尺寸大，试验点位置更易控制，对土体扰动更小，更接近工程受荷变形的实际情况，通过原位大型抗剪试验获得滑坡滑带抗剪强度更为岩土领域工作者接受和认可，且相关规范规定中型以上滑坡对其滑动面（带）必须进行 2～4

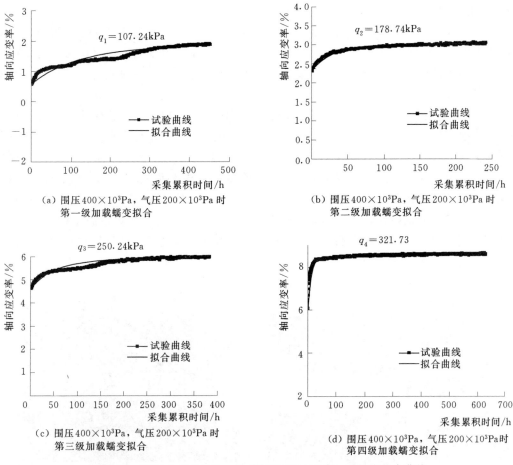

(a) 围压 $400×10^3Pa$，气压 $200×10^3Pa$ 时
第一级加载蠕变拟合

(b) 围压 $400×10^3Pa$，气压 $200×10^3Pa$ 时
第二级加载蠕变拟合

(c) 围压 $400×10^3Pa$，气压 $200×10^3Pa$ 时
第三级加载蠕变拟合

(d) 围压 $400×10^3Pa$，气压 $200×10^3Pa$ 时
第四级加载蠕变拟合

图 3.30 围压 $400×10^3Pa$，孔隙气压 $200×10^3Pa$ 时蠕变拟合曲线

组原位大型抗剪强度试验。

滑坡原位大型剪切试验是岩土原位试验中的一种特定的形式，通过该试验获取滑坡软弱夹层或岩体节理面抗剪强度值，试验主要参照《岩土工程勘察规范》（GB 50021—94）和《原位直剪试验规程》（SL 237—043—1999）执行。滑坡滑带土剪切加载过程中，其应力应变曲线首先达到峰值强度，然后过渡到一个软化阶段（软化强度），继续加载，土体颗粒将发生重新排列，强度进一步降低，到达残余强度（图 3.31、图 3.32）。

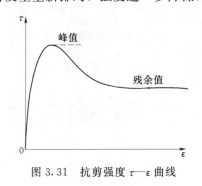

图 3.31 抗剪强度 τ—ϵ 曲线

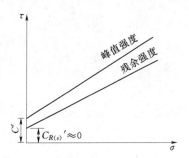

图 3.32 峰值强度和残余强度（Fell，1992）

3.5.2 试验部位

为了对比千将坪滑坡滑动前后强度特性，开展了千将坪滑坡影响区1号平洞和滑坡区1号竖井原位直剪实验研究。千将坪滑坡基岩为侏罗系中—下统聂家山（$J_{1\sim2n}$）底部碎屑岩，岩性以黄绿色、浅灰色、灰绿色及紫红色泥质粉砂岩为主，局部夹青灰色长石砂岩及少量粉砂质泥岩。

1号平洞位于滑坡影响区，平洞底部高程为237.56m，剪切带为软化泥化夹层，产状为230°/SE∠31°，厚度为30~50cm，主错动面处为碎斑岩局部糜棱岩化，原岩成分为炭质页岩夹灰岩条带或团块，碎裂岩分布于主错动面上部，岩层挤压成片状，泥质钙质胶结，风化明显，受滑动影响，普见纵向擦痕及阶步。主错动面下部为碎斑岩，厚3~7cm，顶部为一层连续延伸的方解石脉，厚1~3cm，下部为一层厚3~7cm的灰岩条带，上部方解石脉上可见斜向擦痕，指示运动方向为左旋正错。此主错动面在平洞左壁为灰黑色、饱和断层泥，呈软塑状；在平洞右壁为黄褐色粉质黏土夹黑色条带或透镜状、团块状、稍湿，呈可塑状。图3.33、图3.34为1号平洞层间剪切错动泥化带。

图3.33　1号平洞左支洞剪切带　　　　图3.34　1号平洞右支洞剪切带

1号竖井位于滑体区，井口高程237.00m，竖井以下25.16m处出露滑带，滑带为黑褐色碎石角砾土含黑色炭质页岩。图3.35和图3.36分别为1号竖井左右支洞的滑带。

图3.35　1号竖井左支洞滑带　　　　图3.36　1号竖井右支洞滑带

3.5.3 原位大剪试验

根据 1 号平洞和 1 号竖井勘察现场环境，1 号竖井试样布置在支洞的底部（图 3.37），1 号平洞试样布置在平洞侧边（图 3.38），利于试样制备与试验操作。

图 3.37　1 号竖井试验布置方式　　　　图 3.38　1 号平洞试验布置方式

试验采用应力控制式，每组试验试体为 4 块，试体尺寸为 50cm×50cm×35cm，根据滑坡体厚度结合试验中土体不被挤出为依据确定最大垂直荷载为 300MPa，分为 3～4 级，同时在试验设备上方安装滑轨以避免加荷时发生偏心现象，保证加荷时作用力位于试样中心，剪切时水平力的施加通过预先估计计算得到，并根据规范按适当的速率施加，每隔 1min 施加水平力 1 次，控制试验在 20min 内剪完；剪切变形急剧增加或剪切变形量达到试验尺寸的 1/10 时，即认为土体已破坏，停止试验。

（1）1 号平洞现场大剪试验。

试样成型：按照《原位直剪试验规程》（SL 237—043—1999）的规定，试样首先制成 80cm×80cm×60cm 的试样，然后专业人员切割成 50cm×50cm×35cm 的试样，减少对试样的干扰。

试样饱和：按照《原位直剪试验规程》（SL 237—043—1999）的规定，由于平洞中滑带附近土体失水干燥，为了更好模拟滑坡土体的实际情况，对试样进行饱和，剪切前后试样土体含水率如表 3.8 所示。

表 3.8　　　　　　　　　　　滑坡原位大型直剪试验试样含水率　　　　　　　　　　　（%）

YZJ1～1	剪切前	15.2	YZJ2～1	剪切前	17.4
	剪切后	22.6		剪切后	22.7
YZJ1～2	剪切前	15.5	YZL2～2	剪切前	7.1
	剪切后	32.5		剪切后	19.0
YZJ1～3	剪切前	8.6	YZJ2～3	剪切前	18.0
	剪切后	12.6		剪切后	29.2
YZJ1～4	剪切前	12.2	YZJ2～4	剪切前	18.4
	剪切后	16.1		剪切后	28.6

试样固结与剪切：按照《原位直剪试验规程》（SL 237—043—1999）的规定，对试样进行加压固结稳定后进行剪切试验。

1）1 号平洞右支洞 YZJ1 试验。

右支洞滑带厚度为 30～50cm 之间，右支洞 YZJ1 试验组制样与试验过程见图 3.39，滑带土体黏度较大，剪切前后含水率变化在 4.0%～7.4% 之间，滑带抗剪强度试验结果为 $c=43.7\times10^3\mathrm{Pa}$，$\varphi=25.9°$。

主要试验结果见图 3.40。

图 3.39　右支洞 YZJ1 试验组制样与试验过程

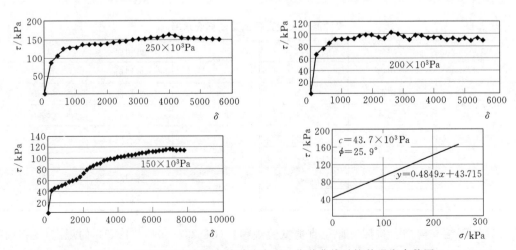

图 3.40　1 号平洞右支洞大剪试验应力—位移曲线及抗剪强度参数图

2）1 号平洞左支洞 YZJ2 试验。

左支洞 YZJ2 试验组试样层间剪切错动泥化带及试样见图 3.41，以黄灰、深灰色粉砂岩，砂质页岩，泥岩为主，夹长石石英砂岩及碳质页岩煤层或煤线。层间剪切错动泥化带厚度为 5～20cm 之间，层间剪切错动泥化带土体有机质含量较大，剪切前后含水率变化在 5.3%～11.9% 之间，主要试验结果见图 3.42。

图 3.41　左支洞 YZJ2 试验组制样及剪切过程

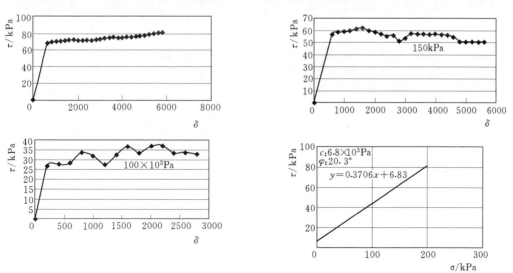

图 3.42　1 号平洞左支洞大剪试验应力—位移曲线及抗剪强度参数图

左支洞 YZJ2 试验组抗剪强度试验结果为 $c=6.83\times10^3\mathrm{Pa}$，$\varphi=20.3°$，试验值较右支洞低，是由于左支洞部位靠近滑坡区，层间剪切错动泥化带较软、具有高保水性，遇水软化泥化。

（2）1号竖井滑带土原位大面积剪切试验。

1号竖井滑带土大面积剪切试验在竖井内左右两条支洞内完成，左右两条支洞各长5米，岩体破碎，左右支洞全貌见图3.43、图3.45，试验结果见图3.44、图3.46。1号竖井左支洞试验组抗剪强度试验结果为 $c=3.28\times10^3\mathrm{Pa}$，$\varphi=6.7°$；1号竖井右支洞试验组抗剪强度试验结果为 $c=26.33\times10^3\mathrm{Pa}$，$\varphi=15.2°$。

图 3.43　1号竖井左支洞大剪试验全貌图

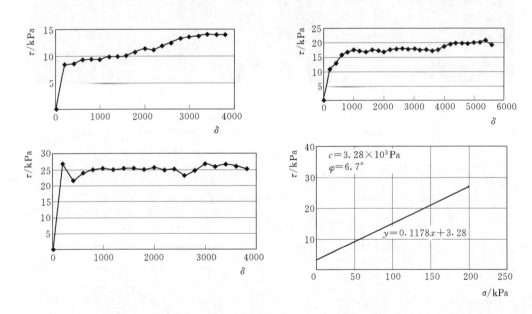

图 3.44　1号竖井左支洞大剪试验应力—位移曲线及抗剪强度参数图

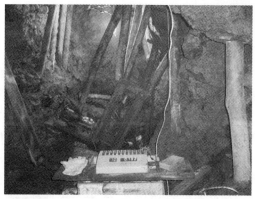

图 3.45　1 号平洞右支洞大剪试验全貌图

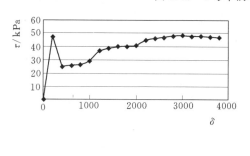
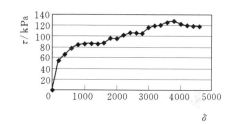

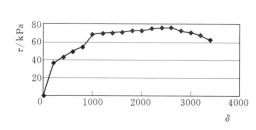
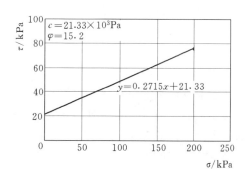

图 3.46　1 号竖井右支洞大剪试验应力—位移曲线及抗剪强度参数图

3.5.4　千将坪滑坡原位大剪试验结果分析

本次滑坡现场大剪试验地点在滑坡影响区与滑坡区，试验结果见表 3.9。对比分析表明，滑坡滑动后，软弱夹层形成滑带，因土颗粒定向排列造成滑坡滑带抗剪强度下降幅度较大，黏聚力下降 50%左右，内摩擦角下降 40%左右，这也是千将坪滑坡产生的重要原因之一。

表 3.9　　　　　　　　　　　　　　　试验结果对比分析表

部位	所处相对区域	黏聚力/kPa	内摩擦角/(°)
1 号平洞左支洞	影响区（滑带原型）	6.83	20.3
1 号平洞右支洞		43.7	25.9
1 号竖井左支洞	滑坡区（滑带）	3.28	6.7
1 号竖井右支洞		21.33	15.2

3.6 小结

通过以上关于三峡库区千将坪滑坡软弱泥化带的一系列试验结果和分析，做如下小结。

（1）三峡库区千将坪滑坡为一顺向坡，岩层软硬相间，层间剪切错动泥化带经干湿循环后，$c'=11.19\times10^3\,Pa$，$\varphi'=21.6°$，与 CU 试验结果 $c'=15.7\times10^3\,Pa$，$\varphi'=26.6°$ 相比较其黏聚力下降 28.7%，内摩擦角下降 18.8%。这一结果表明千将坪滑坡在水库水位变动和大气降雨反复作用下，其层间剪切错动泥化带的强度会不断降低直至失稳破坏。三峡库区年平均降雨 1200mm 左右，一日最大降水量都在 120mm 以上，三峡水库库岸在降雨条件下，许多滑坡将整体或部分从非饱和状态变成饱和状态，滑坡的抗剪强度也将随着吸力的降低而降低，从而导致大量滑坡复活和新生型滑坡的产生，必须引起足够重视。

（2）恒载试验表明，即使不考虑层间剪切错动泥化带干湿循环后的强度参数的降低，在三峡水库水位蓄水、大气降雨等条件下，土体吸湿，伴随着孔隙水压力的上升、基质吸力 u_a-u_w 的降低到一定程度时，同样会使得原本稳定的土体破坏、坡体失稳。

（3）通过千将坪顺层滑坡影响区 1 号平洞层间剪切错动泥化带的非饱和蠕变实验，获得了层间剪切错动泥化带的衰减蠕变特性，没有发生非衰减的加速蠕变破坏阶段。

（4）滑坡滑动前，黏聚力 $6.83\times10^3\sim43.7\times10^3\,Pa$，内摩擦角 $20.3°\sim25.9°$，滑坡滑动后，黏聚力 $3.28\times10^3\sim21.33\times10^3\,Pa$，内摩擦角 $6.7°\sim15.2°$。土颗粒定向排列造成滑坡岩土体抗剪强度下降幅度较大，黏聚力下降 50% 左右，内摩擦角下降 40% 左右，这也是千将坪滑坡产生的重要原因之一。

（5）千将坪非饱和滑带土在剪切过程中表现出剪胀性。在试样脱湿和吸湿过程中，在吸力从 $0\sim100\times10^3\,Pa$ 范围内，单位体积与吸力的关系基本呈线性关系。在三峡水库蓄水与降雨条件下，千将坪滑坡变形主要是由吸力变化引起的。

第4章 千将坪滑坡滑带土软化模型试验研究

4.1 滑带软化试验方案的论证与设计

4.1.1 试验目的

研究滑带土在浸泡后抗剪强度随浸泡时间的变化规律，研究滑带土水—土作用机理，建立滑带土抗剪强度与时间的对应关系——软化模型。

4.1.2 参考标准

1）《土工试验方法标准（附条文说明）》（GB/T 50123—1999）；

2）《土工试验仪器 剪切仪 第1部分：应变控制式直剪仪》（GB/T 4943.1—2008）；

3）《土工试验仪器 剪切仪 第1部分：应变控制式三轴仪》（GB/T 24107.1—2009）；

4）《土的工程分类标准（附条文说明）》（GB/T 50145—2007）；

5）《岩土工程勘查规范（附条文说明）（2009年版）》（GB 50021—2001）；

6）《土工试验规程》（SL 237—1999）；

7）《土的工程分类（附条文说明）》（SL 237—001—1999）；

8）《土工试验规程（上下册）（化学部分）》（SD 1—1981）；

9）《土壤试验非原状土样的制备方法》（JIS A1201—2009）；

10）《原状土取样技术标准》（JGJ 89—1992）；

11）《土样保存及运送法》（CNS 14533—2001）。

4.1.3 试验中的问题探讨

滑带土的软化试验，目前还没有系统而科学的标准和规范可以参考。在试验方案的设计中遇到了很多相互对立的问题，而这些问题都是控制试验结果的决定性因素。在制定试验方案之前，必须通过试验和讨论来确定这些因素，才能更好地进行试验，得到预期的结果。

（1）原状样与重塑样。

"试样的制备"是土工试验的重中之重，在《土工试验方法标准（附条文说明）》（GB/T 50123—1999）中最开始就讲述了试样的制备方法。通常在土工试验中，尤其是抗剪强度的测定试验中，试样的制备占据了50％以上的时间。并且试样的制备效果直接影响试验结果的准确度与可靠性，牢牢把好试验的第一道关是土工试验的关键。

对于原状土试样和重塑土试样目前还没有一个明确的分界线，在很多规范中也称重塑土试样为扰动土试样。在《中国土木建筑百科词典中》中这样定义：原状土试样是保持天然含水量和天然结构的试样，用来测定土的天然含水量、天然表观密度、渗透性、压缩性和抗剪强度等指标。相应的重塑土试样就是其含水量和结构至少一个不符合天然状态的试样。因此，原状土试样的采取是采样的难点，但是，只要把土从土层中取出，就必然会使土体释放其原来的应力，从而导致土体原有的密度和结构发生变化，具体表现为在土工试验中抗剪强度的降低。为了补偿这种应力的损失，在取样时可以限制试样的应力释放，用刚度很大的取样设备，尽可能小的减少这种应力损失，使试样最大限度的接近其在原有土层中的状态。

本书所探讨的软化试验，是希望通过浸泡软化，探究滑带土的强度变化规律，那么就需要所有试样的强度变化仅仅是由水体浸泡产生。原状土试样是最为符合软化试验的。但同时，软化试验是一个与时间相关的试验，所有的试样除了浸泡时间不同之外，所有的特性均相同，那么就要求试样的均一性要十分好。针对千将坪滑坡层间剪切错动泥化带，该层在形成过程中经受的应力作用十分复杂，而且十分不均匀，在不同程度上是各向异性的。并且由于岩层的风化、地下水的活动，即使在很小的范围内，也很难保证试样的均一性。这就严重影响了不同浸泡时间试样强度变化规律的探索。当对比试验中出现了多个初始条件，且这个初始条件不可控时，对比试验的结果就失去了可靠性。

因此为了保证浸泡软化试验试样的均一性，通过制作密度、含水量、颗粒级配完全一致的重塑土试样就更为符合本次试验的要求。通过采取少量的原状土试样，测定其天然密度、天然含水量、颗粒级配等参数，用来作为制作重塑土试样的参考标准。在统一的参考标准下，保证了所有试样的均一性。

（2）干装样与湿装样。

在《土工试验方法标准（附条文说明）》（GB/T 50123—1999）3.1.8 中对扰动样的制备有着明确的描述：根据试验所需的土量与含水率，计算制备试样所需的加水量，称取过筛的风干土样平铺于搪瓷盘内，将水均匀喷洒于土样上，充分拌匀后装入盛土容器内盖紧，润湿一昼夜。我们把这种制样方法简称为"湿装样"。与其对应的"干装样"虽然在规范中没有提及，但是在土工试验的应用中也有其优点。干装样是指：将所取土样风干过筛后，称取制样所需干土质量，制备指定干密度和孔隙比的制样方法。

两种制样方法各有优点。干装样便于控制试样的初始条件。通过将土样风干，控制了其初始含水率，试样之间的初始孔隙比较一致。减少了对比试验中不同初始条件对后期强度的影响。但是令人诟病的缺点是重塑样对原状土样结构性的破坏无法通过干装样进行有效的恢复。

从微观角度来看抗剪强度的不同来源。摩擦强度主要来源于两个方面：一是土颗粒之间滑动时接触面之间的滑动摩擦，另一方面就是土颗粒之间克服咬合状态而产生移动的咬合摩擦。然而对于细粒土而言，水的作用就极为明显，因为细粒土的土颗粒较小，在土颗粒表面还存在着吸附水膜，那么土颗粒之间除了产生直接的接触之外，还会通过吸附的水膜相互接触，在接触面之间由水引起物理化学作用而产生的吸引力，对摩擦强度也会产生显著的影响。黏聚强度则主要取决于土颗粒之间的各种物理化学作用力，这其中包括库仑力、范德华力、胶结作用力等。目前普遍认为黏聚强度可分为两个部分：原始黏聚力和固化黏聚力。原始黏聚力与土颗粒之间的距离呈现负相关关系。同一种土样，密度越大，土颗粒之间的距离越小，原始黏聚力也就越大。而固化黏聚力则来源于土颗粒之间胶结物质的胶结作用，这种胶结作用不仅与土中的矿物成分有关，而且还与时间有着密切的关系。

通过上述的探讨，湿装样通过水的加入，更加符合细粒土、黏性土的重塑样制备。通过水的作用从多个方面增加了重塑样强度愈合的速度，最主要的是使散状土样经过重塑产生了原有的絮状结构，加大固化黏聚力的恢复。但是其缺点就是比较适用于粗粒土、粉土而不适用于黏土。黏土对水的敏感度较高，具体表现为，在按照规范要求的制样过程中，很难准确把控水的加入量，由于风干后的散状土样对水的吸附、吸收，以及水在土样中的扩散存在着许多不可控的因素。例如黏土加水较少，土样不能完全湿透，试样干湿不均匀；加水过多，土样立即变成软塑甚至流塑状态，根本不能完成制样。

通过反复的试验结合干装样和湿装样的各自优点，我们采取了更接近于湿装样的一种制样方法。具体就是，将风干的试样采取湿装样的方法将干土分层均匀喷湿，为保证将所有的土样都喷湿，尽可能多的喷洒水，然后不扰动喷湿的土样，放在通风处静置，每隔一段时间就观察土样的状态，当土样相互结成 2mm 左右的小团粒，并且团粒之间相互不黏结时，将其过 2mm 筛，过筛后放入保湿缸中保湿 24h。测定三个不同部位的试样含水率，相差不超过 1%，则认为试样含水率是均匀的，并以三个含水率的平均值作为试样的含水率。计算所需这种湿土的质量，制作相应的试样。通过这种方法制取的散状试样，含水率较为一致，不同批次的试样含水率误差在 5% 之内，降低了不同初始含水量对试样的影响。同时通过试验表明，采取这种湿装样在利用静压力制样时（见图 4.1），压力传递更为充分，试样更为紧密，还原度较好。

图 4.1　压样制样过程

（3）重塑样的养护时间。

通过以上论述，本次所需要的试样为采用湿装样的重塑土试样。土的强度与土本身的结构有着密切的联系。原状土中由于经过长时间的沉积，土颗粒的排列更为紧密，更重要的是在地下水的长期作用下土中游离的氯化物、铁盐、碳酸盐和有机质把土颗粒和其他碎屑胶结凝聚成凝聚体，甚至形成更大的絮状结构，这些絮状结构形成了土的骨架结构，所以原状土样具有较高的抗剪强度。

重塑土试样将原状土进行的风干—研磨—过筛—加水的过程，具体见表4.1，在这一系列的加工后，原状土的物理结构被破坏，化学成分发生改变。土颗粒之间的排列变得疏松，孔隙比变大。通过将散状的试样进行压缩，利用恒定静压力将土样压缩到恒定体积，尽量还原原状土样的孔隙比。而原状土经过风干后，水分丧失，游离在土中的各种盐却伴随着水分的失去产生着不可逆的变化。已有研究表明，黏土失水后即使让试样在充分吸水，胶结结构也不会恢复到初始含水状态，且失水越多，恢复程度越差。

表 4.1　　　　　　　　　现代实验室条件下重塑土的制备工艺

制备顺序	制备方法	制 备 意 义
1	风干	样品经过风干程序，有助于保持土的原有矿物、化学与颗粒成分不变
2	研磨	样品经过研磨程序，有助于物理分散土的不同颗粒成分
3	过筛	样品经过过筛程序，其一是得到颗粒级配全分析结果；其二是有助于按不同试验参数的具体要求准备试验用土
4	加水	样品经过加水程序，有助于保持并控制试验用土的湿度
5	搅拌	样品经过搅拌程序，有助于试验用土的湿度达到初步均匀
6	保湿	样品放在有水的玻璃容器内经过保湿程序，有助于试验用土的湿度达到进一步均匀
7	密封	样品经过密封程序，有助于试验用土的湿度达到完全而充分的均匀
8	贮存	经过1~7程序的试验用土不及时，试验可在保湿的密封的玻璃容器内保存3d
9	饱和	样品经过饱和程序，有助于试验土体的饱和度达到理论值（饱和度大于95%）
10	压样	重塑土制备的第10个程序是击实，有助于按土的一定含水率和土的密度控制土的结构与状态，完成土体成型的最后工作

在目前的技术条件下，重塑土还不能完全恢复到原状土的自然状态，虽然通过不同的参数控制，使重塑土外形类似原状土，但是其内部的结构与原状土比较已产生了较大的变异。土工试验经验表明，重塑土的试验参数小于原状土样。但是重塑土参数一致性较好，克服了原状土试验参数离散性的缺点。

李涛涛等（2012年）在对武汉黏性重塑土不同制备方式对其抗剪强度的影响研究中

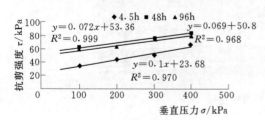

通过试验对比发现，重塑土的抗剪强度随着不同的静置时间，强度逐渐恢复并且趋于稳定，见图4.2。

图 4.2　不同静置时间击实重塑样
抗剪强度对比图（李涛涛，2012）

重塑土的这种强度恢复的特性对于本次的软化试验产生了积极和消极两方面的影响。积极的影响是：通过对重塑土试样进行养护，使其含水状态、土体结构逐渐恢复，尽可能接近原状土，使试样具有良好的初始条件。消极的影响是：重塑土强度增长与浸泡软化同时发生，无法区分，对后期试验参数的处理分离造成较大的影响。

为保证不同浸泡龄期的试样具有良好的一致性和稳定的初始状态，本次首先通过对重塑样进行不同时间的养护，分别测试不同养护龄期的重塑样强度变化特征。具体见图 4.3。

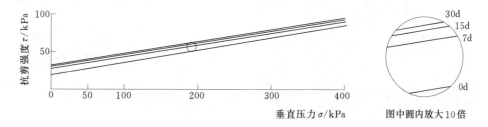

图 4.3　不同养护龄期下滑带土重塑样抗剪强度对比图

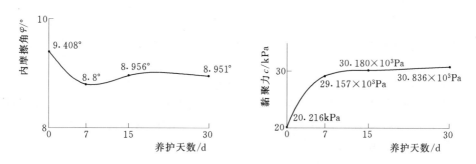

图 4.4　不同养护龄期下滑带土重塑样抗剪强度参数变化趋势

由图 4.4 可以看出，重塑样在养护的 0～7d 抗剪强度变化较为明显，7～30d 内趋于稳定。内摩擦角减小 1°左右，黏聚力增大 $10×10^3$ Pa 左右。发生这种变化的原因主要是水—土之间的物理化学作用。在前文中曾讲述摩擦强度的来源是土颗粒之间的滑动摩擦和咬合摩擦，在制样的初期，试样中的水以自由水的形式存在，随着试样的养护，试样中的自由水逐渐转化为结合水，形成结合水膜，使得土颗粒之间除了直接接触之外，还增加了结合水膜的接触，从而滑动摩擦和咬合摩擦都会减小，同时试样中存在的膨胀土在水的作用下，土颗粒遇水后发生膨胀，增加了土颗粒之间的接触面积，使孔隙比减小，从另一个方面增加了摩擦强度。这两者的作用，在初期滑动摩擦大于咬合摩擦，宏观上表现为内摩擦角的减小。而在 7～15d 内咬合摩擦大于滑动摩擦，表现为内摩擦角略微增大。15d 以后的变化还涉及到矿物与水的相互作用等其他因素，将在 4.3 节做详细论述。黏聚强度的变化只要是因为水在土颗粒之间均匀分布后，土颗粒吸水逐渐膨胀，减小试样的孔隙比，加大了试样的原始内聚力。同时土中游离的氯化物、铁氧化物和有机质等在水的作用下将土颗粒重新胶结，形成絮状凝聚体，增加了其固化内聚力，宏观表现为黏聚力的增加。

通过重塑土的养护试验，得出：在进行浸泡软化试验之前，将制备好的试样充分饱和，放在密封的保湿容器内养护 15～30d（见图 4.5），使其结构、强度恢复稳定，降低在浸泡软化试验中对试验结果的影响。

图 4.5 环刀试样的保湿养护

（4）快剪、慢剪、固结快剪。

直剪试验广泛运用于工程实践中，其设备仪器简单，操作方便，试样体积小，固结速度快，特别适用于黏性较大的细粒土，三轴试样很难在短时间内固结，相比之下直剪试验有着试验历时短的特点。虽然直剪试验存在着很多不合理的地方，但是由于其广泛应用，积累了很多宝贵的经验数据，其试验结果仍有很大的实用价值。直剪仪不能控制排水条件，只能通过施加剪应力的速度来模拟不同工况下土的性状。直剪试验分为快剪试验（Q）、慢剪试验（S）和固结快剪（CQ）。三种试验方法对应不同的适用范围。

快剪试验又称不固结不排水直剪，快剪试验在施加各级垂直压力后，立即以 0.8mm/min 的剪切速度在 3～5min 内将试样剪坏。由于在很短的时间内将试样剪坏，试样来不及排水，在整个剪切过程中试样的有效应力不变，并且总体积也未发生改变。根据密度—有效应力—抗剪强度的唯一性原理，破坏时试样的抗剪强度和有效应力相同。因此得到的快剪强度指标 c_q、φ_q 最小，并且 φ_q 应接近零。因为不管垂直压力多大，试样的极限平衡条件都是一样的。其不等于零是因为直剪试验还是不能完全控制排水条件，试样存在未封闭的排水边界，会有少量水排出，另外黏性土饱和不完全，在加载过程中，气体被压缩溶解，试样密度略有增大，抗剪强度有所提高。快剪适用于快速加载滑坡来不及排水的实际情况，与快剪指标相对应的分析方法是总应力法。

慢剪试验又称固结排水直剪，试样在施加垂直压力后，让试样充分固结，待变形稳定后，再以 0.02mm/min 的速度施加水平剪力。在剪切过程中，试样孔隙水压力完全消散，试样中没有孔隙水压力，总应力就是有效应力，得到的是慢剪强度指标 c_s、φ_s，此时抗剪强度最大。这种方法适用于缓慢加载滑坡排水的实际情况，与慢剪指标相对应的分析方法是有效应力法。

固结快剪又称固结不排水直剪，与慢剪不同的是在试样充分固结后，以 0.8mm/min 的速度施加水平剪力，使试样在 3～5min 内将试样剪坏。此时得到的是固结快剪强度指标 c_{cq}、φ_{cq}，其值介于快剪和慢剪直剪。从某种意义上说，固结快剪适用于试样已经部分固结，但又不完全固结，既非完全排水，也非完全不排水的情况。用于模拟某些土体在自重或外界荷载作用下先期固结，后来又施加快速荷载的情况。针对滑坡适用于时动、时稳的滑坡在天然状态下或降雨条件下突然破坏的情况。

千将坪滑坡是在 20 多天的强降雨后突然发生失稳破坏，在分析其滑带土的强度指标时首先选取不排水剪。滑坡滑带土（层间剪切错动泥化夹层）在漫长的形成过程中多次处于剪切错动状态并逐渐泥化，并且在上覆岩体作用下已经先期部分固结，更加符合固结快剪的情况。因此选用固结快剪来分析千将坪滑坡滑带土在不同浸泡时间后强度指标的变化规律。

4.1.4　试验方案

（1）取样。

在千将坪滑坡 1 号平洞内剪切泥化夹层中取样。整平取样处的表面，按土样容器净空轮廓，除去四周土体，形成土柱，其大小比容器内腔尺寸略小，套上容器边框，边框上缘高出土样柱约 10mm，然后浇入热蜡液，蜡液应填满土样与容器之间的空隙至框顶，并与之齐平。待蜡液凝固后，将盖板用螺钉拧上，挖开土样根部，使之与母体分离，再颠倒过来削去根部多余土料至低于边框约 10mm，再浇满热蜡液，待凝固后拧上底盖板。用气泡袋包装好土样容器，贴上标签，标签上记录土样编号、取样时间、取样人。然后放入木箱中。

（2）天然含水量。

1）取原状样 15~30g，放入称量盒内，迅速盖上盒盖，称量湿土和盒的质量，精确至 0.01g。

2）打开盒盖，将盒置于烘箱内，在 105~110℃的恒温下烘至恒量，烘干时间不得少于 8h。

3）将称量盒从烘箱中取出盖上盒盖，放入干燥容器内冷却至室温，称盒和干土质量，准确至 0.01g。

4）试样的天然含水率按式（4.1）计算，精确至 0.1%。

$$\omega_0 = \left(\frac{m_0}{m_d} - 1\right) \times 100\%$$ 　　　　　（4.1）

式中：m_0 为湿土质量，g；m_d 为干土质量，g。

（3）天然密度。

1）将原状土样开封取出土样，检查土样结构，当确定土样已受扰动或取土质量不符合规定时，不应制备力学性质试验的试样。

2）在环刀内壁涂一薄层凡士林，刃口向下放在土样上，将环刀垂直下压，并用切土刀沿环刀外侧切削土样，边压边削至土样高出环刀，根据试样的软硬采用钢丝据或切土刀整平环刀两端土样，擦净环刀外壁，称环刀和土的总质量。

3）按式（4.2）计算试样天然密度（精确至 0.01g/cm³），按式（4.3）计算试样干密度

$$\rho_0 = \frac{m_0}{V}$$ 　　　　　（4.2）

$$\rho_d = \frac{\rho_0}{1 + 0.01\omega_0}$$ 　　　　　（4.3）

式中：ρ_0 为试样的天然密度，g/cm^3；V 为环刀内体积，cm^3；ρ_d 为试样的干密度，g/cm^3。

每组三个试样测定值差值不得大于 $0.03g/cm^3$，否则应加测试样。

（4）制样。

1）将扰动土样摊开，切成 2cm 左右碎块，放在通风处充分风干。

2）将风干后的土样用橡皮锤、碾子充分粉碎，过孔径 2mm 的筛，留取晒下散状土样。

3）将散状土样平铺于搪瓷盘内，厚度约 2mm，用喷壶均匀喷洒蒸馏水，将搪瓷盘内的土样均匀喷湿，待土样全部喷湿变色后，在已喷湿的土样上再铺一层干土，再一次按上述方法喷湿，如此反复，均匀喷湿 8～10 层土样。

4）用塑料布密封搪瓷盘，静置 12h，用探针采取搪瓷盘中的土样，要求土样不完全黏结，且不存在干湿夹层；若土样黏结在一起，将搪瓷盘放置在通风处，每一小时按上述方法检查土样；若存在干湿夹层，则土样喷湿失败，应重新制样。

5）将符合条件的散状试样再次过 2mm 筛，留取筛下的土样放入保湿缸中保湿 24h 后，分别测定三处不同部位的试样含水量，两两之间误差应不大于 1%，取三者平均值作为该试样平均初始含水率 ω'；若两两之间误差大于 1%，继续保湿 24h 再测定，直至符合要求或重新制样。

6）根据环刀容积及试样天然干密度，按照式（4.4）称取每个试样的湿土量

$$m_0 = (1+0.01\omega')\rho_d V \qquad (4.4)$$

式中：ω' 为试样平均初始含水率；ρ_d 为试样天然干密度，g/cm^3；V 为试样体积，cm^3。

7）将称取的固定质量的湿土均匀铺在装有环刀和滤纸的压样器中，通过液压千斤顶压缩至所需密度，并且保持压力 5min，取出后称取环刀和湿土的质量，将压好的试样上下叠加透水石，迅速装入叠式饱和器，5 个试样一组，旋紧饱和器旋钮。

8）将装有试样的饱和器放入真空缸内，真空缸和盖之间涂一薄层凡士林，盖紧盖子，将真空缸与抽气机接通，启动抽气机，当真空压力表读数接近当地一个大气压力值时（抽气时间不少于 1h），微开阀门，使蒸馏水徐徐注入真空缸，在注水过程中，真空压力表读数宜保持不变。

9）待水淹没饱和器后停止抽气，打开阀门使空气进入真空缸，静止 24h，使试样充分饱和。

10）打开真空缸，从饱和器内取出带环刀的试样，称环刀和试样总质量，计算饱和度，当饱和度低于 95% 时，应继续抽气饱和。将饱和充分的试样放入保湿缸中进行养护，养护龄期为 30d。

（5）浸泡试验。

1）将饱和好的试样，连同上下透水石放入五联装不锈钢夹具中，每联夹持 5 个试样，旋紧夹具螺丝，将试样充分加紧。

2）将夹紧的试样反别按照 15d、30d、45d、60d、90d 和 120d 分组，分别放入不同的托盘中，固定好后，缓慢倒入蒸馏水，水量应恰好将试样上表面淹没。

3）盖上托盘透明盖子，贴上标签，记录制样时间、浸泡龄期、结束时间。

4）每天检查托盘中水量，及时补充蒸馏水。

（6）固结快剪。

1）将浸泡好的试样取出，检查试样是否有明显破坏。

2）在剪切盒中倒入少量蒸馏水，对准剪切容器上下盒，插入固定销，将带有试样的环刀刃口向上，对准剪切盒口，将试样小心地推入剪切盒内。

3）移动传动装置，使上盒前端钢珠刚好与测力计接触，依次放上传压板、加压框架，并调至零位或测记初读数。

4）施加各级垂直压力，对松软试样垂直压力应分级施加，以防土样挤出，施加压力后，向盒内注水。

5）施加垂直压力后，每 1h 测读垂直变形一次，直至试样固结变形稳定，变形稳定标准为每小时不大于 0.005mm。

6）拔去固定销，立即以 0.8mm/min 的剪切速度进行剪切。试样每产生剪切位移 0.2～0.4mm 测记测力计和位移读数，直至测力计读数出现峰值，记下破坏值；当剪切过程中测力计读数无峰值时，应剪切至剪切位移为 4mm 时停机。

7）剪切结束，吸去盒内积水，退去剪切力和垂直压力，移动加压框架，取出试样，测定试样含水量。

剪应力应按式（4.5）计算

$$\tau = \frac{CR}{A_0} \times 10 \tag{4.5}$$

式中：τ 为试样所受的剪应力，kPa；A_0 为试样面积，cm^2；C 测力计率定系数，N/0.01mm；R 为测力计读数，0.01mm。

以剪应力为纵坐标，剪切位移为横坐标，绘制剪应力与剪切位移关系曲线，取曲线上剪应力的峰值为抗剪强度，无峰值时，取剪切位移 4mm 所对应的剪应力为抗剪强度。

以抗剪强度为纵坐标，垂直压力为横坐标，绘制抗剪强度与垂直压力关系曲线，直线的倾角为摩擦角，直线在纵坐标上的截距为黏聚力。

（7）黏土矿物定量分析

对浸泡 0d、浸泡 60d、120d 的滑带土试样进行矿物组成试验，定量测定滑带土中的矿物组成，重点确定黏土矿物及伴生矿物的类型和数量。

1）称取 1g 过 0.15mm 筛风干土试样放入离心管内，加入 0.5mol/L 氯化镁溶液 50ml，充分搅拌后，在 3000r/min 以上速度离心，弃去上部清液；再用 0.5mol/L 氯化镁溶液处理两次；分别用纯水和 95% 酒精洗涤处理后的试样，再离心 2～3 次；最后将处理好的试样在低于 50℃ 下风干，磨细过 325 目筛备用。

2）将开有试样孔的载样玻璃片，放在一片平整的玻璃片上，向试样孔内填入经过风干磨细的土样，使其厚度略高于试样孔。盖上一片玻璃片，将孔内试样压实、压平，移去玻璃片。用软毛刷小心扫除试样孔周围多余的土样。

3）加热处理试样，在衍射仪内将试样加热到 120℃，在该温度下进行 X 射线衍射分析。

4）试验控制条件：

X射线管的工作电压 30～40kV，工作电流 10～15mA。

发射狭缝：1°或 0.5°；散射狭缝：1°；接收狭缝：0.2mm 或 0.4mm。

扫描速度：在 0.5°～2°（2θ/min）内选择。

扫描范围：一般在 2°～32°（2θ）。

灵敏度：满刻度 400～2000N/s。

时间常数：4～8s。

记录纸移动速度：300～600mm/h。

5）试验结束后，以衍射角（2θ）为横坐标，以衍射谱线的衍射强度（衍射峰高度）为纵坐标绘制衍射图谱。

6）衍射数据整理后，与标准矿物的衍射数据对比，进行矿物鉴定。

4.2 试验结果与软化模型建立

4.2.1 滑带土天然物理性质参数

（1）天然含水率。

进行 3 组天然含水率测定，每组 2 次平行测定，试验结果见表 4.2。

表 4.2　　　　　　　　　　　　　　　天然含水率试验记录

试样编号	盒号	盒质量/g	盒+湿土/g	盒+干土/g	湿土质量/g	干土质量/g	含水率/%	平均含水率/%
①	110	24.99	47.55	42.89	22.56	17.90	26.034	25.970
	545	22.41	46.03	41.17	23.62	18.76	25.906	
②	546	22.38	42.07	38.03	19.69	15.65	25.815	25.742
	531	22.42	55.27	48.56	32.85	26.14	25.669	
③	533	22.40	41.51	37.64	19.11	15.24	25.394	25.705
	047	23.98	41.03	37.51	17.05	13.53	26.016	

经过试验计算，千将坪滑坡滑带土平均天然含水率为 25.806%。

（2）天然密度。

进行 1 组天然密度测定，3 次平行测定，环刀试样见图 4.6，试验结果见表 4.3。

表 4.3　　　　　　　　　　　　　　　天然密度试验记录

试样编号	环刀质量/g	环刀+湿土/g	湿土质量/g	试样体积/cm³	天然密度/(g/cm³)	平均密度/(g/cm³)	含水率/%	干密度/(g/cm³)	平均干密度/(g/cm³)
①	54.91	270.69	215.78	100.00	2.158	2.152	25.970	1.713	1.711
②	54.91	268.95	214.04	100.00	2.140		25.742	1.702	
③	54.91	270.77	215.86	100.00	2.159		25.705	1.717	

经过试验计算，千将坪滑坡滑带土的天然密度为 2.152g/cm³，平均干密度为 1.711g/cm³。

（3）颗粒分析。

颗粒分析实验测定 1 组，绘制颗粒大小分布曲线见图 4.7。通过曲线计算得出：

$$d_{60}=0.73；d_{30}=0.04；d_{10}=0.002$$
$$C_u=365.0；C_c=1.10$$

计算得出该土颗粒级配良好，土壤分类为粉质黏土。

图 4.6　天然密度试验 100cm³ 环刀试样

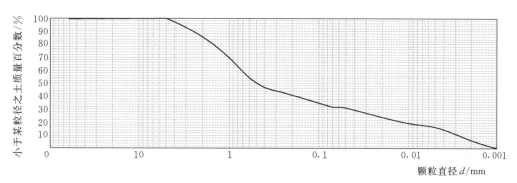

图 4.7　颗粒大小分布曲线

4.2.2　浸泡条件下滑带土软化试验结果

试样分组分别按 0d、7d、15d、30d、45d、60d、90d 及 120d 浸泡，见图 4.8。

图 4.8　试样分组浸泡

（1）浸泡 0d 抗剪强度。

图 4.9～图 4.14 为浸泡 0 天抗剪强度试验成果。

制作 60cm³ 环刀试样 3 组，每组 5 个。密闭潮湿养护 30d，经过 24h 饱和进行固结快剪，分别绘制垂直压力为 $100×10^3$ Pa、$200×10^3$ Pa、$300×10^3$ Pa 和 $400×10^3$ Pa 的剪应力与剪切位移关系曲线（图 4.9、图 4.11、图 4.13），根据曲线峰值绘制剪应力与垂直压力关系曲线（图 4.10、图 4.12、图 4.14），求得试样固结快剪强度。试样剪切后破坏状态见图 4.15，试验结果见表 4.4。

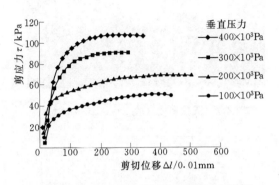

图 4.9 ZJ00-A 剪应力与剪切位移关系曲线

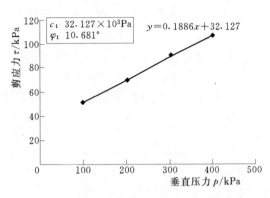

图 4.10 ZJ00-A 抗剪强度与垂直压力关系曲线

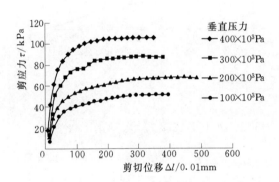

图 4.11 ZJ00-B 剪应力与剪切位移关系曲线

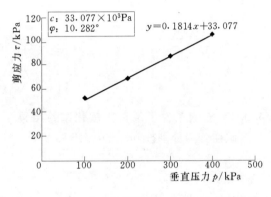

图 4.12 ZJ00-B 抗剪强度与垂直压力关系曲线

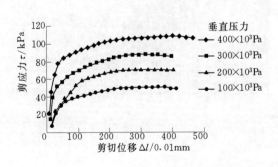

图 4.13 ZJ00-C 剪应力与剪切位移关系曲线

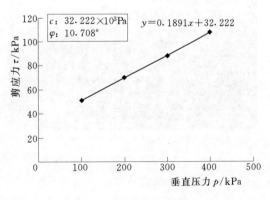

图 4.14 ZJ00-C 抗剪强度与垂直压力关系曲线

表 4.4　ZJ00 组抗剪强度汇总表

试样编号	$c/10^3Pa$	$\varphi/(°)$	$\omega/\%$
ZJ00 - A	32.127	10.681	25.013
ZJ00 - B	33.077	10.282	24.927
ZJ00 - C	32.222	10.708	25.073
平均值	32.475	10.557	25.004
标准偏差	0.523	0.239	0.073

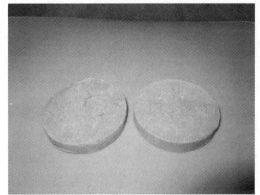

图 4.15　ZJ00 组部分试样破坏状态

（2）浸泡 7d 抗剪强度。

制作 $60cm^3$ 环刀试样 3 组，每组 5 个。密闭潮湿养护 30d，经过 24h 饱和，密封浸泡 7d，进行固结快剪，分别绘制垂直压力为 $100×10^3Pa$、$200×10^3Pa$、$300×10^3Pa$ 和 $400×10^3Pa$ 剪应力与剪切位移关系曲线（图 4.16、图 4.18、图 4.20），根据曲线峰值绘制剪应力与垂直压力关系曲线（图 4.17、图 4.19、图 4.21），求得试样固结快剪强度。试样剪切后破坏状态见图 4.22，试验结果见表 4.5。

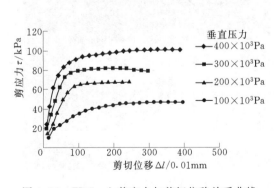

图 4.16　ZJ07 - A 剪应力与剪切位移关系曲线

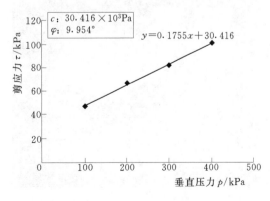

图 4.17　ZJ07 - A 抗剪强度与垂直压力关系曲线

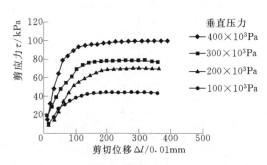

图 4.18　ZJ07-B 剪应力与剪切位移关系曲线

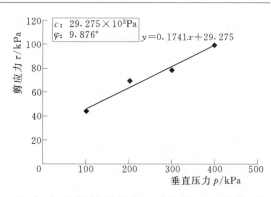

图 4.19　ZJ07-B 抗剪强度与垂直压力关系曲线

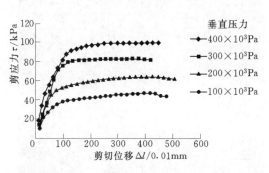

图 4.20　ZJ07-C 剪应力与剪切位移关系曲线

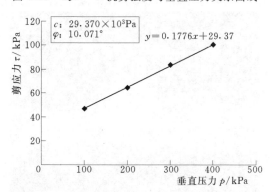

图 4.21　ZJ07-C 抗剪强度与垂直压力关系曲线

表 4.5　　　　　　　　　　　　　ZJ07 组抗剪强度汇总表

试样编号	c/kPa	φ/(°)	ω/%
ZJ07-A	30.416	9.954	25.152
ZJ07-B	29.275	9.876	25.236
ZJ07-C	29.370	10.071	25.177
平均值	29.687	9.967	25.188
标准偏差	0.633	0.098	0.043

图 4.22　ZJ07 组部分试样破坏状态

（3）浸泡 15d 抗剪强度。

制作 60cm³ 环刀试样 3 组，每组 5 个。密闭潮湿养护 30d，经过 24h 饱和，密封浸泡 15d，进行固结快剪，分别绘制垂直压力为 100×10^3 Pa、200×10^3 Pa、300×10^3 Pa 和 400×10^3 Pa 剪应力与剪切位移关系曲线（图 4.23、图 4.25、图 4.27），根据曲线峰值绘制剪应力与垂直压力关系曲线（图 4.24、图 4.26、图 4.28），求得试样固结快剪强度。试样剪切后破坏状态见图 4.29，试验结果见表 4.6。

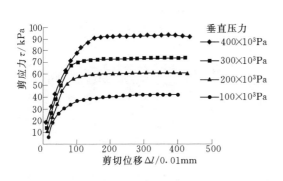

图 4.23　ZJ15-A 剪应力与剪切位移关系曲线

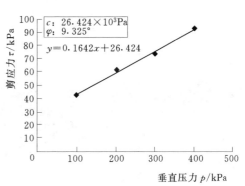

图 4.24　ZJ15-A 抗剪强度与垂直压力关系曲线

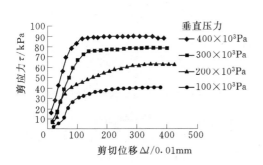

图 4.25　ZJ15-B 剪应力与剪切位移关系曲线

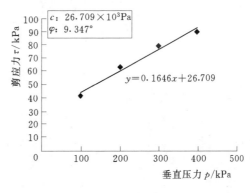

图 4.26　ZJ15-B 抗剪强度与垂直压力关系曲线

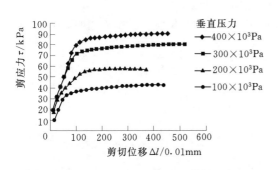

图 4.27　ZJ15-C 剪应力与剪切位移关系曲线

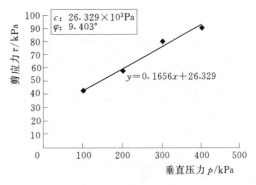

图 4.28　ZJ15-C 抗剪强度与垂直压力关系曲线

表 4.6　　　　　　　　　　ZJ15 组抗剪强度汇总表

试样编号	c/kPa	$\varphi/(°)$	$\omega/\%$
ZJ15 - A	26.624	9.325	25.301
ZJ15 - B	26.709	9.347	25.295
ZJ15 - C	26.329	9.403	25.283
平均值	26.554	9.358	25.293
标准偏差	0.199	0.040	0.009

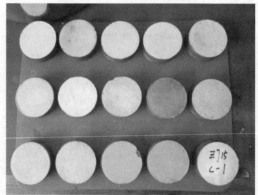

图 4.29　ZJ15 组部分试样破坏状态

（4）浸泡 30d 抗剪强度。

制作 $60cm^3$ 环刀试样 3 组，每组 5 个。密闭潮湿养护 30d，经过 24h 饱和，密封浸泡 30d，进行固结快剪，分别绘制垂直压力为 100×10^3Pa、200×10^3Pa、300×10^3Pa 和 400×10^3Pa 剪应力与剪切位移关系曲线（图 4.30、图 4.32、图 4.34），根据曲线峰值绘制剪应力与垂直压力关系曲线（图 4.31、图 4.33、图 4.35），求得试样固结快剪强度。试样剪切后破坏状态见图 4.36，试验结果见表 4.7。

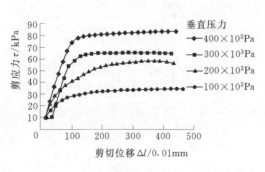
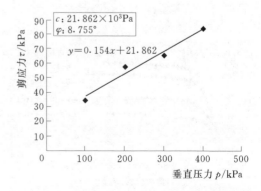

图 4.30　ZJ30 - A 剪应力与剪切位移关系曲线　　图 4.31　ZJ30 - A 抗剪强度与垂直压力关系曲线

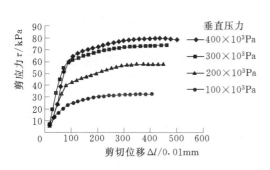

图 4.32　ZJ30-B 剪应力与剪切位移关系曲线

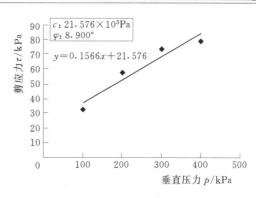

图 4.33　ZJ30-B 抗剪强度与垂直压力关系曲线

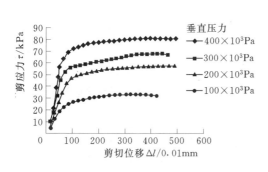

图 4.34　ZJ30-C 剪应力与剪切位移关系曲线

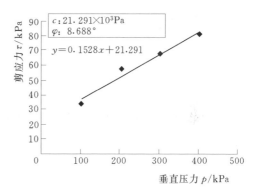

图 4.35　ZJ30-C 抗剪强度与垂直压力关系曲线

表 4.7　　　　　　　　　　　ZJ30 组抗剪强度汇总表

试样编号	c/kPa	φ/(°)	ω/%
ZJ30-A	21.862	8.755	25.517
ZJ30-B	21.576	8.900	25.435
ZJ30-C	21.291	8.688	25.563
平均值	21.576	8.781	25.505
标准偏差	0.286	0.109	0.065

图 4.36　ZJ30 组部分试样破坏状态

（5）浸泡 45d 抗剪强度。

制作 60cm³ 环刀试样 3 组，每组 5 个。密闭潮湿养护 30d，经过 24h 饱和，密封浸泡 45d，进行固结快剪，分别绘制垂直压力为 $100×10^3$Pa、$200×10^3$Pa、$300×10^3$Pa 和 $400×10^3$Pa 剪应力与剪切位移关系曲线（图 4.37、图 4.39、图 4.41），根据曲线峰值绘制剪应力与垂直压力关系曲线（图 4.38、图 4.40、图 4.42），求得试样固结快剪强度。试样剪切后破坏状态见图 4.43，试验结果见表 4.8。

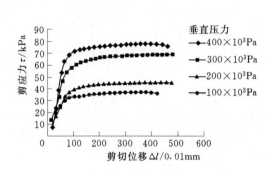

图 4.37　ZJ45 - A 剪应力与剪切位移关系曲线

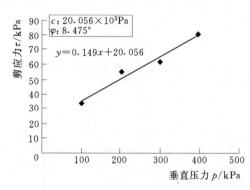

图 4.38　ZJ45 - A 抗剪强度与垂直压力关系曲线

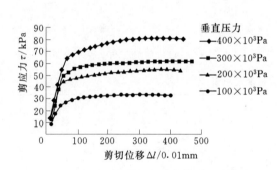

图 4.39　ZJ45 - B 剪应力与剪切位移关系曲线

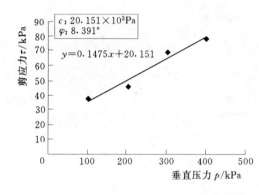

图 4.40　ZJ45 - B 抗剪强度与垂直压力关系曲线

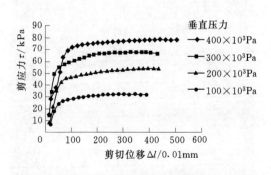

图 4.41　ZJ45 - C 剪应力与剪切位移关系曲线

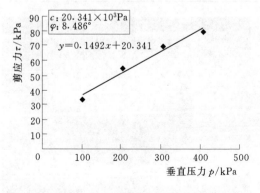

图 4.42　ZJ45 - C 抗剪强度与垂直压力关系曲线

表 4.8　　　　　　　　　ZJ45 组抗剪强度汇总表

试样编号	c/kPa	$\varphi/(°)$	$\omega/\%$
ZJ45 - A	20.056	8.475	25.569
ZJ45 - B	20.151	8.391	25.492
ZJ45 - C	20.341	8.486	25.608
平均值	20.183	8.450	25.556
标准偏差	0.145	0.052	0.059

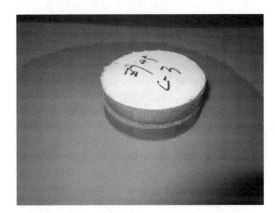

图 4.43　ZJ45 组部分试样破坏状态

（6）浸泡 60d 抗剪强度。

制作 60cm³ 环刀试样 3 组，每组 5 个。密闭潮湿养护 30d，经过 24h 饱和，密封浸泡 60d，进行固结快剪，分别绘制垂直压力为 $100×10^3$Pa、$200×10^3$Pa、$300×10^3$Pa 和 $400×10^3$Pa 剪应力与剪切位移关系曲线（图 4.44、图 4.46、图 4.48），根据曲线峰值绘制剪应力与垂直压力关系曲线（图 4.45、图 4.47、图 4.49），求得试样固结快剪强度。试样剪切后破坏状态见图 4.50，试验结果见表 4.9。

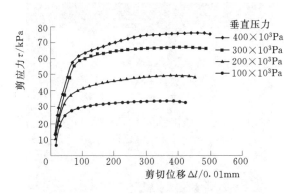
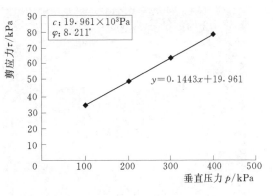

图 4.44　ZJ60 - A 剪应力与剪切位移关系曲线　　　图 4.45　ZJ60 - A 抗剪强度与垂直压力关系曲线

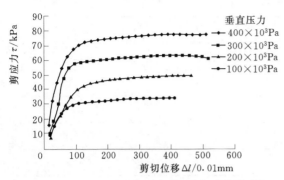

图 4.46　ZJ60-B 剪应力与剪切位移关系曲线

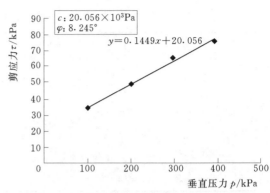

图 4.47　ZJ60-B 抗剪强度与垂直压力关系曲线

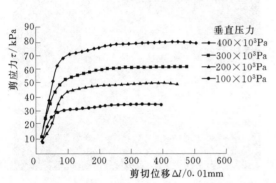

图 4.48　ZJ60-C 剪应力与剪切位移关系曲线

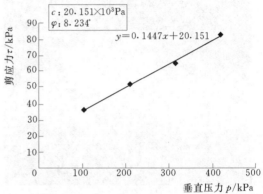

图 4.49　ZJ60-C 抗剪强度与垂直压力关系曲线

表 4.9 　　　　　　　　　　　　ZJ60 组抗剪强度汇总表

试样编号	c/kPa	φ/(°)	ω/%
ZJ60-A	19.961	8.211	25.577
ZJ60-B	20.056	8.245	25.519
ZJ60-C	20.151	8.234	25.623
平均值	20.056	8.230	25.573
标准偏差	0.095	0.017	0.052

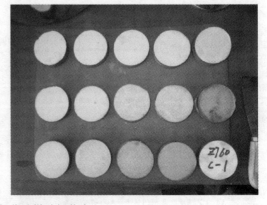

图 4.50　ZJ60 组部分试样破坏状态

（7）浸泡 90d 抗剪强度。

制作 60cm³ 环刀试样 3 组，每组 5 个。密闭潮湿养护 30d，经过 24h 饱和，密封浸泡 90d，进行固结快剪，分别绘制垂直压力为 $100×10^3$Pa、$200×10^3$Pa、$300×10^3$Pa 和 $400×10^3$Pa 剪应力与剪切位移关系曲线（图 4.51、图 4.53、图 4.55），根据曲线峰值绘制剪应力与垂直压力关系曲线（图 4.52、图 4.54、图 4.56），求得试样固结快剪强度。试样剪切后破坏状态见图 4.57，试验结果见表 4.10。

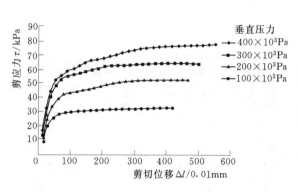

图 4.51 ZJ90-A 剪应力与剪切位移关系曲线

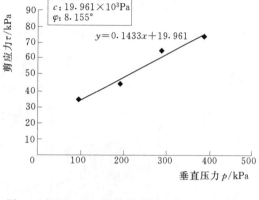

图 4.52 ZJ90-A 抗剪强度与垂直压力关系曲线

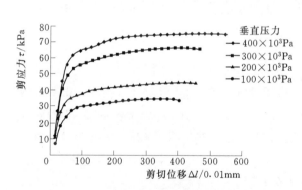

图 4.53 ZJ90-B 剪应力与剪切位移关系曲线

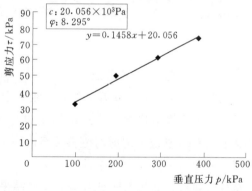

图 4.54 ZJ90-B 抗剪强度与垂直压力关系曲线

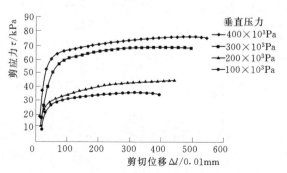

图 4.55 ZJ90-C 剪应力与剪切位移关系曲线

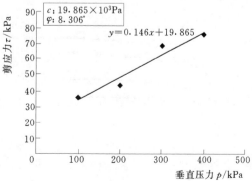

图 4.56 ZJ90-C 抗剪强度与垂直压力关系曲线

表 4.10   **ZJ90 组抗剪强度汇总表**

试样编号	c/kPa	φ/(°)	ω/%
ZJ90 - A	19.961	8.155	25.612
ZJ90 - B	20.056	8.295	25.581
ZJ90 - C	19.865	8.306	25.703
平均值	19.961	8.252	25.632
标准偏差	0.096	0.084	0.063

图 4.57   ZJ90 组部分试样破坏状态

（8）浸泡 120d 抗剪强度。

制作 60cm³ 环刀试样 3 组，每组 5 个。密闭潮湿养护 30d，经过 24h 饱和，密封浸泡 120d，进行固结快剪，分别绘制垂直压力为 100×10^3Pa、200×10^3Pa、300×10^3Pa 和 400×10^3Pa 剪应力与剪切位移关系曲线（图 4.58、图 4.60、图 4.62），根据曲线峰值绘制剪应力与垂直压力关系曲线（图 4.59、图 4.61、图 4.63），求得试样固结快剪强度。试样剪切后破坏状态见图 4.64，试验结果见表 4.11。

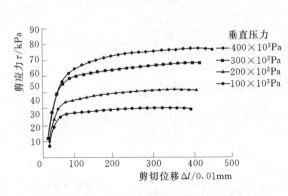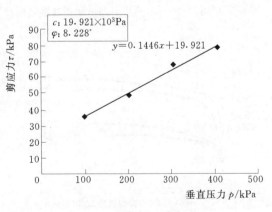

图 4.58   ZJ120 - A 剪应力与剪切位移关系曲线   图 4.59   ZJ120 - A 抗剪强度与垂直压力关系曲线

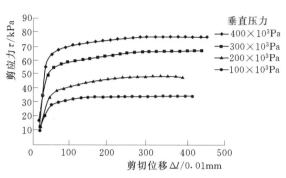

图 4.60　ZJ120 - B 剪应力与剪切位移关系曲线

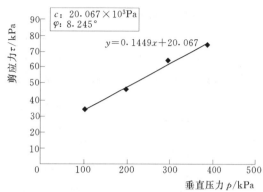

图 4.61　ZJ120 - B 抗剪强度与垂直压力关系曲线

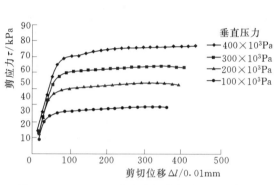

图 4.62　ZJ120 - C 剪应力与剪切位移关系曲线

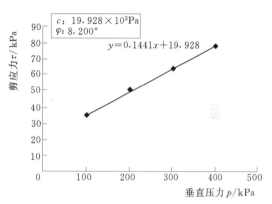

图 4.63　ZJ120 - C 抗剪强度与垂直压力关系曲线

表 4.11　　　　　　　　　　ZJ120 组抗剪强度汇总表

试样编号	c/kPa	φ/(°)	ω/%
ZJ120 - A	19.921	8.228	25.692
ZJ120 - B	20.067	8.245	25.631
ZJ120 - C	19.928	8.200	25.722
平均值	19.972	8.224	25.682
标准偏差	0.082	0.023	0.046

图 4.64　ZJ120 组部分试样破坏状态

4.2.3 滑带软化模型建立

历时 5 个月，制备 $60cm^3$ 环刀试样 24 组，每组 5 个，共计 120 个环刀试样。分别按照 0d、7d、15d、30d、45d、60d、90d、120d 的浸泡龄期进行浸泡。每组选取 4 个进行固结快剪。试验结果汇总见表 4.12 及图 4.65、图 4.66。

表 4.12　　　　　　　　千将坪滑带土固结快剪试验结果汇总表

浸泡齡期/d	A 组		B 组		C 组		平均值		较 0d 减少	
	c/kPa	φ/(°)	c/kPa	φ/(°)	c/kPa	φ/(°)	c/kPa	φ/(°)	c/%	φ/%
0	32.127	10.681	33.077	10.282	32.222	10.708	32.475	10.557	0.0	0.0
7	30.416	9.954	29.275	9.876	29.370	10.071	29.687	9.967	8.6	5.6
15	26.624	9.325	26.709	9.347	26.329	9.403	26.554	9.358	18.2	11.4
30	21.862	8.755	21.576	8.900	21.291	8.688	21.576	8.781	33.6	16.8
45	20.056	8.475	20.151	8.391	20.341	8.486	20.183	8.450	37.9	20.0
60	19.961	8.211	20.056	8.245	20.151	8.234	20.056	8.230	38.2	22.0
90	19.961	8.155	20.056	8.295	19.865	8.306	19.961	8.252	38.5	21.8
120	19.921	8.228	20.067	8.245	19.928	8.200	19.972	8.224	38.6	22.1

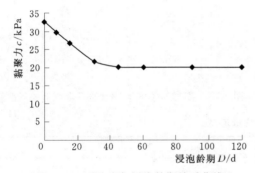

图 4.65　黏聚力与浸泡龄期关系曲线

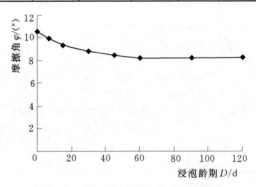

图 4.66　摩擦角与浸泡龄期关系曲线

利用 MATLAB 2011b cftool 工具箱分别对黏聚力和摩擦角进行数据拟合（图 4.67、图 4.68），得到滑带软化模型式（4.6）及式（4.7）。

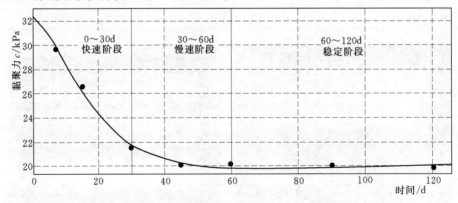

图 4.67　黏聚力与浸泡龄期曲线拟合图

黏聚力拟合公式为二次多项式分式，见式（4.6）

$$c = \frac{21.5d^2 - 357.6d + 21730}{d^2 - 5.927d + 670.8} \tag{4.6}$$

式中：c 为黏聚力，kPa；d 为浸泡龄期，d。

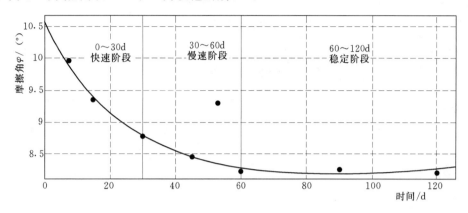

图 4.68　摩擦角与浸泡龄期曲线拟合图

摩擦角拟合公式为二次多项式分式，见式（4.7）

$$\varphi = \frac{0.01259d^2 + 5.957d + 431.2}{d + 40.77} \tag{4.7}$$

式中：φ 为摩擦角，（°）；d 为浸泡龄期，d。

式（4.6）、式（4.7）是在浸泡条件下滑带土的软化模型。该模型表述了滑带土的黏聚力和内摩擦角与浸泡天数的变化规律。通过该模型可以计算 0～120d 内任意一天的滑带土的抗剪强度。

4.2.4　浸泡条件下滑带土软化规律

千将坪滑带土在长时间浸泡后，黏聚力和内摩擦角均有不同程度的衰减。其中在 120d 的浸泡龄期中，试样的黏聚力减少达 38.6%，内摩擦角减少 22.1%。

在浸泡的 120d 内，黏聚力的衰减呈现一种先快后慢最终趋于稳定的规律。见表 4.13。

表 4.13　　　　　　　　　　　黏聚力衰减幅度计算表

软化阶段	浸泡龄期/d	黏聚力 c/kPa	较 0 天减少/%	衰减速率/(kPa/d)
0～30d 快速阶段	0	32.475	0.0	
	7	29.687	8.6	0.398
	15	26.554	18.2	0.392
	30	21.576	33.6	0.332
30～60d 慢速阶段	45	20.183	37.9	0.093
	60	20.056	38.2	0.008
60～120d 稳定阶段	90	19.961	38.5	0.003
	120	19.972	38.6	0.000

由表 4.13 可以看出在 0～30d 内，黏聚力的衰减速率接近 $0.4 \times 10^3 Pa/d$。30～60d 内，衰减速率迅速明显减少到 $0.009 \times 10^3 Pa/d$。而在 60～120d 期间，衰减速率基本为零，试样的黏聚力基本保持不变。

在浸泡的 120d 内，内摩擦角的衰减呈现的规律见表 4.14。

表 4.14　　　　　　　　　　内摩擦角衰减幅度计算表

软化阶段	浸泡龄期/d	内摩擦角 $C/(°)$	较 0d 减少/%	衰减速率/(°/d)
0～30d 快速阶段	0	10.557	0.0	
	7	9.967	5.6	0.084
	15	9.358	11.4	0.076
	30	8.781	16.8	0.038
30～60d 慢速阶段	45	8.450	20.0	0.022
	60	8.230	22.0	0.015
60～120d 稳定阶段	90	8.252	21.8	−0.001
	120	8.224	22.1	0.001

由表 4.14 可以看出在 0～30d 内，内摩擦角的衰减速率约为 0.08～0.04（°/d）。30～60d 内，衰减速率迅速进一步减少到 0.02/d。而在 60～120d 期间，衰减速率基本为零，试样的内摩擦角基本保持不变。

在浸泡的 120d 内，试样的黏聚力和内摩擦角的衰减总体上都是保持先快后慢最终趋于稳定的规律。不同的是黏聚力在浸泡的初 30d 衰减速率一直保持比较高的数值，在初 30d 内衰减幅度达到 33.6%，占整个衰减幅度的 87%，而在后 90d 内衰减速率急剧减少，后 90d 的衰减幅度仅占整个衰减幅度的 13%，平均到每天，几乎可以忽略不计。

相比于黏聚力的衰减规律，内摩擦角的衰减则呈现不同的特点。在初 15d 内摩擦角的衰减速率较为稳定，在这 15d 内衰减幅度占整个衰减幅度的 51%。在 15～30d 内，衰减速率略有减小，0～30d 内衰减幅度占整个衰减幅度的 76%。在 30～60d 内，衰减速率进一步减小，这一阶段的衰减幅度占整个衰减幅度的 24%。在 60～120d 内衰减速率逐渐趋于零，试样的内摩擦角趋于稳定。

4.2.5　浸泡条件下滑带土黏土矿物分析结果

（1）浸泡 0d 黏土矿物组成。

取与制备抗剪强度同批次滑带土，进行 XRD 黏土矿物定量分析。分析结果见表 4.15 和图 4.69。

表 4.15　　　　千将坪滑带土浸泡 0d 的矿物组成定量分析数据表　　　　　（%）

样品编号	绿泥石	伊利石	高岭石	石英	长石
2014—253	35	20	15	25	5

从分析结果可以看出，滑带土中黏土矿物所占比重达 70%，其中绿泥石含量高达 35%，占黏土矿物含量的 50%，其次为伊利石（20%）和高岭石（15%）。原生矿物所占比例较小，其中主要的原生矿物为石英（25%），其次为长石（5%）。

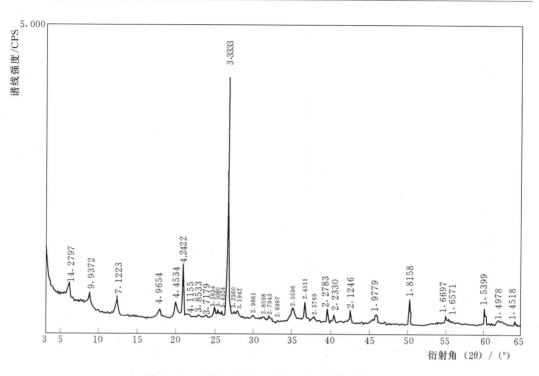

图 4.69 千将坪滑带土浸泡 0dX 射线衍射图谱

（2）浸泡 60d 黏土矿物组成。

取与制备抗剪强度同批次滑带土，浸泡 60d 后，进行 XRD 黏土矿物定量分析。分析结果见表 4.16 和图 4.70。

表 4.16　　　　　　　千将坪滑带土浸泡 **60d** 的矿物组成定量分析数据表　　　　　　（%）

样品编号	绿泥石	伊利石	高岭石	石英	长石	方解石	黄铁矿
ZJ60C－5	25	25	15	30	2	2	1

从分析结果可以看出，相比于 0d 的试样，滑带土中黏土矿物所占比重下降 5%，降低至 65%，其中绿泥石由 35% 下降至 25%，伊利石由 20% 上涨至 25%，其次为高岭石（15%）。石英含量上涨 5%，涨至 30%，长石下降至 2%。同时增加了新生矿物方解石（2%）和黄铁矿（1%）。黏土矿物的变化见表 4.17

表 4.17　　　　　　　　　　黏土矿物变化对比　（0d、60d）

	绿泥石	伊利石	高岭石	石英	长石	方解石	黄铁矿
0d	35%	20%	15%	25%	5%	0%	0%
60d	25%	25%	15%	30%	2%	2%	1%
变化	−10%	+5%	0%	+5%	−3%	+2%	+1%

（3）浸泡 120d 黏土矿物组成。

取与制备抗剪强度同批次滑带土，浸泡 120d 后，进行 XRD 黏土矿物定量分析。分

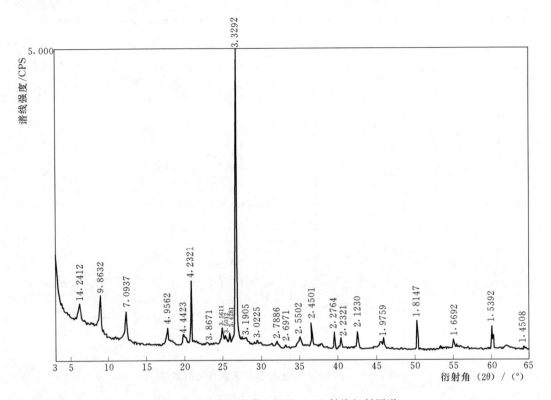

图 4.70　千将坪滑带土浸泡 60dX 射线衍射图谱

析结果见表 4.18 和图 4.71。

表 4.18　　　　　千将坪滑带土浸泡 120d 的矿物组成定量分析数据表　　　　　（％）

样品编号	绿泥石	伊利石	高岭石	石英	长石	方解石
ZJ120A－1	25	25	15	30	2	3

从分析结果可以看出，与浸泡 60d 的试样比较，浸泡 120d 滑带土中黏土矿物比例除方解石比例上涨至 3％，其他矿物比例未发生变化。

4.3　滑带土软化机理

试验表明，在浸泡 120d 内，滑带土试样的黏聚力和内摩擦角均有不同程度的衰减。不同浸泡天数的试样在初始颗粒级配、密度、孔隙比等基本指标一致的情况下，仅浸泡时间不同。因此，水—土作用和黏土矿物的转化影响着试样抗剪强度的变化。本章分别通过磨圆作用、介离作用、润滑作用和黏土矿物的转化四个方面分析浸泡条件下滑带土的软化机理。

4.3.1　磨圆作用——水物理化学作用对土颗粒的改造

土的结构指的是土颗粒或土团粒的大小形状、表面特征、排列形式以及它们之间的连接特征，土的结构根据其粒径大小呈现不同的状态（图 4.72）。粗粒土一般多为单粒结

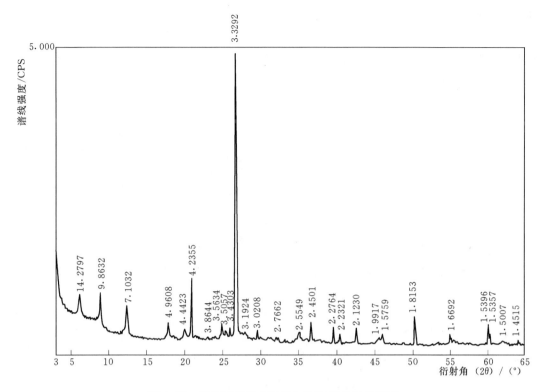

图 4.71 千将坪滑带土浸泡 120dX 射线衍射图谱

构。这种结构土颗粒之间主要靠重力或其他外力保持连接，对于含水量较大的粗粒土，其孔隙内的毛细水将土粒表面润湿，土颗粒相互接触，表面的毛细水与空气形成弯曲液面，在土粒表面形成了毛细黏聚力。细粒土则存在两种不同的结构形式：蜂窝结构与絮状结构。

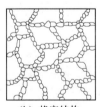
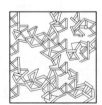

(a) 单粒结构   (b) 蜂窝结构   (c) 絮状结构

图 4.72 土的结构

蜂窝结构主要存在于由粒径 0.005～0.075mm 的粉粒组成的粉土或粉质黏土中。这种土的土颗粒之间在受重力或外力作用土颗粒相互接触后，土颗粒会停留在最初的接触点上，在接触点间相互黏结，逐渐形成链状的土粒链，进一步组成"弓架结构"，这种弓架结构发展扩大就会形成蜂窝状的蜂窝结构。

絮状结构主要存在于由粒径小于 0.005mm 的黏粒组成的黏土或粉质黏土中。由于粒径的进一步减小，土颗粒与水的作用产生的粒间作用力逐渐增大（图 4.73）。这种粒间作用力包括吸引力和排斥力，这两种作用力均随着粒间距离的减少而增大，但其增长速率各不相同。这种吸引力和排斥力相互作用的结果使土颗粒形成不同类型的絮状结构。当粒间作用力表现为净吸力时，土颗粒相互吸引聚集成泥状；当粒间作用力表现为净斥力时，土颗粒彼此排斥，形成半定向或定向的状态。

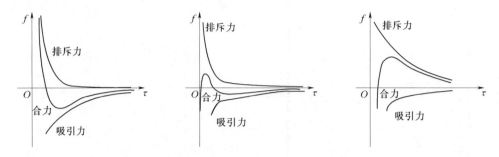

图 4.73　几种不同的粒间作用力变化趋势

无论是哪种结构，土颗粒的形态对土体抗剪强度都起着关键的作用。在水的参与下，土颗粒的形态通过水与矿物的溶解作用被改造。

通过黏土矿物定量分析的结果可以看出，千将坪滑带土的结构主要是由石英和长石形成的骨架，绿泥石、伊利石、高岭石矿物填充于骨架间隙。由于试样长期浸泡在纯水中，石英、长石、绿泥石、伊利石、高岭石均会发生缓慢的溶解或水解（表 4.19）。

表 4.19　　　　　　　　　不同矿物在纯水中的溶解速率及形式

物质名称	化学表达式	溶解度/(mol/L)	溶解形式
石英/蛋白石	SiO_2	2×10^{-3}	表面反应
钾长石	$KAlSi_3O_8$	3×10^{-7}	表面反应
钠长石	$NaAlSi_3O_8$	6×10^{-7}	表面反应
方解石	$CaCO_3$	6×10^{-5}	表面反应
磷灰石	$Ca_5(PO_4)_3OH$	2×10^{-8}	表面反应
石膏	$CaSO_4 \cdot 2H_2O$	5×10^{-3}	运移
氯化钠	$NaCl$	5	运移

下面给出一些矿物的水解方程式。

石英：$SiO_2 + 2H_2O \Leftrightarrow Si(OH)_4$

钾长石：$2KAlSi_3O_8 + 3H_2O \Leftrightarrow Al_2Si_2O_5(OH)_4 + 4SiO_2 + 2K^+ + 2(OH)^-$

钠长石：$2NaAlSi_3O_8 + 3H_2O \Leftrightarrow Al_2Si_2O_5(OH)_4 + 4SiO_2 + 2Na^+ + 2(OH)^-$

方解石：$CaCO_3 + H_2O + CO_3 \Leftrightarrow Ca^{2+} + 2HCO_3^-$

磷灰石：$Ca_5(PO_4)_3OH \Leftrightarrow 5Ca^{2+} + OH^- + 3PO_4^{3-}$

石膏：$CaSO_4 \cdot 2H_2O \Leftrightarrow Ca^{2+} + SO_4^{2-} + 2H_2O$

绿泥石：$[Fe/Mg]_5Al_2Si_3O_{10}(OH)_8 + 5CaCO_3 + 5CO_2 \Leftrightarrow 5Ca[Fe/Mg](CO_3)_2 + Al_2Si_2O_5(OH)_4 + SiO_2 + 2H_2O$

高岭石：$Al_2Si_2O_5(OH)_4 + 5H_2O + 6CO_3 \Leftrightarrow 2Al^{3+} + 2H_4SiO_4 + 6HCO_3^-$

伊利石：$K[Al/Fe]_3Si_3O_{10}(OH)_2 + 10H_2O + 10CO_3 \Leftrightarrow K^+ + 3[Al^{3+}/Fe^{3+}] + 3H_4SiO_4 + 10HCO_3^-$

从上述化学反应方程式可以看出，存在于土体中的各种矿物均不同程度的与水或其他矿物发生反应，其产物大多溶于水，即使是难溶于水的产物，也会有部分进一步与水反应，最终生成易溶物。而难溶物的溶解反应往往以表面反应为主。这种溶解反应将土颗粒中的一部分矿物成分溶解、水化，使其以离子的形式由原有晶架中脱离，进入水中。这些反应在土颗粒与水的表面缓慢进行，改变了土颗粒表面的形态结构。土颗粒越小，就提供越大的表面积，与水接触的机会就会越多，反应也会越剧烈。并且水与矿物的反应将首先将土颗粒表面的凸起物溶解，然后会进一步向内发展，逐渐降低土颗粒表面的粗糙度。见图 4.74。

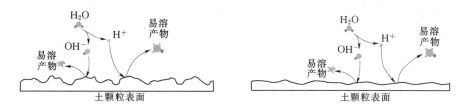

图 4.74 土颗粒中矿物水解示意图

当土体长时间在纯水中浸泡，矿物的溶解和水解在改造土颗粒表面的粗糙度的同时，进一步改造土颗粒的外形，增加土颗粒的磨圆度。并且使原本相互接触咬合的土颗粒产生了间隙。见图 4.75。

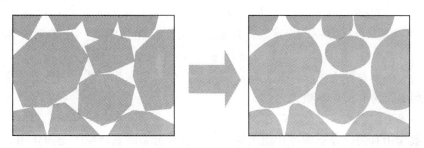

图 4.75 土颗粒磨圆度的变化

这种对土颗粒形态的改造作用表现在宏观上主要是试样内摩擦角的减小。并且其减小的速率受水解反应速率的控制。在试样浸泡的初期，土颗粒表面的粗糙度首先减少，由于黏粒具有较大的表面积，试样的内摩擦力主要来源于粒间的相互接触摩擦。这种对土颗粒表面粗糙度的改造使得在浸泡的初期，试样内摩擦角急剧下降。而在浸泡的中期，水对土颗粒表面的改造已基本完成，转变为对土颗粒外形的改造，增加土颗粒的磨圆度。这时由于土颗粒的粗糙度下降，表面积减少，水解反应的速率逐渐降低，宏观上表现为试样内摩擦角的衰减速率逐渐降低。在浸泡的后期，受限于水解反应的可逆性，浸泡液体中趋于饱和，同时随着土颗粒磨圆度的增加和粗糙度的下降，水解反应速率进一步降低，甚至停止或发生沉淀结晶，表现在宏观上试样内摩擦角趋于稳定。

4.3.2 介离作用——黏土颗粒表面的离子交换与吸附

在1807年列依斯通过电泳试验证明了黏土颗粒表面带有负电荷，经过多年的发展，形成了黏土双电层与扩散层理论。由于黏土颗粒表面带有负电荷，围绕在土颗粒周围形成电场。水的介电常数高达81.0，是一种极性分子，水分子中氢原子端显正电荷，氧原子端显负电荷。在黏土颗粒电场影响范围内的水分子受到黏土颗粒表面负电荷的吸引，在黏土表面定向排列。

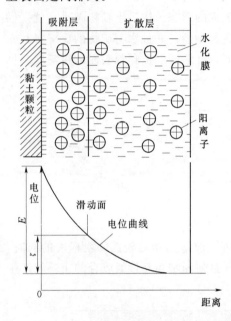

图4.76 双电层结构及电位变化示意图

极性水分子的运动一方面受黏土颗粒表面负电场的作用，另一方面受到布朗运动的扩散力作用。这两种相反的作用，使得黏土颗粒表面的极性水分子呈现一种不均匀的状态。在黏土颗粒的表面，静电力作用占主导，把极性水分子牢固地吸引在颗粒表面形成吸附层，在吸附层的外面，静电力与布朗运动相互制约，极性水分子的活动性增大，形成扩散层，在该层中极性水分子同样受到静电力作用定向排列于黏土颗粒周围，但随着与黏土颗粒距离的增加，静电力的作用逐渐减弱。吸附层与扩散层形成的极性水分子层与土颗粒表面的负电荷层共同构成了黏土颗粒表面的双电层结构（图4.76）。

习惯上，把吸附层中的极性水分子形成的水膜称为强结合水，把在扩散层中的极性水分子称为弱结合水，而在扩撒层外，那些没有受到黏土颗粒静电力作用的水分子称为自由水。

通过同一类型黏性土原状样和重塑样强度的比较，通常我们认为黏性土的黏聚力可以划分为原始黏聚力和固化黏聚力。

原始黏聚力主要来源于分子间作用力——范德华力。这种分子间作用力与电荷的定向作用和分散作用有关。分子间存在固定的不对称电荷分布时就产生了定向作用，具体表现在分子固有的偶极矩，这种分子称为极性分子。当相邻两个带有相反电荷的偶极端接近时，彼此就会相互吸引。而当带有相同电荷的偶极端相互接近时，就会彼此排斥，表现为分散作用。

黏土颗粒表面带有负电荷，在含水量较低的情况下，黏性土表现出来黏聚力较小也是因为这个原因。由于黏土颗粒表面带有相同的负电荷，彼此相互排斥。不能有效的提供黏聚力。随着含水量的增加，逐渐在黏土颗粒表面形成双电层，当达到最优含水率时，黏土颗粒双电层厚度适中，黏土颗粒双电层中的扩散层相互交叉，在极性水分子作用下，黏土的黏聚力最大。具体表现为试样制备养护阶段试样黏聚力增大。当试样饱和以后，完全浸泡在纯水中，随着水的作用，黏土颗粒表面的双电层厚度不断增厚，距离逐渐加大，脱离了范德华力的影响范围，破坏了原始黏聚力的作用。具体表现在试样在浸泡初期黏聚力急剧下降，这是因为这种极性水分子的吸附较黏土矿物的水解要快速的多，在浸泡的初30d

内，试样黏聚力的衰减就达到整个衰减幅度的 87%。当双电层厚度增加到黏土颗粒表面静电力影响范围之外时，双电层的厚度将趋于稳定。表现为试样的黏聚力衰减幅度降低或停止。

　　而固化黏聚力是土颗粒受外力作用而产生的黏聚力。黏土颗粒沉积聚集的过程中，受到重力的作用相互聚集，这就是一种固化黏聚力。这种附加在原始黏聚力之上的黏聚力，又称为附加黏聚力。由于固化黏聚力的作用受多种因素的制约，除外力之外，水的物理化学作用对固化黏聚力的影响存在着两面性。一方面由于水的参与，在外力作用下，胶粒、黏粒相互聚集吸引，呈现凝胶状态。凝胶以薄膜的形式包围着较大的颗粒，并且使这些颗粒连接起来。由于黏土颗粒表面通常带有负电荷，因此要吸引带正电荷的胶粒，如氢氧化铁、氢氧化铝等。同时，带有正电荷的胶粒表面也吸附着带有负电荷的胶粒。由于这种吸附作用，土颗粒之间逐渐形成复杂的连接，最终相互聚集固化。特别是在黏土颗粒双电层厚度最薄的部位，黏土颗粒之间会突破范德华力的作用发生胶结，形成骨架。在一定时间范围内宏观表现为黏土黏聚力的增加。另一方面，在纯水的长期的作用下，自由水不断夺取已经胶凝固化的黏土颗粒表面的胶粒。破坏胶凝结构的稳定性，甚至将胶体外膜溶解，使黏土颗粒返回原始状态。这种团粒被分解的过程称为胶溶作用。水的含量和时间的作用是决定胶凝作用和胶溶作用的因素。通过滑带土的养护和浸泡试验，不难发现，在试样的养护期，试样的含水率在 15% 左右，在 30d 内，黏土颗粒逐渐胶结固化，试样的黏聚力增大。当试样浸泡在纯水中，由于水的进入，自由水中胶体浓度明显降低，这时胶溶作用占主导。逐渐破坏在养护期生成的团粒骨架结构，表现为试样黏聚力的下降。

　　这种水对黏土原始黏聚力和固化黏聚力的破坏实质上都是通过改变原始黏土颗粒的距离而实现。这种水分子通过改变黏土颗粒表面双电层厚度和胶体膜厚度的作用可以形象的称为介离作用。这种介离作用是造成试样在浸泡 120d 内黏聚力下降的主要原因。

4.3.3　润滑作用——黏土矿物晶体结构层间的离子交换与吸附

　　黏土矿物是一种复合的铝-硅酸盐晶体，其颗粒是由硅片和铝片所构成的晶胞叠加而成。硅片的基本单元是硅-氧四面体结构。它是由 1 个居中的硅离子和 4 个在角点的氧离子共同构成，如图 4.77（a）所示。6 个硅-氧四面体结构组成 1 个硅片，如图 4.77（b）所示。硅片底面的氧离子被相邻两个硅离子共用。

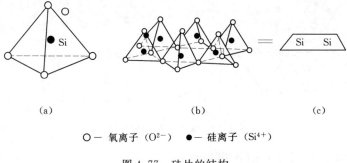

（a）　　　　　　　（b）　　　　　　　（c）

○ — 氧离子（O^{2-}）　● — 硅离子（Si^{4+}）

图 4.77　硅片的结构

　　铝片的基本单元是铝-氢氧八面体结构，它是由 1 个铝离子和 6 个氢氧离子构成，如图 4.78（a）所示。4 个八面体结构组成 1 个铝片，每个氢氧离子都被相邻 2 个铝离子共用，如图 4.78（b）所示。大多数的黏土矿物都是由这种硅片和铝片构成的晶胞叠加而成。

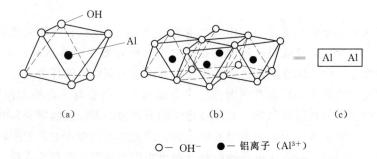

○ — OH⁻   ● — 铝离子（Al³⁺）

图 4.78 铝片的结构

绿泥石类黏土矿物类由两个 Si—O 四面体片夹 1 个八面体片，不同之处是它多出 1 个氢氧镁石（水镁石）八面体片（见图 4.79）。显微形态呈现针片状、花朵状（见图 4.80）。绿泥石的阳离子交换容量比蒙脱石少，近似于伊利石。在绿泥石两个 Si—O 四面体片夹 1 个八面体片中，由于低价 Al³⁺ 置换高价 Si⁴⁺ 所造成的正电荷亏损，由其附加在晶层间的八面体晶片中的高价阳离子 Al³⁺ 置换低价阳离子 Mg²⁺ 所赢得正电荷来平衡。可见，绿泥石的晶层间联系力，除了范德华引力和水镁石八面体上 OH 原子形成的氢键外，就是阳离子交换后形成的静电力。所以，绿泥石晶层一般不具有膨胀性。

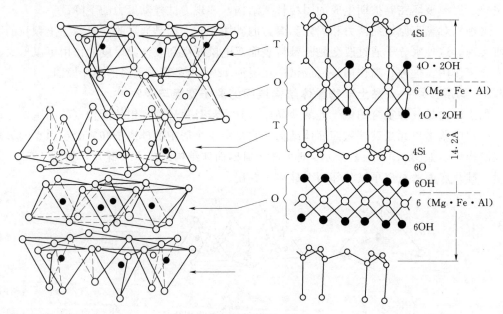

图 4.79 绿泥石的晶体结构

在高岭石类黏土矿物中，结构单位层间为 O 与 OH（或 OH 与 OH）相邻（如图4.81），显微状态为假六方板状、书页状（见图 4.82）。堆叠时，在相邻两晶层之间，除了范德华力增扩的静电能外，主要为表层（羟）基及氧原子之间的氢键力，将相邻两晶层

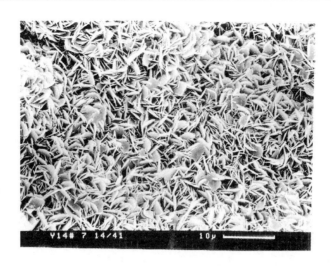

图 4.80 绿泥石的显微状态

紧密地结合起来，使水不易进入晶层之间。即使有表面水合能撑开晶层，但不足以克服晶层间巨大的内聚力，几乎无阳离子交换（阳离子交换容量很小，其 CEC 值为 $3 \sim 15 \text{mmol}/100\text{g}$）和类质同象置换现象，其基本层是中性的。同时，高岭石晶体基面间距很小（约 7.2Å），没有容纳阳离子的地方，即晶层无阳离子存在。高岭石晶体只有外表面，没有内表面，比表面积很小（一般远小于 $100\text{m}^2/\text{g}$），被吸附的交换性阳离子（如 Na^+、Ca^{2+} 等）仅存于高岭石矿物外表面，这对晶层水合无重要影响，所以高岭石是较稳定的非膨胀性黏土矿物，层间联结强，晶格活动性小，最活跃的表面是在晶体断口、破坏的及残缺部位的边缘部分，浸水后结构单位层间的距离不变，使高岭石膨胀性和压缩性都较小，但有较好的解理面。

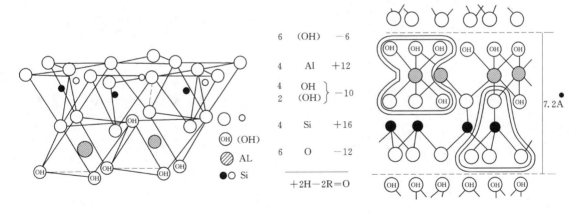

图 4.81 高岭石的晶体结构

伊利石类黏土矿物属于 2∶1 型结构单位层，但在四面体层之间，于 D 层的六角形网眼之中央嵌有钾离子（K^+）（见图 4.83）。其显微形态为片状、丝状、羽毛状（见图 4.84）。伊利石阳离子交换容量比蒙脱石少，约 1040mmol/100g 干黏土，其阳离子交换主要发生在 Si—O 四面体晶片内（Si^{4+} 被 Al^{3+} 置换），所以不均衡电荷也主要在四面体晶片

图 4.82　高岭石的显微形态

内，距层间阳离子很近，当结构层中出现阳离子 K^+ 时，便被紧紧地吸附住，并恰好嵌在上下两个四面体晶片氧原子的六角形网眼中（K^+ 离子半径约 1.33Å，两个四面体六角形网眼为 1.34Å，上下两个为 2×1.34Å）形成一种强键，致使水难以进入晶层间，不会引起晶层的膨胀，对水的活跃性只是在表面外部。所以，伊利石属于弱膨胀性黏土矿物，其晶格活动、膨胀性及压缩性均介于高岭石与蒙脱石之间。

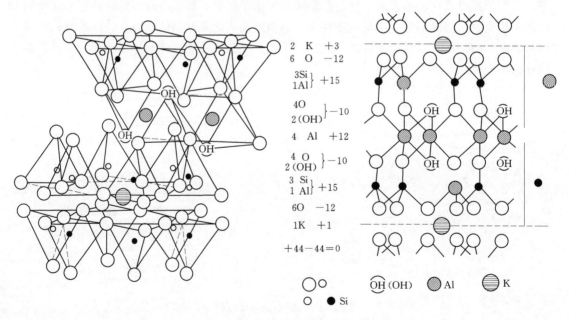

图 4.83　伊利石的晶体结构

　　千将坪滑带土中主要的黏土矿物有绿泥石、伊利石和高岭石。这三种层状黏土矿物层间多以氢键或其他离子键相连接。在长时间的浸泡中，会与水中的极性水分子发生少量的离子交换。从表 4.20 中可以看出相比于蒙脱石，这三种黏土矿物可以发生离子交换的能

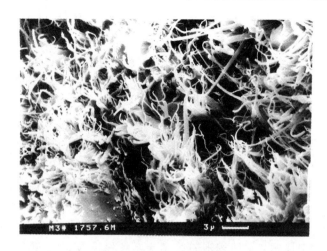

图 4.84　伊利石的显微状态

力较小，层间较为稳定。高岭石侧层间氢键作用力最大，水分子很难进入层间，因此高岭石的膨胀性最小。绿泥石与伊利石的结构比较类似，其层间通过 K^+ 离子键和氢键连接。在长时间的浸泡下，由于 H^+ 活动性大于 K^+ 仍会有少量的 H^+ 与 K^+ 发生交换，降低晶格层间的作用力。这种由于晶体层间离子交换造成的黏土强度下降的现象可以称为润滑作用。

表 4.20　　　　　　　　　　　　黏土矿物的阳离子交换容量

矿物名称	CEC/(mmol/100g)	矿物名称	CEC/(mmol/100g)
高岭石	3~15	伊利石	20~40
绿泥石	10~40	蒙脱石	70~150

4.3.4　浸泡条件下滑带土黏土矿物的转化对抗剪强度的影响

通过对比浸泡 0d、60d、120d 滑带土试样的黏土矿物定量分析结果发现，千将坪滑带土在浸泡的 0~60d 黏土矿物成分发生较大变化（见表 4.17），在 60~120d 内黏土矿物的组成比例基本稳定。

对比发现，0d 和 60d 的黏土矿物发生了两个明显变化：第一，绿泥石、伊利石、石英、长石的比例发生变化；第二，产生了少量的新矿物。

产生这种变化的原因主要是黏土矿物在水中浸泡后溶解电离，与水中的溶解 CO_2 共同作用发生复杂的变化。主要有以下几种变化：

$$[Fe/Mg]_5 Al_2 Si_3 O_{10}(OH)_3(绿泥石) + 5CO_2 \rightleftharpoons 5[Fe/Mg]CO_3(镁菱铁矿) + Al_2 Si_2 O_5(OH)_4(高岭石) + SiO_2(胶质石英)$$

$$2KAlSi_3 O_8(钾长石) + 3H_2 O \rightleftharpoons Al_2 Si_2 O_5(OH)_4(高岭石) + 4SiO_2(胶质石英) + 2K^+ + 2(OH)^-$$

$$3KAlSi_3 O_8(钾长石) + 2H^+ + H_2 O \rightleftharpoons KAl_3 Si_3 O_{10}(OH)_2(伊利石) + 6SiO_2(胶质石英) + 2K^+ + H_2 O$$

$$3Al_2 Si_2 O_5(OH)_4(高岭石) + 2K^+ \rightleftharpoons 2KAl_3 Si_3 O_{10}(OH)_2(伊利石) + 2H^+ + 3H_2 O$$

$KAlSi_3O_8$（钾长石）$+Al_2Si_2O_5(OH)_4$（高岭石）$\rightleftharpoons KAl_3Si_3O_{10}(OH)_2$（伊利石）$+2SiO_2$（胶质石英）$+H_2O$

$3CaAlSi_3O_8$（钾长石）$+2K^++4H^++H_2O\rightleftharpoons 2KAl_3Si_3O_{10}(OH)_2$（伊利石）$+3Ca^{2+}+H_2O$

$Ca^{2+}+H_2O+CO_2\rightleftharpoons CaCO_3$（方解石）$+2H^+$

以上的反应中，水和CO_2的参与起着重要作用。这种CO_2的参与反应称为CO_2矿化捕集。CO_2矿化捕集是一种地球化学俘获机制，主要是CO_2与矿物及地下水发生化学反应从而产生碳酸盐类沉淀。杨国栋等（2007年）对绿泥石对CO_2—水—岩石相互作用的影响研究中发现：绿泥石含量的对CO_2的矿化速度和矿化量起着促进的作用。将上述的几个反应看作是一个反应系统，绿泥石在系统中一直被溶解，在溶解的过程中为系统提供了Mg^{2+}、Fe^{2+}等离子，这些离子与浸泡溶液中溶解的CO_2矿化成为镁菱铁矿，或者与水中游离的部分硫元素形成黄铁矿。绿泥石除了为系统提供Mg^{2+}、Fe^{2+}等离子外，还生成了高岭石。

钾长石参与的反应较为复杂，在系统中钾长石可以为系统提供伊利石、高岭石、钾离子。其中钾长石生成伊利石的反应属于溶解交代作用，为系统提供伊利石的同时提供了钾离子，钾离子又促使高岭石反应生成伊利石，这个反应属于伊利石的结晶反应。

几乎所有的反应都在为系统提供石英，这个石英以胶质的形式沉淀在空隙中，不同于结晶石英。而方解石的来源主要是由钙长石提供钙离子与CO_2反应生成。

整个系统有两个关键反应：第一，绿泥石的溶解矿化，为系统提供Mg^{2+}、Fe^{2+}等离子和高岭石；第二，长石的溶解，为系统提供伊利石和钾离子、钾离子有促进高岭石参与伊利石的结晶。所以试样中绿泥石和长石一直被溶解，高岭石、伊利石和胶质石英一直在生成，方解石和黄铁矿属于反应副产物。而高岭石的比例不变是因为高岭石是系统中的中间产物，虽然绿泥石和长石都可以生成高岭石，但是由于钾长石的溶解为系统提供了钾离子又在不断消耗高岭石。这个反应受长石的水解控制。

这些黏土矿物的转化对滑带土浸泡后的强度衰减起着重要作用。首先，在以黏土矿物为主导的滑带土中，黏土矿物的物理力学性质直接影响着土体整体的强度。其次，长石的溶解破坏了原有土体中的原生矿物的骨架作用，另一方面，胶质石英（硅胶）在土颗粒表面沉淀，弱化了土颗粒间的摩擦力和黏聚力。

何蕾（2014年）在矿物成分与水化学成分对黏性土抗剪强度的控制规律及其应用中通过制备高岭石—伊利石—蒙脱石不同配合比试样，在直剪试验中，对比了高岭石—伊利石—蒙脱石比例对黏性土残余抗剪强度的影响见图4.85。

从图4.85中发现黏土矿物对黏土抗剪强度与矿物种类呈直接关系。蒙脱石、伊利石、高岭石对黏土抗剪强度的弱化能力依次减小，也就是说抗剪强度高岭石大于伊利石大于蒙脱石。

唐良琴（2012年）在软弱夹层强度参数的主要影响因素分析中对比了绿泥石—蒙脱石—伊利石的摩擦系数，探讨了这三种矿物对黏土强度弱化的能力。抗剪强度绿泥石大于伊利石大于蒙脱石。

鉴于绿泥石与伊利石具有相近的晶体结构，可以推断出抗剪强度高岭石大于绿泥石大

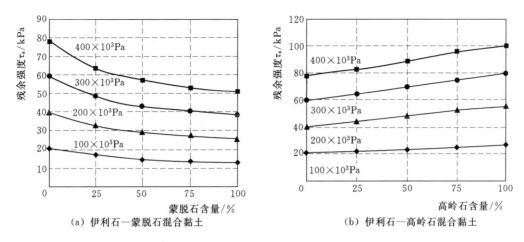

图 4.85　黏土试样抗剪强度与黏土矿物百分比对的关系图（何蕾，2014 年）

于伊利石大于蒙脱石。试样在浸泡 60d 内绿泥石含量下降了 10%，伊利石含量上升了 5%。参考黏土矿物抗剪强度大小，可以看出黏土矿物的伊利石化弱化了滑带土试样的抗剪强度。

4.3.5　滑带软化对千将坪滑坡的影响

通过滑带土的浸泡软化试验，在 120d 的浸泡龄期中，黏聚力和内摩擦角均有不同程度的衰减，黏聚力减少达 38.6%，内摩擦角减少 22.1%。并且呈现不同的三个阶段。①0～30d 快速阶段：这一阶段滑带土的黏聚力和内摩擦角衰减幅度占整个衰减幅度的 87% 和 76%；②30～60d 慢速阶段：这一阶段滑带土抗剪强度的衰减呈现较为缓慢的趋势；③60～120d 稳定阶段：在这一阶段滑带土的抗剪强度基本稳定。

2003 年 6 月 10 日，三峡水库初期蓄水达到 135m，滑坡前缘阻滑段浸泡于库水位以下。2003 年 6 月 21 日至 7 月 11 日千将坪地区经历持续降雨，降雨量达到 162.7mm。降雨入渗，进一步饱和滑带与滑体。2003 年 7 月 13 日，滑坡滑带完全贯通，滑体迅速下滑，最高下滑速度 16m/s。

此时千将坪滑坡滑带累计浸泡 33d，处于软化模型的快速衰减阶段，通过软化模型计算，滑带的黏聚力和内摩擦角分别降低 33.4% 和 17.1%，分别占 120d 内衰减幅度的 89.1% 和 79.6%（见图 4.86）。

结合千将坪滑坡的实际情况，滑坡的失稳破坏正处于滑带土软化的快速阶段结束后。经过 33d 的浸泡软化，滑带土的抗剪强度接近残余值，滑坡阻滑力接近最小，与千将坪滑坡的实际情况较为一致。据此可以推断滑带的浸水软化是千将坪滑坡在被库水浸泡 1 月后发生失稳滑动的主要原因。

4.4　小结

在总结相关的研究资料后，选取千将坪滑坡开展重点深入研究，研究千将坪滑坡滑带土的软化特征、规律和机理。

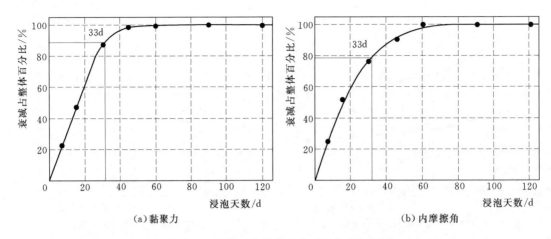

(a) 黏聚力   (b) 内摩擦角

图 4.86　滑带土抗剪强度衰减百分比变化图

在进行滑带土软化试验的可行性分析后，探讨了在浸泡软化试验中可能遇到的问题。通过预先试验进行论证，探讨了"原状样与重塑样""干装样与湿装样""重塑样的养护时间"和"快剪、慢剪、固结快剪"这 4 个试验中的主要问题。制定了科研型滑带土浸泡软化试验方案。

通过对测定千将坪滑带土天然密度、天然含水量、颗粒分布情况，指导试样制备工作。按照天然试样的基本物理参数进行试样的重塑，确保不同浸泡天数的试样具有良好的均一性。分别按照浸泡 0d、7d、15d、30d、45d、60d、90d 和 120d 对试样进行浸泡软化。分别测定不同浸泡天数下的试样的抗剪强度。并且测定浸泡 0d、60d 和 120d 试样内的黏土矿物组成。

汇总不同浸泡天数的抗剪强度试验结果，进行曲线拟合，分别得出滑带土的内摩擦角和黏聚力在浸泡 120d 内的变化规律。在整个浸泡的 120d 内，试样的黏聚力和内摩擦角的衰减总体上都是保持先快后慢最终趋于稳定的规律。不同的是黏聚力在浸泡的初 30d 衰减速率一直保持比较高的数值，在初 30d 内衰减幅度达到 33.6%，占整个衰减幅度的 87%，而在后 90d 内衰减速率急剧减少，后 90d 的衰减幅度仅占整个衰减幅度的 13%，平均到每天，几乎可以忽略不计。

相比于黏聚力的衰减规律，内摩擦角的衰减则呈现不同的特点。在初 15d 内摩擦角的衰减速率较为稳定，在这 15d 内衰减幅度占整个衰减幅度的 51%。在 15～60d 内，衰减速率逐渐减小，这 45d 内衰减幅度占整个衰减幅度的 48%。在 60～120d 内，衰减速率逐渐趋于 0，试样的内摩擦角趋于稳定。

在得出滑带土内摩擦角和黏聚力的变化规律后，分别从水—土作用对抗剪强度的影响和黏土矿物的转化两个方面分析了滑带土在浸泡过程中抗剪强度变化的实质。在浸泡 120d 的周期里，水—土作用中水对土颗粒表面的溶解—磨圆作用是造成滑带土内摩擦角衰减的主要原因。极化水分子和水中离子与黏土颗粒表面离子和晶格层间离子的交换吸附—介离作用与润滑作用是造成滑带土黏聚力衰减的主要原因。另外通过对比浸泡 0d、60d、120d 的黏土矿物组成，也发现在浸泡 120d 内，试样内黏土矿物的转化对滑带土抗剪强度的衰减起次要作用。

　　结合千将坪滑坡实际的变形滑动特征，利用滑带软化模型计算不同浸泡天数的滑带抗剪强度，与千将坪滑坡实际的发展演化较为一致。在浸泡 33d 后，滑带土的黏聚力和内摩擦角衰减幅度达到 34.4% 和 17.6%，分别占 120d 内衰减幅度的 89.1% 和 79.6%。据此可推断滑带的浸水软化是千将坪滑坡在浸泡 1 月后发生失稳滑动的主要原因。

第5章 降雨及库水耦合作用下千将坪滑坡饱和—非饱和、非稳定渗流场研究

5.1 引言

千将坪滑坡发生在三峡水库第一期蓄水（2003 年 6 月 1—15 日蓄至 135m）后，又遭遇 6 月 21 日至 7 月 11 日强降雨（162.7mm）而发生的。破碎碎裂的坡体物质和顺层岸坡结构、前缘临空的地形地貌条件构成了滑坡形成的内在原因，而三峡水库蓄水和降雨是造成滑坡的外部诱因。

本章研究的目的是为了揭示降雨和库水变化条件下，滑体内的渗流场变化规律。库水位变化以及降雨，直接改变了渗流场的边界条件，水分运移改变岩土体的含水率，一方面可以导致岩体软化和土体的基质吸力发生变化，使岩土体的强度发生变化。另一方面入渗将改变坡体的渗流场，使坡内动水荷载增大，这是雨季导致边坡失稳的重要原因。

因此，了解库水和雨水在滑体中的运移规律，研究降雨及库水位耦合作用下千将坪滑坡饱和、非饱和、非稳定渗流场，对揭示滑坡失稳机理，建立该类型滑坡预测预报模型，具有十分重要意义。

1856 年，法国工程师达西（Herri Darcy）通过实验提出了线性渗流理论，为渗流理论的发展奠定了坚实的基础。1889 年，H. E. 茹可夫斯基首先推导了渗流的微分方程。渗流力学从一开始就是力学中流体力学与地学中的岩石学、农学中的土壤学等学科交叉渗透形成的，起先主要用于地下水开发和水的净化等工程；从 20 世纪 20 年代起在石油、天然气开采等工程中广泛应用。60 年代后，渗流力学迅速发展，应用范围日益广泛，近 30 多年来在解决工程技术问题过程中，形成了非等温渗流力学、多相渗流力学、流固耦合渗流力学、环境和灾害渗流力学等，随着现代计算技术和实验技术发展而形成计算渗流力学和实验渗流力学等更多的分支。

1931 年，Richards 将达西定律推广应用到非饱和渗流中以后，人们才开始研究土壤孔隙未被水充满条件下的流体运动规律，也就是非饱和渗流的研究。Rubin（1968 年）研究了二维饱和—非饱和土中的非稳定流，他用有限差分法给出了二维 Richards 方程的数值解，Neuman（1973 年，1974 年）最早将有限元方法应用到求解饱和—非饱和渗流问题。Freeze（1971 年）研究了三维地下水含水层饱和—非饱和、非稳定流，并给出了数值解法。Fredlund 和 Hasan（1979 年）提出了求解非饱和土固结过程中孔隙气压力和孔隙水压力的两个偏微分方程。

降雨入渗是一个饱和—非饱和非稳定渗流过程。对于渗流问题的求解主要有解析法，电模拟法和数值方法，在工程中也常用图解法。在计算机出现之前，解析法是饱和—非饱

和渗流研究的主要方法，但其具有很大的局限性。随着计算机的普及和数值方法的迅速发展，对于渗流问题的求解越来越多的采用数值模拟的方法，有限单元法和有限差分法在渗流分析中的应用越来越广泛。

目前对于饱和—非饱和渗流场的数值模拟有较多的计算软件可以完成，有商用软件如 GEO—SLOPE，FLAC 等，也有自编软件，对于边界条件和初始条件计算一般可以取得较好结果。对于工程问题、地质问题，非常关键的因素是如何建立地质力学模型，确定边界条件和初始条件。由于地质问题不同于结构分析，不可能完整而精确的确定定解条件，如何高效、恰当地使用地质勘察资料和试验数据是解决实际渗流问题的重要前提。

本章采用 SEEP/W 程序分别模拟降雨条件、水库蓄水条件，以及降雨和库水耦合时的千将坪滑坡渗流场的变化。

首先通过对千将坪滑坡区、影响区地质力学模型研究，建立千将坪滑坡启动前饱和—非饱和数值计算模型。然后通过室内试验、勘察、现场试验和反演分析确定千将坪滑坡启动前的定解条件及饱和—非饱和渗流计算参数。以数值方法模拟千将坪滑坡启动前的渗流场变化过程，根据计算结果，分析并给出降雨及库水耦合作用下千将坪滑坡饱和—非饱和、非稳定渗流场一般规律。渗流分析的成果还将为滑坡变形分析提供地下水孔隙压力、渗透力等。

5.2　饱和—非饱和渗流基本理论和分析方法研究

目前，在地下水的渗流分析中多以线性的达西定律为基础，这是因为在大多数情况下，地下水渗流是满足或近似满足线性达西定律的，而且达西定律的线性关系也使理论分析与数值分析更为实用。将达西定律推广应用到非饱和渗流中渗透系数不再是常数，饱和度变化对渗透系数的影响十分巨大，因而常常将渗透系数表达为饱和度 S 或体积含水量 Θ 的单一函数，称为渗透性函数。总水头 H 一般只考虑位置水头和压力水头。非饱和情况，孔压通常表示为含水量的函数，孔压和含水量的关系称为土水特征曲线。在饱和—非饱和渗流的数值模拟中，岩土的渗透性函数和土水特征曲线是非常重要的。

5.2.1　达西定律

水总是从水头高的地方向水头低的地方流动，在本文中无论是饱和渗流还是非饱和渗流，都满足达西定律

$$q = ki = k\frac{H}{L} \tag{5.1}$$

式中：q 为单位流量；k 为渗透系数；i 为水力梯度；H 为总水头；L 为渗径。

达西定律是从饱和土试验中得出的，后来 Richards，Childs&Collins—George 的研究发现，在非饱和土中，达西定律也同样适用。但在非饱和渗流时，渗透系数不是常数，这时，渗透系数是含水量或孔隙水压的函数。

5.2.2　土—水特征曲线

土—水特征曲线是含水量和孔隙水压的关系曲线。水在土中通过时，部分的水会保留在土体的孔隙结构中，而残留在土中的水的多少取决于孔隙水压和土体的结构特征。在渗

流分析中，一般使用水的体积含水量

$$\Theta = \frac{V_w}{V}$$

式中：Θ 为体积含水量；V_w 为水的体积；V 为土体体积。

体积含水量（Θ）取决于孔压大小，图 5.1 为土水特征曲线的典型曲线形态。

当饱和度为 100% 时，体积含水量等于孔隙度。当土体完全饱和时，在没有外荷载的条件下，水压会接近零。如果水压继续增加，土的有效应力将会减小，以至土体回弹膨胀，土的含水量会增加。当孔隙水压变为负值时，含水量则减小，最终，仍有部分水分不再随孔隙水压减小而减少，这部分含水量称为残余含水量。土水特征曲线的斜率也就是孔隙压力变化时土中含水量的变化率 m_w，在非稳定渗流分析时 m_w 就是根据土水特征曲线来确定的。细粒土的土水特征曲线一般相对平缓些，而粗粒土的土水特征曲线一般比较陡，如图 5.2 所示（Ho，1979 年）。

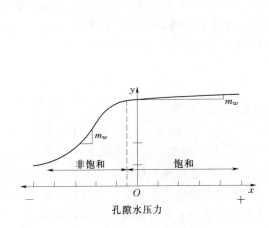

图 5.1 土水特征曲线典型形态

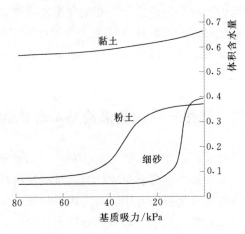

图 5.2 黏土、粉土、细砂的土水特征曲线区别
（引自 Ho，1979 年）

5.2.3 渗透性函数

液体水在土中形成孔隙网络管道，这些管道是连通的，而且水可以通过这些管道流动，当含水量减少时，相互连通的过水通道的数量和尺寸就要相应减少，导致土的渗透系数降低。如果土完全干燥了，土中由水填充的过水管道就不存在了，土就不再具有渗透性。如果土体处于饱和状态，则所有连通的管道都可以导水，这时土的渗透系数达到最大。

含水量是基质吸力的函数，而渗透系数又是含水量的函数，所以渗透系数也可以描述为基质吸力的函数。渗透性函数可以通过试验方法直接测定，也可以通过土水特征曲线和饱和渗透系数采用经验公式来推测。

5.2.4 控制方程

将达西定律和质量守恒定律结合起来便可导出描述土壤水分运动的基本方程。对于二维问题非饱和土壤水运动的基本方程如式（5.2）：

$$\frac{\partial \Theta}{\partial t} = \frac{\partial}{\partial x}\left[K_x \frac{\partial H}{\partial x}\right] + \frac{\partial}{\partial y}\left[K_y \frac{\partial H}{\partial y}\right] + Q \tag{5.2}$$

式中：H 为总水头；K_x，K_y 为 x，y 方向的渗透系数；Q 为边界流量

对于饱和土壤来说，土壤孔隙为水充满，此时含水量不再变化，即 $\frac{\partial \Theta}{\partial t} = 0$，由式（5.2）可以得出饱和土壤水流动的控制方程（5.3）

$$\frac{\partial}{\partial x}\left[K_x \frac{\partial H}{\partial x}\right] + \frac{\partial}{\partial y}\left[K_y \frac{\partial H}{\partial y}\right] + Q = 0 \tag{5.3}$$

此时 x，y 方向的渗透系数 K_x，K_y 为常数。

体积含水量的变化由土体的性质和应力状态决定，饱和土和非饱和土的应力状态都可以采用 u_a 和（$u_a - u_w$）来表示，u_a 是孔隙气压，u_w 是孔隙水压。如果总应力不变，并假定气压为大气压且保持恒压，那么（$u_a - u_w$）不变化，对含水量没有影响。只有当基质吸力（$u_a - u_w$）变化时，含水量发生变化，由于 u_a 不变，因而含水量变化取决于孔隙水压力。

含水量与孔隙水压力的关系可以表示为公式（5.4）

$$\partial \Theta = m_w \partial u_w \tag{5.4}$$

m_w 为土水特征曲线的斜率，$m_w = \frac{\partial \Theta}{\partial u_w}$。

总水头 H 一般只考虑位置水头和压力水头

$$H = \frac{u_w}{\gamma_w} + y \tag{5.5}$$

式（5.5）变换得（5.6）

$$u_w = (H - y)\gamma_w \tag{5.6}$$

式（5.6）代入式（5.4）得式（5.7）

$$\partial \Theta = m_w \gamma_w \partial(H - y) \tag{5.7}$$

把式（5.7）代入式（5.2）得式（5.8）

$$\frac{\partial}{\partial x}\left[K_x \frac{\partial H}{\partial x}\right] + \frac{\partial}{\partial y}\left[K_y \frac{\partial H}{\partial y}\right] + Q = m_w \gamma_w \frac{\partial(H - y)}{\partial t} \tag{5.8}$$

y 不随时间变化，控制方程可以写成式（5.9）

$$\frac{\partial}{\partial x}\left[K_x \frac{\partial H}{\partial x}\right] + \frac{\partial}{\partial y}\left[K_y \frac{\partial H}{\partial y}\right] + Q = m_w \gamma_w \frac{\partial(H)}{\partial t} \tag{5.9}$$

5.2.5　若干技术问题

（1）土水特征曲线。

土的重力含水量 w 或体积含水量 θ_w 或饱和度 S 与基质吸力的关系曲线称为土—水特征曲线。它与非饱和土的结构、土颗粒的成分、孔隙尺寸分布等因素有关，反映了非饱和土对水分的吸持作用，是一个十分重要的土性参数。

采用压力板仪，通过试验测出基质吸力和含水量的对应关系，根据试验数据，采用加权样条方法进行插值，得到土—水特征曲线。加权样条插值方法是 Lancaster 和 Salkauskas（1986 年）提出的一种有效的消除三次样条多余拐点的方法，保证了曲线的光滑，又能够很好的保凸。

（2）复杂边界条件处理。

对于定水头、定节点流量和定线流量的边界，SEEP/W 程序在最初读入数据时就将这些计算信息直接存入相应的数组中，并在每一个时间步长中施加上述边界条件。

对于库水位的变化以及降雨过程，在程序中作为函数水头边界、函数节点流量边界和函数线流量边界处理。首先输入库水位的变化以及降雨过程的资料，程序在每个时步开始就先调用插值函数进行插值，求出所计算时刻的各边界的水头和流量，然后再以该时刻的边界条件进行渗流分析。

（3）积水判断。

在降雨入渗分析时，把降雨作为线流量边界处理。当降雨超过滑坡土体的入渗能力时，坡面产生地表径流，地表出现积水，此时，流量边界将转换为水头边界。入渗能力与地表土的性状有关，降雨初期入渗能力最大，而后逐渐趋向于饱和渗透系数。程序对土体入渗能力做了简化处理，以饱和渗透系数作为土体的入渗能力。当线流量边界的流量值超过土体入渗能力时，程序就会自动将相关的节点进行记录，并作为一种动态变化的定水头边界来处理。根据水力学知识，可以近似估算，特大暴雨情况，一般斜坡积水深度为毫米数量级，所以定水头的值就取该节点的高度坐标值，这意味着地表有积水，但积水深度很小。

（4）浸润面溢出点搜索。

在计算之前，并不能确定自由水面的溢出位置，必须通过程序试算后，才能够给出判断。SEEP/W 中有两种方法搜索溢出点，一是通过高度来检验，二是通过最大压力来检验。通过高度来检验时，程序将从所设的可能溢出点中选出高度最小的点作为搜索的起始点，然后逐一向上搜索，直到不出现正孔隙水压为止，则最后搜索的那个点就认为是溢出点。渗流场中有可能出现某一段区域中有多个溢出点时，必须从这些可能的溢出点中选取一个孔隙压力最大的点作为搜索的起始点，然后向两个方向搜索溢出点位置。

（5）边界条件和初始条件处理。

对于滑坡问题，定解条件不可能完全清楚，而边界条件和初始条件是进行数值分析的基本条件，现有的商业程序和自编程序对具有明确边界的问题其计算结果与试验数据或解析解比较，吻合情况大多比较理想。而对于实际地质工程问题，由于对边界条件、初始条件以及岩土特性的认识不同，是导致数值分析结构千差万别的主要原因。

对于岩土特性，主要通过地质调查、勘探、试验和反分析及经验来确定。

对于滑坡而言，一般深度可选取分析深度的 3 倍左右。坡体表面的边界是比较容易确定的。如果坡脚有水，水面以下设置为水头边界，这时水头可以是常数，也可以是时间的函数，在模拟水位变动时把水头设成时间的函数。在降雨时，坡面为流量边界，同时进行积水判断和溢出点判断。下边界可以设为不透水边界。对于坡体上游，有上部坡体的渗流补给，但补给的量不易确定，可以扩大模型范围。由于许多滑坡的地下水相对独立，主要受降雨补给影响，能够将模型上游边界设置在分水岭处应该是最理想的，但往往在滑坡边界以外缺少勘探资料。初始含水量同样很难通过勘察手段比较完整的获得。勘察时可以获得当时的地下水位，但由于水位也是发生变化的，不易获得所要分析时段内的初始水位。在本次渗流计算分析中初始地下水位以及坡体的初始含水量以及上游的补给量均采用反分析方法来确定。

可以想象，足够久远以前的滑坡地下水状态对目前的地下水状态的影响是微乎其微的，完全可以忽略。基于这个思想，选取一个比较长的超前时间进行分析，我们根据经验首先人为的在合理范围内，取一个水位，据泉眼等勘察资料拟定上游补给水量，然后进行饱和—非饱和渗流分析，将分析结果与勘察结果进行比较，如果和勘察时监测的地下水位相符，这个分析结果就可以作为下一步分析的初始条件。本文采用这种方法拟定滑坡体初始含水量和初始水位。

（6）渗流模型。

目前，在岩土体渗流分析中，采用的基本渗流模型有连续介质渗流模型和非连续介质渗流模型，当表征单元体和研究区域相比足够小时，才能采用连续介质渗流模型。一般情况下，土体、混凝土材料、孔隙型岩体或裂隙特别密集的岩体，都可以满足上述要求，可以采用连续介质渗流模型或等效连续介质渗流模型。而对裂隙分布特别稀疏的岩体来说，上述要求一般不能满足，就必须采用反映各条裂隙渗透特性的非连续介质渗流模型。

渗流模型是针对不同渗透介质在不同情况下对实际渗流的不同程度近似的数学物理模拟，本文所研究的千将坪滑坡，对于强风化岩体和弱风化岩体，裂隙密集，可采用连续介质渗流模型，并对缓倾角断层和层间错动带等构造面采用不同的材料进行模拟，微风化岩体为相对隔水层，渗透系数远小于滑体，对滑坡体渗流场的影响较小，可简化处理而采用连续介质渗流模型。

5.3　千将坪滑坡岩土渗透试验研究

5.3.1　千将坪滑坡水文地质条件及材料分区

（1）地表水系。

滑坡后坡第一分水岭高程 420～560m，汇水面积约 1km² （包括影响区），汇水区内地表水系由青干河及大小冲沟组成。青干河位于滑坡南侧，年均流量 19m³/s，汇水区内大小冲沟均不是常流性沟谷，除白果树沟为季节性流水外，大部分为干沟。

两条较大冲沟望家沟和白果树沟分别位于汇水区的西侧和东侧，切割较深，较小冲沟位于汇水区前缘，降雨大部分呈坡面径流汇入冲沟后，排入青干河，少部分下渗成为地下水。

（2）含水介质类型。

汇水区内有如下三种含水介质类型。

1）孔隙含水层：本区松散堆积的崩坡积碎块石土为孔隙性含水，具弱透水性，据本区前人试验研究成果，其 k 值一般小于 0.008cm/s。

河漫滩砂卵石层为较强孔隙含水透水层。

2）裂隙含水岩体：岸坡强、弱风化岩体内裂隙和卸荷风化软弱夹层较发育，由裂隙和卸荷风化软弱夹层形成立体网络状空隙含水，具较强透水性。

1 号、2 号平洞揭示了岸坡强、弱风化岩体具有较强的透水性。由于岸坡强、弱风化岩体较强的透水性，使得三峡库水在 1 个月时间内渗透侵入 200～300m 宽的库岸，浸泡软化降低了软弱夹层和前缘近水平不连续结构面的抗剪强度直致千将坪滑坡启动下滑。

3）孔隙裂隙混合含水岩体：本区已滑动的千将坪滑体属此类。滑体以块裂岩体为主，夹碎裂岩体。块裂岩体具较强—强裂隙性含水透水性，碎裂岩体为强孔隙性含水透水岩体。

由于滑体块裂岩体的这种较强透水性，2号竖井中的地下水已与三峡库水连通，成同一水平面。

（3）地下水类型。

按含水介质划分，本区有孔隙水和裂隙水。按埋藏条件划分，本区有潜水和上层滞水。

潜水：受三峡库水补给的岸坡风化卸荷岩体内地下水为裂隙性潜水，形成了沿库岸的浸没带，潜水面已与三峡水库水面相接。

上层滞水：上层滞水是汇水区内库水位以上的地下水主要形式，在崩坡积堆积区以基岩或黏土层为隔水底板，为孔隙性上层滞水；在裂隙岩体内，多以页岩或含粉质黏土的软弱夹层为隔水底版，为裂隙性上层滞水。

（4）地下水含水量及其补给、径流与排泄。

地质调查结果，目前本区仅在东侧白果树沟发现一个泉水点，流自基岩与崩积物界面，流量较小，约0.05L/s；平洞及竖井勘探施工揭示，岸坡坡体含水量较小，平洞及竖井较干燥，地下水量不大，仅沿部分裂隙及软弱夹层滴水或渗水。

影响区地下水观测说明，岸坡坡体含水量受大气降雨影响明显，坡体上层滞水主要受降雨补给，经沟谷和坡坎流出向青干河排泄。

岸坡坡体潜水主要由三峡库水补给，其次为降雨补给，排泄基准面为青干河河面。

（5）千将坪滑坡材料分区。

根据千将坪滑坡勘查结论，可将千将坪滑坡分为强风化残积土区、弱风化区、微风化区、层间错动带、裂隙性缓倾角断层和滑带土共六种不同的材料。

5.3.2 千将坪滑坡岩土体渗透特性

（1）土水特征曲线。

1）土水特征曲线试验方法。

土水特征曲线是土的体积含水量 θ_w 或饱和度 S 与基质吸力的关系曲线。它与非饱和土的结构、土颗粒的成分、孔隙尺寸分布及土壤中水分变化的历史等因素有关，反映了非饱和土对水分的吸持作用，是非饱和土研究中最为重要的关系曲线，它不但涉及了非饱和土的基本理论和力学特性，联系了非饱和土的渗透性、强度和变形，还用于解释非饱和土中水分的运动规律。

图5.3是土水特征曲线测量的基本原理图。在试验时必须保证试样与陶土板紧密接触，陶土板的作用相当于半透膜。在气压室内逐渐增加气压，将土样的水通过陶土板排出。每次增加气压后，等待试验排水平衡，然后测量所排出的水量并记录。

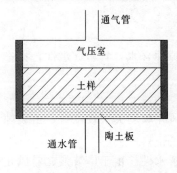

图5.3 基本原理图

本次试验采用了 Tempe 压力盒和体积压力板仪两种仪器，以获取土水特征曲线。

压力膜仪试验：土试样置于压力盒内的高进气值陶土板上，陶土板下的底板上设有一排水管，土中水在气压力作用下排出。试验从饱和高进气值陶土板开始，然后，饱和试样秤重后置于其上使它们充分接触，将顶板安装好并上紧，并在盒内施加气压力。设定的气压值等于所需的基质吸力值，试样排水直到平衡。达到平衡的时间取决于试样的厚度和渗透性以及高进气值陶瓷板的渗透性。平衡后，再称试样质量，以测定含水量的变化（试验中的含水量是指重力含水量 w，它与体积含水量 θ 换算关系为 $w = \dfrac{\theta \rho_w}{\rho_d}$，其中：$\rho_d$ 为土的干密度，ρ_w 为水的密度）。然后逐级增加气压力，重复这一步骤。当试样在预先设定的最大基质吸力值下排水稳定后，将仪器中的高压气体释放，并将土试样取出秤重，然后将土样烘干再称重，计算相应于最后一级基质吸力下的含水量。利用这一含水量和前面已测定的水量变化，反算相应其他吸力值的含水量。然后绘制基质吸力与含水量关系图，从而给出土水特征曲线。

体积压力板仪试验：体积压力板仪除了包括压力盒及供压装置外，还有一些滞后附件，主要是为试样的进出水流提供更精确的体积量测，它由加热块、空气收集器、平衡管及量管所组成。加热块安装在顶板上，它使盒内的温度保持略高于土样，以防止压力盒内壁上水的冷凝，因为水在壁上的冷凝将对含水量测定带来误差，特别是对长期试验。空气收集器用于收集可能通过高进气值陶瓷板扩散的空气，水平标志设置在空气收集器的管路上，作为量测水体积的参考点。平衡管作为大气条件下水进出土样的水平储存器，在平衡管上的水平标志也为参考点。量管用于储水或供水，在平衡过程中，量管中水体积变化等于土样中的水体积变化。

和压力膜仪相比，体积压力板仪有以下几点不同之处：①可以控制的吸力最小值可以是 $5 \times 10^3 \sim 10 \times 10^3 \, \mathrm{Pa}$，可达到的最大基质吸力只有 $200 \times 10^3 \, \mathrm{Pa}$；②后者不仅可以用于土体的干燥过程，还可以用于浸湿过程来研究土水特征曲线的滞后性；③量测试样的排水更为精确。

2）土水特征曲线推测方法。

土水特征曲线试验本身并不是非常复杂，但非常费时，而且由于非饱和土试验室也远远没有普及。因而推测土水特征曲线的方法具有很大的实用价值。

推测土水特征曲线的方法主要有 Arya, L. M. , 和 J. F. Paris. （1981 年）；Aubertin, M. Mbonimpa, B. Bussiere, R. P. Chapuis. （2001 年）；Fredlund, D. G. , Anqing Xing. (1994 年)；Van Genuchten, M. Th. （1980 年）等方法。

Arya 和 Paries（1981 年）提出了根据物理方法采用颗分试验结果和密度推测土水特征曲线。土水特征曲线本质上是土体孔隙分布一种表现，这种方法就是以这个原理为基础的。

先把粒径级配曲线分成若干段。假定天然土体中，各种粒组的土组成均匀的结构并具有相同的密度。因此各种粒组的土体所包含的孔隙为式（5.10）

$$V_i = \frac{W_i}{\rho_s} e \qquad (5.10)$$

式中：V_i 为第 i 粒组的孔隙体积；W_i 为第 i 粒组的土粒质量。

根据各粒组的计算的孔隙体积，累加后就是各粒组的含水量，体积含水量可以按式（5.11）计算

$$\theta_i = \sum (V_i \rho_b) \qquad (5.11)$$

假定每个粒组的土粒都是由粒径相同的球形颗粒组成，那么颗粒的数目可以由式（5.12）计算

$$n_i = \frac{3W_i}{4\pi R_i^3 \rho_p} \qquad (5.12)$$

Arya 和 Paris（1981 年）建议每个粒组的土粒形成的土其孔隙半径采用式（5.13）计算

$$r_i = R_i \left[\frac{4en_i^{(1-\alpha)}}{} \right]^{\frac{1}{2}} \qquad (5.13)$$

式中：α 为土粒的形状常数，可取经验值 1.38。

土体孔隙半径求得后，土体的基质吸力就可用式（5.14）求得

$$\psi_i = \frac{2T\cos\beta}{\rho_w g r_i} \qquad (5.14)$$

式中：T 为水的表面张力（25℃时，T 取 0.074256g/cm）；β 为接触角（25℃时，β 取 0）。

采用以上的式子，体积含水量和基质吸力可以通过粒径级配曲线计算得到，Arya 和 Paris 方法对于连续级配的土，推测结果比较好，在大多数情况下，推测的曲线和试验曲线非常吻合。

（2）渗透函数曲线。

1）渗透函数曲线。通过试验直接测定非饱和土的渗透性函数。假设 Darcy 定律适用的情况下，即渗透系数是流速与水力梯度的比值，由于两者都可以在试验过程中控制或者量测，渗透系数就可以得到。

在试验过程中，水力梯度一般保持为常数，这种方法称为稳态方法。常水力梯度使得通过试样发生稳态水流，因此可以保证试样的吸力和含水量不变，相应于此吸力或含水量的渗透系数 k_w 就可以计算出来了。增加基质吸力重复上述试验，可得到一组渗透系数与吸力关系曲线，由此来拟合渗透性函数。此时，量测的渗透函数相应于干燥曲线，吸力再由大变小，就得到吸湿阶段的渗透性曲线。

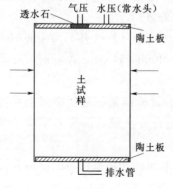

图 5.4　非饱和土渗透系数量测原理

如图 5.4 所示为非饱和土渗透系数测定原理简易图，与通常的非饱和土三轴仪不同的是：此渗透试验要求在试样的上端安装一个特殊的环形陶土板，在陶土板的中间孔内嵌入透水石，气压通过透水石施加到土样上，水压力施加陶土板上面，水通过陶土板进入试样，因为孔隙气压一直要大于孔隙水压，所以在这个压差下孔隙中的水不能透过低进气值透水石。在整个试验过程中孔隙中的气体也不能穿过完全饱和的高进气值陶土板。试样的底部也安装一

个高进气值陶土板，水通过陶土板进入排水管，同时，必须有一套测定体积变化的系统与排水管相连，以测定某个时间段内排出水的体积，从而计算流速。

2）渗透函数推测方法。试验方法理论上可行，但存在很多困难，其中最大的困难是由非饱和土的低渗透性带来的。特别是当吸力越高时就越困难，因此试样中水的流速是很低的，而且，试样越长，渗流的路径就越长，完成一系列渗透试验需要时间越长。同时，低流速要求很准确地量测水的体积，尽量将水的损失减小到最低程度。试验时还应采用具有最大可能高渗透系数的陶土板。

许多学者提出了预测非饱和土渗透性的函数。非饱和土渗透系数 k 不是一个常数，是基质吸力的函数，可根据饱和土渗透系数 k_s 表示相对渗透系数为：$k_r(\theta) = k(\theta)/k_s$。

下面介绍 Green and Corey 方法，根据 Green and Corey 预测非饱和土的渗透系数等式如式（5.15）

$$k(\theta)_i = \frac{k_s}{k_{sc}} \frac{30T^2}{2\mu g\eta} \frac{\xi^p}{n^2} \sum_{j=i}^{m} \left[(2j+1-2i)h_i^{-2}\right], (i=1,2,\cdots,m) \tag{5.15}$$

式中：$k(\theta)_i$ 为第 i 段，对应于体积含水量 θ_i 确定的渗透系数；k_s 为实测饱和渗透系数；k_{sc} 为计算饱和渗透系数；T 为水的表面张力；η 为水的绝对黏滞系数；h_i 为第 i 段的基质吸力；i 为间段编号，随体积含水量的减小而增加；n 为从饱和含水量 θ_s 到最低含水量 θ_L 的间段总数；ξ 为饱和度；g 为重力加速度；μ 为水的密度；p 为考虑不同尺寸孔隙间相互影响的常数，Marshall 推荐为 2.0，Millington 和 Uirkt 推荐为 1.3，Kunze，Behara 和 Graham 推荐为 1.0。

渗透性函数的曲线形状由 $\sum_{j=i}^{m}\left[(2j+1-2i)h_i^{-2}\right]$ 控制。$\frac{30T^2}{2\mu g\eta}\frac{\xi^p}{n^2}$ 对于特殊情况等于常数，当仅仅确定渗透性函数曲线的时候可以假定其等于 1.0，饱和渗透系数计算值由式（5.16）确定

$$k_{sc} = \sum_{j=i}^{m}\left[(2j+1-2i)h_i^{-2}\right] \tag{5.16}$$

以上即是 Green 和 Corey 推测渗透性函数的方法。通过式（5.16）可以估计出渗透性函数的形状，然后根据实测渗透系数的大小，上下移动土水特征曲线。

5.3.3 千将坪滑坡岩土渗透特性成果

本次对千将坪滑坡岩土体进行了渗透特性的试验研究，材料分区图见图 5.5。计算所用的岩土材料参数见图 5.6。

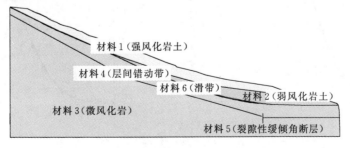

图 5.5 材料分区图

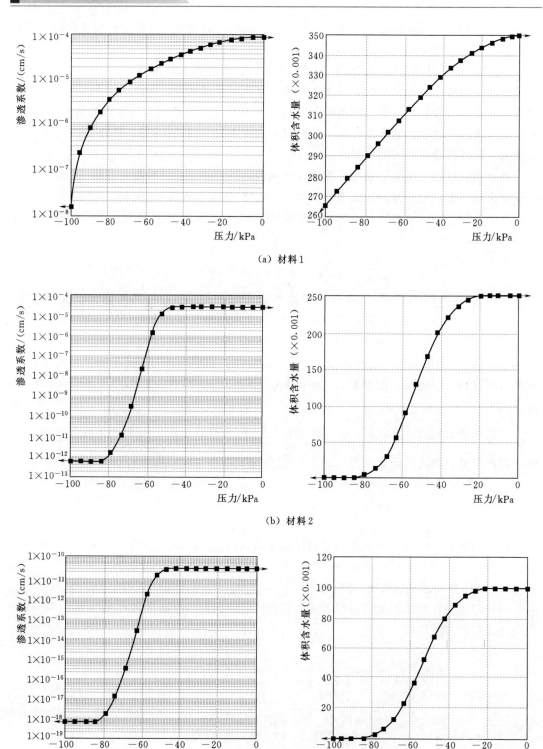

(a) 材料1

(b) 材料2

(c) 材料3

图 5.6（一）　不同材料的渗透性函数和土水特征曲线

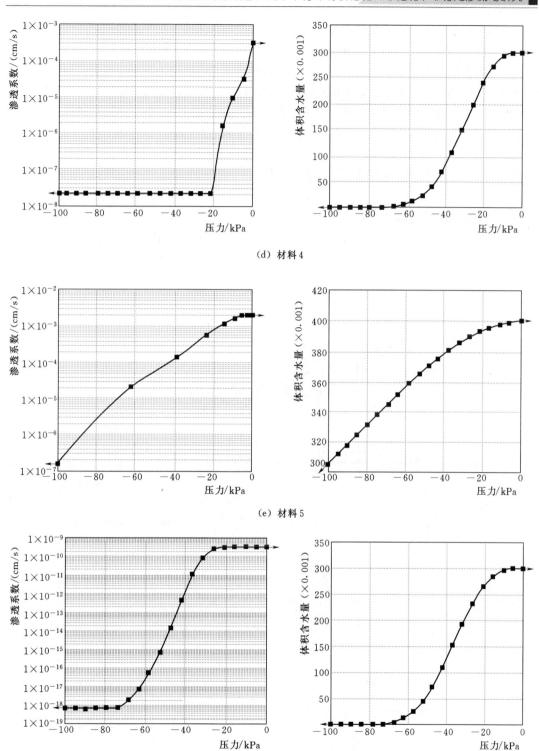

(d) 材料 4

(e) 材料 5

(f) 材料 6

图 5.6（二）　不同材料的渗透性函数和土水特征曲线

对滑带、强风化、弱风化岩土体进行了土水特征曲线试验和饱和渗透试验，并采用推测方法获得渗透函数曲线。由于层间错动带和裂隙性缓倾角断层含水量较高，常处于饱和状态，通过数值分析表明其土水特征曲线和渗透函数对滑坡体渗流场影响远小于饱和渗透系数的影响。层间错动带和裂隙性缓倾角断层的连通性较好，顺层面方向具有较好的渗水性，该结构面位于强风化层和弱风化层内，其渗透系数大于强风化层渗透系数，其饱和渗透系数根据现场勘查和经验给出，土水特征曲线和渗透性函数选用了 SEEP/W 材料库的曲线。

5.4 千将坪滑坡渗流场数值计算成果

5.4.1 计算网格及定解条件

图 5.7 为计算剖面的有限元网格图。三峡水库从 5 月底已开始蓄水，6 月 1 日宣布开始蓄水，6 月 10 日蓄水至 135m。根据《三峡水库蓄水日志》，三峡水库蓄水过程如图 5.8 所示。

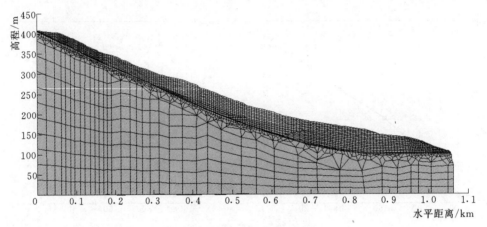

图 5.7 计算剖面有限元网格

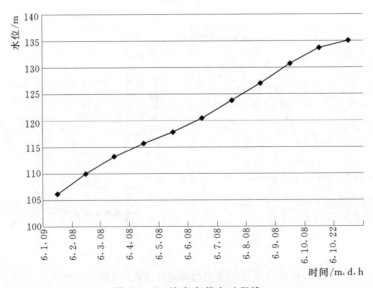

图 5.8 三峡水库蓄水过程线

图 5.9 为 6 月 21 日至 7 月 11 日的降雨过程柱状图。千将坪滑坡下滑是水库和降雨同时作用的结果。

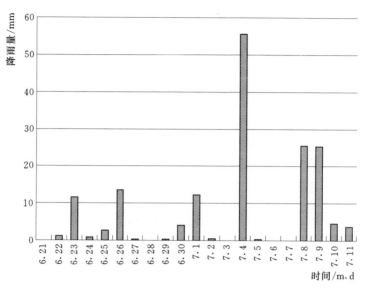

图 5.9 降雨过程柱状图

由于千将坪滑坡的地下水系统相对独立、主要受降雨控制，根据经验首先人为的在合理范围内取一个水位，然后进行饱和—非饱和渗流分析，并将分析结果与勘察结果进行比较，如果计算结果与勘查结果、监测结果基本接近，这个分析结果就可作为下一步分析的初始条件。

图 5.10 与图 5.11 为通过计算获得的千将坪滑坡的初始含水量及零基质吸力线。

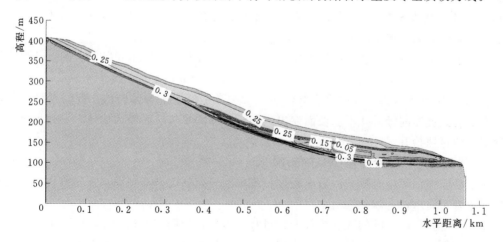

图 5.10 初始含水量

图 5.10 为初始含水量图，滑坡体的底部靠近滑带部位含水量较大，表层含水量稍大，含水量最小的部位在坡体中心部位，尤其在前部，滑体厚度大，在滑体中部含水量最小。

图 5.11 为初始零基质吸力线，潜水面位于软弱层之上，前缘溢出面位于青干河河面。

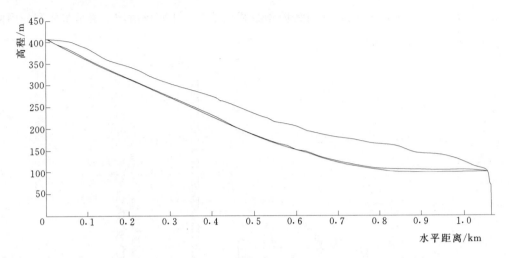

图 5.11　初始零基质吸力线

影响区监测的结论表明，在降雨前，地下水位多处于层间错动带上方 3～5m，勘察表明，在弱风化岩层地下水相对丰富，这与反分析的零基质吸力线及初始含水量的结论在规律上是一致的。

5.4.2　水库蓄水对渗流场的影响

水库水位上升直接改变了滑坡前缘的水力边界条件，图 5.12 模拟三峡水库 135m 蓄水过程时，坡体内水位的变化情况。

坡体内部水位变化明显滞后于库水位的变化，整体来看，蓄水 30d 以后，坡内水位变化明显趋缓。从 5.12（b）图可以非常清楚地反映这个情况，靠近江边的部分，水位变化迅速，滞后相对少，变化幅度大；而离江水稍远处，水位变化滞后明显，水平坐标小于 700m（即距库岸大于 300m）处水位在开始蓄水后的 20d 内基本没有变化，20d 后才受江水水位变化的影响，水位从 126m 开始，经 45d 后升至 135m 左右。

三峡水库蓄水后，对坡体内的水位影响的范围主要集中在 135m 以下，到 45d 时，滑坡前部地下水位受库水影响最高处约为 142m，高程 142m 以上水位受库水影响不明显。

图 5.13 为蓄水后第 15d 的水头等值线，水头最小处位于滑体内部，此时滑体后部的地下水汇集到坡体前缘后并不从坡面渗出，同时水库的水从坡面渗入坡体，导致坡体前缘的地下水位迅速抬升。

5.4.3　降雨对千将坪滑坡渗流场的影响

为了便于揭示降雨对滑坡的影响程度，先单独考虑降雨，不考虑水库蓄水作用，坡脚水位即原青干河水位，取 100m。

图 5.14 为第 0～20d 的零基质线变化过程，可见，降雨初始的 10d，地下水位基本没有变化，到第 10d 以后坡体后部地下水位开始有比较明显变化，地下水位抬升约 1m/d 左右，到第 15d，地下水位变化的范围和程度迅速提高，在后部水平距离 300m 范围内地下水位抬升平均达 6m 左右，前缘地下水位没有明显变化；到 20d 时滑坡前部地下水位变化不明显，后部 450m 范围地下水位抬升平均 10m 左右，最大的水位抬升为 14m 左右。计算结果显示，地下水位的变化与降雨时间之间的关系不是很直观。滞后是明显的，这点与

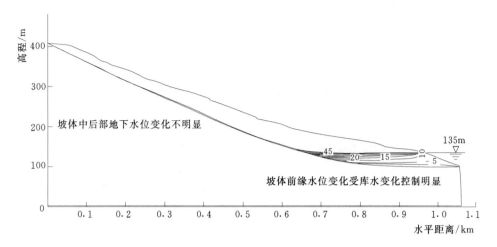

（a）整体水位变化情况

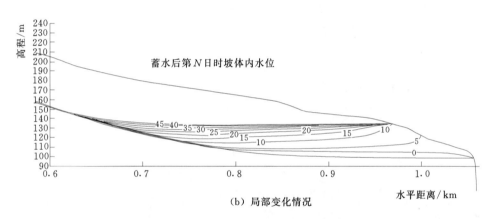

（b）局部变化情况

图 5.12　水位上升时坡体内水位线变化

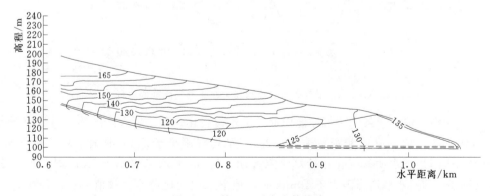

图 5.13　第 15d 时水头等值线

监测资料是一致的。取 $X=200\mathrm{m}$ 滑带位置地下水位与降雨关系与 wk5 号孔（位于影响区的水文监测孔，孔口高程 364.10m）进行对比分析。可以发现计算结果与监测资料有以下的一致性：

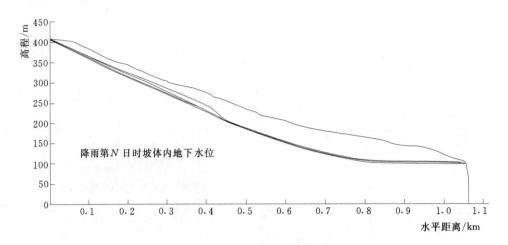

图 5.14　降雨期间零基质线的变化过程

（1）地下水位变化与降雨之间存在滞后，对于 wk5 号孔以及 2－2 剖面 $X=200$m 处，地下水位与近 5d 平均降雨强度有较好的对应关系。地下水位与降雨之间的关系如图 5.15 和图 5.16 所示。

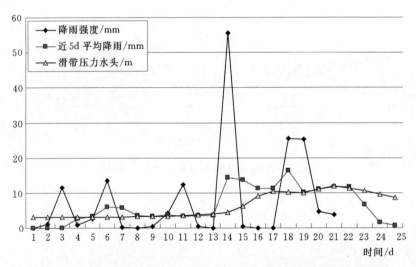

图 5.15　$X=200$m 滑带处计算所得压力水头与实际降雨过程关系曲线

（2）降雨必须大于某个阈值才能引起地下水位变化。不是所有降雨都会引起地下水位明显变化，从 wk5 号孔监测资料来看，近 5d 平均降雨小于 7mm 时地下水变化不明显，大于 10mm 时地下水明显变化。计算结果表明，近 5d 平均降雨小于 6mm 时，地下水位变化不明显，近 5d 平均降雨大于 10mm 时，地下水位变化急剧。阈值存在的原因是，降雨较小时，将改变滑坡体岩土的含水量，但尚未达到饱和；降雨较大时，水分迁移到相对隔水层滑带处后形成饱和区，引起地下水位抬升。

图 5.17 为 20~50d 的零基质线变化过程，降雨历时 20d，这段时间已经没有降雨，从零基质线的变化，坡体后缘降雨结束后水位消落速度较快，但前部消落缓慢，局部还有

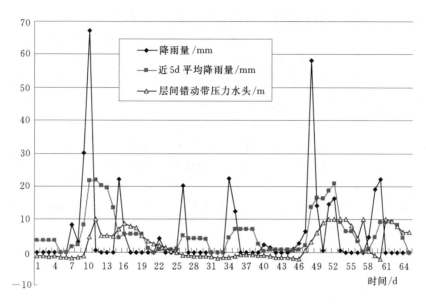

图 5.16　wk5 监测孔层间错动带处压力水头与降雨过程关系曲线
（实际时间为 7 月 1 日至 9 月 4 日）

水位抬升的情况。滑坡前部水平位置 650～850m 范围，到 30d 时，地下水位达到最大，平均抬升 2～3m，局部超过 5m。850～1000m 范围在 30d 以后地下水位逐渐下降，回落约 1m。到 50d 时，坡体的地下水位基本恢复到降雨前的水平，局部地下水位没有回落。

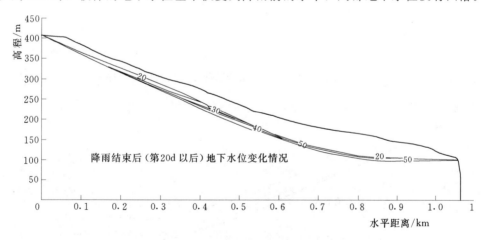

图 5.17　降雨结束后零基质线的变化

可见地下水位受降雨影响最大的位置在滑坡中后部，而前缘部位地下水位受降雨影响较小，水位相对比较稳定。

从降雨入渗滑坡地下水位抬升，到坡体地下水渗出、地下水位回落的过程中，坡体前缘的地下水位变化不明显。分析原因是由于坡体的前缘近水平裂隙性断层的强透水性造成的，坡体后部来水后，地下水可以比较畅通地从该裂隙性断层排出，水体不会在前缘集聚，因而前缘地下水位抬升不大。

5.4.4 水库蓄水与降雨耦合条件下的千将坪滑坡渗流场特性

图 5.18 为水库蓄水与降雨耦合时零基质线的变化图。降雨从蓄水第 20d 开始。坡体前部较低处地下水位变化主要受库水影响，溢出点高程为 135m 附近，而坡体后部主要受降雨影响，与降雨单独作用时没有显著区别。从图 5.19 对比来看，降雨、库水单独作用与耦合作用有比较明显的区别，在水平距离 600～900m 的范围内，耦合情况地下水位的抬升，超过了降雨和库水单独作用时地下水位抬升的和。降雨作用时，降雨 20d 后该区域的地下水位变化不明显，库水单独作用时到第 50d 水位接近 135m，耦合作用时，地下水位在 137m 左右，平均高出 2m 左右。在水平距离 600～700m 范围最明显，耦合作用比单独作用地下水位高出 4～6m。在坡体后部，地下水位主要受降雨控制的区域，耦合作用时，地下水位也高出降雨单独作用情况，在水平距离 200～500m 范围耦合作用地下水位高出降雨单独作用 2～3m。

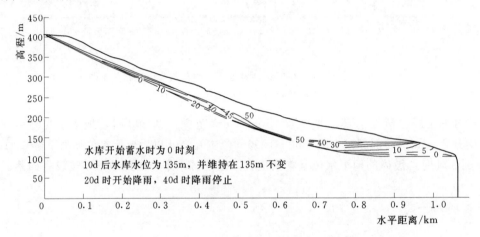

图 5.18　水库蓄水与降雨耦合条件下零基质线的变化过程

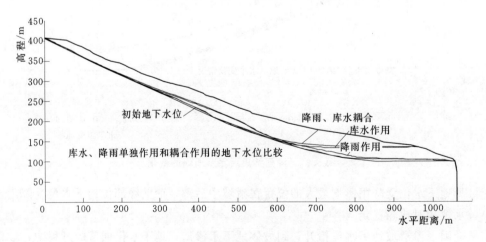

图 5.19　各种情况地下水位对比图

图 5.20 为各种情况不同水平位置滑带孔压对比图。

$X=400m$ 位于坡体后部，其孔压主要受降雨影响，库水影响不明显，库水与降雨耦合时，孔压最大值区别不大。在 36d 以后（开始蓄水时刻记为零时刻，36d 即降雨的第 15d），孔压出现突发性的上升，5d 作用孔压上升有 130×10^3 Pa，到了峰值之后迅速下降，库水和降雨耦合时，孔压回落略慢于单纯降雨的情况。

$X = 650$m 位于坡体中部，其孔压同时受降雨和库水影响，在库水作用下，该处滑带孔压在 25d 以后开始增长，由于该处距库水约有 400m 距离，水库水位上升对该处孔压变化的影响明显滞后，孔压变化随时间逐渐增长，大约每日增加 2.5×10^3 Pa 左右。降雨对其孔压影响在 38d 以后（开始蓄水时刻记为零时刻，38d 即降雨的第 17d）开始，由于降雨影响，孔压变化表现为突然上升，两天之内上升幅度超过 20×10^3 Pa，大约 8d 后达到峰值，第 46d 以后逐渐回落。当库水和降雨耦合作用时，在 39d 开始，孔压增加的速度略大于库水和降雨的影响之和，并且上升的时间长，在 50d 以后，孔压仍以约 $4 \times 10^3 \sim 5 \times 10^3$ Pa/d 的速度上升。

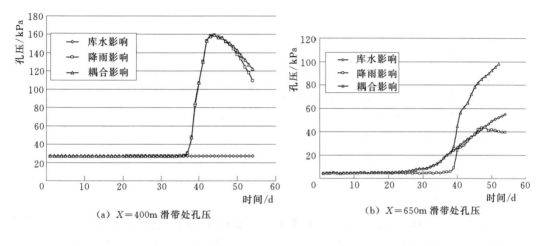

(a) $X = 400$m 滑带处孔压　　　　　(b) $X = 650$m 滑带处孔压

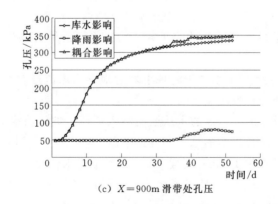

(c) $X = 900$m 滑带处孔压

图 5.20　各种情况不同水平位置滑带孔压对比图

在 $X = 900$m 处，位于坡体的前部，库水对该处滑带孔压明显起到控制作用。库水单独作用时，孔压在第 2d 后开始明显增加，在前 20d 增加较快，每日增加 50×10^3 Pa，30d 以后，孔压每日增加 2×10^3 Pa 左右。蓄水开始时孔压变化快是由于边界处和滑带处的水头差大，10d 以后，库水位达到 135m 并保持不变，水头差就开始逐渐减小，滑带处孔压变化速度也就开始减小，10d处为孔压—时间曲线的拐点。降雨对该处孔压影响大约在38d以后开始，和中后部相比，前部受降雨影响时孔压增长不再是突发性的，而是较缓和的增长，大约每日增加3×10^3Pa左右，主要是因为坡体前缘厚度大，岩土体含水量低，因此水位上升相对缓和。库水和降雨耦合时，由于坡体前部的孔压受控于库水变化，孔压基本上相当于在库水作用的基础上叠加降雨作用。

耦合作用时饱和区域要大于库水及降雨单独作用的总和。分析原因，由于长年累月的地质作用，在潜水面活动的位置，具有良好的泄水通道，在千将坪滑坡中，层间错动带和缓倾角节理断层具有顺倾向方向的强透水性，所以降雨入渗后，坡体内的水分沿强透水带比较畅通的排泄至青干河。在蓄水后，这些通道成为了库水反渗入坡体的通道，水头也较快的接近库水的水位，这就使得前缘地下水位相对蓄水前抬高，导致中后部降雨入渗到坡体的水无法畅通地排出，引起后缘地下水位抬高。

5.5 小结

通过对千将坪滑坡水库蓄水、降雨以及水库蓄水与降雨耦合作用下，滑坡体饱和—非饱和—非稳定渗流研究，初步得出以下结论。

1）对饱和—非饱和—非稳定渗流理论运用于滑坡计算时具体技术问题进行了讨论，对滑坡边界条件和初始条件的处理提出了可操作的方法，确保了渗流计算成果的可靠性。在确定初始条件时不仅仅考虑初始水位，还包括滑坡体的含水量，在本文中采用了数值模拟反分析方法，计算出的初始地下水位和初始含水量与监测资料及勘查资料对比分析，其基本规律是一致的。

2）根据千将坪滑坡的地质条件，对滑坡体的渗透性进行了分区。将千将坪滑坡划分为强风化带、弱风化带、微风化带，以及结构面层间错动带、裂隙性缓倾角断层带。对这些区域的岩土渗透性进行了研究。对取得土水特征曲线、渗透性函数曲线的试验方法和推测方法进行了讨论。进行了必要的试验研究，为千将坪滑坡的渗流分析提供了渗透性函数、土水特征曲线。

3）采用二维有限元程序分析了千将坪滑坡的地下水渗流场在降雨、库水单独作用以及耦合作用时的渗流场变化情况。

仅考虑三峡水库蓄水时，水库的水从坡面渗入坡体，坡体前缘的地下水位迅速抬升，但水库蓄水对坡体内的水位影响的范围主要集中在135m以下，到45d时，滑坡前部地下水位受库水影响最高处约为142m，高程142m以上地下水位受库水影响不明显。

仅考虑6月21日至7月11日强降雨作用，降雨主要影响滑坡后部，平均抬升6～14m。坡体后缘降雨结束后地下水位消落速度较快，但前部消落缓慢，局部还有地下水位抬升的情况，平均抬升2～3m，局部超过5m。到50d时，坡体的地下水位基本恢复到降雨前的水平，局部地下水位没有回落。

当考虑水库蓄水与降雨耦合时，降雨从蓄水第20d开始。坡体前部较低处地下水位变化主要受库水影响，溢出点高程为135m附近，而坡体后部主要受降雨影响。降雨、库水单独作用与耦合作用有比较明显的区别，在水平距离600～900m的范围内，耦合情况地下水位的抬升，超过了降雨和库水单独作用时地下水位抬升的和。降雨作用时，降雨 20d 后该区域的地下水位变化不明显，库水单独作用时到第 50d 水位接近 135m，耦合作用时，地下水位在 137m 左右，平均高出 2m 左右。在水平距离 600～700m 范围最明显，耦合作用比单独作用地下水位高出 4～6m。在坡体后部，地下水位主要受降雨控制的区域，耦合作用时，地下水位也高出降雨单独作用情况，在水平距离 200～500m 范围耦合作用地下水位高出降雨单独作用 2～3m。

　　降雨和库水作用导致地下水位抬升及坡体含水量增加，可以引发多种对滑坡稳定性不利影响，主要有：地下水位抬升导致层间错动带的孔隙水压增大，有效应力减小，导致岩土体的强度减小；含水量增加使得岩土体基质吸力减小导致岩土体的强度减小；长时间的降雨耦合库水，导致坡体内较长时间处于高水位，可以导致岩土体的软化以及泥岩的水化作用增强。根据以上不利影响的分析，当降雨与库水耦合作用时滑坡稳定性降低的程度将大于降雨或库水单独作用的简单叠加。

第6章　千将坪滑坡变形失稳机制数值模拟

6.1　概述

6.1.1　研究目的

众所周知，科学计算是继理论分析、模型实验之后的又一科学研究方法。模型实验和理论分析能够帮助我们从定性角度建立正确的滑坡机理，但是要全面准确地揭示滑坡机理，必须借助于科学计算。

本专题的研究目的，旨在通过对千将坪滑坡的数值模拟，揭示库岸边坡在水库蓄水和降雨条件下的力学行为。分析研究边坡在滑坡前后的稳定性，研究滑坡主要影响因素及参数敏感性，在此基础上，建立滑坡变形失稳机制，以期找出一些特大顺层岩质水库滑坡的共有特点，为科学认识库区内其他潜在的特大顺层岩质水库滑坡提供一个范例，并为该类滑坡的防治提供技术支持。

6.1.2　研究内容

在确定了滑坡地质模型、获得了滑坡渗流场及滑坡饱和—非饱和物理力学特性的基础上建立各种复杂边界条件下非均质边坡稳定性分析方法，并编制相应的计算程序，通过数值分析，分析研究滑坡稳定性，研究滑坡主要影响因素及参数敏感性，在此基础上，建立滑坡变形失稳机制。

（1）有限单元法在水库滑坡研究中的应用研究。

在采用有限单元法模拟水库蓄水过程中地下水位变化引起渗流场变化的基础上，再利用有限单元法研究在渗流场变化过程中库水的加载效应引起坡体的应力和位移的变化响应，同时研究降雨过程引起渗流场变化叠加到库水引起渗流场变化对坡体应力和位移变化的影响，进而弄清滑坡在高速滑动前的破坏规律和特征。

（2）三维极限平衡分析研究。

尽管极限平衡分析方法在边坡稳定性求解中做了许多假定，不同的假定求解的结果也存在一定差别，但由于它抓住了稳定性分析中的主要矛盾，同时在长期的工程中应用，积累了大量的经验，且我国现行有关工程设计规范规定极限平衡分析计算结果为设计依据，因此，极限平衡分析方法仍被广泛应用，其中以二维极限平衡分析方法用得最为成熟。对于三维极限平衡分析方法，往往引入大量的假设，以使稳定问题变得静定可解，从而削弱了方法的理论基础与应用范围。滑坡的三维特征，Duncan曾用20余篇文献资料进行了系统的总结，我国的葛修润院士、陈祖煜院士等人也提出了边坡稳定三维极限分析方法体系。考虑到像千将坪滑坡、泄滩滑坡等库区滑坡都具有明显的三维特征，因此，很有必要建立一套简便实用的边坡三维极限平衡分析方法体系来解决工程实际问题。

（3）非连续变形分析方法（DDA 方法）在岩质滑坡运动中的应用研究。

水库岸坡破坏后，其滑体规模和运动特征直接决定了滑坡体入江后可能造成的涌浪灾害，研究如何应用 DDA 方法更好地模拟岩质滑坡在滑坡启动后的运动特征，进而为滑坡体入江后可能造成的涌浪灾害评价提供滑体运动参数。

（4）千将坪滑坡变形失稳机制综合评价。

综合上述数学模型分析成果，定量评价滑坡主要影响因素及参数敏感性，描绘出滑坡在不同强度内、外营力作用下的渐进破坏过程和失稳后的运动过程，从而提出千将坪滑坡变形失稳机制。

6.1.3　技术路线

在所建立的千将坪滑坡启动前地质力学模型及所得到的千将坪滑坡启动前饱和—非饱和渗透特性的基础上，建立千将坪滑坡变形破坏特性数值计算力学模型和动力学模型。计算分析千将坪滑坡（原型）在水库蓄水并遭遇强降雨条件下变形破坏规律、运动规律和稳定性，揭示其变形失稳机制。技术路线示意图见图 6.1。

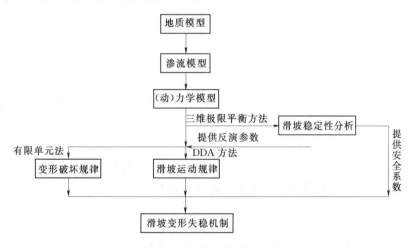

图 6.1　技术路线示意图

6.2　千将坪滑坡有限元分析

对于一般滑坡而言，其几何形态和力学边界条件都是随空间坐标变化的，千将坪滑坡也不例外。除此之外，千将坪滑坡的变形破坏还受随时空变化的水库蓄水和降雨外界条件的影响。因此，对于千将坪滑坡的变形失稳机制的研究主要是研究三维坡体在时空变化的降雨和蓄水条件下的变形破坏机制。但是，由于千将坪滑坡变形破坏是地形、地貌、地质、几何形态、水力学及力学边界、降雨和蓄水等因素综合作用的结果，再者其力学边界条件、外界诱发因素（降雨和蓄水）时空分布很难准确确定，这就使得计算的边界条件和初始条件的确定成为有限元分析的困难，特别是三维有限元分析的边界条件的确定。为了更好地模拟千将坪滑坡在三峡水库 135m 蓄水过程中并遭遇降雨条件下的变形失稳特征，并能较好地反映计算边界条件和初始条件，采取三维有限元分析和二维有限元综合分析的方法对千将坪滑坡的变形失稳过程进行模拟。具体地，采用三维有限元分析方法，计算千将坪滑坡在水库水位上升、降雨及二者联合作用条件下引起滑坡在特征水位下和降雨条件下渗流场的分布特征及其对滑坡位移场和塑性区发展的影响，得出坡体在库水位上升、降雨及二者联合作用条件下位移场和塑性区分布的变化规律以及对坡体稳定性的影响，从而揭示千将坪滑坡的整体变形破坏特征；采用二维有限元方法，全过程较精确地模拟水库水位抬升和降雨过程引起千将坪滑坡主滑动剖面的变形破坏发展过程，从而揭示千将坪滑坡形成过程。

6.2.1 千将坪滑坡二维有限元分析研究

为了模拟库岸滑坡在水库蓄水、库水位骤降和降雨过程中的渗流场变化特征和变形破坏特点，采用了加拿大 GEO‐SLOPE 公司开发的 SEEP/W、SIGMA/W 有限元分析软件，该软件提供了分析上述过程的功能。在数值模拟过程中，根据库水位变化（水头边界条件的变化）或降雨量随时间变化（流量边界条件的变化），利用 SEEP/W 软件包分析出库岸滑坡的渗流场变化特征。根据计算所得到的渗流场的结果，考虑库岸滑坡的重力作用，采用 SIGMA/W 软件模拟库岸滑坡在水库水位蓄水上升与骤降条件下或降雨条件下的变形破坏。

（1）千将坪滑坡二维有限元计算原理。

库岸边坡岩土体由于库水位的变化或降雨条件下处在饱和与非饱和变化的状态中，水在非饱和土中仍然服从达西定律，与饱和土中渗流系数 k 为定值不同的是，非饱和土中 k 是基质吸力 $(u_a - u_w)$ 或体积含水量 θ_w 的函数。渗透系数 k 可由渗透函数得到。

根据水流连续性条件及假定孔隙气压力不随时间变化，不考虑不同流体流动同土结构平衡条件之间的相互作用条件下（即不考虑孔隙水与孔隙气的流动对土体结构的变形的影响），饱和与非饱和区的地下水非稳定渗流控制方程为式（6.1）

$$\frac{\partial}{\partial x}\left(k_x\frac{\partial H}{\partial x}\right) + \frac{\partial}{\partial y}\left(k_y\frac{\partial H}{\partial y}\right) + Q = m_w\gamma_w\frac{\partial H}{\partial t} \qquad (6.1)$$

当水头 H 不随时间变化时，可得到地下水稳态流控制方程

$$\frac{\partial}{\partial x}\left(k_x\frac{\partial H}{\partial x}\right) + \frac{\partial}{\partial y}\left(k_y\frac{\partial H}{\partial y}\right) + Q = 0 \qquad (6.2)$$

式中：H 为水头，为孔隙水压力水头与位置水头之和，即 $H = h + y$；h 为压力水头（饱和区为正，非饱和区为负）；y 为位置水头；在饱和区渗透系数为饱和值，与 h 无关，在非饱和区，是压力水头 h 的函数；k_x、k_y 分别为 x 与 y 方向渗透系数；Q 为微元体边界流量；m_w 为体积含水量变化系数，其值为土水特征曲线的斜率；γ_w 为水的容重。

上述方程为 SEEP/W 进行库岸滑坡在水库水位变化或降雨条件下地下水渗流模拟所应用的二维渗流控制方程。同饱和理论不同的是：方程中的渗透系数 k_x 和 k_y 都是基质吸力 $(u_a - u_w)$ 的函数，且 m_w 是土水特征曲线的斜率，也是基质吸力或体积含水量的函数。

将加权余量法中的伽辽金方法应用到方程（6.2）可得到式（6.3）

$$\int_v ([\boldsymbol{B}]^{\mathrm{T}}[\boldsymbol{C}][\boldsymbol{B}])\mathrm{d}v\{H\} + \int_v (\lambda <N>^{\mathrm{T}}<N>)\mathrm{d}v\{H\}, t$$

$$= q \int_A (<N>^{\mathrm{T}}) \mathrm{d}A \tag{6.3}$$

式中：$[B]$ 为梯度矩阵；$[C]$ 为单元水力传导矩阵；$\{H\}$ 为节点水头向量；$\lambda = m_w \lambda_w$；$[N]^{\mathrm{T}}[N] = [M]$ 为质量矩阵；$\{H\}, t = \dfrac{\partial h}{\partial t}$ 为水头随时间的变化率；q 为单宽流量；$<N>$ 为插值函数向量。

对于平面问题，单元厚度等于常数，则方程（6.3）可以写成式（6.4）

$$t \int_A ([B]^{\mathrm{T}}[C][B]) \mathrm{d}A\{H\} + t \int_A (\lambda <N>^{\mathrm{T}} <N>) \mathrm{d}A(H), t$$
$$= q t \int_L (<N>^{\mathrm{T}}) \mathrm{d}L \tag{6.4}$$

式中：t 为单元的厚度；其他符号含义同式（6.3）。

采用简化形式，有限单元渗流控制方程可以写为式（6.5）

$$[K]\{H\} + [M]\{H\}, t = \{Q\} \tag{6.5}$$

式中：$[K]$ 为单元特性矩阵；$[M]$ 为质量矩阵；$\{Q\}$ 为流量向量；其中，$[K] = t \int_A ([B]^{\mathrm{T}}[C][B]) \mathrm{d}A$，$[M] = t \int_A (\lambda <N>^{\mathrm{T}} <N>) \mathrm{d}A$，$[Q] = qt \int_L (<N>^{\mathrm{T}}) \mathrm{d}L$。

将式（6.5）写成时间的有限差分格式可得到式（6.6）

$$(\omega \Delta t[K] + [M])\{H\} = \Delta t[(-1\omega)\{Q_0\} + \omega\{Q_1\}] + ([M] - (1-\omega)\Delta t[K])\{H\} \tag{6.6}$$

式中：Δt 为时间增量；ω 为 0 到 1 之间的值；$\{H_1\}$ 为时间增量终了时刻水头；$\{H_0\}$ 为时间增量起始时刻水头；$\{Q_1\}$ 为时间增量终了时刻节点流量，$\{Q_0\}$ 为时间增量起始时刻节点流量，$[K]$ 为单元特性矩阵，$[M]$ 为质量矩阵。

采用对时间的向后差分，则 $\omega = 1$，式（6.6）可以写成式（6.7）

$$(\Delta t[K] + [M])\{H_1\} = \Delta t\{Q_1\} + [M]\{H_0\} \tag{6.7}$$

由式（6.7），已知时间增量起始时刻的水头就可以求得时间增量终了时刻的水头。如果给定初始条件，通过式（6.7）就可以求出给定时刻的节点水头分布。

渗流场的变化，改变了坡体的受力状态，必然引起应力应变的重新分布。SEEP/W 渗流分析可以得到滑坡各时刻的地下水渗流场以及各时间增量的节点水头变化值，把节点水头的变化值转换为节点渗透力的变化值，作为节点荷载作用在滑坡上，应用 SIGMA/W 应力应变分析软件计算滑坡的各时刻的应力应变及其增量，应力应变计算采用二维弹塑性有限元法，材料采用 Mohr—Coulomb 屈服准则。最后根据计算结果分析滑坡的应力应变场的变化、变形及塑性区的发展过程。

（2）千将坪滑坡二维有限元计算模型的建立。

根据千将坪滑坡三维极限平衡分析的结果认为千将坪滑坡的主滑动方向与地质剖面 2-2 的方向几乎重合，故选取典型剖面 2-2′纵剖面作为计算断面，以使应用该剖面计算所得到的结果更接近滑坡的整体变形趋势。该剖面长度为 1300m，高度为 400m。计算网格如图 6.2 所示，为保证计算精度，取滑床厚度为滑体厚度的两倍以上，左边界和右边界为水平方向约束，而底部边界为垂直方向约束。

（3）千将坪滑坡二维有限元渗流场计算分析

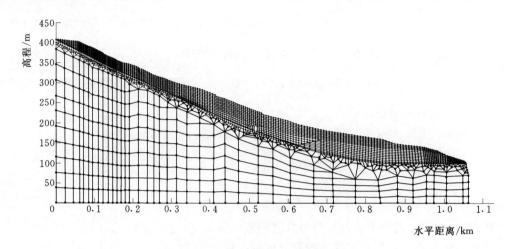

图 6.2 计算剖面有限元网格

1）蓄水对千将坪滑坡渗流场的影响。三峡水库从 2003 年 6 月 1 日开始蓄水，6 月 10 日蓄水至 135m 水位。在只考虑水库蓄水条件下，千将坪滑坡的基质吸力及水头变化如图 6.3 及图 6.4 所示。

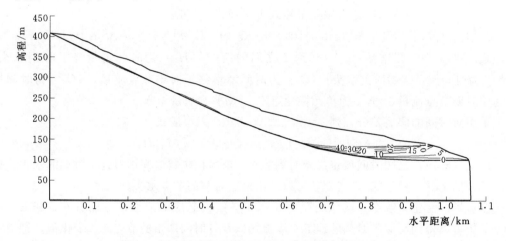

图 6.3 蓄水开始后的零基质吸力线变化图（单位：d）

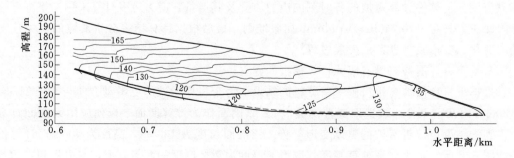

图 6.4 蓄水开始后第 15d 千将坪前缘水头等值线

2）降雨对千将坪滑坡渗流场的影响。千将坪滑坡在三峡水库 2003 年 6 月 1 日三峡水库蓄水后，于 2003 年 6 月 21 日至 7 月 11 日遭遇的降雨过程如图 6.5 所示。

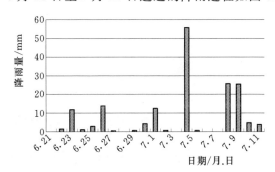

图 6.5　降雨过程柱状图

仅考虑降雨对滑坡的影响，假定没有蓄水，坡脚水位为原青干河水位 90m。

图 6.6 为第 0～20d 的零基质线变化过程，可见，降雨初始的 10d，地下水位基本没有变化，到第 10d 以后坡体后部地下水位开始有比较明显变化，地下水位抬升约 1m/d，到第 15d，地下水位变化的范围和程度迅速提高，在后部水平距离 300m 范围内地下水位抬升平均达 6m 左右，前缘地下水位没有明显变化；到 20d 时滑坡前部地下水位变化不明显，后部 450m 范围地下水位抬升平均 10m 左右，最大的地下水位抬升为 14m 左右。计算结果表显示，地下水位的变化与降雨时间之间的关系不是很直观，地下水位变化滞后降雨的时间较明显，这点与监测资料是一致的。

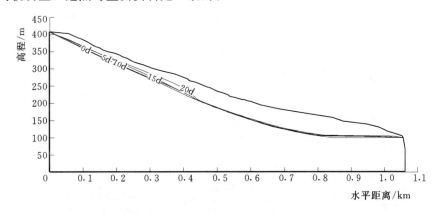

图 6.6　降雨期间零基质线的变化过程

图 6.7 为 20～50d 的零基质线变化过程，降雨历时 20d，20～50d 这段时间已经没有降雨，从零基质线的变化，坡体后缘降雨结束后地下水位消落速度较快，但前部消落缓慢，局部还有地下水位抬升的情况。滑坡前部水平位置 650～850m 范围，到 30d 时，地下水位平均抬升 2～3m，局部超过 5m。850～1000m 范围在 30d 以后地下水位逐渐下降，回落约 1m。到 50d 时，坡体的水位基本恢复到降雨前的水平，局部地下水位没有回落。

可见地下水位受降雨影响最大的位置在滑坡中后部，而前缘部位地下水位受降雨较小，水位相对比较稳定。

3）三峡水库蓄水耦合降雨时千将坪滑坡区渗流场变化。

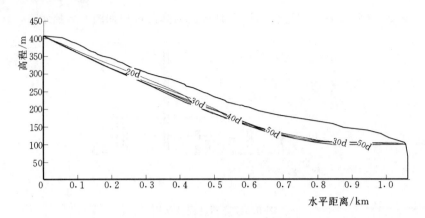

图 6.7　降雨结束后零基质线的变化

勘探揭露和地表出露的缓倾角近水平裂隙性断层具有较强的透水性，水库蓄水后，库水以较快的速度沿裂隙性断层入渗，并迅速在滑坡体内扩散。千将坪滑坡处于高程 135m 以下的部位水平长度为 350m 左右，计算表明，库水位抬升 30d 后，已经对坡体前缘部分近 300m 范围岸坡的地下水位造成改变，但在坡体前缘尚未形成稳定渗流。库水位抬升对边坡中后部的渗流场基本没有影响。

根据计算结果表明，由于缓倾角近水平裂隙性断层，具有极强的透水性，渗流造成蓄水初期渗透力基本指向坡里，滑坡体内部断层附近的孔隙水水头先到达 135m。

图 6.8 是降雨耦合库水抬升的零基质线变化图。降雨对坡体渗流场的影响主要集中在后部，可以造成坡体后部约 300m 范围的地下水位发生明显变化，地下水位抬升最大部位约 14m。降雨入渗，对坡体后部强风化地段影响比较明显，对于坡体中前部的地下水位影响不明显，对高程 135m 以下的渗流场改变不明显。

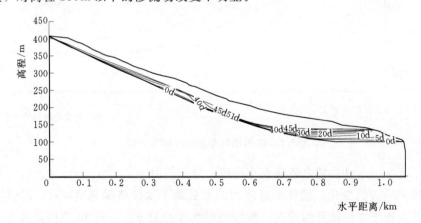

图 6.8　降雨耦合库水抬升千将坪坡体的零基质线变化

（4）滑坡变形和塑性区计算及分析。

千将坪滑坡下滑主要是降雨和库水位的变化导致坡体渗流场的急剧变化，以及在库水浸泡作用下岩体软化等综合因素影响的结果。

库水位处于 90m 时，坡体的塑性区较小，主要在滑坡中部滑带处有 200m 左右塑性区，在后缘有少量塑性区如图 6.9 所示。将该时刻作为初设状态，设该时刻的位移为零，可以观察水位抬升以及降雨后坡体渗流场发生变化引起千将坪坡体的应力变形以及塑性区发展。从应力等值线图 6.10 可知，应力在坡体后部层间错动带位置有应力集中现象。

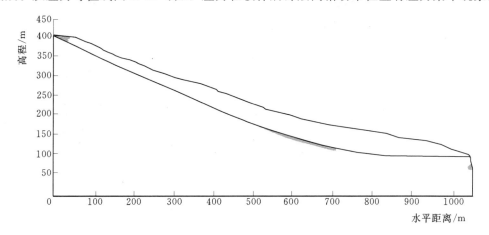

图 6.9　千将坪坡体初始时刻塑性区

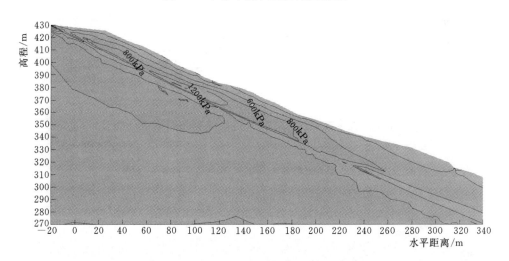

图 6.10　千将坪坡体后缘初始时刻应力等值线

计算时间以日为单位，6 月 1 日开始计时。图 6.11～图 6.16 为蓄水开始后随时间变化塑性区分布和位移的发展变化图。图 6.17 为坡体后缘和中部深层位移发展图。

三峡水库蓄水前，塑性区最初位于滑坡体中部距前缘剪出口 350m 处的层间错动带，另外在后缘和前缘有少部分的塑性区，如图 6.9 所示。水库蓄水后塑性区开始缓慢发展，由于岩土体浸泡软化作用，前缘的裂隙性断层开始发生塑性破坏，同时由于前缘的软化，对滑坡后缘造成牵引，使滑坡体的层间错动带的塑性区扩大，并随时间推移而不断扩展。从滑坡体位移发展来看，蓄水初期没有明显变化，到第 8d 开始，后缘有变形起动，但12d 以后后缘的位移速度减小。

库水的浸泡导致坡体前缘岩土体软化，塑性区扩展明显。到蓄水后第 20d，也即 6 月

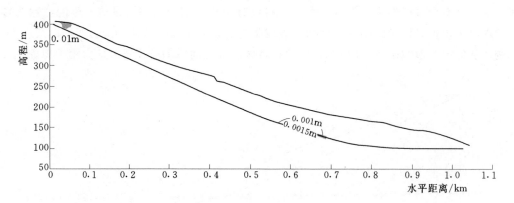

图 6.11　第 8d 塑性区分布及 X 方向位移等值线图

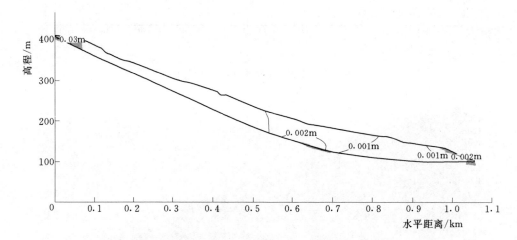

图 6.12　第 12d 塑性区分布及 X 方向位移等值线图

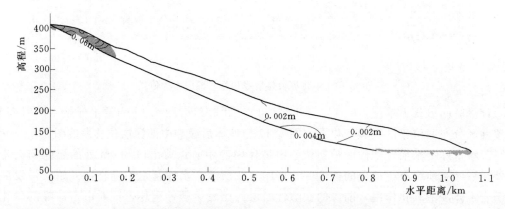

图 6.13　第 20d 塑性区分布及 X 方向位移等值线图

20 日，前缘塑性区沿缓倾角裂隙性断层从剪出口位置向层间错动段延伸了近 200m，后缘的滑体出现 150m 范围的塑性区，如图 6.13。

第 20d 开始，滑坡区开始遭遇长达 21d 的连续降雨。遭遇降雨后，库水浸泡作用仍在

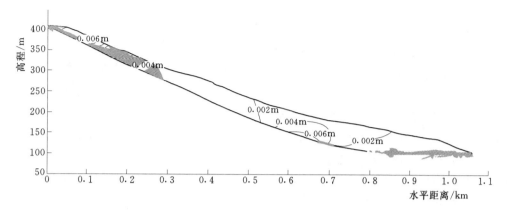

图 6.14　第 32d 塑性区分布及 X 方向位移等值线图

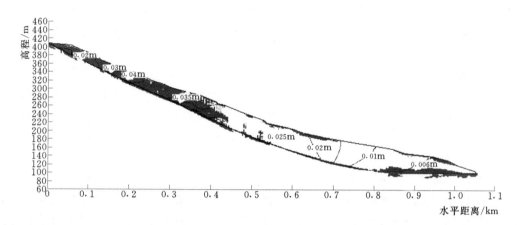

图 6.15　第 36d 塑性区分布及 X 方向位移等值线图

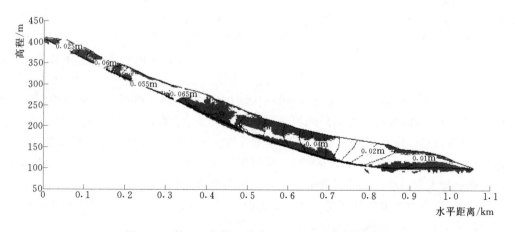

图 6.16　第 42d 塑性区分布及 X 方向位移等值线图

作用，前缘的塑性区加大主要是由库水浸泡软化作用引起的。坡体后部塑性区发展增加明显，这是降雨和库水共同影响的结果，至蓄水开始的第 32d，千将坪坡体的层间错动带已有超过 1/2 处于塑性状态，如图 6.14。但相应的位移并没有加速的趋势，位移变化仍然缓慢。直至蓄水开始后的第 32d，坡体后缘位移为 8mm，中部深层位移为 6mm。

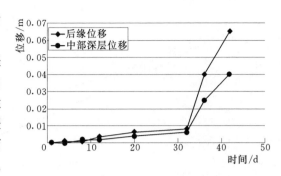

图 6.17　坡体后缘和中部深层位移发展图

千将坪滑坡体变形和破坏的发展过程中，在蓄水开始后的第 32d 以后，开始出现突变，从 32～36d，短短 4d，坡体塑性区迅速扩展，层间错动带与坡体前缘的缓倾角裂隙性断层基本都处于塑性状态，而且两者之间只有约 15m 的岩桥没有破坏。与此同时，坡体位移也发生突变，后缘变形量达 40mm，坡体中部深层变形量达到 25mm。

至第 42d，沿层间错动带和前缘的缓倾角裂隙性断层发育的塑性区完全连通，形成整体贯穿的滑动面，而且坡体的大部分区域都处于塑性状态，如图 6.16。此时后缘的变形量达到 65mm，坡体中部的变形量为 40mm。

从坡体的 X 方向位移等值线看，水库蓄水以来的前 32d，坡体后缘变形和中部变形的速度基本相同，主要是由于坡体前缘浸泡软化后应力调整，造成坡体整体性的变形。其间，降雨入渗对后缘塑性区的扩展有一定的作用。32d 以后，坡体整体下滑速度明显增大，而且后缘下滑速度大于前部下滑速度，可见降雨是影响后缘失稳的主导因素。

（5）主要结论。

本节将千将坪滑坡复原到三峡水库蓄水前的条件，采用二维有限元方法，全过程地模拟水库水位抬升和降雨过程引起千将坪滑坡发展、变化和破坏下滑的过程。通过数值模拟千将坪发生的全过程可知：地下水位变化，渗流场变化，岩土体浸泡软化以及地下水位上升使滑坡体产生变形和破坏；滑体塑性区贯穿的时间与现实情况基本吻合。通过对塑性区发展和坡体变形发展的分析，有如下结论。

1）千将坪滑坡发生的根本原因是坡体中存在层间错动带和前缘的缓倾角裂隙性断层。在库水和降雨的作用下，层间错动带和缓倾角断层的塑性区不断扩大，最终贯穿，形成滑面。

2）三峡水库水位抬升，对千将坪滑坡前缘岩土浸泡软化是造成前缘的塑性区扩展的原因，同时由于前缘软化造成对后缘的牵引，使滑坡后缘出现较大范围的塑性区。

3）暴雨对滑坡体变形的影响有明显的滞后性。开始时降雨对坡体变形影响不明显，降雨持续 12d 以后，开始影响滑坡变形，导致塑性区和变形速度发生突变。该阶段滑坡后缘的变形速度大于滑坡中前部的变形速度，表现为推移式的特征。

4）千将坪滑坡的发生具有突发性。这是由于塑性区逐渐发展，在层间错动层和裂隙性断层间的岩桥部位造成应力集中，导致岩桥在短时间内屈服破坏。

5）库水抬升对千将坪滑坡有两个不利影响，一是对岩土体的软化，二是库水沿裂隙性断层入渗后存在一定的扬压力，这是导致坡体前缘塑性破坏的主要原因。

6.2.2　千将坪滑坡三维有限元分析研究

根据千将坪滑坡地形、地貌及地质结构特征，建立滑坡三维有限元计算模型，并计算滑坡在水库水位上升、降雨及二者联合作用条件下引起的滑坡在特征蓄水位和降雨条件下滑坡位移场和塑性区的分布。根据计算所得的结果，通过对千将坪滑坡在不同工况下的位移场变化的比较分析，得出坡体在库水位上升、降雨及二者联合作用条件下位移场和塑性区分布的变化规律以及对坡体稳定性的影响，从而揭示千将坪滑坡的变形失稳机制。

（1）考虑稳定渗流场的三维有限元分析原理。

1）三维稳定渗流有限元方法。设水头函数为

$$\phi = z + \frac{p}{\gamma} \tag{6.8}$$

式中：γ 为流体容重；p 为流体压力；z 为自某基准面算起的高度，z 轴是铅直向上的。

设介质是各向异性的，某一流速分量不仅与相应的水力梯度分量成正比，还与水力梯度的其他分量成正比。根据广义达西定律，在 x、y、z 方向的流速分量为式（6.9）：

$$\left.\begin{array}{l} v_x = -k_{xx}\dfrac{\partial \phi}{\partial x} - k_{xy}\dfrac{\partial \phi}{\partial y} - k_{xz}\dfrac{\partial \phi}{\partial z} \\[2mm] v_y = -k_{yx}\dfrac{\partial \phi}{\partial x} - k_{yy}\dfrac{\partial \phi}{\partial y} - k_{yz}\dfrac{\partial \phi}{\partial z} \\[2mm] v_z = -k_{zx}\dfrac{\partial \phi}{\partial x} - k_{zy}\dfrac{\partial \phi}{\partial y} - k_{zz}\dfrac{\partial \phi}{\partial z} \end{array}\right\} \tag{6.9}$$

用矩阵表示为

$$\{v\} = -[k]\{\phi'\} \tag{6.10}$$

其中

$$\{v\} = \begin{bmatrix} v_x & v_y & v_z \end{bmatrix}^{\mathrm{T}} \tag{6.11}$$

$$\{\phi'\} = \begin{bmatrix} \dfrac{\partial \phi}{\partial x} & \dfrac{\partial \phi}{\partial y} & \dfrac{\partial \phi}{\partial z} \end{bmatrix}^{\mathrm{T}} \tag{6.12}$$

$$[k] = \begin{bmatrix} k_{xx} & k_{xy} & k_{xz} \\ k_{yx} & k_{yy} & k_{yz} \\ k_{zx} & k_{zy} & k_{zz} \end{bmatrix} \tag{6.13}$$

式中：$[k]$ 为渗透矩阵，该矩阵为对阵矩阵 $k_{ij} = k_{ji}$。

假设流体不可压缩，连续方程为式（6.14）

$$\frac{\partial v_x}{\partial x} + \frac{\partial v_y}{\partial y} + \frac{\partial v_z}{\partial z} - Q = 0 \tag{6.14}$$

式中：Q 为内源。

将式（6.9）带入到式（6.14），得到水头 ϕ 在求解区域 R 内必须满足的基本方程，即式（6.15）

$$\frac{\partial}{\partial x}\left(k_{xx}\frac{\partial \phi}{\partial x} + k_{xy}\frac{\partial \phi}{\partial y} + k_{xz}\frac{\partial \phi}{\partial z}\right) + \frac{\partial}{\partial y}\left(k_{yx}\frac{\partial \phi}{\partial x} + k_{yy}\frac{\partial \phi}{\partial y} + k_{yz}\frac{\partial \phi}{\partial z}\right)$$
$$+ \frac{\partial}{\partial z}\left(k_{zx}\frac{\partial \phi}{\partial x} + k_{zy}\frac{\partial \phi}{\partial y} + k_{zz}\frac{\partial \phi}{\partial z}\right) + Q = 0 \tag{6.15}$$

水头 ϕ 应满足一定的边界条件，工程上一般存在下面两种边界条件。

a. 水头边界条件。在某个边界（边界 b）上水头已知，即

$$\phi = \phi_b \tag{6.16}$$

b. 流量边界条件。在某个边界面（边界 c）上流量已知，即法向流速 v_n 已知

$$l_x v_x + l_y v_y + l_z v_z = v_n \tag{6.17}$$

式中：l_x、l_y、l_z 分别为边界表面外法线 x、y、z 方向的方向余弦；v_x、v_y、v_z 分别为 x、y、z 方向的流速。

由基本方程式（6.15）和边界条件式（6.16）和式（6.17）可确定渗流场的水头 ϕ。由变分原理，这个问题等价于下述泛函的极值问题。

若函数 $\phi(x,y,z)$ 在边界 b 上满足 $\phi = \phi_b$，并使下列泛函实现极值

$$I(\phi) = \iiint\limits_R \left\{ \frac{1}{2} \left[k_{xx} \left(\frac{\partial \phi}{\partial x} \right)^2 + k_{yy} \left(\frac{\partial \phi}{\partial y} \right) + k_{zz} \left(\frac{\partial \phi}{\partial z} \right)^2 + 2k_{xy} \frac{\partial \phi}{\partial x} \frac{\partial \phi}{\partial y} + 2k_{yz} \frac{\partial \phi}{\partial y} \frac{\partial \phi}{\partial z} + 2k_{zx} \frac{\partial \phi}{\partial z} \frac{\partial \phi}{\partial x} \right] - Q\phi \right\}$$

$$\mathrm{d}x\mathrm{d}y\mathrm{d}z + \iint\limits_C v_n \phi \mathrm{d}s \tag{6.18}$$

由欧拉方程可知，$\phi(x,y,z)$ 必然在区域 R 内满足连续方程式（6.15），并在边界 c 上满足式（6.18），故 $\phi(x,y,z)$ 为所求的水头函数。在求解过程中，在边界 b 上令 $\phi = \phi_b$，即满足式（6.16）。

把求解区域 R 划分为有限个单元，设单元的结点为 i、j、m、$\cdots$，结点水头为 ϕ_i、ϕ_j、ϕ_m、$\cdots$，单元的形函数为 N_i、N_j、N_m、$\cdots$，单元内任一点的水头 ϕ 可用形函数表示如式（6.19）

$$\phi^e(x,y,z) = [N_i, N_j, N_m, \cdots] \begin{Bmatrix} \phi_i \\ \phi_j \\ \phi_m \\ \vdots \end{Bmatrix} = [N]\{\phi\}^e \tag{6.19}$$

把式（6.19）代入式（6.12）和式（6.10），得到

$$\{\phi'\} = \begin{bmatrix} \dfrac{\partial \phi}{\partial x} & \dfrac{\partial \phi}{\partial y} & \dfrac{\partial \phi}{\partial z} \end{bmatrix}^{\mathrm{T}} = [B]\{\phi\} \tag{6.20}$$

$$\{v\} = [v_x \quad v_y \quad v_z]^{\mathrm{T}} = -[k][B][\phi] \tag{6.21}$$

其中，

$$[B] = \begin{bmatrix} \dfrac{\partial N_i}{\partial x} & \dfrac{\partial N_j}{\partial x} & \dfrac{\partial N_m}{\partial x} & \cdots \\ \dfrac{\partial N_i}{\partial y} & \dfrac{\partial N_j}{\partial y} & \dfrac{\partial N_m}{\partial y} & \cdots \\ \dfrac{\partial N_i}{\partial z} & \dfrac{\partial N_j}{\partial z} & \dfrac{\partial N_m}{\partial z} & \cdots \end{bmatrix} \tag{6.22}$$

把单元 e 作为求解区域 R 的一个子域 ΔR，在这个子域上的泛函为

$$I^e(\phi) = \iiint\limits_{\Delta R} \left\{ \frac{1}{2} \left[k_{xx} \left(\frac{\partial \phi}{\partial x} \right)^2 + k_{yy} \left(\frac{\partial \phi}{\partial y} \right)^2 + k_{zz} \left(\frac{\partial \phi}{\partial z} \right)^2 + 2k_{xy} \frac{\partial \phi}{\partial x} \frac{\partial \phi}{\partial y} + 2k_{yx} \frac{\partial \phi}{\partial y} \frac{\partial \phi}{\partial z} + 2k_{zx} \frac{\partial \phi}{\partial z} \frac{\partial \phi}{\partial x} \right] - Q\phi \right\}$$

$$\mathrm{d}x\mathrm{d}y\mathrm{d}z + \iint\limits_{\Delta c} v_n \phi \mathrm{d}s \tag{6.23}$$

式（6.23）右端第 2 项是沿着边界 c 的面积分，只有那些靠近边界 c 的单元才会出现

这一项。由式（6.23）在积分号内求微分，得到式（6.24）

$$\frac{\partial I^e}{\partial \phi_i} = \iiint_{\Delta R} \left[k_{xx} \frac{\partial \phi}{\partial x} \frac{\partial}{\partial \phi_i} \left(\frac{\partial \phi}{\partial x} \right) + k_{yy} \frac{\partial \phi}{\partial y} \frac{\partial}{\partial \phi_i} \left(\frac{\partial \phi}{\partial x} \right) + k_{zz} \frac{\partial \phi}{\partial z} \frac{\partial}{\partial \phi_i} \left(\frac{\partial \phi}{\partial z} \right) \right.$$

$$+ k_{xy} \frac{\partial \phi}{\partial x} \frac{\partial}{\partial \phi_i} \left(\frac{\partial \phi}{\partial y} \right) + k_{xy} \frac{\partial \phi}{\partial y} \frac{\partial}{\partial \phi_i} \left(\frac{\partial \phi}{\partial x} \right) + k_{yz} \frac{\partial \phi}{\partial y} \frac{\partial}{\partial \phi_i} \left(\frac{\partial \phi}{\partial z} \right) + k_{yz} \frac{\partial \phi}{\partial z} \frac{\partial}{\partial \phi_i} \left(\frac{\partial \phi}{\partial y} \right)$$

$$+ k_{zx} \frac{\partial \phi}{\partial z} \frac{\partial}{\partial \phi_i} \left(\frac{\partial \phi}{\partial x} \right) + k_{zx} \frac{\partial \phi}{\partial x} \frac{\partial}{\partial \phi_i} \left(\frac{\partial \phi}{\partial z} \right) - Q \frac{\partial p}{\partial \phi_i} \right] \mathrm{d}x \mathrm{d}y \mathrm{d}z + \iint_{\Delta c} v_n \frac{\partial \phi}{\partial \phi_i} \mathrm{d}s \qquad (6.24)$$

由式（6.19）可知，在单元 e 内有

$$\frac{\partial \phi}{\partial x} = \frac{\partial N_i}{\partial x} \phi_i + \frac{\partial N_j}{\partial x} \phi_j + \frac{\partial N_m}{\partial x} \phi_m + \cdots$$

$$\frac{\partial}{\partial \phi_i} \left(\frac{\partial \phi}{\partial x} \right) = \frac{\partial N_i}{\partial x}$$

$$\frac{\partial \phi}{\partial \phi_i} = N_i$$

$$\cdots$$

将这些式子代入式（6.24），得到

$$\left\{ \begin{array}{c} \dfrac{\partial I^e}{\partial \phi_i} \\[2mm] \dfrac{\partial I^e}{\partial \phi_j} \\[2mm] \dfrac{\partial I^e}{\partial \phi_m} \\[1mm] \vdots \end{array} \right\} = \frac{\partial I^e}{\partial \{\phi\}^e} = [H]^e \{\phi\}^e - \{F\}^e \qquad (6.25)$$

$$[H]^e = \iiint_{\Delta R} [B]^{\mathrm{T}} [k] [B] \mathrm{d}x \mathrm{d}y \mathrm{d}z \qquad (6.26)$$

$$\{F\}^e = \iiint_{\Delta R} [N]^{\mathrm{T}} Q \mathrm{d}x \mathrm{d}y \mathrm{d}z - \iint_{\Delta c} [N]^{\mathrm{T}} v_n \mathrm{d}s \qquad (6.27)$$

式中：$[H]^e$ 为单元传导矩阵；$[H]^e$ 和 $\{F\}^e$ 的元素计算如下。

$$H_{ij}^e = \iiint_{\Delta R} \left[k_{xx} \frac{\partial N_i}{\partial x} \frac{\partial N_j}{\partial x} + k_{yy} \frac{\partial N_i}{\partial y} \frac{\partial N_j}{\partial y} + k_{zz} \frac{\partial N_i}{\partial z} \frac{\partial N_j}{\partial z} + k_{xy} \left(\frac{\partial N_i}{\partial x} \frac{\partial N_j}{\partial y} + \frac{\partial N_i}{\partial y} \frac{\partial N_j}{\partial x} \right) \right.$$

$$+ k_{yz} \left(\frac{\partial N_i}{\partial y} \frac{\partial N_j}{\partial z} + \frac{\partial N_i}{\partial z} \frac{\partial N_j}{\partial y} \right) + k_{zx} \left(\frac{\partial N_i}{\partial z} \frac{\partial N_j}{\partial x} + \frac{\partial N_i}{\partial x} \frac{\partial N_j}{\partial z} \right) \right] \mathrm{d}x \mathrm{d}y \mathrm{d}z \qquad (6.28)$$

$$F_i^e = \iiint_{\Delta R} N_i Q \mathrm{d}x \mathrm{d}y \mathrm{d}z - \iint_{\Delta c} N_i v_n \mathrm{d}s \qquad (6.29)$$

将各个单元的 $\dfrac{\partial I^e}{\partial \{\phi\}^e}$ 加以集合，对于求解区域的全部结点，得到方程组

$$\frac{\partial I^e}{\partial \phi} = [H] \{\phi\} - \{F\} = 0$$

即

$$[H] \{\phi\} = \{F\} \qquad (6.30)$$

$$H_{ij} = \sum_e H_{ij}^e, F_i = \sum_e F_i^e$$

由式（6.30）可以解出各结点水头 ϕ 值。

2）三维应力应变有限元分析。为了反映实际滑坡岩土体的不连续性、非线性以及各种岩土体材料的应力—应变特性，在所编制的有限元分析软件中，不仅考虑了弹塑性模型以及描述结构面性质的各种接触面单元本构模型，而且研究了岩体的脆性模型。

设 $F(\sigma) = 0$ 及 $f(\sigma) = 0$ 分别为峰值强度面和残余强度面，并设应力点由某一初始弹性状态加载到 $F(\sigma) = 0$ 上的某一点 A（见图 6.18）。当满足加载条件时

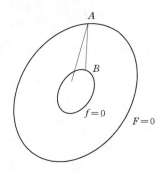

$$L \triangleq \frac{\partial F}{\partial \sigma_{ij}} D_{ijkl}\, \mathrm{d}\varepsilon_{kl} > 0 \tag{6.31}$$

应力将发生突变而跌落至 $f(\sigma) = 0$ 上的某一点 B。下面我们将基于塑性位势理论，给出确定 B 点的方法。

由于材料的脆性特性，而使得屈服面在应力空间中有一非连续的变化，因而也就产生非微分量的塑性应变增量 $\Delta\varepsilon_{ij}^p$，又因脆塑性材料仍为依留辛材料，因而可以认为跌落时塑性应变的方向仍满足塑性位势理论

图 6.18 材料应力应变加载转换模型

$$\delta\varepsilon_{ij}^p = \Delta\lambda \frac{\partial F}{\partial \sigma_{ij}}\bigg|_A \tag{6.32}$$

其中 $\Delta\lambda$ 是塑性流动因子。由于

$$\Delta\varepsilon_{ij} = \Delta\varepsilon_{ij}^e + \Delta\varepsilon_{ij}^p \tag{6.33}$$

考虑到跌落过程的全应变增量 $\Delta\varepsilon_{ij} = 0$，得：

$$\Delta\varepsilon_{ij}^e = -\Delta\varepsilon_{ij}^p \tag{6.34}$$

再由

$$\Delta\sigma_{ij} = D_{ijkl}\, \Delta\varepsilon_{kl}^e \tag{6.35}$$

得跌落过程的应力增量

$$\Delta\sigma_{ij} = \sigma_{ij}^B - \sigma_{ij}^A = -\Delta\lambda D_{ijkl} \frac{\partial F}{\partial \sigma_{kl}}\bigg|_A = -\Delta\lambda \tau_{ij}^A \tag{6.36}$$

从而得

$$\sigma_{ij}^B = \sigma_{ij}^A - \Delta\lambda \tau_{ij}^A \tag{6.37}$$

其中

$$\tau_{ij}^A \triangleq D_{ijkl} \frac{\partial F}{\partial \sigma_{kl}}\bigg|_A \tag{6.38}$$

至于 $\Delta\lambda$ 则可由式（6.39）决定

$$F(\sigma_{ij}^B) = f(\sigma_{ij}^A - \Delta\lambda \tau_{ij}^A) = 0 \tag{6.39}$$

下面我们给出与岩块的 Drucker—Prager 准则和结构面的 Mohr—coulomb 准则相对应的塑性流动因子 $\Delta\lambda$ 的计算方法。

岩块的 Drucher—Prager 屈服面方程为式（6.40）

$$\alpha I_1 + \sqrt{J_2} - \kappa = 0 \tag{6.40}$$

分别以 α_0、κ_0 和 α_r、κ_r 表示峰值强度面和残余强度面的强度参数。$\Delta\lambda$ 由下列一元二次方程的较小正根给出式

$$ax^2 + bx + c = 0 \tag{6.41}$$

式中

$$
\begin{aligned}
a &= [\alpha_r I_1(\tau^A)]^2 - J_2(\tau^A) \\
b &= s^A t^A - 2\alpha_r I_1(\alpha^A) - \kappa_r \\
c &= [\alpha_r I_1(\sigma^A) - \kappa_r]^2 - J_2(\sigma^A)
\end{aligned}
\tag{6.42}
$$

其 s^A 和 t^A 分别是 σ^A 和 τ^A 的偏张量。可以证明，只要 $\alpha_r < \alpha_0$，$\kappa_r < \kappa_0$，方程式（6.40）至少存在一个正根。

结构面的 Mohr—Coulomb 屈服面方程为

$$(\tau_{s1}^2 + \tau_{s2}^2)^{1/2} + m\sigma_n - c = 0 \tag{6.43}$$

式中 τ_{s1}、τ_{s2} 是结构面上相互正交的两个剪应力分量，$m = \tan\phi$，分别以 m_0、c_0、m_r、c_r 表示峰值强度面和残余强度面的强度参数。$\Delta\lambda$ 由式（6.44）给出

$$(k_s + m_0 m_r k_n)\Delta\lambda = c_0 - c_r - (m - m_r)\sigma_n \tag{6.44}$$

其中 k_s、k_n 分别是结构面的切向刚度和法向刚度，可见只要 $c_r < c_0$、$m_r < m_0$，式（6.44）一定有 1 正根。

（2）三维有限元计算模型的建立。

依据滑坡区地质环境特征和滑坡特征，结合千将坪滑坡区地质平面图和地质剖面图，并考虑力学边界效应的影响，计算范围取顺河方向（X 轴方向）宽 1050m，垂直河流方向（Y 轴方向）长度为 1320m，模型最大高度（Z 轴方向）为 482m。千将坪滑坡的计算范围及坐标系的选取如图 6.19 所示。

根据力学边界条件，取模型底面（高程为 $z = 0$m）为三向约束（X、Y、Z 方向都固定）的固定边界面；以 X 方向为法线方向的两个侧面施加 X 向的单向约束；以 Y 方向为法线方向的两个侧面施加 Y 向的单向约束。

图 6.19　千将坪滑坡的计算范围及坐标系示意图

（3）计算工况的选取。

根据三峡水库 2003 年 6 月 1—10 日初期蓄水至 135m 的实际过程、千将坪滑坡遭遇强降雨（2003 年 6 月 21 日至 7 月 11 日）的实际，及水库水至 135m 水位后滑坡前缘岩土体受库水浸泡的事实，拟取以下 5 种工况进行比较分析，工况见表 6.1。

表 6.1　　　　　　　　　　千将坪滑坡三维有限元计算工况表

工 况 编 号	工 况 特 征	受 力 情 况
1	库水水位 90m	自重＋地下水
2	库水水位 115m	自重＋地下水
3	库水水位 135m	自重＋地下水
4	降雨影响	自重＋地下水
5	库水水位 135m＋降雨影响	自重＋地下水

（4）物理力学参数的取值。

根据千将坪滑坡地质勘查报告中提供的有关岩土体的物理力学性质试验数据及参数建议值为基本依据，以及三维极限平衡参数敏感性分析及其反分析结果，选取千将坪滑坡三维空间有限元分析计算参数如表 6.2。

表 6.2　　　　　　　　　　千将坪滑坡物理力学参数表

部位	容重 γ /（kN/m³）		峰值抗剪强度指标				弹模或变形模量 E（GP）		泊松比 μ	渗透系数 k /（cm/s）
	饱和状态	天然状态	饱和状态		天然状态		天然状态	饱和状态	饱和状态	
			c_0/kPa	ϕ_0/（°）	c_0/kPa	ϕ_0/（°）				
材料 1（微风化）	26.0	25.0	12750	42.5	15000	50.0	25	25	0.26	3×10^{-9}
材料 2（层间错动带）	21.0	20.0	12.8	12.8	15.0	15.0	0.1	0.1	0.4	4×10^{-6}
材料 3（弱风化）	25.0	24.0	400	33.0	800	38.8	12	12	0.32	2×10^{-3}
材料 4（弱风化）	25.5	24.5	400	33.0	800	38.8	12	12	0.32	2×10^{-3}
材料 5（缓倾角裂隙性断层）	21.0	20.0	19.7	17.1	23.2	20.1	0.1	0.1	0.4	3×10^{-3}
材料 6（强风化）	25.5	24.5	70	17.1	150	20.1	0.5	0.5	0.38	5×10^{-3}

（5）计算软件。

本次计算前、后处理采用 ANSYS 软件进行，计算采用自主开发的程序 EBP－SEEP进行。通用程序 ANSYS 具有很强的前后处理功能。自主开发的程序 EBP－SEEP 由两部分程序组成，即 SEEP.EXE 和 EBP.EXE。为了模拟千将坪滑坡在库水位上升和降雨引起的地下渗流场变化，课题组自编程序 SEEP.EXE 来实现渗流场的模拟，该程序的突出功能是能够用来计算三维有自由面稳定渗流场问题；为了模拟千将坪滑坡在库水位上升和降雨过程中引起的滑坡变形与破坏，课题组自编程序 EBP.EXE 来实现此项功能，该程序的突出功能是可进行弹性、弹塑性、弹脆塑性计算（可模拟岩质滑坡岩体的脆性破坏），同时可处理集中力、面力、自重、地应力以及渗透力（由 SEEP. EXE 所计算的水头进行渗透力的计算）。

利用自主开发的程序 EBP-SEEP 和商用软件 ANSYS 对千将坪滑坡进行有限元分析的具体做法是：先根据千将坪滑坡的地质勘查资料，利用 ANSYS 软件建立起千将坪滑坡的三维计算模型；根据该模型的单元和节点信息以及给定的坡体的边界水头值和坡体各组成材料的渗透系数，利用程序 SEEP. EXE 计算坡体有限元模型各节点的渗透力；根据给定的坡体各组成材料的物理力学参数，利用程序 EBP. EXE 引入程序 SEEP. EXE 计算模型各节点的渗透力，同时采用弹塑性（或弹脆塑性）模型进行计算，得出坡体的应力场、位移场和塑性区的分布；利用程序 ANSYS 的后处理模块将程序 EBP. EXE 所计算的应力场、位移场和塑性区以程序 ANSYS 后处理命令的形式读入并显示应力场、位移场和破坏区的分布。

在考虑降雨对千将坪滑坡影响过程中，本文先利用加拿大商用程序 GEO—SLOPE 中的 SEEP/W 对千将坪滑坡的主滑动面在遭遇 2003 年 6 月 21 日至 7 月 11 日降雨条件下的渗流场进行分析，通过获得该滑坡在遭遇该降雨条件下的最高地下水位对应的水头值作为 EBP. EXE 计算渗透力的水头值。

（6）计算结果分析。

本次计算为研究千将坪滑坡坡体在库水位上升和降雨条件下的位移场和塑性区的变化规律。本次弹塑性分析计算采用 Mohr—Coulomb 屈服准则，各计算工况位移场分布和塑性区分布计算结果如下。

1）水库蓄水工况。在水库从 90m 水位蓄水至 135m 水位过程中，坡体的各点位移逐

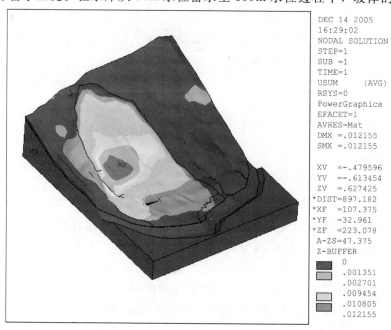

图 6.20　千将坪滑坡在 115m 库水位作用下整体位移场分布图（单位：m）

渐增大，最大位移区域出现在高程 234m 到高程 290m 之间（图 6.20 和图 6.21），且以该区域为中心向四周逐渐减小，而从剖面图（$X=0$）中还可以看出自坡体表面到坡体内部位移逐渐减小，库水位对千将坪滑坡在库水位以下部分的位移影响较小，并且在库水位以下部位位移方向出现向外向上（特别是 135m 水位下表现得尤为突出），这主要是由于库水位以下坡体受到库水的浮托减重作用所致（图 6.22）；在库水位的单独作用下，滑坡体会出现一个大范围的塑性区区域和一个小范围的塑性区区域，其中大范围塑性区区域的范围大致保持一致，基本上都在高程 220m 到高程 440m 之间，也即在滑坡的中后部分，小范围塑性区基本上都在滑坡的前缘部分，也就是靠近库水位的部分，在滑坡中间部分有一小部分未出现塑性区（图 6.23），这说明在库水位的影响下，滑坡的中后部分和前缘部分是极有可能出现破坏的区域，滑坡前缘出现破坏的可能原因在于库水的浸泡下使得滑坡前缘缓倾角裂隙性断层里所夹岩土体的抗剪强度降低所致，而滑坡中后部分出现破坏在于滑坡前缘的破坏变形对中后部牵引所致。

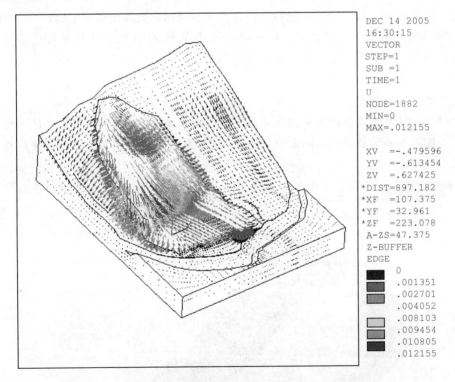

图 6.21　千将坪滑坡在 115m 库水位作用下位移矢量分布图（单位：m）

2）降雨工况。千将坪滑坡在降雨条件下，最大位移区域也出现在高程 234m 到高程 290m 之间（图 6.24），且以该区域为中心向四周逐渐减小，降雨对千将坪滑坡的位移影响较库水影响小（总位移峰值约 0.242mm，Y 向位移峰值约为 0.202mm，Z 向位移峰值约为 0.14mm）；在降雨的单独影响下，滑坡只在坡体中后部分 175～440m 高程之间出现大范围塑性区（图 6.25），在坡体前缘部分基本上不出现塑性区，说明降雨单独作用时对滑坡的破坏影响较库水小。

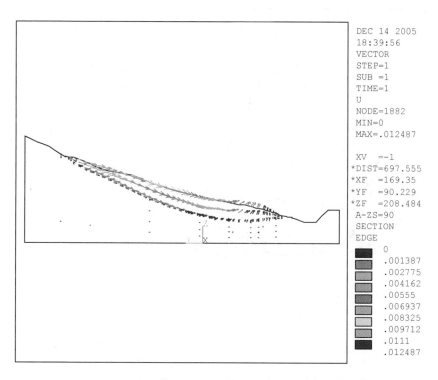

图 6.22　千将坪滑坡在 135m 库水位作用下 $X=0$ 剖面位移场矢量分布图（单位：m）

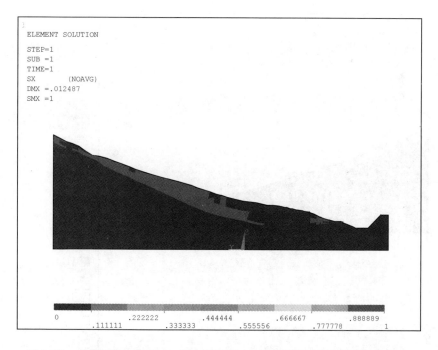

图 6.23　千将坪滑坡在 135m 库水位下 $X=0$ 剖面塑性区分布图（单位：m）

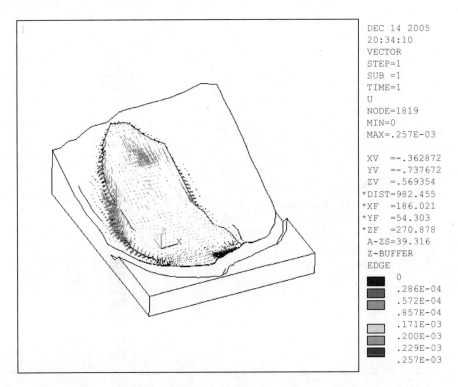

图 6.24　千将坪滑坡在降雨作用下整体位移场矢量分布图（单位：m）

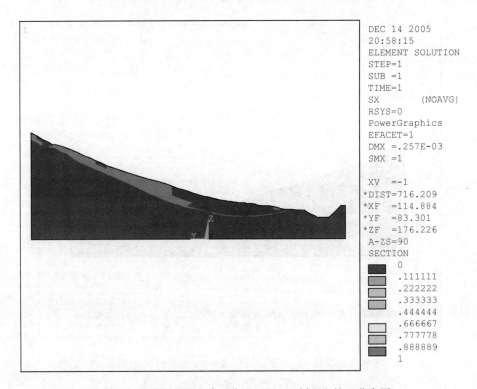

图 6.25　千将坪滑坡在降雨作用下 $X=0$ 剖面塑性区分布图

3）降雨和库水联合作用工况。

在 135m 库水位和降雨的共同作用下，坡体位移的变化规律仍是在某区域出现最大位移，且以该区域为中心向四周逐渐减小（图 6.26 和图 6.27），但位移的数值较大（约

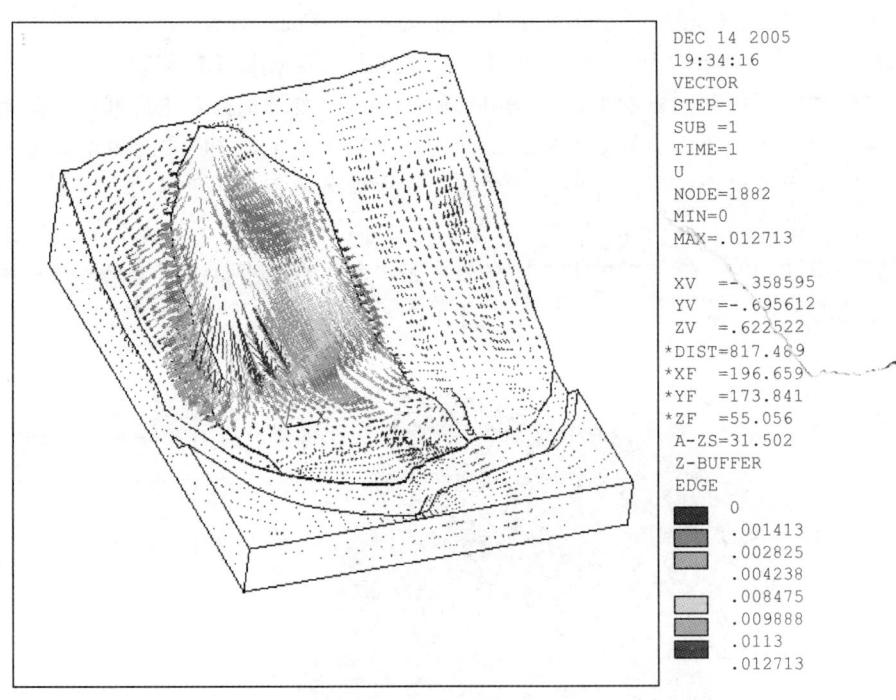

图 6.26　千将坪滑坡在 135m 库水位和降雨共同作用下整体位移场分布图（单位：m）

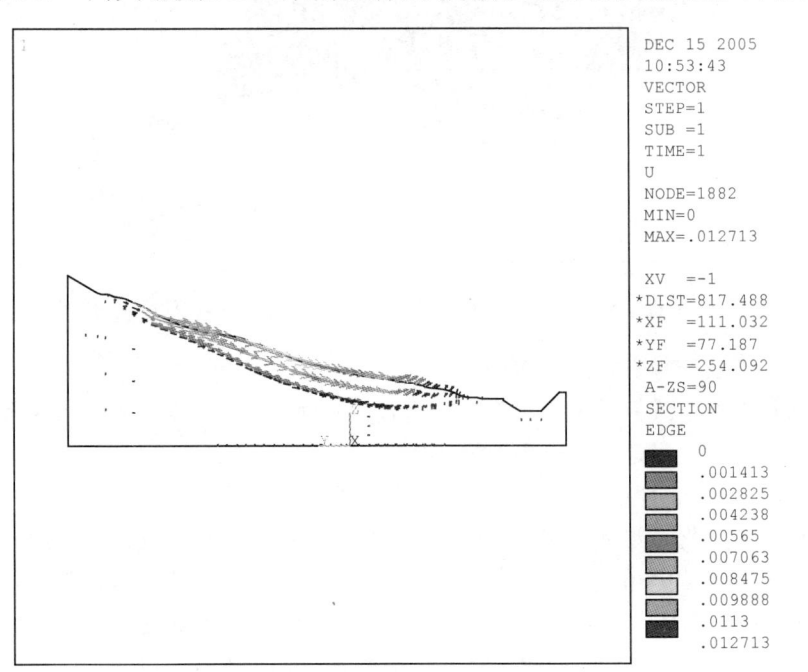

图 6.27　千将坪滑坡在 135m 库水位和降雨作用下 $X=0$ 剖面位移场矢量分布图（单位：m）

12.7mm)，在135m库水位和降雨共同作用下所产生的位移数值要大于库水位单独作用时所产生的位移数值，这说明相对于库水位的单独作用或降雨的单独作用，在库水位和降雨的共同作用下，对滑坡的影响也相对较大。

在135m库水位和降雨共同作用下，滑坡出现的塑性区范围最大（在高程102~153m以及高程152~440m之间），基本上遍及滑坡整个高程范围（图6.28和图6.29），这说明在库水位和降雨的共同影响下，滑坡出现的破坏区域范围最大，中后部的层间错动带及前缘的缓倾角断层形成连通的塑性破坏，同时在滑坡区以走向SE的陡倾角裂隙型断层形成侧向切割边界也出现全部塑性破坏，从而使得滑坡形成完整而贯通的三维滑动面，便最终导致滑坡失稳滑动。从图6.28滑坡区塑性区分布图还可以看出，影响区也存在部分塑性破坏区，塑性区的位置与滑坡滑动后在影响区出现大量的平行于河流流向的羽状裂缝的位置是一致的。

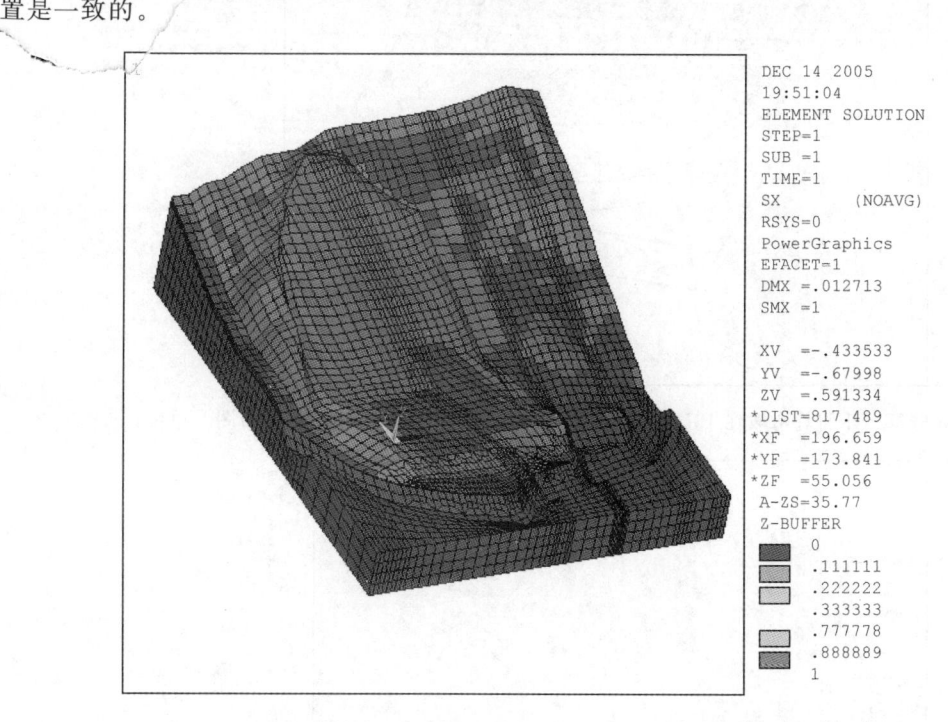

图6.28 千将坪滑坡在135m库水位和降雨共同作用下整体塑性区分布图

（7）千将坪滑坡三维有限元分析小结。

根据千将坪滑坡三维有限元应力变形分析，对水库蓄水、降雨及水库蓄水和降雨联合作用对千将坪滑坡的变形破坏影响做简要小结。

1）水库蓄水对千将坪滑坡的影响。千将坪滑坡在三峡水库135m蓄水过程当中，随着库水位的上升变化，滑坡的变形开始增大，其中115m水位对应的峰值位移为12.2mm，135m对应的峰值位移为12.5mm，且位移变化最大的区域出现在高程234~288m范围内（图6.20），位移矢量在中后部的整体变化方向为顺坡向下，同时，在滑坡西侧230m高程附近的局部有转向青干河下游的趋势（图6.21），在坡体前缘位移有向上向前的趋势（图6.22）；千将坪滑坡在水库蓄水作用下发生顺坡向的位移，这是由滑坡为

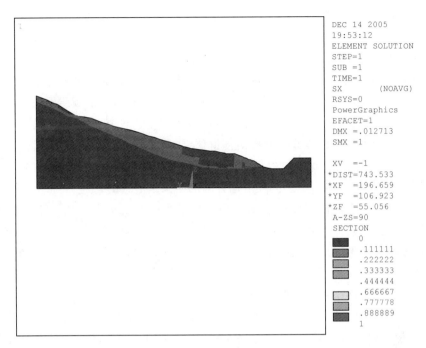

DEC 14 2005
19:53:12
ELEMENT SOLUTION
STEP=1
SUB =1
TIME=1
SX   (NOAVG)
RSYS=0
PowerGraphics
EFACET=1
DMX =.012713
SMX =1

XV =-1
*DIST=743.533
*XF =196.659
*YF =106.923
*ZF =55.056
A-ZS=90
SECTION

0
.111111
.222222
.333333
.444444
.666667
.777778
.888889
1

图 6.29　千将坪滑坡在 135m 库水位和降雨共同作用下 $X=0$ 剖面塑性区分布图

顺层岩质滑坡决定，滑体位移沿岩层面整体向下顺层滑动，在滑坡西侧 230m 高程附近，滑坡的位移方向开始发生偏向青干河下游的转动，主要是该位置的横剖面所显示的基岩面发生局部隆起，对中后部滑体沿 140°~150°方向滑动起阻碍作用，致使滑体滑动趋势的方向发生偏转，主要偏向 110°~120°而沿青干河下游向下运动。在水库蓄水作用下，滑坡体中后部的强风化带和层间错动带出现大范围的塑性变形区，并在滑坡前缘强风化的缓倾角裂隙性断层带也出现部分塑性变形区（图 6.23）；这是由于水库蓄水后，滑坡体前缘受库水的浸泡使得前缘强风化带的抗剪强度降低，从而使其前缘抗滑段的抗滑力降低，促使坡体中后部的上部强风化岩层沿层间错动泥化带向下滑动，使得该部分坡体物质受压剪作用而出现塑性变形。

2）降雨对千将坪滑坡的影响。千将坪滑坡在降雨单因素作用下，坡体位移变化较小，其峰值为 0.242mm，且位移变化最大的区域出现在高程 233~290m 范围内（图 6.24），位移方向整体变化趋势为顺坡向下，由此看来，千将坪滑坡在降雨单因素作用下其变形趋势不明显；雨水的入渗导致坡体地下水头差的形成，也促使了坡体向近垂直于青干河水流方向的变形。这与千将坪滑坡在三峡水库蓄水之前遭遇多年降雨的影响而未出现大变形是一致的。在降雨作用下，千将坪滑坡中后部强风化带和前缘层间错动带出现部分塑性变形区（图 6.25），并在前缘局部缓倾角裂隙性断层出现部分塑性变形区，这主要是由于降雨作用引起地下水沿坡体中后部强风化带和前缘缓倾角裂隙性断层入渗，降低层间错动带的抗剪强度参数，使得坡体的抗滑力降低所致。

3）降雨和库水联合作用下对千将坪滑坡的影响。千将坪滑坡在三峡水库蓄至 135m 水位后（2003 年 6 月 10 日），并在遭遇降雨（2003 年 6 月 21 日至 7 月 11 日）过程中，位移发生较大的变化，其峰值为 12.7mm，位移变化较大区域主要集中在高程 234～291m 范围内（图 6.26 和图 6.27），位移矢量在坡体中后部的整体变化方向为顺坡向下，同时，在滑坡西侧 230m 高程附近的局部有转向青干河下游的趋势（图 6.26），在坡体前缘位移有向上向前的趋势（图 6.27）；千将坪滑坡在水库蓄水和降雨联合作用下发生顺坡向的位移，这是由滑坡为顺层岩质滑坡决定，滑体位移沿岩层面整体向下顺层滑动，在滑坡西侧 230m 高程附近，滑坡的位移方向开始发生偏向青干河下游的转动，主要是该位置的横剖面所显示的基岩面发生局部隆起，对中后部滑体沿 140°～150° 方向滑动起阻碍作用，致使滑体滑动趋势的方向发生偏转，主要偏向 110°～120° 而沿青干河下游向下运动（图 6.29），这与地勘资料描述的关于滑坡滑动方向的结果是一致的。

在水库蓄水作用下，滑坡体中后部的强风化带和层间错动带出现大范围的塑性变形区，在滑坡前缘强风化的缓倾角裂隙性断层带也出现部分塑性变形区，并在走向 SE 的陡倾角裂隙型断层形成侧向边界也出现全部塑性变形（图 6.28、图 6.29）；这是由于坡体在水库蓄水和降雨联合作用下，滑坡体前缘受库水的浸泡使得前缘强风化带的抗剪强度降低；同时中后部受降雨雨水入渗的作用，降低强风化带和层间错动带抗剪强度，并使得坡体地下水的水力坡降升高；这样就使得前缘抗滑段的抗滑力降低，坡体中后部地下水的压力增大，并促使坡体中后部的强风化岩层沿层间错动泥化带向下滑动，使得坡体受压剪作用而形成几何贯通层间错动带和缓倾角裂隙性断层的塑性变形区（图 6.29）。

4）降雨、库水及降雨和库水联合作用对千将坪滑坡变形破坏影响对比分析。从三维有限元计算结果可以看出，千将坪滑坡在水库蓄水单因素和降雨单因素作用下比较而言，水库蓄水对千将坪滑坡的变形破坏影响（位移峰值 12.5mm）大于降雨单因素的影响（位移峰值 0.242mm）；水库蓄水与降雨的联合作用下，坡体中后部的层间错动带及前缘的缓倾角断层形成连通的塑性破坏，同时在滑坡区走向 SE 的陡倾角裂隙型断层形成的侧向切割边界也出现全部塑性破坏，从而使得滑坡形成完整而贯通的三维滑动面，便最终导致滑坡失稳滑动。

6.3 千将坪滑坡三维极限平衡分析

将滑坡体三维地层信息系统、可视化技术和三维极限平衡分析有机地结合起来，研制开发了三维边坡稳定极限平衡分析软件 3D—SLOPE，并将其应用到千将坪滑坡稳定性分析中。

6.3.1 三维极限平衡分析原理

（1）坐标系与滑体剖分。

三维极限平衡方法采用垂直条分法。坐标系如图 6.30 所示，OXY 在水平面内，X 轴与滑动方向一致，与 Y，Z 轴构成右手系，Z 轴铅直向上。以一组等间距的、平行于 OXZ 的平面，与另一组等间距的、平行于 OYZ 的平面将滑体剖分成垂直条块组成的体系。图 6.31 所示任意一个条块 l_{ij}，其顶面是坡面的一部分，底面则是滑动面的一部分。α_x 和 α_y 分别为条块底边 OA 和 OC 与水平面的夹角，γ_z 为条块底面法向与铅垂向夹角。

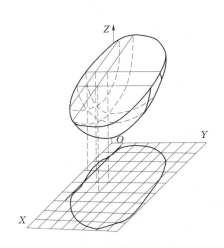

图 6.30　滑体与坐标系

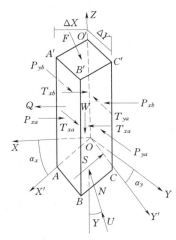

图 6.31　铅垂条块与受力情况

（2）作用在条块上的力。

忽略条块四个侧面上的垂直向剪力，当考虑滑体的重力、静水压力以及水平地震惯性力等荷载情况时，作用在条块上的力如图 6.31 所示。其中

W_{ij}——条块的重力；

U_{ij}——条块底面（即滑面）上的水压力；

U_{xij}——与 X 轴正交的两个侧面上水压力代数和（沿 X 轴方向为正）；

F_{ij}——条块顶面（即坡面）上水压力（垂直于坡面的方向为正）；

F_{xij}——F_{ij}——沿 X 轴向（即主滑向）的投影，与 OX 方向相反时为正；

F_{zij}——F_{ij} 沿 Z 轴向（即铅垂向）的投影，向下为正；

H_{ij}——水平地震惯性力（沿 X 轴方向为正）；

S_{ij}——条块底面上的抗滑力；

N_{ij}——条块底面上的法向反力；

P_{xa}，P_{xb}，P_{ya}，P_{yb}——分别为条块四个侧面上的法向力；

T_{ya}，T_{yb}，T_{xa}，T_{xb}——分别为条块四个侧面上的水平剪力。

（3）计算公式。

利用铅垂方向力的平衡条件，以及沿滑动方向（OX'）力的平衡条件，在整个滑体范围内，确定安全系数。设 C_{ij}，f_{ij}，A_{ij} 分别为条块（i，j）滑面的黏结力、摩擦系数、条块的底面面积。

$$S_{ij} = (C_{ij}A_{ij} + N_{ij}f_{ij})/K \tag{6.45}$$

由铅垂向力的平衡

$$N_{ij}\cos\gamma_{zij} + U_{ij}\cos\gamma_{zij} + \frac{C_{ij}A_{ij} + N_{ij}f_{ij}}{K}\sin\alpha_{xij} = W_{ij} + F_{zij} \tag{6.46}$$

可得到式（6.47）　$$N_{ij} = \frac{W_{ij} + F_{zij} - U_{ij}\cos\gamma_{zij} - \dfrac{C_{ij}A_{ij}}{K}\sin\alpha_{xij}}{\cos\gamma_{zij} + \dfrac{f_{ij}}{K}\sin\alpha_{xij}} \tag{6.47}$$

沿 OX' 方向力的平衡，对于条块 (i, j)，可写出式 (6.48)

$$S_{ij} = -(P_{xaij} - P_{xbj} + T_{xbij} - T_{xaij})\cos\alpha_{xij} + (Q_{ij} - F_{xij})\cos\alpha_{xij} + (W_{ij} + F_{zij})\sin\alpha_{xij}$$

(6.48)

$$P_{xaij} - P_{xbij} + T_{xbij} - T_{xaij} = -\frac{\sec\alpha_{xij}}{K}(C_{ij}A_{ij} + N_{ij}f_{ij}) + (Q_{ij} - F_{xij}) + (W_{ij} + F_{zij})\tan\alpha_{xij}$$

(6.49)

条块间相互作用成对出现，大小相等，方向相反：

$$P_{xaij} - P_{xb(i+1)j} = 0 \qquad T_{xaij} - T_{xbi(j+1)} = 0$$

(6.50)

对全部条块求和，有

$$-\sum\frac{\sec\alpha_{xij}}{K}(C_{ij}A_{ij} + N_{ij}f_{ij}) + \sum(Q_{ij} - T_{xij}) + \sum(W_{ij} + F_{zij})\tan\alpha_{xij} = 0$$

$$K = \frac{\sum\sec\alpha_{xij}(C_{ij}A_{ij} + N_{ij}f_{ij})}{\sum(Q_{ij} - F_{xij}) + \sum(W_{ij} + F_{zij})\tan\alpha_{xij}}$$

(6.51)

可以得到安全系数三维公式 (6.52)

$$K = \frac{\sum\{C_{ij}A_{ij}\cos\gamma_{zij} + [(W_{ij} + F_{zij}) - U_{ij}\cos\gamma_{zij}]f_{ij}\}}{\sum(Q_{ij} - F_{sij}) + \sum(W_{ij} + F_{zij})\tan\alpha_{sij}} \times \frac{\sec\alpha_{xij}}{\cos\gamma_{zij} + \dfrac{f_{ij}}{K}\sin\alpha_{xij}}$$

(6.52)

安全系数 K 值通过迭代求解。由于公式使用力的平衡条件，所以适用于一般形状的滑面，也适用于球面滑面。

6.3.2 千将坪滑坡三维极限平衡分析模型、计算参数及条件

计算模型为右手坐标系，Z 轴竖直向上，X 轴和滑动方向保持一致（与正北方向夹角为 $137°$）。模型范围 $X \times Y \times Z = 1200\text{m} \times 600\text{m} \times 500\text{m}$，主要包括地质勘察报告中的纵剖面 1—1、2—2、3—3 以及横剖面 6—6、7—7 和 8—8，千将坪滑坡三维可视化模型以及计算网格如图 6.32 所示。

千将坪滑坡稳定性三维极限平衡计算分析内容主要包括：滑体稳定性安全系数计算以及水库蓄水和连续降雨对滑体稳定性影响分析。

滑体的容重取其组成物质的平均容重：天然容重取 25.1kN/m^3；饱和容重取 26.2kN/m^3。顺层层间错动带抗剪强度参数取自地质报告建议值、工程类比及反演结果：滑坡顺层错动带非饱水状态下黏结力 c 取为 20kPa，摩擦角 ϕ 取为 $17.3°$；饱水状态下黏结力 c 取为 15kPa，摩擦角 ϕ 取为 $14°$；对于滑坡前缘近水平裂隙型断层带，非饱水状态下黏结力 c 取为 20kPa，摩擦角 ϕ 取为 $27°$，受库水浸泡软化后，其强度参数 c 取为 0，摩擦角 ϕ 取为 $15°$。

为了探讨水库蓄水对滑坡稳定性的影响，采用三维极限平衡法分析了蓄水水位分别为 105m、115m、125m 和 135m 的工况。

根据第 5 章千将坪滑坡滑体渗流场分析的结果，认为处在蓄水和降雨联合作用下滑体地下水位大约达到滑体厚度的 0.2 倍。利用该成果在对千将坪滑坡在降雨和蓄水共同作用下的三维极限平衡分析时，采用在滑面上统一输入相当于滑体厚度 0.2 倍的地下水压力方式，计算得其安全系数为 0.998＜1，这说明千将坪滑坡在水库蓄水至 135m 水位并遭遇强降雨（6 月 21 日至 7 月 11 日，沙镇溪地区总降雨量为 162.7mm）的联合作用下必然发生

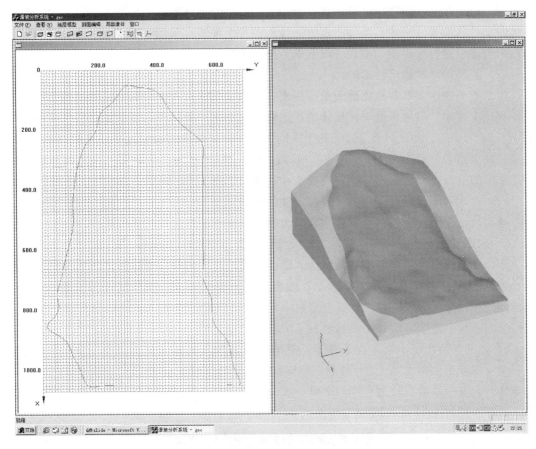

图 6.32　千将坪滑坡三维可视化模型和计算网格

失稳。

6.3.3　计算结果与分析

（1）滑坡稳定性安全系数。

通过千将坪滑坡稳定性安全系数计算得到的结果表明：

1）在天然状态下，滑体稳定性安全系数为 1.27，满足整体稳定性要求，说明在自重作用下千将坪滑坡是稳定的，这和实际情况也是相吻合的。

2）水库蓄水至 135m 高程后，千将坪滑坡整体稳定性安全系数为 1.08，相比蓄水前有较大幅度下降，这主要是由于三峡库水侵蚀、软化前缘近水平裂隙型断层带，抗剪强度参数的降低导致整体稳定性安全系数明显减小，因此水库蓄水成为诱发滑坡的重要外在因素。

3）在蓄水和降雨的联合作用下，随着千将坪滑坡地下水位的逐步升高，滑体整体稳定性安全系数继续减小，当地下水位达到一定程度时，滑体整体稳定性安全系数为 0.998，滑体发生失稳破坏。

4）千将坪滑坡主滑方向为倾向 129°（与计算模型 X 轴夹角为 8°），其中 X 轴方向为滑体中后部滑动方向。从地勘报告所给滑体横剖面图可以看出，由于在滑体中前部滑床基岩出现局部的隆起，使得中后部滑体在沿 $140°\sim150°$ 滑动过程中逐渐变为 $110°\sim120°$ 弧形转体滑动，从而导致整体性滑体主滑方向往下游发生偏转。采用三维极限平衡计算所得到的结果与地勘报告所提供的滑动方向基本上是一致的。

（2）蓄水对滑坡稳定性影响。

水是影响坡体变形和稳定性的重要因素。水的软化作用大大降低滑面的抗剪强度，水位的变化产生动、静水压力均使坡体的稳定性状况恶化。通过千将坪滑坡在蓄水高程分别为 105m、115m、125m 以及 135m 几个不同工况条件下滑坡的稳定性安全系数计算可知，对应的安全系数分别为 1.249、1.180、1.116 和 1.081。计算成果表明，水库蓄水后，随着库水位的升高，滑坡的整体稳定性安全系数逐步下降。

（3）蓄水和降雨联合作用对滑坡稳定性的影响。

通过讨论千将坪滑坡在水库蓄水和降雨联合作用下的稳定性计算表明：

1）水库蓄水至 135m 高程后，在连续降雨条件下（6 月 21 日至 7 月 11 日），坡体内地下水位逐级升高，当滑体饱和程度达到滑体厚度的 0.2 倍时，滑体整体稳定性安全系数减小为 1.07，基本处于极限平衡状态；随着降雨强度的增大，滑体安全系数继续减小，当滑体饱和到一定程度时，滑体安全系数小于 1，导致发生滑坡。显然，地下水使滑坡稳定性急剧恶化，连续降雨作用最终触发了滑坡。

2）表 6.3 给出了不同工况条件下，滑坡安全系数及其随水位上升而下降的百分比。从表中可以看出，蓄水至 135m 高程，稳定性安全系数下降比例为 15％；蓄水后在连续降雨条件下，安全系数有较大程度的下降，水位逐级升高，稳定性安全系数下降比例逐级增大，下降比例约为 16％～28％。

表 6.3 水库蓄水和强降雨对滑坡稳定性的影响

工况	天然状态	蓄水至 135m (W_{135})	蓄水＋降雨 $(W_{135}+\gamma_{0.2})$	蓄水＋降雨 $(W_{135}+\gamma_{0.4})$	蓄水＋降雨 $(W_{135}+\gamma_{0.6})$
安全系数	1.268	1.081	1.071	0.994	0.908
水位影响	—	15％	16％	22％	28％

6.4 千将坪滑坡动力学过程仿真研究

滑坡是一个动态过程，坡体的运动是一个集张裂、滑动和转动等运动方式的复杂运动过程。传统的极限平衡计算和有限元分析很难描述滑坡的运动学特点和运动过程。非连续变形分析（DDA）是一种数值分析方法，可以进行块体的静力学和动力学计算。

6.4.1 非连续变形分析方法

非连续变形分析（DDA）方法兼有有限元和离散元之长，自提出以来，便受到国内外广泛的关注和深入的研究，成为分析岩体非连续变形行为的一种强有力的工具，在水利工程、隧道工程、滑坡运动等方面有着重要的应用。以下对 DDA 计算滑坡的动力学过程仿真基本原理进行简要的介绍。

（1）块体位移和变形。

DDA 方法分时步进行计算，大位移和大变形是由小位移、小变形累加而成。假定每个时间步满足小位移、小变形条件。设每个块体处处具有常应力、常应变，块体的运动及变形由 6 个独立的变形参数确定

$$[D_i] = [u_0, v_0, \gamma_0, \varepsilon_x, \varepsilon_y, \gamma_{xy}]^T \tag{6.53}$$

块体中任意点（x，y）的位移可由变形变量 $[D_i]$ 表示

$$\begin{bmatrix} u \\ v \end{bmatrix} = [T_i][D_i] = \begin{bmatrix} \sum_{j=1}^{6} t_{1j} d_j \\ \sum_{j=1}^{6} t_{2j} d_j \end{bmatrix} \tag{6.54}$$

式（6.54）中

$$[T_i] = \begin{bmatrix} 1 & 0 & -(y-y_0) & (x-x_0) & 0 & (y-y_0)/2 \\ 0 & 1 & (x-x_0) & 0 & (y-y_0) & (x-x_0)/2 \end{bmatrix} \tag{6.55}$$

式中：（u_0，v_0）指块体质心（x_0，y_0）的刚体平移；γ_0 指块体绕质心（x_0，y_0）的转角；（$\varepsilon_x, \varepsilon_y, \gamma_{xy}$）指块体的正应变和剪应变；$[T_i]$ 为块体位移转换矩阵。

由于线性位移函数式（6.54）的使用，当块体发生大的刚体转动时容易产生体积膨胀，为了消除这个误差，每个时步计算完成后所有块体位移利用式（6.55）重新修正。

$$\begin{bmatrix} u \\ v \end{bmatrix} = \begin{bmatrix} \sum_{j=1}^{6} t_{1j} d_j \\ \sum_{j=1}^{6} t_{2j} d_j \end{bmatrix}_{j \neq 3} + \begin{bmatrix} \cos\gamma_0 - 1 & -\sin\gamma_0 \\ \sin\gamma_0 & \cos\gamma_0 - 1 \end{bmatrix} \begin{bmatrix} x-x_0 \\ y-y_0 \end{bmatrix} \tag{6.56}$$

（2）总体平衡方程。

通过块体之间的约束和作用在各块体上的位移约束条件，把若干个单独的块体连接起来并构成一个块体系统。假设所定义的块体系统有 n 个块体，联立平衡方程具有如下形式

$$\begin{bmatrix} k_{11} & k_{12} & k_{13} & \cdots & k_{1n} \\ k_{21} & k_{22} & k_{23} & \cdots & k_{2n} \\ k_{31} & k_{32} & k_{33} & \cdots & k_{3n} \\ \vdots & \vdots & \vdots & \ddots & \vdots \\ k_{n1} & k_{n2} & k_{n3} & \cdots & k_{nn} \end{bmatrix} \begin{Bmatrix} D_1 \\ D_2 \\ D_3 \\ \vdots \\ D_n \end{Bmatrix} = \begin{Bmatrix} F_1 \\ F_2 \\ F_3 \\ ? \\ F_n \end{Bmatrix} \tag{6.57}$$

由给定的常应变位移模式，根据变分原理，总体平衡方程可以通过对应力及外力（包括惯性力和阻尼力）作用下的总势能 Π_P 求导得出，即总势能最小

$$k_{ij} = \frac{\partial^2 \Pi_P}{\partial d_{ri} \partial d_{sj}} \qquad r,s = 1,2,\cdots,6 \tag{6.58}$$

$$F_i = -\frac{\partial \Pi_P}{\partial d_{ri}} \bigg|_{[D_i]=0} \qquad r = 1,2,\cdots,6 \tag{6.59}$$

（3）接触界面约束条件的数值实现方法。

DDA 方法以天然存在的不连续面切割岩体形成块体单元，块体单元之间的接触界面是位移间断面，界面的滑动和分离是由 Mohr—Coulomb 准则和无拉应力准则控制的，约束条件包括闭合、张开和滑动三种接触状态（接触状态判别见表 6.4）。用罚函数方法描述，等价于在接触点处施加刚度很大的法向和切向刚硬弹簧。

表 6.4　　　　　　　　　　　　接 触 状 态 判 别 表

迭代步(i~I)	张开	滑　动	固　定
张开	$d_n>0$	$d_n<0$ 及 $\|d_s\|>\|d_n\|\tan\varphi$	$d_n<0$ 及 $\|d_s\|<\|d_n\|\tan\varphi$
滑动	$d_n>0$	$d_n<0$ 及 $\vec{F}\cdot\vec{L}<0$	$d_n<0$ 及 $\vec{F}\cdot\vec{L}>=0$
固定	$d_n>0$	$d_n<0$ 及 $\|d_s\|>\|d_n\|\tan\varphi$	$d_n<0$ 及 $\|d_s\|<\|d_n\|\tan\varphi$

表中，$\vec{F}$ 是指向 P_2P_3 的摩擦力矢量，$\vec{L}$ 是指向 P_2P_3 的剪切位移矢量。

寻找模式变化要执行表 6.5 的操作。

表 6.5　　　　　　　　　　　　开—闭迭代操作表

迭代步（i~I)	张　开	滑　动	固　定
张开	不变化	应用法向弹簧和摩擦力	应用法向和切向弹簧
滑动	消去摩擦力	无变化	消去摩擦力应用切向弹簧
固定	消去法向和切向弹簧	消去切向弹簧并用摩擦力	无变化

开—闭迭代要保证：开接触中无嵌入；有法向弹簧的接触中无拉力。在所有接触中必须执行这两个条件，如在开—闭迭代 6 次后不收敛，时间步降到 1/3，开—闭迭代再继续。

6.4.2　非连续变形分析计算程序简介

参考石根华 DDA 原始代码，我们采用 VC++6.0 和面向对象的程序设计方法编写了功能完善的可视化计算程序，该程序具有较强的前后处理功能以及实时动画演示功能。程序运行主界面采用 OUTLOOK 界面风格，具备良好的人机交互性能，如图 6.33 所示。程序基本框架如图 6.34 所示。

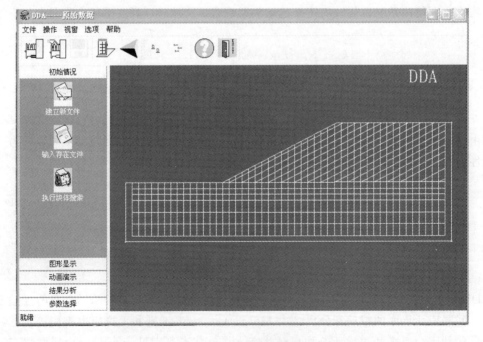

图 6.33　DDA 程序界面

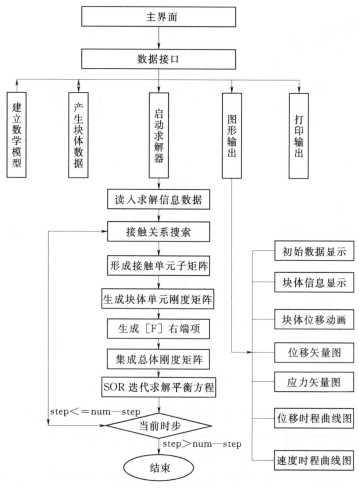

图 6.34 DDA 程序框图

6.4.3 计算模型和计算参数

（1）计算模型。

选取较为典型的 2—2′ 纵剖面作为计算断面，其长度为 1300m，高度为 400m。由于斜坡为顺向坡，根据地质资料，在计算中以顺层层间剪切错动泥化带作为划分块体单元的主要依据，块体尺寸大小和疏密程度则根据斜坡岩土体的结构，引入竖直的假想不连续面剖分确定；在坡体内部，基岩的完整性较好，块体划分得较大。DDA 计算网格如图 6.35，计算域约束条件为：地面自由，左边界和右边界为水平方向约束，而底部边界为垂直方向约束。

（2）材料参数的选取。

滑坡体以及滑带材料力学参数见表 6.6 和表 6.7。

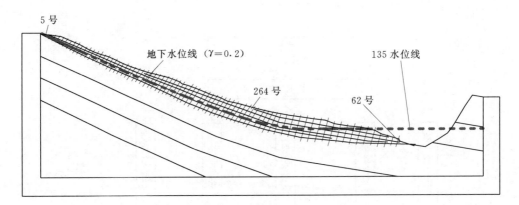

图 6.35　千将坪滑坡 DDA 计算模型

表 6.6　　　　　　　　　　　滑坡体材料参数

材料参数	重度 /(kN/m³)	弹模 /MPa	泊淞比 /kPa	黏聚力/ kPa	摩擦角 / (°)
强风化层	20.20	4200	0.34	23.2	20
弱风化层	24.38	6700	0.31	1300	32
基岩	25.86	29200	0.25	9800	42

表 6.7　　　　　　　　　　　滑带材料参数

滑带	摩擦角/ (°)	黏聚力/kPa	抗拉强度/kPa
上部滑带	18	20	0
下部滑带	15	15	0

（3）荷载条件。

本滑坡体主要考虑了自重体积力和地下水压力，计算中由位移速度变化引起的惯性力在计算过程中自动形成。地下水压力主要通过对所有在水面线以下的块体施加节点水头来模拟。

极限平衡分析成果表明，在蓄水和降雨的联合作用下，随着孔压系数的逐级升高，滑坡整体稳定性安全系数明显减小，当孔压系数为 0.2 时，滑体整体稳定性安全系数小于 1，滑体发生失稳破坏。因此在进行 DDA 分析时，考虑了库水位为 135m，孔压系数 0.2 的计算工况，地下水位浸润面如图 6.35 所示（根据渗流计算结果）。

（4）计算参量。

DDA 计算中需要输入以下参量：计算时步、时间步长和最大位移比。计算时步规定计算过程分几个时间增量步进行，本文计算取 3000 时步，时间步长由程序自动设置，对于动态问题，DDA 的时间步长代表真实的时间。最大位移比是一个无量纲数，用来判别接触的可能性，本文取值为 0.001。

6.4.4　计算结果及分析

不连续变形分析方法的特点之一是允许块体单元发生张裂、滑动以及转动等不连续变形以及块体单元相互脱离等大位移和大变形，另一特点是在计算中引入了时间因数，考虑变形有一时间过程，因此它是动态的。根据以上所建立的力学模型，采用 DDA 方法对千将坪滑坡发展演化的全过程进行了模拟研究，图 6.36～图 6.39 给出了在蓄水和降雨联合作用下，滑坡体从开裂、错动到产生整体性滑动的动力学过程，分别为 400 时步、800 时步和 3000 时步滑坡体运动以及变形情况。

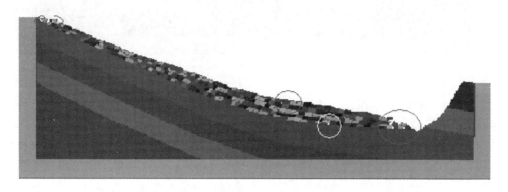

图 6.36　400 时步变形（$t=11s$）

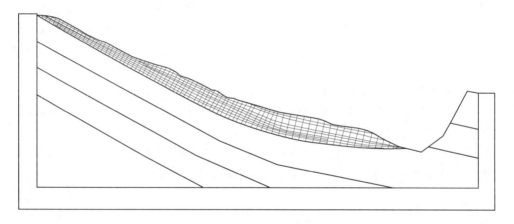

图 6.37　400 时块体位移（$t=11s$）

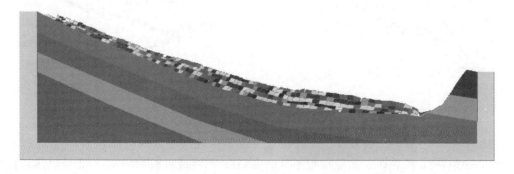

图 6.38　800 时步变形（$t=18s$）

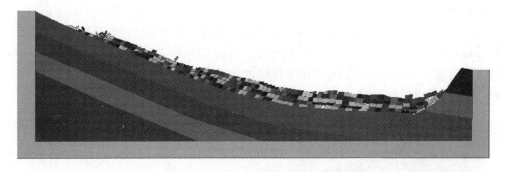

图 6.39   3000 时步变形 （$t = 60s$）

如图 6.36 和图 6.37 所示，在 400 时步，下部滑坡体的表面、滑带以及滑体后缘浅部块体处都出现了拉裂缝和错动变形，表明在滑坡发生整体滑动的前期阶段，水库蓄水后，滑带前缘软化，在地下水压力作用下，滑坡体表层出现拉裂和滑体前缘出现局部破坏现象；当滑坡变形进一步发展后，在 800 时步（图 6.38），滑坡体后缘出现下滑，滑体后缘顶部块体与基岩面逐渐拉开，块体之间有较大滑移，表现为张开、滑动和倾倒破坏等运动形式，此时千将坪滑坡开始出现整体性滑动。图 6.37 和图 6.38 充分再现了"2003 年 6月 13 日，后缘高程 400m 左右即开始出现拉张裂缝，随着滑坡变形加剧裂缝逐步扩张，至 7 月 11 日，后缘 280m 高程以上出现弧形贯通拉张裂缝，张开宽约 2m，深约 2m"的事实。滑坡发生后，滑坡体高速下滑后冲上对岸，图 6.39 给出了滑坡体深层整体运动情形以及最后形成的滑坡堆积体，整个滑坡运动历时 70s，最大滑速为 13.8m/s，这也充分说明了千将坪滑坡失稳后遭破坏的强风化岩层解体后形成的块状岩石沿层间剪切泥化带和前缘的缓倾角裂隙性断层形成的滑动面高速滑动，进入青干河后引起涌浪并冲向对岸，最终堆积于青干河河床的过程。

在模型中选取代表性块体进行分析，分别是坡脚前缘 62 号块体，滑坡体中前部 264号块体和滑坡体后缘 5 号块体，其位移时程曲线如图 6.40～图 6.42 所示。

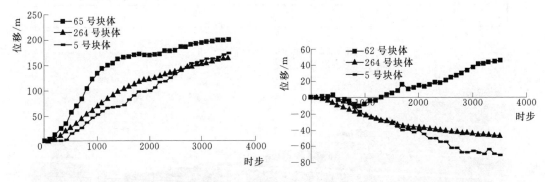

图 6.40   水平方向位移时程曲线   图 6.41   竖直方向位移时程曲线

从图 6.40～图 6.42 可以看出，在滑坡发生整体性滑动的前期阶段（0～300 时步），滑坡后缘块体（5 号块体）的位移很小（0～0.1m），而滑坡前缘块体（62 号块体）位移则相对较大（0～10.2m），这充分说明千将坪滑坡是以斜坡坡脚的局部破坏为其运动的开始阶段，然后牵引上部滑体发生滑动。滑坡的开始阶段，滑体向下滑动，块体的竖直向位移为负，当滑坡高速启动后，滑坡前缘块体由于惯性的作用冲上了青干河对岸，竖直向位移由负转正。计算结果表明滑坡体前缘块体最大水平位移为 205m，冲上对岸后爬高为 46m，滑坡体后缘块体最大水平位移为 188m，这与千将坪滑坡的实际情况是基本吻合的。

图 6.43～图 6.45 分别给出了滑坡代表性块体（62 号、264 号和 5 号块体）的水平方向、竖直方向的速度时程曲线及合速度时程曲线。

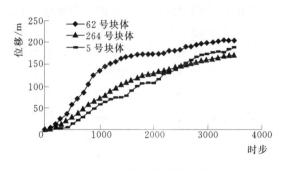

图 6.42　合位移时程曲线

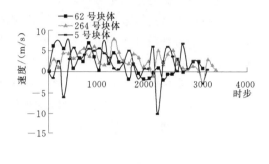

图 6.43　水平方向位移时程曲线

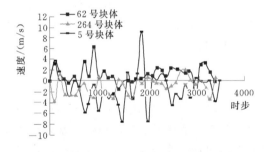

图 6.44　竖直方向位移时程曲线

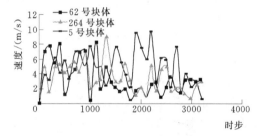

图 6.45　合速度时程曲线

从图 6.43～图 6.45 中可以看出，滑坡体块体系统在滑动过程中变形是不连续的，因此各处块体的速度变化剧烈，运动形态各异。计算结果还表明，在整体性滑坡的初期，滑坡体前缘以及中前部位代表性块体 62 号和 264 号的速度都大于后缘 5 号块体，滑坡发生整体性滑动以后，滑坡后缘块体速度则相对较大，这主要是由于滑坡顶部块体具有高势能，故而此处块体速度随时间变化较为急剧。在滑坡后期阶段，滑坡前缘块体速度开始逐步减小，最终形成滑坡堆积体。

6.5　千将坪滑坡变形失稳机制分析

6.5.1　千将坪滑坡变形破坏机制分析

通过千将坪滑坡三维极限平衡分析及千将坪滑坡有限元分析研究，综合考虑千将坪滑坡在 2003 年 6—7 月蓄水前后的实际情况，千将坪滑坡的变形破坏分为两个阶段，具体表述如下。

1）阶段一：千将坪滑坡随着库水位的上升，千将坪滑坡开始发生整体顺坡向下的位移，并且随着库水位的上升坡体整体顺坡向位移逐渐增大。库水位上升至 115m 水位时（2003 年 6 月 4 日），滑坡变形较大的部位集中在滑坡中部坡面高程 234～286m 的坡段，最大位移值为 1.22cm（相对 6 月 1 日开始蓄水时）；库水位上升至 135m 水位时（2003 年 6 月 10 日），滑坡变形较大的部位集中在滑坡中部坡面高程 236～288m 之间的坡体的坡段，最大位移值为 1.25cm（相对 6 月 1 日开始蓄水时）。库水对千将坪滑坡前缘岩土体浸泡，使得该部分岩土的饱和度增大，基质吸力减小，孔隙水压力增大，层间错动带和前缘缓倾角断层土体的有效应力降低，导致该部分土体的抗剪强度降低，造成前缘的塑性区扩展，这对千将坪滑坡的稳定性造成极不利的影响。三维极限平衡稳定计算结果也表明：随着库水位的上升，滑体稳定性安全系数逐步下降，水库蓄水至 135m 高程，千将坪滑坡整体稳定性安全系数为 1.08，比蓄水前减小了 0.19，但此时千将坪滑坡仍然处于稳定状态。

2）阶段二：水库蓄水至 135m 高程后，在连续降雨条件下（6 月 21 日至 7 月 11 日），坡体在降雨初期变形影响不明显，待降雨持续 12d 以后，开始影响滑坡变形，导致坡体层间错动带和缓倾角断层的塑性区由初始蓄水时刻出现大约 10％的塑性变形区扩大到第 35d 的 98％，并于 7 月 13 日出现全面塑性区，形成贯通的滑动面。在坡体东西两侧以走向 SE 的陡倾角裂隙型断层的塑性区不断扩大形成侧向切割边界，最终形成贯穿的连续的滑动面。三维极限平衡稳定计算结果表明：蓄水至 135m 高程后，在连续降雨条件下（6 月 21 日至 7 月 11 日），坡体内地下水位逐级升高，当滑体的饱和程度达到滑体厚度的 0.2 倍时，滑体稳定性安全系数为 0.998＜1，坡体发生失稳破坏。

6.5.2 千将坪滑坡运动机制分析

通过千将坪滑坡动力学过程仿真研究可知：滑坡发生整体滑动的前期阶段，水库蓄水后，滑带前缘软化，在地下水压力作用下，滑坡体表层出现拉裂和滑体前缘出现局部破坏现象；当滑坡变形进一步发展后，滑坡体后缘出现下滑，滑体后缘顶部块体与基岩面逐渐拉开，块体之间有较大滑移，表现为张开、滑动和倾倒破坏等运动形式，此时千将坪滑坡开始出现整体性滑动。滑坡运动的位移时程曲线和速度时程曲线表明：千将坪滑坡是以斜坡坡脚的局部破坏以及滑体前缘的表层拉裂为其运动的开始阶段，并进一步牵引上部滑体，滑坡体后缘出现下滑，滑体后缘顶部块体与基岩面逐渐拉开，后缘高程 400m 左右即开始出现拉张裂缝，随着滑坡后缘块体的变形加剧和裂缝逐步扩张，滑坡前缘块体由于后缘运动块体的推力作用而发生进一步的滑动，最终形成滑坡块体整体向青干河滑移。千将坪滑坡启动后，滑体前缘块体水平位移为 205m，冲上对岸后爬高为 46m，滑坡体后缘块体水平位移为 188m，整个滑坡运动历时 70 s，最大滑速为 13.8m/s。

6.6 小结

通过对千将坪滑坡变形破坏机制的数值模拟研究，做如下小结。

1）二维有限元分析结果表明：在三峡水库 135m 蓄水过程中，滑坡体前缘孔压大幅升高，前缘岩土体出现严重的塑性破坏，后缘出现局部塑性破坏，但坡体整体保持稳定，前缘受库水渗透力作用，位移指向坡内，与渗透力方向相同，最大位移为－0.017m；在 2003 年 6 月 21 日至 7 月 11 日的降雨过程中，降雨初期坡体位移变化不明显；由于 2003

年 7 月 4 日的暴雨（降雨强度达 56mm），7 月 6 日以后，后缘出现较大位移并且层间错动带产生大范围塑性破坏，最大位移达 0.012m，但塑性区未贯通，坡体整体尚未失稳；在 2003 年 7 月 6 日后续的断续降雨过程中，坡体后部层间错动带塑性区进一步扩大，使得层间错动带全面处于塑性状态，坡体后部不能保持自稳，对前缘阻滑段的推力进一步增大，应力重新调整后使前缘坡体承受荷载增加，而前缘缓倾角结构面已处于塑性状态，最终，层间错动带和缓倾角断层之间的岩桥发生破坏，形成完整贯通的塑性面，导致整体失稳。

2）三维有限元分析结果表明：随着三峡水库 135m 水位蓄水过程中水库水位的上升（从 2003 年 6 月 1—10 日），千将坪滑坡强风化带岩层开始发生沿层间错动泥化带整体顺坡向下的位移，并且随着库水位的上升坡体整体顺坡向位移逐渐增大，库水位上升至 115m 水位时（2003 年 6 月 4 日），滑坡变形较大的部位集中在滑坡中部坡面高程 234～286m 的坡段，最大位移值为 1.22cm（相对 6 月 1 日开始蓄水时）；库水位上升至 135m 水位时（2003 年 6 月 10 日），滑坡变形较大的部位集中在滑坡中部坡面高程 236～288m 之间的坡体的坡段，最大位移值为 1.25cm（相对 6 月 1 日开始蓄水时）；水库蓄水至 135m 高程后，在连续降雨条件下（6 月 21 日至 7 月 11 日），滑坡中后部的岩体位移方向变化方向为顺坡向向下，同时，在滑坡西侧 230m 高程附近的位移方向有转向青干河下游的趋势，其转向主要偏向 110°～120°，坡体前缘位移方向有向前向上抬升的趋势；到 7 月 11 日降雨结束时，滑坡位移峰值为 12.7mm，位移变化较大区域主要集中在高程 234～291m 范围内。三峡水库水位抬升过程中（滑坡水位由 90m 上升至 135m），千将坪边坡前缘缓倾角裂隙性断层在库水位浸泡的影响下，前缘部分岩土体出现饱和，其抗剪强度降低，该部分岩土体在中后部滑体推力的作用下，沿河流自西向东出现部分塑性区，塑性区分布在高程 90～150m 高程范围内；水库蓄水至 135m 高程后，在连续降雨条件下（6 月 21 日至 7 月 11 日），千将坪滑坡后缘层间错动泥化带在降雨作用下，由于上覆岩土层很薄（厚度大约为 1～8m），再者由于该部分岩体风化强烈、裂隙发育，大气降雨降至坡体表面后就迅速入渗，使得该部分岩土体出现饱和，特别是层间错动泥化带土体的抗剪强度降低，使得上部岩土体出现塑性破坏，塑性区的范围大约为高程 300～400m，沿东西向分布，该部分岩土体出现塑性破坏后增大了高程 300m 以下岩土体的推力，并使得高程 150～300m 范围内的层间错动泥化带的土体剪切力增大，并使得该范围内的岩土体也发生塑性破坏，最终形成贯穿的滑动面。

3）三维极限平衡分析结果表明：千将坪滑坡在水库蓄水之前，滑体稳定性安全系数为 1.27，即在自重作用下，千将坪滑坡是稳定的；水库蓄水至 135m 高程后，千将坪滑坡整体稳定性安全系数为 1.08，相比蓄水前有较大幅度下降；在 135m 水位和降雨的联合作用下，随着千将坪滑坡地下水位的逐步升高，滑体整体稳定性安全系数继续减小，当地下水位达到一定高度时，滑体整体稳定性安全系数为 0.998，滑体发生失稳破坏。

4）运用 DDA 方法对千将坪滑坡进行动力学仿真分析结果表明：在水库水位从 90m 上升到 135m 过程时（2003 年 6 月 1—20 日），千将坪滑坡的破坏形式以斜坡坡脚的局部破坏以及滑体前缘的表层拉裂为其运动的开始阶段，并进一步牵引上部滑体；在 2003 年 6 月 21 日至 7 月 11 日降雨期间，滑坡体后缘出现下滑，滑体后缘顶部块体与基岩面逐渐拉开，后缘高程 400m 左右即开始出现拉张裂缝，随着滑坡后缘块体的变形加剧和裂缝逐步扩张，滑坡前缘块体由于后缘运动块体的推力作用而发生进一步的滑动，最终形成滑坡整体向青干河滑移；千将坪滑坡启动后，滑体前缘块体水平位移为 205m，冲上对岸后爬高为 46m，滑坡体后缘块体水平位移为 188m，整个滑坡运动历时 70s，最大滑速为 13.8m/s。

5）水库蓄水和强降雨的联合作用是最终导致千将坪滑坡产生大规模深层滑动直接诱因，千将坪滑坡的顺层岸坡结构、层间错动带、前缘缓倾角断层和东西两侧走向 SE 的陡倾角裂隙性断层的存在是千将坪滑坡发生顺层整体滑动的内因。千将坪滑坡失稳的原因可以具体归纳为：①千将坪滑坡滑体缓倾角近水平裂隙性断层、顺层层间错动带和东西两侧走向 SE 的陡倾角裂隙型断层的存在给滑坡的失稳提供了良好的边界条件；②在大气降雨和库水的联合作用下，滑坡前缘的缓倾角断层、后缘的顺层层间错动泥化带及滑坡东西两侧走向 SE 的陡倾角裂隙型断层的岩土体遇水后，其饱和度不断增大，层间错动带和前缘缓倾角断层土体的有效应力降低，进而造成该部分土体抗剪强度进一步降低；同时由于滑坡前缘的缓倾角断层、后缘的顺层岩层层间错动泥化带非饱和土体基质吸力减小，孔隙水压力增大，使得滑坡滑动力增大，对千将坪滑坡的稳定性造成极不利的影响。

第7章　千将坪滑坡物理模型模拟研究

7.1　引言

2003 年 7 月 13 日，三峡水库蓄水初期三峡库区千将坪发生特大滑坡。该滑坡自发生以来，一直受到工程界和学术界的高度关注，国内相关科研机构、高校的学者和工程师们纷纷对该滑坡进行了研究，发表了一系列关于该滑坡的研究成果。这些研究成果按研究方法大致可分为四类：一类是地质分析，二类是数值模拟，三类是物理模型模拟，四类是综合研究。

2007 年 12 月，本课题组在三峡大学结构试验厅进行了千将坪滑坡地质力学模型试验，以微震、百分表位移及摄影为量测手段。本次试验的新意在于将微震应用到滑坡监测和机制研究领域，在滑坡地质力学模型试验中通过各加载步骤下滑带破裂微震信息的监测追踪和高精度定位，并与模型位移量测结果对比，揭示了滑坡的变形过程和机制，探索了滑坡微震监测的可行性。

7.2　滑坡模型试验理论

滑坡模型试验作为地质力学模型试验的一个重要分支，其理论基础仍然是相似理论。本部分系统介绍滑坡模型试验理论。

7.2.1　相似理论

相似理论是物理模型试验的理论基础，是研究自然界相似现象的相似原理的一门科学，它提供了确定相似判据的方法，是指导模型试验，整理试验结果，并把试验结果应用于原型的理论基础。它是组织实验、整理实验结果、并把这些结果有规律地推广到其他现象上去的科学方法。

物理模型试验是以模型和原型之间的物理相似为基础的模型试验方法。这里，模型和原型之间的所有同名物理量都是相似的。即所有的矢量在方向上相应地一致，在数值上相应地成比例。在这种情况下，模型和原型之间，只有大小比例上的不同，其物理过程在本质上是一致的。

依据客观事物所具有的不同相似关系，可以把相似分为纵向相似和横向相似。由于客观事物内部的物理、化学联系而形成的相似关系，称为纵向相似；由于系统与系统之间相互联系、相互作用所形成的相似关系，称为横向相似。滑坡模型试验主要是研究系统的横向相似关系。此外，从不同的角度出发，还可以把众多的相似现象分为动力相似、几何相似、现象相似、本质相似、静态相似、动态相似、宏观相似、微观相似等。

工程中的相似方法根据所观察到的各种相似现象，用实验室内缩小或放大的模型对现象开展研究，并把结论推广到工程实际中，即是研究模型与原型之间相似关系的方法。模型包括数学模型、计算模型、物理模型。被研究的对象则称为模型的"原型"，滑坡模型试验的模型指实验室二维或三维物理模型，原型即为所研究的特定的滑坡。

模型试验相似一般需满足几何相似（物理量纲为长度单位）、运动学相似和动力学相似，以及材料或介质的物理学相似等，其中在满足几何相似前提下的动力学相似条件，则运动学必然相似。

（1）几何相似。

几何相似是模型试验首先应遵守的第一个相似原理，也是通过技术手段最易满足的相似条件，满足几何相似是指原型和模型的外形相似，大小和相应的尺寸成比例，相应的夹角相等，即模型是原型的准确几何缩小或放大的复制品。

若某几何体的体积量为 V，面积量为 S，长度量为 l，角度量为 θ，p 表示原型量，m 表示模型量，设

$$C_l = \frac{l_p}{l_m}$$

$$C_\theta = \frac{\theta_p}{\theta_m}$$

$$C_S = \frac{S_p}{S_m} = \frac{l_p^2}{l_m^2} = C_l^2$$

$$C_V = \frac{V_p}{V_m} = \frac{l_p^3}{l_m^3} = C_l^3$$

则 C_i（$i = l、\theta、s、v$）称为相似常数（或变换系数）。原型的每一个物理量可由参数 C_i 的线性变换转化为模型中对应的物理量，在变换中，不同的物理量之间的变换系数 C_i 可以各不相同，但对于确定的原型和模型系统，每个变换系数 C_i 是严格不变的。不同的变换系数起着向不同物理量赋值的作用，C_i 的选择取决于所研究问题的性质和试验条件等因素。

（2）质量相似。

在满足动力学相似中，首先应满足质量相似条件，即质量的大小和分布需相似，工程中常用密度来表示其质量分布，若用 ρ 表示密度，即质量（m）相似比和质量分布（ρ）相似比为

$$C_m = \frac{m_p}{m_m}$$

$$C_\rho = \frac{\rho_p}{\rho_m}$$

其中：$C_\rho = \frac{C_m}{C_V} = \frac{C_m}{C_l^3}$。

（3）荷载相似。

动力学相似除了满足质量相似之外，其外力即荷载也需相似，即模型和原型在各对应点上所受荷载方向一致，大小成比例，则荷载相似比为（设 σ 为应力）

集中荷载：$C_P = \dfrac{P_p}{P_m} = \dfrac{S_p \sigma_p}{S_m \sigma_m} = C_\sigma C_l^2$

线荷载：$C_q = \dfrac{q_p}{q_m} = \dfrac{l_p \sigma_p}{l_m \sigma_m} = C_\sigma C_l$

面荷载：$C_w = \dfrac{w_p}{w_m} = \dfrac{\sigma_p}{\sigma_m} = C_\sigma$

体荷载：$C_M = \dfrac{M_p}{M_m} = C_\sigma C_l^3$

对于滑坡模型试验，其荷载多为重力，而重力加速度 g 一般均满足 $C_g = 1$，则重力相似需满足

$$C_{mg} = \frac{m_p g_p}{m_m g_m} = C_m C_g = C_V C_\rho C_g = C_\rho C_l^3$$

即满足重力相似只需满足长度相似和密度相似即可。

（4）介质物理性质相似。

介质物理性质相似即要求原型和模型各对应点的应力 σ，τ、应变 ε，γ、刚度 E，G 与变形即泊松比 μ 相似，即

应力相似比：$C_\sigma = \dfrac{\sigma_p}{\sigma_m} = \dfrac{E_p \varepsilon_p}{E_m \varepsilon_m} = C_E C_\varepsilon$ 或 $C_\tau = \dfrac{\tau_p}{\tau_m} = \dfrac{G_p \gamma_p}{G_m \gamma_m} = C_G C_\gamma$

泊松比相似：$C_\mu = \dfrac{\mu_p}{\mu_m}$

应变相似比：$C_\varepsilon = \dfrac{\varepsilon_p}{\varepsilon_m} = \dfrac{\sigma_p / E_p}{\sigma_m / E_m} = C_\sigma / C_E$ 或 $C_\gamma = \dfrac{\gamma_p}{\gamma_m} = \dfrac{\tau_p / G_p}{\tau_m / G_m} = C_\tau / C_G$

刚度相似：$C_E = \dfrac{E_p}{E_m}$ 或 $C_G = \dfrac{G_p}{G_m}$

（5）边界条件相似。

模型和原型在其与外界接触的区域内的各种条件需保持相似，对于滑坡模型试验来说，需满足库水位、地下水位、边界摩擦系数相似等。

库水位或地下水位：$C_h = \dfrac{h_p}{h_m} = C_l$

边界摩擦系数：$C_f = \dfrac{f_p}{f_m} = \dfrac{w_p / \sigma_p}{w_m / \sigma_m} = 1$

7.2.2　相似定理

（1）相似第一定理。

相似理论的理论基础是相似三定理。相似三定理的实用意义在于指导模型的设计及其有关试验数据的处理和推广，并在特定情况下根据经过处理的数据提供建立微分方程的指示，还可以进一步帮助人们科学而简捷地去建立一些经验性的指导方程，工程上的许多经验公式可以由此而得，其中相似第一和第二定理给出了相似的必要条件，而相似第三定理给出了相似的充分条件。

相似第一定理（相似正定理）于 1848 年由法国 J. Bertrand 建立，可表述为："对相似的现象，其相似指标等于 l"，或表述为："对相似的现象，其相似准则的数值相同"。

这一定理是从现象已经相似的这一事实出发来考虑问题的，实际是对相似现象相似性质的一种概括，也是现象相似的必然结果，说明了现象相似的性质，为试验的准备指明了努力方向。下面以质点运动为例简单说明这一问题。

质点运动的微分方程为

$$v = \frac{\mathrm{d}l}{\mathrm{d}t} \tag{7.1}$$

分别以 p，m 做下标表示原型和模型相对应的物理量，则

$$\left. \begin{aligned} v_p = \frac{\mathrm{d}l_p}{\mathrm{d}t_p} \\ v_m = \frac{\mathrm{d}l_m}{\mathrm{d}t_m} \end{aligned} \right\} \tag{7.2}$$

在式（7.2）中

$$\left. \begin{aligned} \frac{l_p}{l_m} = C_l，或\ l_p = C_l l_m \\ \frac{t_p}{t_m} = C_t，或\ t_p = C_t t_m \\ \frac{v_p}{v_m} = C_v，或\ v_p = C_v v_m \end{aligned} \right\} \tag{7.3}$$

式（7.2）和式（7.3）联立可得

$$C_v v_p = \frac{C_l \mathrm{d}l_p}{C_t \mathrm{d}t_p} \tag{7.4}$$

比较式（7.2）和式（7.4）可知必定存在条件

$$C_v = \frac{C_l}{C_t}$$

或

$$\frac{C_v C_t}{C_l} = C = 1 \tag{7.5}$$

式（7.5）的左端称为相似指标，表示相关物理量变换系数的关系，说明各相似常数不是任意选取的，它们的相互关系要受"相似指标为1"的条件的限制。这种约束关系也可以用另外的形式表示。将式（7.3）中的 C_l，C_t，C_v 代回式（7.5），得到式（7.6）

$$\frac{v_p t_p}{l_p} = \frac{v_m t_m}{l_m} \tag{7.6}$$

或 $\dfrac{vt}{l} = $ 不变量

式中：$\dfrac{vt}{l}$ 为一无量纲的综合数群，它反映出现象相似的数量特征，称为相似准则。

由于相似准则只有在相似现象的对应点和对应时刻上才数值相等，所以相似准则的概念是"不变量"而非"常量"。

当用相似第一定理指导模型研究时，首先是导出相似准则，然后在模型试验中测量所有与相似准则有关的物理量，得出相似准则数值，借此推断原型的性能。但这种测量与单个物理量泛泛的测量不同。由于它们处于同一准则之中，故若几何相似得到保证，便可找到各物理量相似常数间的倍数（或比例）关系。模型试验中的测量就在于以有限试验点的

测量结果为依据，充分利用这种倍数（或比例）关系，而不着眼于测取各物理量的大量具体数值。

（2）相似第二定理。

理论或实验研究的目的是建立所研究现象的物理规律性。这种自然现象的规律性通常表现为各物理量之间的函数关系。在这些关系中，各有量纲的物理量的数值取决于所选用的测量单位制。然而，自然规律本身是客观的，它与人为地建立的测量单位制无关。因此，表示自然规律的各物理量之间的函数关系应具有某种与测量单位制无关的特殊的结构。相似第二定理为找到这种规律提供了可行的操作方法。

相似第二定理可表述为：设一物理系统有 n 个物理量，其中有 k 个物理量的量纲是相互独立的，那么这 n 个物理量可表示成相似准则 π_1，π_2，$\cdots$，π_{n-k} 之间的函数关系。即式（7.7）

$$f(\pi_1,\pi_2,\cdots,\pi_{n-k})=0 \tag{7.7}$$

该定理于 1914 年由英国人 E. 白金汉（E. Buckingham）建立，所以也称为白金汉定理。因为所有的相似判据都可以认为是若干个物理量的指数幂的乘积，而 π 在希腊文中表示乘积的意思，所以相似第二定理又称为 π 定理，式（7.7）称为判据关系式或 π 关系式，式中的相似判据称为 π 项。

彼此相似的现象，在对应点和对应时刻上的相似判据都相等，所以它们的 π 关系式也应当是相同的。如用下标"p"（Prototype）和"m"（Model）分别表示原型和模型，则 π 关系式分别为式（7.8）

$$\left.\begin{array}{l} f(\pi_1,\pi_2,\cdots,\pi_{n-k})_p=0 \\ f(\pi_1,\pi_2,\cdots,\pi_{n-k})_m=0 \end{array}\right\} \tag{7.8}$$

其中

$$\left.\begin{array}{l} \pi_{1m}=\pi_{1p} \\ \pi_{2m}=\pi_{2p} \\ \vdots \\ \pi_{(n-k)m}=\pi_{(n-k)p} \end{array}\right\} \tag{7.9}$$

式（7.9）的意义在于说明，如果把某现象的试验结果整理成式（7.7）所示的 π 关系式，则该式便可推广到与其相似的所有其他现象中去。而在推广过程中，由式（7.9）可知，并不需要列出各 π 项间真正的关系方程（不论该方程是否已发现）。

严格地说，式（7.7）所示的 π 关系式可完整的表示为式（7.10）

$$f(\pi_1,\pi_2,\cdots,\pi_{n-k},1,1,\cdots,1)=0 \tag{7.10}$$

而当有 j 个物理量 x_1，x_2，$\cdots$，x_j 为无量纲（如泊松比、内摩擦角等）时，式（7.7）还可表示为式（7.11）

$$f(\pi_1,\pi_2,\cdots,\pi_{n-k-j},x_1,x_2,\cdots,x_j,1,1,\cdots,1)=0 \tag{7.11}$$

式（7.10）和式（7.11）中分别有 k 个 1。

π 关系式中的 π 项在模型试验中有自变（决定）和因变（待定）之分。设在式（7.10）和式（7.11）中因变的 π 项为 π_1，则可将二式改写为

$$\pi_1=f_1(\pi_2,\cdots,\pi_{n-k}) \tag{7.12}$$

$$\pi_1 = f_1(\pi_2, \cdots, \pi_{n-k-j}, x_1, x_2, \cdots, x_j) \tag{7.13}$$

实际上，x_1，x_2，$\cdots$，x_j 常被视为 π 项，于是式（7.11）和式（7.13）又恢复到式（7.7）和式（7.11）的形式。换言之，即把 π 定理所指的 n 个物理量，理解为全部有量纲的物理量和无量纲的物理量的总和。

如果一个现象同时存在两个本质上一致的因变 π 项 π_1 和 π_2，则式（7.11）可写为

$$\left.\begin{aligned} \pi_1 &= f_1(\pi_3, \cdots, \pi_{n-k}) \\ \pi_2 &= f_1(\pi_3, \cdots, \pi_{n-k}) \end{aligned}\right\} \tag{7.14}$$

同理，如果同时存在三个本质上一致的因变 π 项，则式（7.11）可写为

$$\left.\begin{aligned} \pi_1 &= f_1(\pi_4, \cdots, \pi_{n-k}) \\ \pi_2 &= f_2(\pi_4, \cdots, \pi_{n-k}) \\ \pi_3 &= f_1(\pi_4, \cdots, \pi_{n-k}) \end{aligned}\right\} \tag{7.15}$$

余类推。

式（7.11）至式（7.15）等号右边的 π 项均为自变 π 项。

如在两现象中各自变 π 项经过人为控制双双相等，则由于因变 π 项间存在直接的换算关系，式（7.11）中与 π_1 相对应的 π_{1m} 便可作为模型试验中预测原型的依据，或以此取得工程设计所需的各种数据。

下面我们证明 π 定理。

设有一物理现象，它包含 n 个正值的、不等于零的物理量，构成如式（7.16）所示的函数关系

$$f_1(x_1, x_2, x_3, \cdots, x_k, x_{k+1}, \cdots, x_{n-1}, x_n) = 0 \tag{7.16}$$

或式（7.17）

$$x_n = f_2(x_1, x_2, x_3, \cdots, x_k, x_{k+1}, \cdots, x_{n-1}) \tag{7.17}$$

式中，前 k 项被假定为基本物理量的量纲（为讨论方便，以下用 $[\ \ ]$ 表示物理量的量纲）

$$[x_1] = A_1, [x_2] = A_2, \cdots, [x_k] = A_k \tag{7.18}$$

显然，其余的 $n-k$ 个物理量的量纲可视为前 k 个物理量量纲的函数，即

$$\left.\begin{aligned} [x_n] &= A_1^{p_1} A_2^{p_2} \cdots A_k^{p_k} \\ [x_{k+1}] &= A_1^{q_1} A_2^{q_2} \cdots A_k^{q_k} \\ &\vdots \\ [x_{n-1}] &= A_1^{r_1} A_2^{r_2} \cdots A_k^{r_k} \end{aligned}\right\} \tag{7.19}$$

式中：A_1，A_2，$\cdots$，A_k 为各基本物理量的量纲；p_i、q_i、$r_i(i=1,2,\cdots,k)$ 为所讨论物理量与第 i 个基本物理量之间的相关指数。

将前 k 项变量分别乘以某一倍数 a_1，a_2，$\cdots$，a_k，可得式（7.20）

$$\left.\begin{aligned} x_1' &= a_1 x_1 \\ x_2' &= a_2 x_2 \\ &\vdots \\ x_k' &= a_k x_k \end{aligned}\right\} \tag{7.20}$$

由式（7.15）、式（7.13）有

$$\left.\begin{aligned}[x_1'] &= [a_1 x_1] = a_1 A_1 = A_1'\\ [x_2'] &= [a_2 x_2] = a_2 A_2 = A_2'\\ &\vdots\\ [x_k'] &= [a_k x_k] = a_k A_k = A_k'\end{aligned}\right\} \tag{7.21}$$

式中：$A_1', \cdots, A_k'$ 为各基本物理量的新量纲。

这样，其余 $(n-k)$ 个物理量的新量纲为

$$\left.\begin{aligned}[x_n'] &= a_1^{p_1} a_2^{p_2} \cdots a_k^{p_k}[x_n]\\ [x_{k+1}'] &= a_1^{q_1} a_2^{q_2} \cdots a_k^{q_k}[x_{k+1}]\\ &\vdots\\ [x_{n-1}'] &= a_1^{r_1} a_2^{r_2} \cdots a_k^{r_k}[x_{n-1}]\end{aligned}\right\} \tag{7.22}$$

将式（7.22）进行等效转换，可得其余 $(n-k)$ 个物理量与式（7.21）相应的倍数关系为

$$\left.\begin{aligned}x_n' &= a_1^{p_1} a_2^{p_2} \cdots a_k^{p_k} x_n\\ x_{k+1}' &= a_1^{q_1} a_2^{q_2} \cdots a_k^{q_k} x_{k+1}\\ &\vdots\\ x_{n-1}' &= a_1^{r_1} a_2^{r_2} \cdots a_k^{r_k} x_{n-1}\end{aligned}\right\} \tag{7.23}$$

式（7.22）是量纲关系式，式（7.23）是物理量（包括量值和量测单位）关系式。

式（7.21）及式（7.23）中的 $x_1', x_2', \cdots, x_k', \cdots, x_n'$ 构成了物理现象经过改造的、新的变量系列，它们满足下列函数关系

$$x_n' = f(x_1', x_2', \cdots, x_k', \cdots, x_{n-1}') \tag{7.24}$$

或

$$a_1^{p_1} a_2^{p_2} \cdots a_k^{p_k} x_n' = f(a_1 x_1, a_2 x_2, \cdots, a_k x_k, a_1^{q_1} a_2^{q_2} \cdots$$
$$a_k^{q_k} x_{k+1}, \cdots a_1^{r_1} a_2^{r_2} \cdots a_k^{r_k} x_{n-1}) \tag{7.25}$$

由于式（7.20）中的 a_k 是任意的，因此，为减少式中变量的数目，令

$$\left.\begin{aligned}a_1 &= \frac{1}{x_1}\\ a_2 &= \frac{1}{x_2}\\ &\vdots\\ a_k &= \frac{1}{x_k}\end{aligned}\right\} \tag{7.26}$$

将式（7.26）代入式（7.25），可得式（7.26）的改造形式

$$\frac{x_n}{x_1^{p_1} x_2^{p_2} \cdots x_k^{p_k}} = f\left(1, 1, \cdots, 1, \frac{x_{k+1}}{x_1^{q_1} x_2^{q_2} \cdots x_k^{q_k}}, \cdots, \frac{x_{n-1}}{x_1^{r_1} x_2^{r_2} \cdots x_k^{r_k}}\right) \tag{7.27}$$

这里，k 个 1 说明前 k 个物理量的量纲都是"零指数"。

根据量纲均匀性原理，一个能完整地、正确地反映客观规律的数学方程必定是量纲均匀的。因此，式（7.27）中其余的 $(n-k)$ 项必定是无量纲的，这就是所谓的相似判据或 π 项。

以上即为相似第二定理的证明。

设式（7.27）中

$$\frac{x_n}{x_1^{p_1} x_2^{p_2} \cdots x_k^{p_k}} = \pi_1 \tag{7.28}$$

则必有

$$\frac{x_{k+1}}{x_1^{q_1} x_2^{q_2} \cdots x_k^{q_k}} \cdots , \frac{x_{n-1}}{x_1^{r_1} x_2^{r_2} \cdots x_k^{r_k}} = \pi_2, \cdots, \pi_{n-k} \tag{7.29}$$

将式（7.28）和式（7.29）代入式（7.27），即可得到相似第二定理的最后表达式（7.30）

$$\pi_1 = f(\pi_2, \pi_2, \cdots, \pi_{n-k}) \tag{7.30}$$

或式（7.31）

$$\phi(\pi_1, \pi_2, \cdots, \pi_{n-k}) = 0 \tag{7.31}$$
$$f(\pi_1, \pi_2, \pi_3, \cdots, \pi_n) = 0$$

可改写为

$$\phi(\pi_1, \pi_2, \cdots, \pi_{n-k}) = 0$$

相似第二定理是十分重要的。它指出必须把试验结果整理成相似准则关系式，指明了如何整理试验结果问题。但是在它的指导下，模型试验结果能否正确推广，关键又全在于是否正确地选择了与现象有关的物理量。

（3）相似第三定理。

1930 年，该定理由苏联库尔利切夫建立。

相似第三定理可表述为：对于同一类物理现象，如果单值量相似，而且由单值量所组成的相似准则在数值上相等，则现象相似。

相似第三定理是现象相似的充分必要条件。

所谓单值量，是指单值条件中的物理量，而单值条件，是指将某一个个别现象与同类现象区别开来，也就是将现象群的通解转化为特解的具体条件。单值条件包括以下几点：

1）几何条件（空间条件）。所有具体的现象都发生在一定的几何空间内，因此，参与现象的物理量的几何形状和大小以及各物理量的相对位置，都是应给出的单值条件。

2）物理条件（介质条件）。所有具体的现象都是在具有一定物理性质的介质参与下进行的，所以，各物理量的特性也应列为单值条件，如容重、弹性模量、强度等。

3）边界条件。一切现象必然受到周围环境的影响，因此，发生在边界的情况属于单值条件，如支承条件、约束条件等。

4）初始条件。某些物理现象，如动力学问题。其过程受初始状态的影响，因此这类现象应将初始条件作为单值条件。

相似第三定理直接同代表具体现象的单值条件相联系，并且强调了单值量相似，它既照顾到单值量变化和形成的特征，又不会遗漏掉重要的物理量，指明了模型试验应遵守的条件，就显示出它科学上的严密性，它是构成现象相似的充分和必要条件，并且严格的说，也是一切模型试验应遵循的理论指导原则。

（4）三个相似定理的相互关系。

相似第一定理和相似第二定理是在假定现象相似的前提下得出的相似后的性质，是现象相似的必要条件。相似第三定理直接和代表具体现象的单值条件相联系，并强调单值量相似，显示了它在科学上的严密性。三个相似定理构成了模型试验必须遵循的理论原则。

如前所述，相似第一定理是从现象已经相似的这一事实出发来考虑问题的，它说明的是现象相似的性质。设有两现象相似，他们都符合质点运动的微分方程 $v = \dfrac{\mathrm{d}l}{\mathrm{d}t}$，如果这时从三维空间找出如图7.1所示的两条相似曲线（实线），便得

$$\frac{v_a' t_a'}{l_a'} = \frac{v_a'' t_a''}{l_a''}$$

$$\frac{v_b' t_b'}{l_b'} = \frac{v_b'' t_b''}{l_b''}$$

图中"a""b"两点为现象的对应点（空间对应和时间对应）。

现在，设想通过第二现象的点 a 和点 b，找出同类现象中的另一现象——第三现象（如图 7.1 中虚线所示），则由于代表第二、第三现象的曲线并不互合，故第三现象与第一现象并不相似，说明通过点 a、点 b 的现

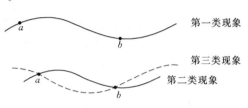

图 7.1   现象相似示意图

象并不都是相似现象。为了使通过点 a、点 b 的现象取得相似，我们必须从单值条件上加以限制。例如在这种情况下，可考虑加入如下初始条件：$t = 0$ 时，$v = 0$，$l = 0$。这样，既有初始条件的限制，又有由单值量组成的相似准则 $\left(\dfrac{vt}{l}\right)$ 值的一致，两个现象便必定走向相似。

由此看来，同样是 $\dfrac{vt}{l}$ 值相等，相似第一定理未必能说明现象的相似，而相似第三定理从单值条件上对它进行补充，保证了现象的相似。因此，相似第三定理是构成现象相似的充要条件，严格地说，也是一切模型试验应遵循的理论指导原则。

但在一些复杂现象中，很难确定现象的单值条件，仅能凭借经验判断何为系统最为主要的参量；或者虽然知道单值量，但很难做到模型和原型由单值量组成的某些相似准则在数值上的一致，这就使相似第三定理难以真正实行，并因而使模型试验结果带有近似的性质。由此可以看出，模型试验是否反映了客观规律，关键在于正确地选择控制现象的物理参数，而这又取决于对问题的深入分析及经验。

同样的道理，如果相似第二定理中各 π 项所包含的物理量并非来自某类现象的单值条件，或者说，参量的选择很可能够不全面、正确，则当将 π 关系式所得的模型试验结果加以推广时，自然也就难以得出准确的结论。这个事实反过来说明，离开对参量（特别是主要参量）的正确选择，相似第二定理便失去了它存在的价值。

当利用相似三大定理指导模型试验时，首先应立足相似第三定理，并全面地确定现象的参量，然后通过相似第一定理提示的原则建立起该现象的全部 π 项，最后则是将所得 π 项按相似第二定理的要求组成 π 关系式，以用于模型设计和模型试验结果的推广。相似三

定理在模型试验中应用的关系流程图见图7.2。

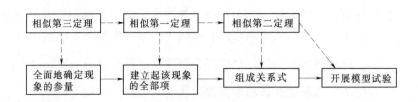

图7.2　相似三定理关系流程图

7.2.3　相似准则的导出方法

相似准则如何导出，这是在弄清楚三个相似定理以后留下来的一个问题。目前常用的相似准则导出方法主要有三种，即定律分析法、方程分析法和量纲分析法。从理论说，两种方法可以得出同样的结果，只是用不同的方法来对物理现象（或过程）做数学上的描述。但在实际运用上却有各自不同的特点、限制和要求。

（1）定律分析法。

定律分析法要求人们对所研究的现象必须充分运用已经掌握的全部物理定律，并能辨别其主次。一旦这个要求得到满足，问题的解决并不困难，而且还可获得数量足够的、能反映现象实质的 π 项。这种方法的缺点是：①流于就事论事，看不出现象的变化过程和内在联系，故作为一种方法，缺乏典型意义；②由于必须找出全部物理定律，所以对于未能全部掌握其机理的、较为复杂的物理现象，运用这种方法是不可能的，甚至于无法找到它的近似解；③常常会有一些物理定律，对于所讨论的问题表面看上去关系并不密切，但又不宜妄加剔除，需要通过实验去找出各个定律间的制约关系，和决定哪个定律对问题说来是重要的，因此就在实际上为问题的解决带来不便。

（2）方程分析法。

方程分析法是一种导出相似准则的有效方法，有相似转换法和积分类比法两种，它必须首先具备一个（或一组）用于描述物理现象的方程。这里所说的方程，主要是指微分方程，此外也有积分方程、积分—微分方程，它们统称为数学物理方程。这种方法的优点是：①结构严密，能反映对现象来说最为本质的物理定律，故可指望在解决问题时结论可靠；②分析过程程序明确，分析步骤易于检查；③各种成分的地位一览无遗，便于推断、比较和校验。但是，也要看到：①在方程尚处于建立阶段时，需要人们对现象的机理有很深入的知识；②在有了方程以后，出于运算上的困难，也并非任何时候都能找到它的完整解析解，或者只能在一定假设条件下找出它的近似数值解，从而在某种程度上失去了它原来的意义。

（3）量纲分析法。

为了正确地制定试验方案和整理试验数据，并推广运用所取得的试验结果，在试验前必须首先对所研究的问题进行定性分析，然后按照一定的理论分析得出物理模型，最后把涉及到的物理量组合成无量纲参数，再把这些无量纲参数写成函数形式。我们把这种在试验前的定性分析和选取无量纲参数的方法叫做量纲分析。

量纲分析法是在研究现象相似的过程中，对各种物理量的量纲进行考察时产生的。它的理论基础，是关于量纲齐次的方程的数学理论。根据这一理论，一个能完善、正确地反映物理过程的数学方程，必定是量纲齐次的，这也是 π 定理得以通过量纲分析导出的理论前提。

一个现象，当它具有自身的物理方程时，量纲方程并不难建立。但是当现象不具备这种物理方程，同时又想解决问题时，量纲方程有时就能起到一定的作用。π 定理一经导出，便不再局限于带有方程的物理现象。这时根据正确选定的物理量，通过量纲分析法考察其量纲，可以求得和 π 定理相一致的函数关系式，并据此进行实验结果的推广。量纲分析法的这个优点，对于一切机理尚未彻底弄清，规律也未充分掌握的复杂现象来说，尤为明显。它能帮助人们快速地通过相似性实验核定所选参量的正确性，并在此基础上不断加深人们对现象机理和规律性的认识。

通过量纲矩阵求取相似准则的方法，形似严密，但并不凝练简洁。为此有必要加以改造。在作量纲分析时，基本物理量与基本量纲具有同等的效力。如果我们从所有的物理量中选出一组基本物理量，并把所余物理量看成是这组基本物理量的函数，则相似准则的推求过程便可大大简化。

7.3　试验目的与模型设计

7.3.1　试验目的

1）通过二维地质力学模型试验，揭示降雨、水库水位上升及其耦合作用引起斜坡破坏的机制和发展过程。

2）尝试利用微震（声发射）量测手段监测斜坡岩体破裂及能量释放过程从而揭示滑坡变形破坏机理，并探讨微震监测预报滑坡的可行性。

7.3.2　模型设计

以千将坪滑坡为原型，建立地质力学模型。

千将坪滑坡原型与模型相似关系见表 7.1，原型与模型材料物理力学参数对比见表 7.2，滑坡地质剖面见图 7.3。

表 7.1　　　　　　　　　　　　　　　　原型与模型相似关系

物理名称	几何	变形模量	应力	应变	容重	摩擦角	泊桑比	集中力
相似系数	C_l	C_E	C_σ	C_ε	C_γ	C_f	C_μ	C_p
数值	230	15	15	1	1	1	1	79.35×10^4

1）模型相似比。地质力学模型试验，其材料性能可以模拟岩体从弹性到塑性及破坏阶段全过程；使试验成果可以真实反映结构变形和破坏特性；模型材料必须满足弹塑性相似理论的关系式：$C_\sigma = C_\gamma C_l$ 和 $C_P = C_\sigma C_l^2$，其中 C_σ、C_l、C_γ 分别为应力、几何和密度相似系数，为了使模型与原型材料的力学变形满足本构关系全相似的条件，要求一切量纲相同的相似常数相等即：$C_E = C_\sigma = C_\tau$，$C_\varepsilon = 1$，即原型材料和模型材料的应变必须相等。同样，由于模型和原型材料的泊松比 μ 和摩擦系数 f 都是无量纲量，所以模型和原型的 μ 和 f 也必须相等。

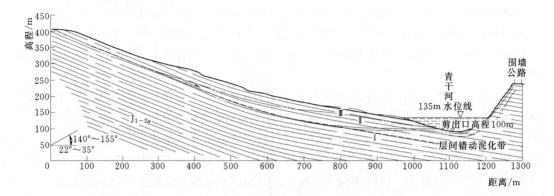

(a) 滑坡滑前典型地质剖面图 (黄海高程系)

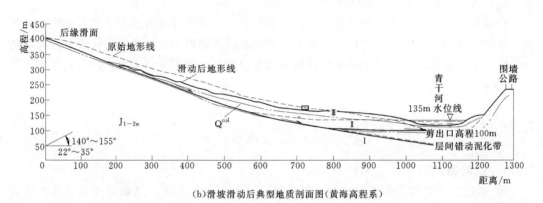

(b)滑坡滑动后典型地质剖面图(黄海高程系)

图 7.3　滑坡滑动前后典型地质剖面图

表 7.2　　　　　　　　　　　　　岩石力学性能参数对照表

材料名称		重度 /（kN/m³）		抗压强度/MPa		抗剪强度				弹模/10^{-1}MPa		泊松比	
						C/MPa		f					
		原型	模型	原型	模型	原型	模型	原型	模型	原型	模型	原型	模型
滑体崩坡积土 Q^{del}		20	20			0.023	0.0015	0.36	0.36				
滑体强弱风化层		25	25	20	1.3	1.8	0.12	0.70	0.7	50000	3500	0.32	0.32
滑带	顺层层间错动带	20	17			0.025	0.0017	0.42	0.42				
	切层	缓裂结构面						0.58	0.58				
		岩桥	25	17	25	1.7	0.4	0.03	0.62	0.62	60000	3896	0.30	0.30
滑床（微风化岩层）		25	17	35	2.3	4	0.26	0.90	0.90	200000	13724	0.26	0.26

2）模型材料。根据相似原理，模型试验所采用的模拟材料要求与原型材料在主要的物理、力学性质方面具有较好的相似性，所选用的模拟材料一般应当符合下列要求：①透水性、变形性质和强度性质符合相似原理的要求；②物理、力学性质是稳定的，在大气温度、湿度变化下不致发生大的影响；③制作方便、成型容易，且在成型时没有大的收缩、膨胀等变形；④在考虑坡体的自重影响时，模型材料有相应的容重；⑤在进行破坏试验时，模型材料具有类似的结构和相似于原型材料的破坏特性；⑥符合经济易行的原则，如前所述，要选择一种材料来满足所有这些要求是不现实的，但是在某一具体情况下可以选择某些材料，满足主导条件，即在模拟试验中抓住主要因素，略去次要因素，本试验中的模拟重点是基岩体内部不连续面，如层间错动带、缓裂结构面及岩桥等结构面；⑦滑体材料：由石灰石粉、重晶石粉、石膏粉及 107 胶水等组成，不同的岩层采用不同的配比材料模拟；⑧ 滑带（软弱夹层）材料：采用聚乙烯薄膜、电化铝、二硫化目等材料模拟。

3）模型范围。沿顺层方向长度模拟原型为 1200m 左右，厚度模拟原型为 90m 左右，基础深度模拟到 100m 高程，最高高程模拟到 400m 高程。见模型图 7.4。

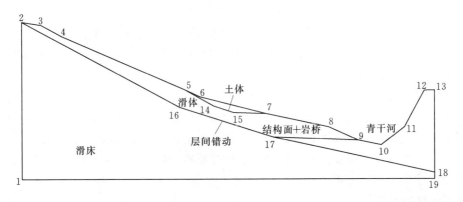

图 7.4　滑坡模型图

4）模型坐标。模型为二维模型，模型坐标（x，y，z）中的 x 方向为滑坡主滑水平方向；y 方向为垂直地面方向（高程方向）；z 方向模型很薄，仅 0.6m，垂直主滑方向。模型坐标见表 7.3。

表 7.3　　　　　　　　　　　模　型　坐　标　　　　　　　　　（单位：cm）

点　号	1	2	3	4	5	6	7	8	9	10
x 模型1：230	0.00	0.00	26.49	55.23	223.45	243.66	333.80	418.70	459.18	491.19
y 模型1：230	0.00	177.26	173.91	160.87	100.55	92.83	73.81	58.70	43.68	38.26

点　号	11	12	13	14	15	16	17	18	19
x 模型1：230	523.90	551.07	565.22	262.11	289.66	215.59	343.39	565.19	565.19
y 模型1：230	58.72	99.76	100.00	82.52	75.04	81.05	47.36	7.17	0.00

7.4 荷载及加载方式与荷载施加步骤

7.4.1 荷载及加载方式

由于模型没有设计渗流相似，水荷载如降雨、库水荷载及水浸泡作用下滑带强度的降低均利用等效原理施加。

1）降雨荷载。主要表现为中后部顺层滑带（隔水层）下的承压水压力，饱和重度及渗透力：① 中后部顺层滑带下的承压水压力，在滑带下设置气压垫来等效施加；② 滑体饱和重度，在模型内预留空洞再施加模块；③ 渗透力，利用千斤顶在滑体后部等效施加下滑力。

2）库水浮托力。库水作用影响主要表现为对滑坡前缘主滑段的浮托力：包括浮力及不透水抗滑段的扬压力，用面力等效替代浮力（体力），整体等效为面力，在切层滑带下设置气压垫来等效施加。顺层滑带和切层滑带下的气压垫（沙袋）埋入滑动带下层，气压共分为 6 段逐步施加，模拟库水位的逐步抬升（高程 100～135m）。从高而低气压垫依次编号为 1 段、2 段、3 段、4 段、5 段和 6 段。

3）水浸泡作用下滑带强度降低。在库水及降雨浸泡作用下，滑带强度弱化降低 30%～80%。主要用滑坡下滑力的逐步增加来等效模拟滑带抗剪强度的降低，采用油压千斤顶在滑坡后部等效施加滑坡下滑力。

4）等效加载误差评价。由于是岩质滑坡，材料破坏主要是脆性破坏，所以因等效加载而用面力代替体力、集中力代替面力或体力等产生的不同加载应力路径引起的材料应变差对滑坡破坏的影响是在本次试验的容许误差范围之内的。用滑坡下滑力的逐步增加来等效模拟滑带抗剪强度的降低虽与实际滑带软化效果有一定物理意义和精度上的差距，但具有模型加载力学意义上的近似性。

7.4.2 荷载施加步骤

按照滑坡所受荷载的实际工况，荷载施加步骤列于表 7.4。

表 7.4 荷 载 施 加 步 骤

加荷步骤	加荷步 1	加荷步 2	加荷步 3	加荷步 4	加荷步 5	加荷步 6	加荷步 7	加荷步 8	加荷步 9
荷载组成	蓄水前降雨	4～6 段扬压力	4～6 段扬压加弱化 30%	1～3 段扬压加弱化 30%	结构面弱化 33%	结构面弱化 50%	结构面弱化 60%	1～6 段扬压 2.0 倍	结构面弱化 80%
施加方式	滑坡后部千斤顶施加推力	4～6 段气压垫施加浮托力	4～6 段气压＋千斤顶推力（等效 30% 滑带抗剪强度）	1～3 段气压＋千斤顶推力（等效 30% 滑带抗剪强度）	滑坡后部千斤顶施加推力＝等效滑带强度 40%～60%			1～6 段气压垫加压至设计浮力 2 倍	千斤顶推力（等效 80% 滑带强度）

7.5　模型量测

试验量测主要采用百分表位移量测、摄影量测和微震监测。

7.5.1　百分表位移量测

沿滑动层面布置位移百分表监测剪切滑动面上位移。监测点主要沿剪切滑动带上、下侧布设，见图7.5。

（a）百分表测点实物图

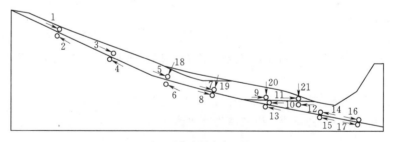

（b）百分表测点布置图

图 7.5　模型试验百分表监测实物和布置图

7.5.2　摄影量测

按照试验模型的布置形式，如图 7.6 所示，其试验材料区域由滑床部分、滑带部分、滑体部分组成。由于滑床部分是模拟的滑坡基岩，不会产生位移，可作为测点控制网的布置，故将控制点固定在滑床材料的侧面。滑带部分的模型尺寸较薄，故只考虑上部滑体的位移情况，将标志点固定在滑体材料的侧面。

测点的布置原则：

1）作为组成测量控制网的基本控制点来说，应布置于整个模型便于引点，宜均匀布置，为避免因外界振动所造成的控制点移动，应布置具有一定冗陈度的控制点体系。

2）模型是平面运动，只需取得滑坡体各截面的位移情况就能得知滑坡体的位移，故在滑坡体侧面上选取若干竖直测线，如图 7.6 中所示的标志点截面位置；在每条测线上布置若干标志点，即可得知整个滑坡剖面的位移情况。

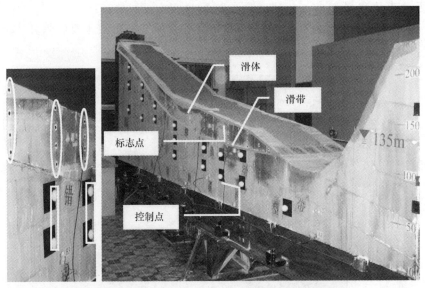

（a）摄影控制点和标志点的细部　　　　（b）摄影测点整体布置

图 7.6　摄影测点布置图

7.5.3　微震量测

（1）检波器布置。

共布置了 13 个加速度传感器，其中正面布置 9 个，反面布置 4 个。具体位置如表7.5 所示。坐标原点在图 7.7 所示的模型左下角、厚度方向（z 轴）的中点，x 轴的正向为模型左下角起水平向右的方向，y 轴的正向为模型左下角起垂直向上的方向，z 轴的正向为模型左下角厚度方向的中点起水平向模型的正面方向。

测点布置见图 7.7～图 7.9，检波器坐标见表 7.5。

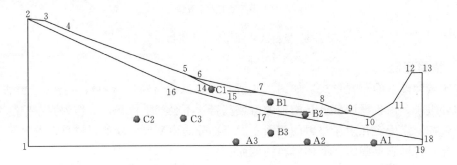

图 7.7　模型正面测点布置图

图 7.8　模型正面检波器布置实物图

图 7.9　模型反面检波器布置实物图

表 7.5

试 验 检 波 器 坐 标 表

标号	X/m	Y/m	Z/m
A1	4.97	0.03	0.3
A2	4.01	0.03	0.3
A3	2.99	0.05	0.3
B1	3.50	0.60	0.3
B2	4.00	0.43	0.3
B3	3.49	0.18	0.3
C1	2.65	0.78	0.3
C2	1.58	0.37	0.3
C3	2.25	0.38	0.3
D1	4.03	0.05	−0.3
D2	3.37	0.19	−0.3
D3	2.69	0.39	−0.3
E1	1.74	0.36	−0.3
标1	4.20	0.56	0.23
标2	3.38	0.735	0.23
标3	2.14	1.05	0.27

（2）试验采用的仪器。

试验采用航天研究院研制的 MDR7.0 移动数据记录器（见图 7.10），适合模型破裂频率（<1K）的加速度传感器，后处理采用北京科技大学专门研制的复合定位软件。

（3）系统标定与模型波速测定。

1）系统标定。标定的目的：通过敲击可能发生破裂的部位，并使敲击的能量与破裂的能量相当，从而测定仪器、检波器的工作状况和定位软件的精度，测试模型的速度结构，确定定位时的速度。本次试验共设置了 3 个标定点，每个标定点测定 3 次。标定点的坐标见表 7.6。

图 7.10　监测系统主机

表 7.6　　　　　　　　　　　　　　**标 定 点 的 坐 标**

标 1 (x, y, z)	4.20	0.56	0.23
标 2 (x, y, z)	3.38	0.735	0.23
标 3 (x, y, z)	2.14	1.05	0.27

2）模型波速测定。经过 3 个标定点的测试，发现本次模型存在以下特点。

在标定点 1 和 3 的测试中，波的传播规律明显，而标定点 2 由于附近的砌块间存在空隙，导致速度测不准。

另外，模型反面的 4 个检波器波形很好，但是到达时间严重滞后，表明模型中部存在较多的不连续面，吸收了大量的能量。今后做类似模型时，需要尽可能减少不连续面。

图 7.11～图 7.16 是标定点 1 和 3 的测试结果。横坐标为传播距离，纵坐标为波速。

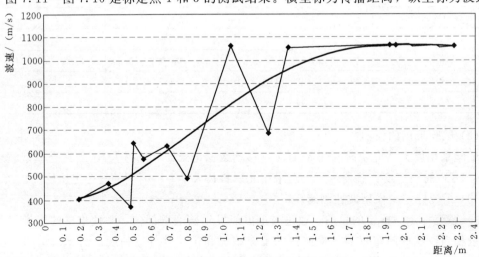

图 7.11　标定点 1 第一次敲击的波速与传播距离关系

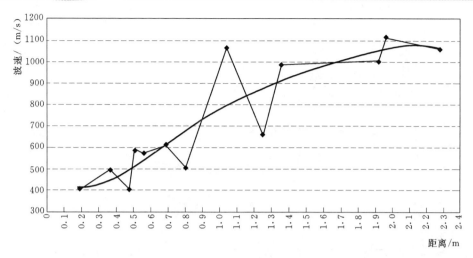

图 7.12　标定点 1 第二次敲击的波速与传播距离关系

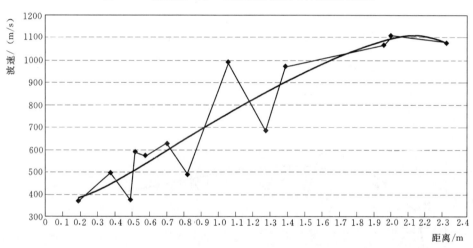

图 7.13　标定点 1 第三次敲击的波速与传播距离关系

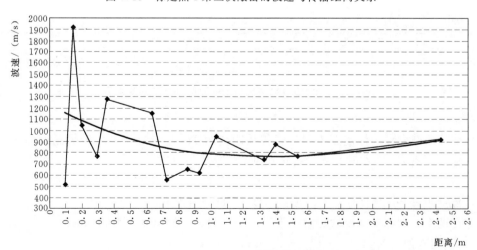

图 7.14　标定点 3 第一次敲击的波速与传播距离关系

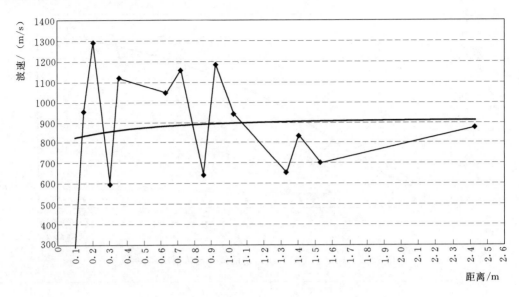

图 7.15　标定点 3 第二次敲击的波速与传播距离关系

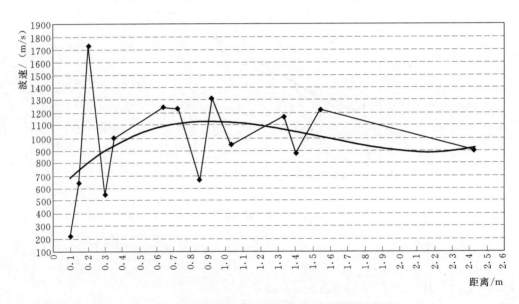

图 7.16　标定点 3 第三次敲击的波速与传播距离关系

标定的结果：

在节理裂隙发育的标定点 1 附近，传播距离为 1m 左右时，平均传播速度为 750m/s 左右，传播距离 2m 左右时，平均传播速度为 1070m/s 左右。

在节理裂隙较少的标定点 3 附近，传播距离为 1m 左右时，平均传播速度为 900m/s 左右，传播距离 2m 左右时，平均传播速度为 880m/s 左右。

综合两个有效标定点 6 次标定结果，本次试验定位的速度取为 900m/s。

3）模型定位误差。

以标定点 1 为例，模型定位误差计算如下：

所用检波器的编号及 p 波到达时间（ms）为：A1：3.477；A2：2.695；A3：3.945；B1：2.93；B2：2.383；B3：3.359；C1：4.805；C2：4.727。

定位结果为 8 组，其中 6 组解数学上合理，物理上不合理，两组解数学和物理上都合理。

$$
\begin{aligned}
r1 &= \quad 4.1701 \quad 0.6070 \quad -2.0748 \quad 2.4761 \\
r2 &= \quad 7.7331 \quad 2.6055 \quad 0.0799 \quad -2.0166 \\
r3 &= \quad 3.8712 \quad 0.7414 \quad 0.3085 \quad 2.1727 \\
r4 &= \quad 2.3935 \quad -0.2745 \quad 1.2329 \quad 0.5581 \\
r5 &= \quad 2.4127 \quad -0.2735 \quad -0.2323 \quad 0.5766 \\
r6 &= \quad 4.1299 \quad -0.2366 \quad 0.5341 \quad 2.0627 \\
r7 &= \quad 2.0987 \quad -0.6499 \quad 1.8997 \quad 0.5922 \\
r8 &= \quad 3.5478 \quad -3.5974 \quad -3.9735 \quad 1.2946
\end{aligned}
$$

因此，根据"数学和物理上都合理"的定位原则，第一和第三组解是真实的解，即

$$r1 = 4.1701 \quad 0.6070 \quad -2.0748 \quad 2.4761$$
$$r3 = 3.8712 \quad 0.7414 \quad 0.3085 \quad 2.1727$$

由于 z 方向厚度太小，误差大，因此，只作参考。

两组解的平均值为：$x = 4.02$，$y = 0.67$，起震时间为 2.32ms。

而标定点 1 的坐标为：$x = 4.2$，$y = 0.56$。

定位的平均结果为：

x 方向误差 0.18m，y 方向误差 0.11m。

误差的产生主要来源于模型材料的不均匀性和 T 波拾取到时的误差。

7.6　试验结果及分析

7.6.1　百分表位移量测结果

滑坡破坏模型见图 7.17，百分表位移量测主要成果见表 7.7～表 7.13。由表可知，蓄水前的降雨，沿滑动层面上的位移普遍较小，上盘最大位移为 3.7mm，岩体只是有滑动趋势。当扬压力施加后，位移略有增加，此时滑坡没有滑动；当滑坡滑带弱化，抗剪强度减小 30% 时，相对位移继续增加，上盘最大位移为 11.44mm。抗剪强度减小 33% 时，滑体位移有第一个突变（图 7.18），上盘最大位移为 37.12mm，上下盘的最大相对位移为 36.83mm，此时滑坡开始滑动；当抗剪强度减小 50% 时，上盘最大位移达 132.24mm，上下盘的最大相对位移达 131.66mm，此时滑坡滑动较剧烈，岩桥开始被剪坏；当滑带弱化抗剪强度减小 60%，滑坡完全失稳。

图 7.17　滑坡模型破坏图

表 7.7   沿滑动层面上盘位移   （单位：mm）

荷载＼测点	1	3	5	7	9	11
0	0.00	0.00	0.00	0.00	0.00	0.00
蓄水前降雨	1.60	1.19	2.22	3.70	3.70	0.00
4～6 段扬压力（设计荷载）	8.02	2.19	3.22	5.70	4.70	0.87
4～6 段扬压力＋弱化 30%	11.02	3.19	5.22	8.70	8.70	0.00
1～3 段扬压力＋弱化 30%	11.02	3.19	5.22	8.70	8.70	0.00
结构面弱化 33%	37.12	28.71	24.65	22.91	22.91	19.14
结构面弱化 50%	132.24	122.38	115.42	124.12	124.12	112.52
结构面弱化 60%	432.97	422.53	115.42	428.33	428.33	411.80
1～6 段扬压力 2.0 倍	452.88	423.69	417.60	429.20	429.20	413.83
结构面弱化 80%	1400.12	1285.28	1463.92	1391.42	1391.42	1823.52

注 位移方向顺坡为正，逆坡为负。

表 7.8   沿滑动层面下盘位移   （单位：mm）

荷载＼测点	2	4	6	8	10	12
0	0.00	0.00	0.00	0.00	0.00	0.00
蓄水前降雨	0.29	−3.38	−3.48	−0.87	2.32	0.00
4～6 段扬压力（设计荷载）	0.00	−3.38	−3.48	−0.87	2.03	0.00
4～6 段扬压力＋弱化 30%	0.00	−3.38	−3.77	−0.87	2.03	0.00
1～3 段扬压力＋弱化 30%	0.58	−3.38	−3.48	−0.58	1.74	0.00
结构面弱化 33%	0.29	−2.80	−7.54	−2.03	3.48	0.00
结构面弱化 50%	0.58	−2.80	−8.12	−3.77	11.60	−0.29
结构面弱化 60%	0.58	−3.38	−9.28	−4.06	20.01	2.90
1～6 段扬压力 2.0 倍	0.58	−2.80	−9.28	−2.90	20.30	0.00
结构面弱化 80%	−19.72	−3.96	−71.63	−2.03	28.71	0.00

表 7.9   沿层间错动带上盘位移   （单位：mm）

荷载＼测点	10	14	16
0	0.00	0.00	0.00
蓄水前降雨	2.32	0.58	0.58
4～6 段扬压力（设计荷载）	2.03	0.58	0.45
4～6 段扬压力＋弱化 30%	2.03	0.58	0.45
1～3 段扬压力＋弱化 30%	1.74	0.58	0.45
结构面弱化 33%	3.48	0.58	0.45
结构面弱化 50%	11.60	0.58	0.45
结构面弱化 60%	20.01	0.58	0.45
1～6 段扬压力 2.0 倍	20.30	0.58	0.45
结构面弱化 80%	28.71	0.29	0.45

表 7.10　　　　　　　　　　　　**沿层间错动带下盘位移**　　　　　　　　（单位：mm）

测点 荷载	13	15	17
0	0.00	0.00	0.00
蓄水前降雨	0.58	−0.87	−0.58
4～6 段扬压力（设计荷载）	0.58	−0.87	−0.58
4～6 段扬压力＋弱化 30%	0.58	−0.87	−0.58
1～3 段扬压力＋弱化 30%	0.58	−0.87	−0.58
结构面弱化 33%	0.29	−0.87	−0.58
结构面弱化 50%	0.29	−1.16	−0.58
结构面弱化 60%	−0.29	−1.45	−0.58
1～6 段扬压力 2.0 倍	−0.87	−1.45	−2.32
结构面弱化 80%	−1.74	−1.16	−0.58

表 7.11　　　　　　　　　　　　**沿滑动层面相对位移**　　　　　　　　（单位：mm）

测点 荷载	1～2	3～4	5～6	7～8	9～10	11～12
0	0.00	0.00	0.00	0.00	0.00	0.00
蓄水前降雨	1.31	4.57	5.7	4.57	1.38	0
4～6 段扬压力（设计荷载）	8.02	5.57	6.7	6.57	2.67	0.87
4～6 段扬压力＋弱化 30%	11.02	6.57	8.99	9.57	6.67	0
1～3 段扬压力＋弱化 30%	11.44	6.57	8.7	9.28	6.96	0
结构面弱化 33%	36.83	31.51	32.19	24.94	19.43	19.14
结构面弱化 50%	131.66	125.18	123.54	127.89	112.52	112.81
结构面弱化 60%	432.39	425.91	124.7	432.39	408.32	408.9
1～6 段扬压力 2.0 倍	452.30	426.49	426.88	432.1	408.9	413.83
结构面弱化 80%	1419.84	1289.24	1535.55	1393.45	1362.71	1823.52

表 7.12　　　　　　　　　　　　**沿层间错动带相对位移**　　　　　　　　（单位：mm）

测点 荷载	10～13	14～15	16～17
0	0.00	0.00	0.00
蓄水前降雨	1.74	0.29	0.00
4～6 段扬压力（设计荷载）	1.45	0.29	0.13
4～6 段扬压力＋弱化 30%	1.45	0.29	0.13
1～3 段扬压力＋弱化 30%	1.16	0.29	0.13
结构面弱化 33%	3.19	0.29	0.13
结构面弱化 50%	11.31	0.58	0.13
结构面弱化 60%	20.30	0.87	0.13
1～6 段扬压力 2.0 倍	21.17	0.87	1.87
结构面弱化 80%	30.45	0.87	0.13

荷载 \ 测点	18	19	20	21
0	0.00	0.00	0.00	0.00
蓄水前降雨	0.00	0.00	−0.58	0.00
4~6 段扬压力（设计荷载）	0.00	0.00	−0.29	0.00
4~6 段扬压力＋弱化 30%	0.00	0.00	−0.29	0.00
1~3 段扬压力＋弱化 30%	0.00	0.00	−0.58	0.00
结构面弱化 33%	0.00	0.00	0.58	0.00
结构面弱化 50%	5.80	2.32	6.09	3.19
结构面弱化 60%	28.13	16.82	13.92	30.45
1~6 段扬压力 2.0 倍	28.13	16.82	12.18	30.45
结构面弱化 80%	122.09	86.42	80.12	107.30

表 7.13　　　　　　　沿滑动层面上抬位移　　　　　　（单位：mm）

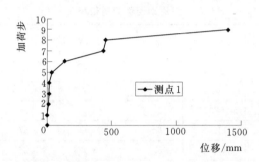

图 7.18　滑层上盘测点 1 荷载—位移关系曲线

7.6.2　摄影量测结果

由于本试验采用的是在滑坡后缘处施加下滑推力的加载方法，滑动与外加荷载有着密切关系，滑坡开始启动之后，速度逐渐加快，位移在相对较短的时间内完成。选取的截面位移数据如表 7.14 所示。

表 7.14　　　　　　　各截面的水平和垂直位移　　　　　　（单位：cm）

时间 /h：m：s	截 面 编 号							
	1		2		3		4	
	水平位置 x	垂直位置 y	水平位置 x	垂直位置 y	水平位置 x	垂直位置 y	水平位置 x	垂直位置 y
18：14：00	449.8772	45.92693	437.4753	47.84819	91.65166	136.0293	58.92852	147.966
18：19：30	449.8503	46.10185	437.3082	48.10678	92.03065	136.0069	59.37105	147.7735
18：22：30	449.8503	46.10185	437.3082	48.10678	92.34788	136.2981	60.46838	148.3386
18：31：20	449.8503	46.10185	437.3082	48.10678	92.75689	136.1187	60.12463	148.0417
18：34：48	450.2191	46.04806	437.8085	48.15061	92.78758	135.962	60.15717	147.8785
18：40：19	450.3374	46.05927	437.9334	48.16155	93.57371	135.7607	60.97426	147.8203
18：40：40	450.81	46.10406	438.1969	48.09371	93.98153	135.5819	61.38221	147.7913
18：43：30	455.1121	45.89775	442.6039	47.94026	97.57314	134.2922	64.92191	146.0999

时间 /h：m：s	截 面 编 号							
	1		2		3		4	
	水平位置 x	垂直位置 y	水平位置 x	垂直位置 y	水平位置 x	垂直位置 y	水平位置 x	垂直位置 y
18：49：10	455.0855	46.07065	442.6039	47.94026	97.57314	134.2922	64.92191	146.0999
18：58：08	458.6222	46.10563	446.2427	48.08579	102.2803	132.5856	69.56283	144.4618
18：58：13	458.6222	46.10563	446.2427	48.08579	102.3356	132.2767	69.9941	144.2733
18：58：18	458.6367	46.02005	446.3759	48.00881	102.3079	132.4311	69.9941	144.2733
18：58：23	458.972	46.05373	446.7306	48.0418	102.6792	132.4101	70.02301	144.1127
18：58：28	459.3067	46.08736	446.8486	48.05279	102.7068	132.2557	70.42493	144.085
18：58：35	459.6553	46.03555	447.2174	47.99791	103.1053	132.0805	70.88422	143.7365
18：58：39	459.7666	46.04676	447.4529	48.01987	103.0777	132.2348	70.82645	144.0574
18：58：44	459.4182	46.09855	447.2174	47.99791	102.3356	132.2767	70.45383	143.9245
18：58：50	460.2255	46.00624	447.9233	48.06373	103.133	131.9262	71.28531	143.7091
18：58：55	460.4474	46.02862	448.0408	48.07468	103.5311	131.7512	70.88422	143.7365
18：59：00	460.7799	46.06215	448.173	47.99801	103.8736	131.8847	71.28531	143.7091
18：59：05	460.7799	46.06215	448.5395	47.94334	103.9012	131.7305	71.31418	143.5487
18：59：10	461.8985	46.08861	448.7589	48.05276	104.3262	131.4017	71.74371	143.3611
18：59：15	462.2573	45.95227	449.0076	47.98717	104.3262	131.4017	72.14397	143.3339
18：59：20	462.3672	45.96342	449.0076	47.98717	104.3262	131.4017	72.1728	143.1736
18：59：25	462.4913	45.88976	449.4746	48.03091	104.6956	131.3812	72.63029	142.8263
18：59：30	462.8349	45.8385	449.606	47.95451	104.7231	131.2272	72.23047	142.8532
18：59：35	462.9445	45.84967	449.6207	47.86718	105.1197	131.0529	72.6591	142.6661
18：59：40	463.4252	45.64039	449.9554	47.9873	105.4884	131.0326	73.05851	142.6393
18：59：45	463.5488	45.56699	450.2028	47.92193	105.0922	131.2068	73.05851	142.6393
18：59：50	463.7815	45.50487	450.5513	47.95471	105.8842	130.8585	73.85615	142.5857
18：59：55	463.8907	45.5161	450.682	47.87851	106.2797	130.6846	74.25437	142.559
19：00：00	464.3551	45.39208	451.0297	47.91128	105.9118	130.7047	73.85615	142.5857
19：00：05	464.8186	45.26831	451.1602	47.83518	106.3072	130.5309	73.88491	142.4258
19：00：10	464.9557	45.1109	451.5071	47.86796	106.3072	130.5309	74.70967	142.2127
19：00：15	465.1869	45.04921	451.6227	47.87887	106.3347	130.3772	74.31187	142.2393
19：00：20	465.5262	44.99892	451.8682	47.8138	106.3347	130.3772	74.34062	142.0795
19：00：25	465.5262	44.99892	451.9689	47.91157	106.3347	130.3772	75.10708	142.1862
19：00：30	465.5404	44.91469	451.8682	47.8138	106.7023	130.3573	74.70967	142.2127
19：00：35	465.6345	45.01024	451.8535	47.90068	106.6748	130.5109	74.73841	142.053
19：00：40	465.5404	44.91469	451.9835	47.82472	106.7023	130.3573	74.31187	142.2393

将实验数据整理见图 7.19～图 7.22。

可以看出标志点在水平方向上的位移是逐渐增加的，在垂直方向上是逐渐减少的，滑体呈现整体向下移动的趋势，在滑坡的启动阶段和启动后的阶段位移较小，在即将启动的时刻速度较大。这一点反映出滑坡体的下滑阶段性，在前期能量逐渐积累，位移量小；当达到极限平衡状态之际，开始快速下滑，位移量快速放大；从滑坡启动到稳定的过程中，

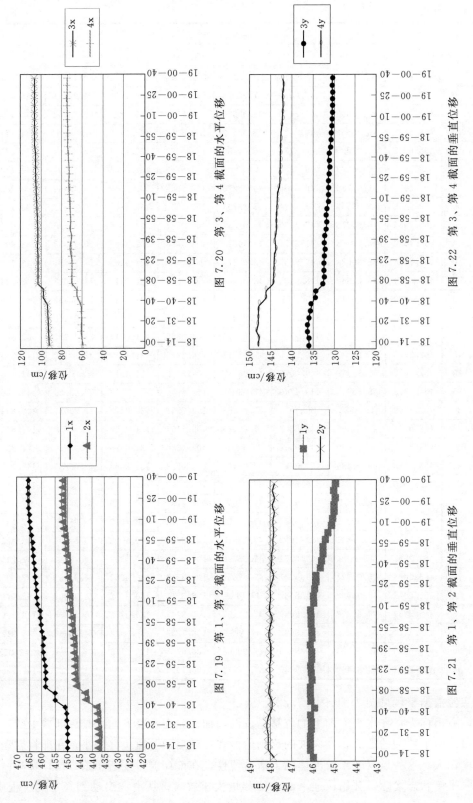

图 7.19 第 1、第 2 截面的水平位移

图 7.20 第 3、第 4 截面的水平位移

图 7.21 第 1、第 2 截面的垂直位移

图 7.22 第 3、第 4 截面的垂直位移

位移量逐渐减少，滑坡速度减慢并最终趋于稳定。

图 7.19、图 7.20 分别为滑坡前缘、后缘的水平位移变化，反映出滑坡在启动时刻的水平加速度较大（曲线较陡），随后滑动速度变化不大；图 7.21、图 7.22 分别为滑坡前缘、后缘的垂直方向的位移变化，截面 2 处的位移增加明显，与滑坡前缘深切入河道相似。

7.6.3　微震监测结果

（1）定位结果。

滑坡变形破坏过程中，共监测到 10 个微震事件，微震事件典型数据图形见图 7.23、图 7.24。微震事件定位分析如下，见图 7.25～图 7.32。

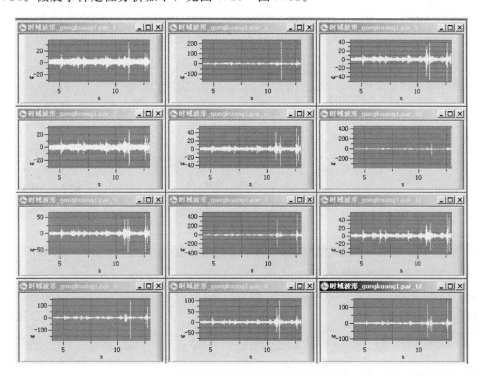

图 7.23　2007 年 12 月 21 日　17：46 数据图形

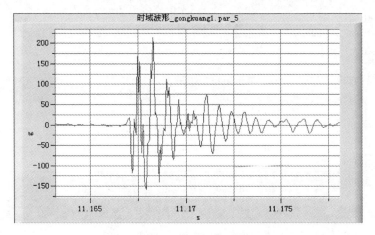

图 7.24　2007 年 12 月 21 日　17：46 数据图形局部时间历程展开图

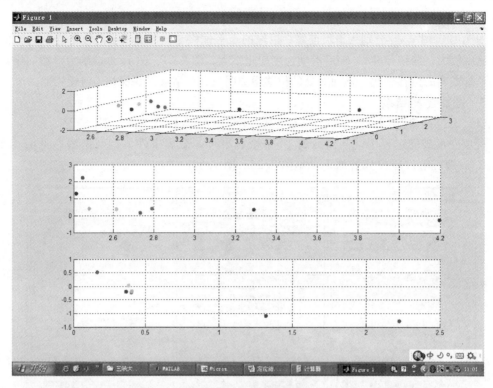

图 7.25　事件①定位图

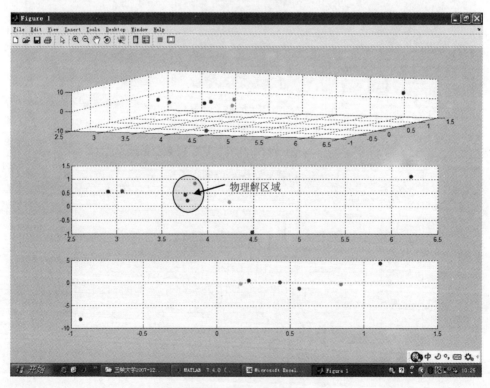

图 7.26　事件②定位图

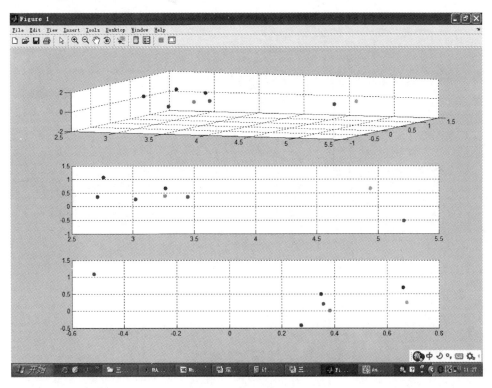

图 7.27　事件③定位图

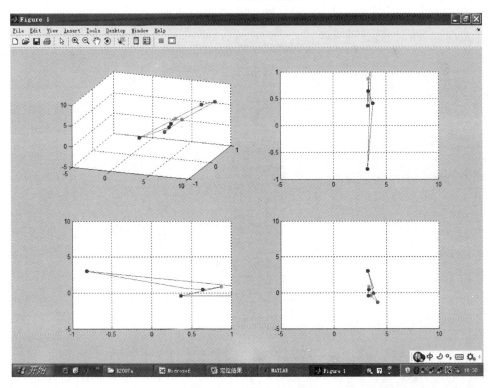

图 7.28　事件④定位图

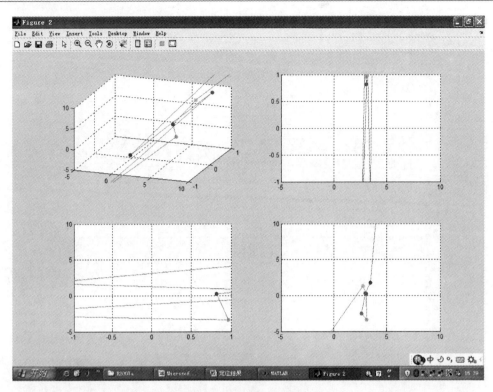

图 7.29　事件⑤定位图

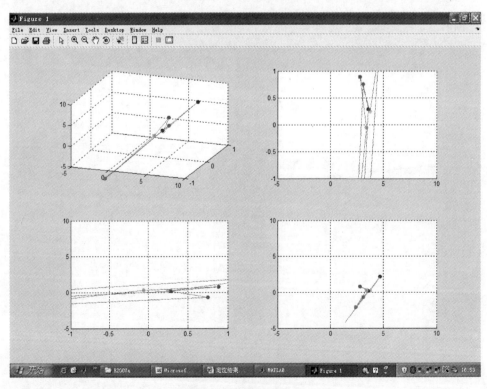

图 7.30　事件⑥定位图

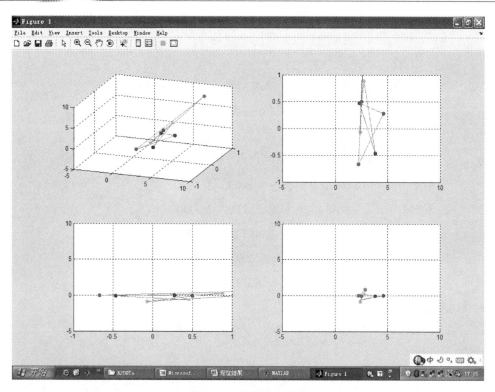

图 7.31　事件⑦定位图

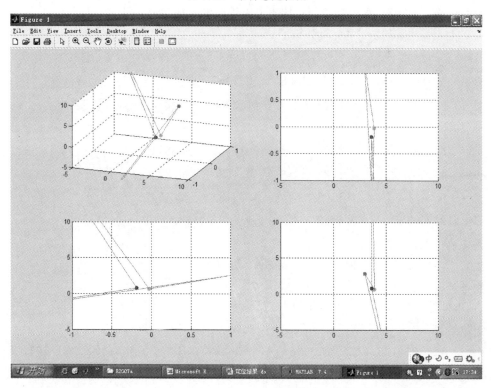

图 7.32　事件⑨定位图

1) 事件①：2007 年 12 月 21 日 17：46：10。

定位结果：

$d=$[B1　7.344；B2　8.242；B3　7.5；C1　6.719；C2　8.086；C3　7.227；D1　8.789；D2　7.188；D3　6.993；E1　7.773]

$r1=$　3.2902　　0.3656　－0.2018　5.9269

$r2=$　2.7329　　　0.1699　　0.5117　6.4824

$r3=$　2.7902　　　0.4005　　－0.2310　6.6238

$r4=$　2.4780　　　0.4039　　－0.1763　6.3233

$r5=$　2.4439　　　2.2258　　－1.2770　7.1228

$r6=$　2.6163　　　0.3837　　0.0232　7.1799

$r7=$　2.4135　　　1.3197　　－1.0941　6.2826

$r8=$　4.1965　　　－0.2700　0.5011　6.0923

物理解位置：

$R(x,y,z,t)$　＝2.8702　0.6249　－0.2430　6.5042

能量＝0.14g

2) 事件②：2007 年 12 月 21 日 17：46：11。

定位结果：

$d=$[A2　0.352；A3　1.055；B2　0.039；B3　0.352；C1　2.187；D1　0.977；D2　1.094；D3　2.149；E1　3.438；]

$r1=$　3.7845　　　0.2204　　0.5093　　－0.1222

$r2=$　4.4857　　－0.9332　－8.1058　　－0.1067

$r3=$　3.0638　　　0.5628　　－1.2480　－1.2274

$r4=$　3.8625　　　0.8468　　－0.3159　－0.2653

$r5=$　3.7591　　　0.4304　　0.1178　　0.8804

$r6=$　4.2346　　　0.1622　　－0.1598　－0.2396

$r7=$　6.2121　　　1.1106　　4.3313　　－2.1547

$r8=$　2.9092　　　0.5492　　－0.1067　－1.0741

物理解位置：

$R(x,y,z,t)=$　3.8　0.5　0.103　0.163

能量＝0.11g.

3) 事件③：2007 年 12 月 21 日 17：46：12。

定位结果：

$d=$[A1　33.126；A2　32.228；A3　30.195；B1　30.546；B2　31.406；B3　30.624；C1　29.922；C2　31.953；C3　30.273；D1　31.406；D2　30.391；D3　30.313；E1　31.288]

$r1=$　3.2646　　0.6617　　　0.6962　　29.3317

$r2=$　5.2126　－0.5147　　　1.0865　　28.1118

$r3=$　3.4450　　0.3591　　　0.2082　　29.5950

$r4=$　3.2599　　0.3835　　　0.0063　　29.1881

$r5=$　3.0225　　0.2735　　－0.4209　　29.4220

$r6=$　4.9346　　0.6754　　　0.2479　　27.3927

$r7=$　2.7148　　0.3496　　　0.5010　　30.1089

$r8=$　2.7615　　1.0699　　　0.5966　　29.4501

物理解位置：

$R\ (x,\ y,\ z,\ t)=3.5769$　0.4072　0.3652　29.0751

能量$=0.19g$

4）事件④：2007 年 12 月 21 日　17：46：13 的定位过程及结果。

定位结果：

$d=$［B1　16.173；B2　16.133；B3　15.976；C1　15.822；C3　17.813；D1 15.86；D2　15.196；D3　16.602］

物理解位置：

$R\ (x,\ y,\ z,\ t)=3.5037$　0.5105　0.3449　14.4020

能量$=0.20g$

5）事件⑤：2007 年 12 月 21 日 18：33：31 的定位过程及结果。

定位结果：

$d=$［A2　43.32；A3　43.711；B1　42.267；B2　42.343；B3　41.836；C1 42.578；C2　41.328；C3　41.639；D1　42.459；D2　42.07；D3　41.992；E1 40.897］

物理解位置：

$R\ (x,\ y,\ z,\ t)=3.3$　0.46　－0.6　40.6

能量$=0.02g$

6）事件⑥：2007 年 12 月 21 日　18：33：41 的定位过程及结果。

定位结果：

$d=$［A2　87.93；A3　87.697；B1　88.944；B2　88.635；B3　87.93；C3 88.517；D1　87.655；D2　87.46；D3　88.124；E1　88.631］

$r1=$　3.5993　　0.2837　　　0.1926　　86.9838

$r2=$　3.1214　　0.7528　　－0.6537　　87.3868

$r3=$　2.4165　－2.0559　　－2.0897　　84.0985

$r4=$　3.4337　－0.0612　　　0.3179　　86.7145

$r5=$　2.7934　　0.8863　　　0.7584　　86.2389

$r6=$　3.7884　　0.2428　　　0.1857　　87.0157

$r7=$　4.6794　　1.5552　　　2.1748　　84.5168

$r8=$　1.4150　－7.9226　　－4.2065　　77.3703

物理解位置：

R（x，y，z，t）＝ 3.45 0.5 －0.23 87.18

能量＝0.10g

7）事件⑦：2007年12月21日 18：34：08的定位过程及结果。

定位结果：

d＝［A2 51.721；A3 49.333；B2 50.157；B3 49.921；C2 49.524；D1 50.233；D2 49.806；D3 48.746］

物理解位置：

R（x，y，z，t）＝ 2.9220 0.4076 －0.0699 48.2171

能量＝0.09g

8）事件⑧：2007年12月21日18：42：32的定位过程及结果。

定位结果 d＝［A2 87.888；B1 86.942；B2 88.239；C1 85.782；D1 87.262；D2 86.606；D3 84.988］

物理解位置：

R（x，y，z，t）＝ 2.1227 0.8698 －0.8150 84.6629

能量＝0.28g

9）事件⑨：2007年12月21日 18：42：37的定位过程及结果。属于滑动摩擦。

定位结果：

d＝［A1 70.036，A2 69.136；A3 69.296；B2 69.373；B3 69.296］

$r1$＝ 3.5984 －0.1887 0.7575 68.4115

$r2$＝ 6.8882 －13.4110 －21.5951 40.4088

$r3$＝ 2.9548 1.1535 2.8282 66.2340

$r4$＝ 3.8358 －0.0313 0.6232 68.7242

$r5$＝ 3.5994 －1.9705 30.7772 68.3741

物理解位置：

R（x，y，z，t）＝ 3.2 0.5－67

此事件信号很弱，是滑动摩擦。

10）事件⑩：2007年12月21日 18：54：34的定位过程及结果。发散，属于滑动摩擦。

定位结果汇总见于表7.15及图7.33。

表 7.15　　　　　　　　滑坡变形破坏微震事件汇总表

时刻编号	破裂绝对时刻	坐标 x，y，z 与破裂时间 t	能量
①	2007－12－21－17：46：10	r＝2.8702, 0.6249, －0.2430, 6.5042	0.14g
②	2007－12－21－17：46：11	r＝3.8, 0.5, 0.103, 0.163	0.11g
③	2007－12－21－17：46：12	r＝3.5769, 0.4072, 0.3652, 29.0751	0.19g
④	2007－12－21－17：46：13	r＝3.5037, 0.5105, 0.3449, 14.4020	0.20g
⑤	2007－12－21－18：33：31	r＝3.3, 0.46, －0.6, 40.6	0.02g
⑥	2007－12－21－18：33：41	r＝3.45, 0.5, －0.23, 87.18	0.10g

续表

时刻编号	破裂绝对时刻	坐标 x, y, z 与破裂时间 t	能量
⑦	2007 - 12 - 21 - 18：34：08	$r=2.9220$, 0.4076, -0.0699, 48.2171	0.09g
⑧	2007 - 12 - 21 - 18：42：32	$r1=2.1227$, 0.8698, -0.815, 84.6629	0.28g
⑨	2007 - 12 - 21 - 18：42：37	$r=3.2$, 0.5, —, 67 滑动摩擦	0.106g
⑩	2007 - 12 - 21 - 18：54：34	发散，属于滑动摩擦	0.188g

定位结果见图 7.33：

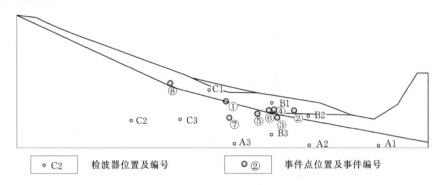

图 7.33　滑坡变形破坏微震事件定位图

试验表明，滑坡（模型）在变形破坏过程中，共监测到 10 个微震（声发射）事件，其中 8 个是在滑坡整体破坏显著滑动之前，属于滑坡前兆，2 个是滑坡启动后的滑动信息；这 8 个前兆微震事件有 7 个位于滑带且集中在滑带岩桥处。

微震事件较清晰地记录了滑坡变形破裂破坏过程，与试验位移记录是基本一致的，说明了利用微地震监测预报预警滑坡的可行性。

滑坡模型微震监测误差在平面范围即 x, y 平面 10～20cm，如按模型比例还原则原型监测误差在 23～46m。

表 7.15 中，"破坏绝对时刻"指示了模型试验的北京时间，为 2007 年 12 月 21 日；微震事件的"能量"是指用电压换算来表示的振幅。

（2）试验结果分析。

1）滑坡变形破坏阶段分析。滑坡变形破坏阶段分析见表 7.16。

表 7.16　　　　　　　　　　　滑坡变形破坏阶段分析

加载步	微震事件	滑 坡 部 位	滑体累计位移监测/mm	破坏形式	变形阶段
加载步 1			1.60～3.70		
加载步 2			2.19～8.02		
加载步 3			3.19～11.20		蠕变
加载步 4			3.19～11.20		

续表

加载步	微震事件	滑 坡 部 位	滑体累计位移监测/mm	破坏形式	变形阶段
加载步5			19.14～37.12		加速蠕变
加载步6			112.52～132.24		
加载步7	1	滑坡下部顺层滑带微弯折处	411.80～432.97	脆性破坏：岩桥剪断	加速蠕变
	2	切层滑带岩桥			
	3	顺层与切层滑带转折处			
	4				
加载步8			413.83～452.88		
加载步9	5	顺层与切层滑带转折处		脆性破坏：岩桥剪断	
	6	顺层与切层滑带转折处			
	7	滑带下方滑床岩体中（模型制作缺陷引起，可剔除）			
	8	滑坡中部顺层滑带弯折处		脆性破坏：岩桥剪断	
	9	滑动摩擦		破坏滑动	破坏
	10	滑动摩擦			

注 加载步8无微震事件发生。

a. 蓄水前降雨荷载条件下（加载步1），无微震事件，滑坡最大位移3.7mm，只是有滑动趋势，岸坡稳定。

b. 蓄水引起的浮托力以及滑带强度弱化30％情况下（加载步2～4），无微震事件发生，滑坡最大位移11.2mm，属于蠕滑变形。

c. 滑带被水浸泡弱化强度降低40％时（加载步5），仍无微震事件发生，但位移加大，滑坡最大位移37.12mm，滑坡处于加速蠕变阶段。

d. 滑带被水浸泡弱化强度降低50％时（加载步6），仍无微震事件发生，位移继续加大，滑坡最大位移132.24mm，滑坡处于加速蠕变阶段。

e. 滑带被水浸泡弱化强度降低60％时（加载步7），发生4个微震事件，在切层滑带岩桥、顺层与切层滑带转折及滑坡下部顺层滑带弯折处产生滑带岩体的脆性破裂，滑体位移加大，达400mm以上，最大位移432.97mm。滑坡整体处于临滑状态。

f. 加载步8的目的是观察滑带扬压力对滑坡变形的影响。在加大滑体浮托力理论值2倍的情况下，滑坡没有产生新的微震事件，滑坡位移也没有增加。

g. 滑带被水浸泡弱化强度降低80％时（加载步9），沿滑带发生3个微震事件，2个分布在顺层与切层滑带转折部位，一个位于滑坡中部顺层滑带弯折处，滑坡处于临滑状态。5 s后，滑坡整体启动。

2）滑坡机理。

　　a. 滑坡破坏过程及致滑因素：由试验可知，蓄水前的强降雨对滑坡稳定性影响微弱或基本无影响，这与三峡水库蓄水前的岸坡实际情况是完全符合的：在水库蓄水前，千将坪岸坡稳定，岸坡阻滑段的阻滑力大于坡体下滑力，但阻滑段特别是阻滑段的岩桥部分剪应力逐渐缓慢集中，岸坡山体（潜在滑坡）处于极缓慢的蠕变变形和渐进破坏状态；水库蓄水引起的浮托力作用仅使滑坡产生蠕滑变形，并不能使滑坡立即下滑，也印证了千将坪滑坡在水库蓄水一个月后失稳的事实；蓄水后滑带被浸泡软化，滑带抗剪强度迅速降低，由峰值向残余值过度，滑带岩桥处剪应力快速集中，当滑带岩桥处剪应力超过岩体抗剪强度，岩桥被剪断，强度由峰值骤降为残余值，滑带贯通，滑体启程下滑，说明滑带被水浸泡弱化强度降低是滑坡真正的致滑原因。

　　b. 滑带破裂贯通过程：微震监测结果表明，最先集中出现的微震事件是在切层滑带岩桥以及顺层切层滑带交汇处，而最后出现的滑带破裂事件是在滑坡中部的顺层滑带弯折处，说明了滑带破裂贯通总体有前缘逐步向滑坡中部发展的趋势。

　　3）微地震监测预报预警滑坡的可行性。

　　微震事件较清晰地记录了滑坡变形破裂破坏过程特别是滑带破裂贯通过程，本次试验验证了利用微地震监测预报预警滑坡的可行性。将微震监测手段用于实际岩质滑坡监测预报，关键在于加速度传感器破坏频率的选择以及微震事件监测定位软件的精度。

　　本次滑坡模型微震监测定位误差在平面范围即 x，y 平面 $10\sim20\text{cm}$，如按模型比例还原则原型监测定位误差在 $23\sim46\text{m}$。误差的产生主要来源于材料的不均匀性以及定位软件的精度问题。

　　4）试验结果总体评价。

　　本次试验采用等效施加荷载的方法，较好地模拟了滑坡滑动前的位移蠕滑状态，通过定位捕捉临滑前的滑带脆性破裂微震信息，揭示了滑带的形成和贯通过程。但是通过加大滑动力的办法来替代滑带强度的降低，就不能模拟滑带峰残强度差能量释放产生的高速滑动，而与实际情况不符。因为模型试验中，除滑带岩桥有剪断强度降低外，其余滑带部分的实际强度并未降低，所以在等效外力卸去之后，滑坡滑动即行停止，这是本次试验不足之处。

7.7　小结

　　1）试验表明，蓄水前的强降雨对滑坡稳定性影响微弱或基本无影响，水库蓄水引起的浮托力和滑带空隙水压力作用仅使滑坡产生蠕滑变形，并不能使滑坡立即下滑，滑带结构面被水浸泡弱化强度降低是滑坡真正的致滑原因。模型试验微震监测结果揭示了滑带破裂贯通总体是具有前缘逐步向滑坡中部发展的规律。

　　2）微震事件较清晰地记录了滑坡变形破裂破坏过程特别是滑带破裂贯通过程，试验验证了利用微地震监测预报预警滑坡的可行性。

第8章　千将坪滑坡与世界同类典型滑坡比较研究

8.1　引言

前述各章分别从地质结构模型、滑坡滑带土的物理力学响应、渗流特征及变形破坏数值模拟、物理模型模拟等方面研究了千将坪滑坡的地质模型及力学模型，探索了千将坪滑坡为典型代表的顺层岩质滑坡变形破坏机制，为这一类典型滑坡的预测预报研究奠定了坚实的基础。

本章在千将坪滑坡机理研究成果的基础上，①通过与千将坪滑坡同类的国内外典型的特大顺层岩质水库滑坡的比较研究，进一步归纳研究特大顺层岩质水库滑坡的地形地质条件、诱发因素、变形特征的基本规律；②总结特大顺层岩质水库滑坡临滑变形破坏特征。

8.2　千将坪滑坡与其同类典型滑坡的比较研究

意大利瓦依昂滑坡、湖南柘溪塘岩光滑坡、三峡库区鸡扒子滑坡及千将坪滑坡在地质条件、地形条件、诱发条件、规模、运动特征、灾害损失等方面均具有高度的相似性，是同一类滑坡，这类滑坡具有隐蔽性、突发性、规模大、灾害损失大的特点，值得并类深入研究，以期归纳出此类滑坡的时间及空间预报模型和判据。

8.2.1　意大利瓦依昂滑坡

瓦依昂水库大坝修建于意大利北部威尼斯省瓦依昂河下游，总库容 1.69 亿 m^3，设计水位高程 722.5m，混凝土双曲拱坝坝高 265.5m，弦长 160m，为当时世界上最高的拱坝。大坝建设采用边施工、边蓄水的方式进行，于 1960 年竣工。瓦依昂峡谷 1959 年典型地貌及地质剖面图见图 8.1 及图 8.2。

图 8.1　瓦依昂峡谷（1959 年）

1963 年 10 月 9 日 22 时 38 分从大坝上游峡谷区左岸山体突然滑下体积为 2.4 亿 m^3（或 2.7 亿～3 亿 m^3）的超巨型滑坡体。2km 长的水库盆地在 15～30s 内被下滑岩体壅起

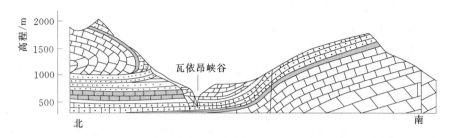

图 8.2 瓦依昂峡谷 N—S 向地质剖面图（南岸坡为瓦依昂滑坡原貌）

巨浪，浪高 175m。滑坡体的运动速度约 15～30m/s（或估计为 25～50m/s）。滑坡体激发了相当大的冲击震波。其震波在罗马、特里雅斯特、巴塞尔、斯图加特、维也纳和布鲁塞尔等地均有记录。但仅仅观测到面波，与地震波有区别。在岩体下滑时形成了气浪，并伴随有落石和涌浪。涌浪传播至峡谷右岸，超出库水位达 260m 高。涌浪过坝高度超出坝顶 100m。过坝水流冲毁了位于其下游数公里之内的一切物体。龙热罗涅、皮触格、维拉诺瓦、里札里塔和法斯等市镇被冲走。死亡近 3000 人。这场灾难从滑坡发生到坝下游被毁灭，不到 7min。

巨大的滑体落入水库时，激起约有 3000 万 m³（也有估计 1200 万～1500 万 m³ 者）的水量注入底宽 20m、深 200m 以上的下游河谷中。水流前锋有巨大的冲击浪和气浪，与猛烈的水流一道，破坏了坝内所有的设施。正在发电厂内值班及住宿的 60 名技术人员全部遇难。9 日晚 22 时 45 分浪峰到达距大坝 1.4km 远的瓦依昂河口时，立波仍高达 70m，继而涌入皮亚维河。遂将河口对岸的朗格尼亚镇大部分冲毁，酿成了震惊世界的惨痛事件。拥有 2.4 亿～3 亿 m³ 的岩土体滑入水库，致使坝前 1.8km 长的库段被填满成为"石库"，因而整个水库失效报废。而混凝土拱型大坝却安然无恙。

滑坡所在的峡谷区属向斜型河谷，两岸岩层均倾向河床，至河床部位岩层平缓，由巨厚的侏罗系中统厚层石灰岩、侏罗系上统薄层泥灰岩与白垩系下统厚层燧石灰岩的岩层构成。峡谷区的岸坡上部和分水岭上覆盖有不厚的第四纪堆积物，其下经过强烈构造变位的石灰岩在岸坡上部以 33°～40°倾角倾向于峡谷型河床。滑体具有良好的临空条件。岸坡受数组裂隙（构造裂隙及岸边卸荷裂隙）切割，并有构造破碎带和岩层软弱带。所有这些具不利走向的构造裂隙系统分割了岸坡岩体，使其沿着由陡至缓变倾角的碟形滑动面下滑。滑坡体岩层沿着已软化的泥灰岩及黏土夹层（属上侏罗统）滑动，属于超巨型极深层顺层岩质滑坡。滑动面位于上侏罗统薄层泥质灰岩夹泥化层和下白垩统厚层燧石灰岩的界面上。

水库于 1960 年 2 月开始蓄水。自 1960 年 9 月蓄水至 650m 高程后，滑坡区岸坡即出现后缘张裂缝（2km 长）及局部崩塌现象（1960 年 11 月 4 日发生的体积为 70 万 m³ 的岸边崩滑体）。1963 年 7—10 月，库水位上升到 710m 高程。当 10 月 8 日发现库岸发生整体性下滑时，由于对滑动的速度和滑动体体积无法估计，因而决定将两岸的两个泄水洞全部打开，并以 140m³/s 流量放水。但因滑落入水库的岩土体不断增加，库水位反而上升。当晚 22 点 41 分 40 秒左岸突然整体下滑，主要的滑落持续时间约 20s。

在瓦依昂水库滑坡发生前三年，已开始进行滑坡位移长期观测工作。通过观测发现，该滑坡区已出现蠕变迹象。经分析，其变化大致具有如下规律：

1）1963 年春季以前，大致保持等速蠕动变形；

2）1963 年春季至夏季测得的位移速率为 14mm/d；

3）1963 年 9 月 18 日出现连续 10d 大雨之后，位移量逐日迅速增大达 20～35mm/d，直至 10 月 9 日库岸发生滑坡。

这是一个由岩层顺层理面滑移—弯曲变形发展为滑坡灾害的典型实例。构成滑移面的岩层层面呈"靠椅形"，其上半段倾角为 40°，向下变缓，下半段近于水平。所以，虽然它在库岸出露临空，但下半部分岩体的抗滑力仍大于上半部分的推力。因滑移受阻，致使下部近水平的岩层受到挤压而褶曲。滑动前的位移长期观测资料已清楚地反映了这类变形特征，即滑体后半部岩体的位移量大于前半部岩体的位移量。

当库水位第一次上升到高出原河水位 130m 的最大高度然后下降 10m（下降过程缓慢，持续了两周），约 30d 时间之后，便发生了大滑坡。显然，这是因为在大坝近处库水位抬高了 120m，相应地浸泡了原来长期地处于干燥的饱气带的能透水的岩石，无疑影响了岩石的力学强度，改变了岸坡的初始应力条件，成了灾难性滑坡发生的重要原因。这一事实说明，当组成滑坡体的裂隙岩层（为透水的岩层）与库水位有水力联系时，被库水淹没（或浸没）的岩石所受到的库水浮托作用以及水对岩层的浸润作用比其受到的动水压力的影响更大。

8.2.2　湖南柘溪水库塘岩光滑坡

1961 年 3 月 6 日，湖南省资水柘溪水库蓄水初期，近坝库区右岸发生体积 165 万 m^3 的高速滑坡，滑坡体高速滑落水库，激起巨大涌浪。涌浪漫过坝顶，造成重大损失。这是我国第一例由于水库蓄水触发产生的大型滑坡。水库位于基岩峡谷区，滑坡区位于大坝上游右岸 1550m 处之塘岩光岸坡。塘岩光上、下游 3km 的河段，河流流向 S60°W，库岸基本平直。河水正常水位高程 100m，谷宽 100～150m，水深 5～15m。两岸山顶高出河水面200m 以上。河谷边坡坡角在高程 200m 以下为 35°～45°，200m 以上渐趋平缓，为 20°～30°。塘岩光滑坡平剖面地质示意图见图 8.3。

谷坡一般都有厚 4～10m 的残坡积层覆盖，植被条件较好。下伏基岩为前震旦系板溪群，以灰绿色细砂岩为主，夹有薄层板岩和较多的破碎夹泥层。基岩强风化深达 20～30m。表部风化裂隙发育，岩体破碎。

滑坡区位于一倾伏背斜的西北翼。区域内岩层走向为 N60°～70°E，倾向 NW，倾角 34°～42°。岩层走向与河流平行，倾向左岸，右岸为顺向坡。沿板岩夹层多发生层间错动，形成破碎夹层或破碎夹泥层。层面裂隙也较发育。在风化带内，沿层面裂隙，常充填次生黏土，厚 1～2cm。有两组构造节理较为发育：一组为纵向节理，产状为 N50°～60°E，倾向 SE，倾角 70°～80°；另一组为横向节理，产状为 N20°～30°W，倾向 SW，倾角 <70°。前者与河流方向平行，多形成台坎；后者与河流垂直，沿此组常形成小断层。塘岩光滑坡的周界即受此两组结构面的严格控制。在初步设计阶段曾进行过库区的水文工程地质测绘，但滑坡区未做勘探工作。

1961 年 2 月 5 日，当大坝建筑至高程 153m 时，水库提前蓄水，主体工程和厂房仍在继续施工。库水位以 7～11m/d 的速度急速上升，随后水位上升速度减为 1～2m/d。10d

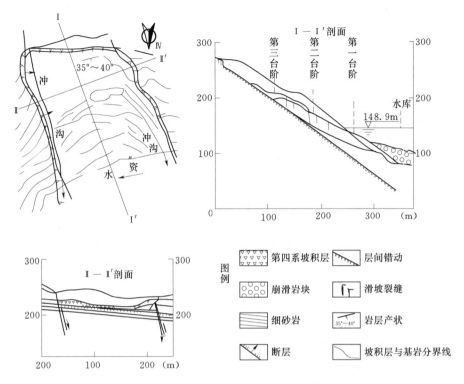

图 8.3　塘岩光滑坡平剖面地质图（杜伯辉，1998）

后水库内蓄水已达 6.6 亿 m^3。在此期间，自 2 月 27 日至 3 月 6 日，连续 8d 的降雨，降雨量达 129mm。至 3 月 6 日，水库水位已由原河水位 100m 上升至 148.9m，日平均升高1.75m。3 月 6 日上午 7 时左右，在滑坡区附近已出现小的岸坡坍滑，岸边上出现弧形裂缝，并逐步加宽。对岸 500m 处水库支沟谢家溪内船民听到崩坍声响，水面见有起伏不稳波浪，浪高约 1m。

下午 6 时，巨大滑坡突然发生。塘岩光边坡表部覆盖层连同部分风化基岩突然以高速滑落水库，形成巨大涌浪，行驶于滑坡区段的帆船高 10m 的桅杆被涌浪没顶。较大涌浪前后出现约 10 次，首次涌浪稍低，第 2 个涌浪最高，以后涌浪逐渐减弱。涌浪前后延续约 1min。据事后观测，滑坡发生时库水面宽 220m，水深 50～70m，滑坡对岸涌浪高 21m，直径 25cm的大树被涌浪连根拔起。上游 8km 处涌浪高 1.2～1.5m，15km 处涌浪高 0.3～0.5m，再向上游涌浪逐渐减弱消失；下游 1.55km 处两岸浪高 2.5～3.0m，大坝迎水面浪高 3.6m。冲毁大坝堰顶临时挡水木笼，漫过坝顶冲泄至坝下施工场地。由于涌浪的冲击使滑坡附近两岸边坡反复受到淘刷，相继产生较多的覆盖层坍滑，但规模都较小。

滑坡发生后，滑坡残体一部分已淹没于水下，滑体沿水面宽 210m，顶部宽 160m，残体顶缘最高为 280m，滑坡体厚 20～35m，水下部分自岸边向河床堆积延伸 60～120m，形成一水下台阶，其高程为 115～140m，总体积 165 万 m^3。滑坡在平面上略呈一长方形，两侧明显的受两条大致平行的高角度断层控制。如图 8.3 所示。

滑坡侧壁顺断层面延伸，壁面平直，尤以下游侧最为清楚，侧壁高 10～16m，近于直立。壁面上分布有厚 0.1m 的黏土胶结的碎石，表面留有明显的滑动擦痕，滑痕宽 1～2cm，以 35°～45°角倾向水库。上游侧滑壁多被覆盖，不甚整齐明显。

在高程 200～215m 以上出露残留的滑面，即完整的基岩层面，倾角 35°～40°，层面上局部残留有岩屑黏土。

在滑坡的后缘和中、上部，都见有平行滑坡边缘的弧状张裂缝，裂缝宽 0.5～1.0m，延伸 10m 至数十米，裂缝深 3～5m。在滑坡两侧还见有呈雁行排列的裂缝，缝宽 0.5～2.0m，延伸 10m 左右。

由上述资料可以看出，滑体组成物质除表部残坡积土外，尚包括浅部强风化破碎基岩。上部和中部滑面为基岩层面；下部滑面切断了强风化破碎基岩和表层覆盖层，切断准确位置不详，但大体在水库蓄水位以下至原河谷覆盖层出露的最低高程。滑坡两侧明显以高角度横断层为界，滑坡后缘受纵向节理控制。

根据能量守恒原理，估算滑体重的滑落至水面（高程 148.9m）的末速为 25.0m/s，历时为 10s。大体积岩土体（165 万 m^3）以如此高速滑落，库面被激起巨大涌浪。据目击者称，前后较大涌浪共约 10 个，延续时间不到 1min，也间接说明滑坡发生的历时十分短暂。

导致滑坡的原因主要是不利的地层岩性、构造和水文地质条件。

1）该区为一顺向坡，边坡倾角与岩层倾角基本一致，一般为 35°～45°。对于这样的坡角，残坡积的碎石泥土一般是不稳定的。事实上，在滑坡区上游沿河 400m 范围内，有大片光滑完整的细砂岩基岩层面出露。这说明该河段历史上曾发生过顺层面的滑动，上覆物质已经滑落。顺向坡的岩层倾角较大，对边坡稳定极为不利。

2）板溪群细砂岩中夹有较多的薄层板岩夹层，在构造挤压和其他因素作用下，形成破碎夹泥层。这种软弱的破碎夹泥层抗剪强度较低（$f = 0.35$ 以下）。塘岩光滑坡的滑面即沿这种破碎夹泥层延伸。

3）在水库蓄水过程中，连续 8d 降雨，降雨量达 129mm。初始降雨时，库水位已达 141m 左右。显然，大量雨水渗入边坡表层，在库水位以上，地下水水位线大大升高，一方面增加滑体主滑段岩体容重，一方面也降低了滑面的抗剪强度。

4）库水位的急剧升高是导致滑坡发生的主要诱因。库水淹没坡脚以后，使坡脚部分岩体压重减轻，抗滑强度降低，降低了原坡脚岩体的抗滑阻力，加之上部主滑段岩体容重增加，当库水位升高至一临界值时，就突然产生滑动。

总之，不利的地质结构面组合、不利的构造条件、软弱的岩性条件是滑坡发生的内因，雨水和库水位上升所引起的水文地质条件的变化和岩体强度的降低则是滑坡发生的诱发因素。

8.2.3 三峡库区鸡扒子滑坡

1982 年 7 月四川省云阳县城东 1km 外的长江北岸发生巨大滑坡，滑坡总体积约 1500 万 m^3，滑坡推入长江河床的土石达 230 万 m^3，堆积物直抵江心，并达彼岸，江心填高 30 余 m，长江航道出现了 600 余 m 长的急流险滩，给通航带来极大困难。图 8.4 为鸡扒子滑坡典型纵剖面示意图。

（1）滑坡区的地质、地貌概况。

　　该区地处川东褶皱带北东端。滑坡位于东西向的故陵向斜轴部北侧，岩层走向北东80°至东西，倾向南，倾角上陡下缓，由 40°渐变为 10°，甚至小于 10°。区内未见断层。走向北东 45°～55°及北西 20°～30°的"x"扭性节理最发育，北西 80°的压性节理和北东 20°的张性节理次之，节理一般都近直立。岩层中板状交错层发育，且常见冲刷充填构造。

　　滑坡区出露地层为侏罗系上统蓬莱镇组下段（J_2p）灰白色长石石英砂岩与紫红色泥岩不等厚互层组成。岩相很不稳定，常变薄、尖灭或相互递变。

　　滑坡位于长江河谷北岸谷坡，其山顶海拔高程 738.6m，长江河床海拔高程 40m，相对高差达 700m，东西两侧分别被大河沟和汤溪河深切，形成三面临空的单面山。山体走向近东西，倾向南，坡度自上而下由陡变缓，和岩层产状近于一致。由于岩层风化差异，斜坡上砂岩为壁，泥岩呈台，崩坍、滑坡屡见不鲜。

　　区内明显存在三级老滑坡，从上至下是擂鼓台滑坡、桐子林滑坡和宝塔滑坡，滑床出口高程分别为海拔 550m、400m、120m。前两个滑坡为死滑坡，宝塔滑坡目前处于相对稳定阶段。

　　据调查，宝塔老滑坡堆积物覆盖面积为 2km²。滑面倾向长江，倾角上陡下缓，大部滑床沿泥岩发展，为一顺层滑坡。滑带土中的黏土矿物成分以伊利石为主，具有较好的定向排列。滑体主要为似层状砂岩泥岩碎裂岩体。滑体的透水性较强。由于滑坡东、西、南三面被河沟深切，加之所处地形较陡，补给条件差，排泄强烈，含水弱，故通常年份滑坡中地下水不是很丰富。

　　该区降雨充沛，多年平均降雨量在 1093mm，多集中在 6、7、8、9 月，常有暴雨发生。1982 年 7 月连降暴雨，宝塔老滑坡西侧复活，产生了鸡扒子滑坡。

　　（2）鸡扒子滑坡的特征。

　　1）滑坡形态与分区。鸡扒子滑坡外形呈帚状，面积 0.774km²。其西侧壁与宝塔老滑坡西侧壁基本吻合，东侧壁在宝塔老滑坡中部，总体向南滑动。滑体东西宽上部为 240～360m，下部为 700～750m；南北长 1000～1600m。滑体自后缘至长江岸边，构成一个高差 300 多米的斜坡，坡面中部高，东南部和西部较低。

　　根据受力特征、运动状况、变形破坏形式可分为三区。中部为平推滑移区；东部为滑移—拉裂区；西部为塑性流动区。

　　2）滑带土的物质成分、结构及性质。滑带土中的碎屑矿物以石英为主，长石次之；黏土矿物以伊利石为主，有绿泥石和高岭石少量。黏粒中 SiO_2 占 35.19%～49.41%，Al_2O_3 占 15.83%～21.54%，Fe_2O_2 占 7.09%～10.61%，钙镁氧化物和钾钠氧化物少量，SiO_2/R_2O_2 的分子比为 2.90～3.32。在偏光显微镜下观察，滑带土的碎屑矿物呈棱角状和圆状，基质中的黏土矿物多为鳞片状，呈定向排列。碎屑矿物均匀分布于平行排列的黏土矿物集合体中，呈定向条带式结构；或黏土矿物沿碎屑矿物边缘平行排列，呈定向环式结构，基质中孔隙、裂隙发育，为水的渗入创造了条件，伊利石吸水胀膨，导致基质软化，土的强度降低。

　　滑带土中的黏粒占 24.0%～51.0%，粉粒占 30.0%～49.19%，天然容重为 2.07～2.18g/cm³，孔隙比为 0.44～0.588，天然含水量为 15.5%～20.3%（多数为 18%～19%），塑限为 14.11%～20.15%，液限为 22.10%～34.74%，塑性指数为 7.99～

14.59。活动性指数为 0.57～0.64（和伊利石的活动性指数接近）。滑带土重塑土的抗剪强度残余值，在天然含水量状态下，内摩擦角为 $8°13'～9°18'$，内聚力为 $(21～26)×10^3 Pa$；在饱和状态下，内摩擦角为 $4°9'～4°47'$，内聚力为 $(5～8)×10^3 Pa$。而宝塔老滑坡滑带土原状土的抗剪强度残余值，在天然含水量状态下内摩擦角平均为 $16°18'$，内聚力平均为 $50×10^3 Pa$；在饱和状态下，内摩擦角平均为 $10°39'$，内聚力平均为 $33×10^3 Pa$。可以看出，因鸡扒子滑坡滑带土是宝塔老滑坡滑带土经两次挤压搓揉的产物，所以抗剪强度显著降低。

3）滑坡中的地下水。据 18 个钻孔资料，位于滑坡剪出口外近江一带的钻孔，受江水影响，水位浅，水量大；剪出口以上的钻孔，枯季地下水位均接近或低于滑面，枯季钻孔涌水量在 0.0002～0.3L/s，水质属重碳酸钙型或重碳酸镁型，矿化度 0.5～0.7g/L。据钻孔地下水位动态观测，1983 年（平水年）雨季，钻孔水位上升不大于 4m。总的讲，地下水不丰富。

（3）滑坡形成机制。

1）鸡扒子滑坡是宝塔老滑坡复活形成的。老滑坡的结构为滑坡复活提供了内在的基本条件，如老滑坡的滑体主要为软硬相间的砂岩泥岩碎裂岩体，北西和北东向"x"裂隙十分发育，遇水性强，对地下水的补给，运移十分有利。老滑床上陡下缓呈"靠椅"状，向长江临空面倾斜。滑床上普遍存在厚达 0.5m 以上的滑带土，滑带土中的黏土矿物成分以亲水性较强的伊利石为主，一旦饱水，土的抗剪强度就会急剧降低，造成上部滑体失稳。因此，鸡扒子滑坡基本上沿宝塔老滑坡的滑动面滑动。

2）老滑体遭受自然和人为破坏是促使其复活的重要外部因素。宝塔老滑坡在复活前，其前缘剪出口附近的滑坡堆积物，由于长期受江水冲刷和不断的取土采石，形成了高达 40 余米的江边陡坎，滑坡阻滑部分遭到了严重破坏，滑体存在失稳下滑的可能。加之，滑体上不断挖塘筑池，种植水稻，大大增加了地下水的渗入量，对滑坡复活起了促进作用。这次宝塔老滑坡复活的部位既是江水冲刷最强烈的部位，也是遭受人为破坏最严重的地段。

3）暴雨是老滑坡复活的触发原因。1982 年 7 月该区发生百年未见特大暴雨，从 7 月 16 日 4 时开始降雨，至 7 月 17 日 8 时的 28h 内雨量达 269.1mm，至 7 月 18 日 2 时的 46h 内雨量达 331.3mm（占该区多年平均降雨量 1093mm 的 30.3%）。在这次暴雨过程中，宝塔老滑坡西侧后缘滑体因饱水失稳，于 7 月 17 日 4 时至 8 时向石板沟塌落，造成自然排水沟堵塞，上游积水成库，库水直接渗入宝塔老滑体内，至 7 月 17 日 18 时老滑坡下部地面出现涌水，7 月 18 日 2 时老滑坡复活，发生剧烈滑动。据估算：从石板沟被堵至滑坡产生剧滑的 18h 内，渗入滑体的地表水量达 3.89 万 m^3，使得整个滑体处于饱水状态，地下水位急剧上升 10～30m，平均水力坡度达 190‰，从而产生了巨大的动水压力和浮托力；同时使老滑坡的滑带土软化，抗剪强度大大降低。据试验资料，老滑带土原状土上残余抗剪强度的平均值，饱和状态比天然含水状态的内聚力降低了 34.2%，内摩擦角降低了 34.7%。说明老滑坡是在地表水大量渗入补给老滑体，滑带产生巨大的孔隙水压力并导致老滑带土软化而失稳下滑的。宝塔老滑坡东部因尚不具备这种条件则仍处相对稳定状态。

4）鸡扒子滑坡的基本性质属推移式。由于宝塔老滑坡各部位的结构不同，以及滑体各部位复活边界条件不同，滑动性质又有所差异。中区滑坡起源于地表水（石板沟积水）沿老滑坡头部直接渗入老滑体、滑带（面），属自上而下的平推滑移；东区滑坡变形破坏的根本原因是后缘老滑体受石板沟积水补给产生恶性充水，属滑移—拉裂；西区滑坡属表层塑性流动，起因是石板沟堵塞部位的溃决和继后暴雨产生的地表径流。

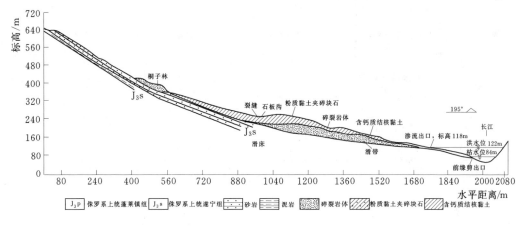

图 8.4　鸡扒子滑坡纵剖面地质图（李玉生，1984）

8.2.4　三峡库区千将坪滑坡与其同类典型滑坡比较研究

从滑坡地质条件、地形条件、诱发条件、形成机制、规模、运动特征、灾害损失等方面对意大利瓦依昂滑坡、湖南柘溪塘岩光滑坡、三峡库区鸡扒子滑坡及千将坪滑坡进行比较研究，以期找出这类滑坡发生条件和活动情况的规律。千将坪滑坡与其同类典型滑坡综合比较分述如下并汇总于表 8.1。

表 8.1　　　　　　　　　　千将坪滑坡与同类典型滑坡综合比较表

滑坡名称 滑坡特征	意大利瓦依昂滑坡	湖南柘溪塘岩光滑坡	三峡库区鸡扒子滑坡	三峡库区千将坪滑坡
区域地质位置	瓦依昂向斜核部之南侧	倾伏背斜之一翼	故陵向斜核部之北侧	紧邻秭归向斜核部、百福坪背斜南翼
地层岩性	厚层灰岩夹薄层泥灰岩、泥化夹层	灰绿色细砂岩为主，夹有薄层板岩和较多的破碎夹泥层	白色长石石英砂岩与紫红色泥岩不等厚互层	中厚层泥质粉砂岩、紫红色粉砂质泥岩、厚层石英砂岩，夹生物碎屑灰岩及碳质页岩条带
软弱夹层	含蒙脱石泥化夹层	破碎夹泥层，矿物资料不详	黏土矿物以伊利石为主的破碎夹泥层	黏土矿物以绿泥石、伊利石为主的层间错动夹泥层
岸坡类型	顺层	顺层	顺层	顺层
岸坡形态特征	上陡下近水平、下凹型	上陡下缓、下凹型	上陡下近水平、下凹型	上陡下缓、下凹型
前缘临空条件	前缘陡崖 100m、软层临空	前缘陡崖 100m、软层未临空	前缘陡崖 40m、软层临空	前缘陡崖 30～40m、软层未临空

续表

滑坡特征＼滑坡名称	意大利瓦依昂滑坡	湖南柘溪塘岩光滑坡	三峡库区鸡扒子滑坡	三峡库区千将坪滑坡
风化条件	滑体基本未风化但软层风化	滑体强风化厚30m（前缘）	滑体强、弱风化30m以上	滑体强、弱风化厚20～50m（前缘）
侧边界	陡倾角结构面	陡倾角结构面	陡倾角结构面	陡倾角结构面
滑带	整体基本顺层，为软化泥化夹层；1/4切层	中、后部顺层，为破碎夹泥层；前缘切层，切断强风化岩体	整体基本顺层，破碎夹泥层	中、后部顺层，为层间剪切错动泥化带；前缘顺近水平结构面切穿强、弱风化层
滑坡规模	$2.4\times10^8 m^3$	$1.65\times10^6 m^3$	$1.50\times10^7 m^3$	$1.54\times10^7 m^3$
破坏下滑时间	20s	10s	不详	60s
最大滑速	25m/s	25m/s	不详	16m/s
涌浪（高）	260m	21m	不详	23.5m
损失（死亡人数）	3000人	40人	阻塞长江航运	24人
表部变形特征	蓄水至650m高程时，淹没浸泡一半阻滑带，后缘出现2km长的断续裂缝，前缘局部出现70万方滑塌；蓄水至720m高程时，淹没浸泡全部阻滑带，后缘出现2km长裂缝连续，呈M状，滑坡整体下滑	至少滑前12h岸坡中前部出现裂缝（后缘裂缝应更早）；前缘出现局部小规模坍塌	不详	滑前20d，后缘出现拉裂缝，滑前3d，拉裂缝贯通呈圈椅状，宽约1～2m，深达2～3m；滑前3d，前缘缓坡平台出现细小张裂缝
深部位移特征	蓄水至650m高程以前，位移速度15mm/d，$1/v-t$关系线成曲线；滑前2d位移速度30mm/d左右，$v-t$曲线斜率大于85°，$1/v-t$关系线成直线	深部岩体破裂发出巨大声响；无深部位移资料	无深部位移资料	无深部位移资料
滑坡与水库关系	库水上升130m，浸泡滑带、浮托滑坡阻滑体达30d	库水上升48.9m，浸泡切层滑带、浮托滑坡前缘达29d	洪水升高38m，浸泡滑带、浮托滑坡阻滑体时间不详	库水上升43m，浸泡切层滑带、浮托滑体前缘达33d
滑坡与降雨关系	滑前10d连续降雨，雨量不详	滑前8d降雨，降雨量129mm	滑前2d降雨、降雨量331mm，滑体饱水	滑前20d中16d断续降雨，降雨量162mm
滑坡机制	水库蓄水为主诱发，降雨为次要因素；蠕滑—拉裂型	水库蓄水为主诱发，降雨为次要因素；滑移（蠕滑）—拉裂型	降雨诱发为主、洪水顶托为次要因素；滑移—拉裂（中部）、平推滑移（西部）、塑流—拉裂（东部）型	水库蓄水为主诱发，降雨为次要因素；滑移（蠕滑）—拉裂型

（1）区域地质位置。

均位于岩层产状由陡变缓的构造部位，向斜核部或紧靠向斜核部。瓦依昂滑坡位于瓦依昂向斜河谷南岸坡，鸡扒子滑坡位于故陵向斜河谷之北岸坡，塘岩光滑坡与千将坪滑坡紧靠向斜核部。

（2）滑坡地质条件。

1）地层岩性：主要为层状碎屑岩和层状结晶碳酸盐岩并含软弱夹层，以层状碎屑岩居多。瓦依昂滑坡为厚层灰岩夹薄层泥灰岩、泥化夹层，塘岩光滑坡为灰绿色细砂岩为主，夹有薄层板岩和较多的破碎夹泥层，鸡扒子滑坡是白色长石石英砂岩与紫红色泥岩不等厚互层，千将坪滑坡为中厚层泥质粉砂岩、紫红色粉砂质泥岩、厚层石英砂岩，夹生物碎屑灰岩及碳质页岩条带。

2）软弱夹层：所含黏土矿物为蒙脱石、或伊利石、绿泥石或炭质为主的层间错动带，遇水易于软化、风化，强度降低 $30\% \sim 50\%$。瓦依昂滑坡为含蒙脱石泥化夹层，塘岩光滑坡为破碎夹泥层，鸡扒子滑坡软弱夹层的黏土矿物以伊利石为主，千将坪滑坡为含黏土矿物绿泥石、伊利石为主并含炭质的层间错动夹泥层。

3）风化条件：对于碎屑岩，滑体一般风化较严重，特别是前缘风化岩体较厚达 20 ~ 50m；对于碳酸岩盐，岩体整体风化不严重，但沿软层风化剧烈。瓦依昂滑坡滑体基本未风化，但沿滑带软层风化剧烈；塘岩光滑坡前缘滑体强风化厚 30m；鸡扒子滑坡滑体强、弱风化厚 30m 以上；千将坪滑坡滑体强、弱风化厚 20m 以上，前缘厚 50m以上。

4）侧边界：四个滑坡侧边界均为陡倾角结构面。

5）滑带：滑带总体一般以顺层软弱夹层为主，有两种模式：一种是基本顺层型，如瓦依昂滑坡及鸡扒子滑坡；另一种是中后部顺层顺层、前缘切层型，如塘岩光滑坡、千将坪滑坡。

（3）地形条件。

岸坡类型与岸坡形态特征：四个滑坡所在岸坡均为顺层坡，地形为上陡下缓呈靠椅状，且上部地形坡度为下部坡度的一倍左右。

前缘临空条件：前缘地形上一般为陡崖，高 40m 以上；软层可临空也可不临空。瓦依昂滑坡前缘陡崖 100m、软层临空，塘岩光滑坡前缘陡崖 100m、软层未临空，鸡扒子滑坡、千将坪滑坡前缘陡崖 $30 \sim 40$m、软层未临空。

（4）滑坡规模及运动特征。

1）滑坡规模：滑坡规模大，属大型—特大型滑坡，一般为数百万至数千万立方米，更大者达数亿万立方米。瓦依昂滑坡规模为 2.4 亿 m^3，塘岩光滑坡滑体 165 万 m^3，鸡扒子滑坡 1500 万 m^3，千将坪滑坡有 1540 万 m^3。

2）破坏下滑时间：主滑体下滑时间短，在 $10 \sim 60$s。瓦依昂滑坡主滑体下滑时间为 20s，塘岩光滑坡主滑体下滑时间为 10s，鸡扒子滑坡无记录，千将坪滑坡主滑时间约为 1min。

3）最大滑速：据监测资料和理论估算，最大滑速在 16m/s 以上。瓦依昂滑坡最大滑速 25m/s，也有估计更高为 35m/s 的；塘岩光滑坡最大滑速 25m/s；千将坪滑坡最大滑速

16m/s。

4) 涌浪（高）：涌浪高一般在 25m 左右，瓦依昂滑坡由于规模大，速度高，涌浪高达 260m 左右。

5) 死亡人数：瓦依昂滑坡死亡人数约 3000，塘岩光滑坡 40 人，千将坪滑坡死亡24 人。

（5）变形特征。

1) 表部变形特征：一般是后缘出现张裂缝，并逐渐贯通呈圈椅状；前缘陡崖部位可出现局部坍塌。

2) 深部位移特征：等速蠕变阶段，位移速度 15mm/d，$1/v$—t 关系线成曲线；加速突变变形阶段位移速度 30mm/d 左右，v—t 曲线斜率大于 85°，$1/v$—t 关系线成直线。

（6）诱发因素。

滑坡与水库关系：一般在库水浸泡滑带、浮托滑坡阻滑体 30d 左右，即发生滑坡。瓦依昂滑坡库水上升 130m，浸泡滑带、浮托滑坡阻滑体达 30d；塘岩光滑坡库水上升48.9m，浸泡切层滑带、浮托滑体前缘达 29d；鸡扒子滑坡洪水升高 38m，浸泡滑带、浮托滑坡阻滑体时间不详；千将坪滑坡库水上升 43m，浸泡切层滑带、浮托滑体前缘达 33d。

滑坡与降雨关系：在库水作用前提下，一般降雨 10d 左右、降雨量达 100～200mm。鸡扒子滑坡是特例，在洪水浸泡浮托前缘阻滑带的条件下，由于岸坡排水系统阻塞，强降雨 2d（降雨量达 330mm）后发生滑坡。

（7）滑坡机制。

诱发因素：一般以水库蓄水为主诱发，降雨为次要因素（鸡扒子滑坡可能以降雨为主要诱发因素，洪水为次要因素）。

力学机制：一般为（前缘）蠕滑—（后缘）拉裂型。

8.3　特大顺层岩质水库滑坡易滑地质结构模型

由 8.2 节可知，瓦依昂滑坡、塘岩光滑坡、鸡扒子滑坡、千将坪滑坡等特大型滑坡具有高度相似的地形地质结构条件，为此，对上述同类型滑坡——特大顺层岩质水库滑坡建立基于易滑地质结构模型的滑坡空间预测模型就具有可行性。

首先，归纳列出 6 种地质结构模型要素：①顺层岸坡；②下凹型坡型；③敏感性软弱夹层；④地形临空；⑤软层临空；⑥坡体强弱风化，其次按重要和必要程度将模型要素分为必要因素（Ⅰ级）和选择性因素（Ⅱ级），最后归纳总结出两类特大顺层岩质水库滑坡易滑地质结构模型的空间预测模型：①顺层滑坡型，①＋②＋③＋④＋⑤要素组合，如瓦依昂滑坡；②顺层＋前缘切层型，①＋②＋③＋④＋⑥要素组合，如千将坪滑坡。

特大顺层岩质水库滑坡基于易滑地质结构模型的空间预测模型见于表 8.2。

表 8.2　　　　　基于易滑地质结构模型的滑坡空间预测模型

编号	地质结构模型要素	要素等级	特 征 描 述	模型要素组合类型
1	顺层岸坡	Ⅰ	顺层岸坡，岩层上陡下缓或下部水平、或反翘；下凹型坡型，坡度 β 上部/β 下部 = 2 左右	（1）顺层滑坡型，①+②+③+④+⑤要素组合，如瓦依昂滑坡；（2）顺层+前缘切层型，①+②+③+④+⑥要素组合，如千将坪滑坡
2	下凹型坡型	Ⅰ		
3	敏感性软弱夹层	Ⅰ	软弱夹层或含炭质，或黏土矿物以蒙托石为主，或以绿泥石、伊利石为主，水敏感性强，易软化泥化，抗剪强度饱和后损失 30% 以上，且抗剪强度峰残差在 40% 以上	
4	地形临空	Ⅰ	岸坡前缘陡崖临空	
5	软层临空	Ⅱ	控制性滑移软层在岸坡前缘陡崖临空出露	
6	坡体强弱风化	Ⅱ	岸坡特别是坡脚部位发育较厚的强弱风化岩体，且发育缓倾角节理（多为构造形成的 X 节理）构成滑坡切层路径	

注　Ⅰ 级为必备要素，Ⅱ 级为选择性要素

8.4　特大顺层岩质水库滑坡短期及临滑变形特征研究

对特大顺层岩质水库滑坡的短期及临滑变形特征进行研究，初步归纳出特大顺层岩质水库滑坡短期及临滑变形特征，见表 8.3。

表 8.3　　　　特大顺层岩质水库滑坡短期及临滑变形特征

变形类别		特 征 描 述	距滑坡失稳时间
地表宏观变形	后缘拉裂缝	后缘出现局部或断续拉裂缝	30d 及以上
		拉裂缝圈椅状贯通，并有由宽变窄的闭合趋势	3~5d
	前缘局部坍塌	前缘临空部位局部坍塌	7~15d
深部位移	位移方向	位移方向向上，表明前缘剪滑部位隆起、开始转动，进入临滑阶段	5~10d
	$v—t$ 曲线	斜率切线近直立，速度在 20~30mm/d，滑坡进入临滑状态	1~3d（与其他因子综合运用时）
	$1/v—t$ 关系线	弯曲型，反映黏塑性变形，等速蠕变，初始变形	
		直线型，反映脆性变形，滑坡进行剪断破裂，进入最后变形阶段	30~60d
岩体破裂声响		人可听到岩体剪断声响、微震仪可监测到阻滑段密集的声发射现象，进入临滑阶段	7~15d（与其他因子综合运用时）
水库蓄水		水库水位上升淹没阻滑段滑带后，经过软化和浮托作用，滑体失稳	30d 左右

（1）地表宏观变形。

1）后缘拉裂缝：后缘出现局部或断续拉裂缝时，表明滑坡体整体进入等速蠕变变形阶段，如果此时开始外荷载持续加载、外部条件不变，则至滑坡下滑的时间大致为 1 个月的时间。瓦依昂滑坡后缘 1960 年开始出现裂缝时，水库即开始下降水位，所以后缘裂缝

暂时停止发展；1963 年 9 月库水位再次蓄水至 720m 高程，裂缝又开始加宽，1 个月后，滑坡剧动下滑。千将坪滑坡后缘出现拉裂缝一个月后滑坡下滑。

当后缘拉裂缝圈椅状贯通，并有由宽变窄的闭合趋势，滑坡进入临滑状态，3～5d 内可能下滑。

2）前缘局部坍塌：滑坡临滑时，滑坡前缘陡崖部位，由于受到其后部剪滑推压，出现局部坍塌或崩塌。瓦依昂滑坡和塘岩光滑坡就出现这样的临滑变形现象。

（2）深部位移。

1）位移方向：位移方向向上，表明前缘剪滑部位隆起、开始转动，进入临滑阶段，5～10d 内可能下滑。

2）$v—t$ 曲线：即速度—时间关系曲线，斜率切线近直立，速度在 20～30mm/d，滑坡进入临滑状态，1～3d 内可能下滑。

3）$1/v—t$ 关系线：①线型为弯曲型，反映黏塑性变形，等速蠕变，初始变形；②线型为直线型，反映脆性变形，滑坡进行剪断破裂，进入最后变形阶段即临滑状态。

（3）岩体破裂声响：人可听到岩体剪断声响、微震仪可监测到阻滑段密集的声发射现象，则滑坡进入临滑阶段。

（4）水库蓄水：水库水位上升淹没阻滑段滑带后，经过软化和浮托作用，滑体失稳，时间一般在 30d 左右。

8.5 小结

1）将瓦依昂滑坡、塘岩光滑坡、鸡扒子滑坡、千将坪滑坡等具隐蔽性、突发性、规模大、灾害损失大特点的滑坡进行了对比研究，找出了其地形地质条件、诱发因素、变形特征的基本规律。

2）在对典型特大顺层岩质水库滑坡地形地质条件比较研究的基础上，归纳出该类滑坡的易滑地质结构模型。

3）总结了特大顺层岩质水库滑坡的短期及临滑变形特征。

第9章　特大顺层岩质水库滑坡空间预测模型研究

9.1　顺层岩质滑坡样本统计及影响因素分析

9.1.1　顺层岩质滑坡样本统计

为了建立顺层岩质滑坡空间预测模型，分析滑坡影响因素，建立了顺层岩质滑坡数据库或统计样本。

近年来的滑坡空间预测研究大都采用滑坡的内在影响因子和诱发因子。但是在一般情况下，滑坡的诱发因素具有许多不确定性，准确分析这些因素的作用往往受到许多条件的限制。因此乔建平（2008 年）提出了使用滑坡发育的环境本底因素作为关键问题考虑。环境本底因素即为滑坡灾害产生的内在因素。根据滑坡发育的特点，滑坡发生主要是受到内在主控因素的影响，诱发因素仅仅是在满足滑坡形成的基本条件时，才可能发挥作用诱发滑坡。因此，只要能够充分评价滑坡灾害形成的内在因素对滑坡发育的作用贡献，便可利用内在因素进行滑坡的空间预测模型研究。

因此，结合前人对顺层岩质滑坡影响因素的研究，在样本统计的过程中，对影响滑坡产生的滑坡坡度、坡面走向与岩层走向夹角、岩层倾角、软弱夹层、滑坡高程、地层岩性等六个内在因素进行统计。通过三峡库区滑坡资料以及相关文献的收集和整理，得到 136个顺层岩质滑坡数据样本，如表 9.1 所示。

表 9.1　　　　　　　　　　　　　顺层岩质滑坡样本统计表

滑坡编号	滑坡名称	滑坡影响因素					
		滑坡坡度/(°)	坡面走向与岩层走向夹角/(°)	岩层倾角/(°)	软弱夹层	滑坡高程/m	地层岩性
1	卡子湾滑坡	10	0	39	√	380	J_3s
2	淹锅沙坝滑坡	10	31	32	√	390	T_2b
3	木鱼包滑坡	14	10	27	√	385	J_1x
4	谭家河滑坡	25	28	36	√	297	J_1x
5	桑树坪滑坡	27	9	25		205	J_1x
6	王家岭滑坡	13	3	25	√	120	J_3s
7	白水河滑坡	28	15	36	√	265	J_1x
8	白羊坪滑坡	16	16	30	√	310	T_2b
9	雄黄山滑坡	30	25	30	√	230	J_1x

滑坡编号	滑坡名称	滑坡影响因素					
		滑坡坡度/(°)	坡面走向与岩层走向夹角/(°)	岩层倾角/(°)	软弱夹层	滑坡高程/m	地层岩性
10	周家坡滑坡	27	10	32	√	318	T_2b
11	大岭西南滑坡	11	21	25		195	J_n
12	桐家坡东滑坡	26	40	24		165	K
13	胡家坡滑坡	21	19	58		175	J_3s
14	田家坡滑坡	28	52	30		610	T_2b
15	卧沙溪滑坡	17	61	25		205	T_2b
16	野猫面滑坡	16	28	30		295	$\in_1 sh$
17	王家湾滑坡	13	45	40		210	J_2s
18	大水田滑坡	13	27	22		170	$J_{1-2}n$
19	楠木井滑坡	16	18	55	√	265	T_2b
20	孙家庄滑坡	23	20	30	√	150	$T_{1-2}b$
21	曹房河滑坡	27	32	31	√	170	T_2b
22	雷家坪滑坡	23	2	48	√	230	T_2b
23	焦家湾滑坡	21	17	30	√	125	T_2b
24	赵树岭滑坡	16	15	48	√	500	T_2b
25	西壤坡基岩滑坡	23	5	26	√	139	T_2b
26	凉水溪滑坡	21	23	45		181	T_2b
27	杜公祠滑坡	17	45	23		217	T_2b
28	李家湾滑坡	34	29	35		200	T_2b
29	朱家店滑坡	26	47	61		350	T_2b
30	新峡沟滑坡	26	43	29		200	T_2b
31	新大田滑坡	24	15	20		105	T_2b
32	唤香坪崩滑体	13	2	35	√	102	T_2b
33	曹家沱滑坡	15	34	21	√	165	T_2b
34	上安坪滑坡	19	10	15	√	165	T_2b
35	杨家坪滑坡	17	31	15	√	392	T_2b
36	白鹤坪滑坡	27	17	34	√	275	P_{11}
37	丁家湾滑坡	17	3	35		120	T_2b
38	老鼠错滑坡	30	42	62		143	$S_{21}r$
39	清溪河滑坡	31	16	60		216	T_1j
40	鸦鹊湾滑坡	28	9	25		239	P_{11}
41	刘家包滑坡	21	22	15		345	T_2b
42	宝子滩崩滑体	26	27	45		195	T_2b

续表

滑坡编号	滑坡名称	滑坡影响因素					
		滑坡坡度/(°)	坡面走向与岩层走向夹角/(°)	岩层倾角/(°)	软弱夹层	滑坡高程/m	地层岩性
43	槽坊滑坡	14	13	25		115	T_2b
44	下安坪滑坡	25	33	50		110	T_2b
45	塔坪滑坡	14	20	25		240	T_2b
46	培福沱滑坡	16	33	47		90	T_2b
47	琵琶湾滑坡	22	10	50		135	T_2b
48	任家包滑坡	30	23	29		140	T_2b
49	庙湾滑坡	18	25	35		90	T_2b
50	龙王沱滑坡	35	25	54		150	T_2b
51	林家湾滑坡	26	21	28		140	T_2b
52	黄角树滑坡	17	32	22		160	T_2b
53	长石滑坡	30	1	44		257	T_1j
54	藕塘滑坡	20	10	18	√	380	J_1z
55	生基包滑坡	16	7	20	√	667	J_1z
56	闵家包（苂草沱）滑坡	24	20	18		300	T_2b
57	施家湾滑坡	14	17	26		179	T_2b
58	小欧家湾滑体	18	13	18		64	T_2b
59	庄屋滑体	16	4	22		70	T_2b
60	外坡滑坡	19	8	20		270	J_1z
61	沟边上滑坡	15	20	24		143	J_2s
62	猫儿坪崩滑体	13	0	25		250	T_2b
63	长屋滑体	14	6	20		180	J_1z
64	半边街滑体	16	2	17		265	J_1z
65	尼姑淌崩滑体	19	31	25		430	J_2s
66	何家湾滑体	26	30	18		155	T_2b
67	庙坪滑体	21	2	24		126	J_2S
68	百换坪滑体	14	53	21		466	T_3xj
69	龙坡滑体	20	48	22		535	$J_{1-2}z$
70	黄莲树滑体	20	40	25		219	J_1z
71	响水滩滑体	21	21	35		319	T_2b
72	朱家湾滑坡	15	20	19		142	$J_{1-2}z$
73	柴林扒滑坡	18	0	20		193	$J_{1-2}z$
74	司家码头滑坡	9	10	17		125	$J_{1-2}z$

滑坡编号	滑坡名称	滑坡影响因素					
		滑坡坡度 /(°)	坡面走向与岩层走向夹角 /(°)	岩层倾角 /(°)	软弱夹层	滑坡高程 /m	地层岩性
75	吴家岩斜坡	15	21	15		60	T_2b
76	新房子滑坡	10	46	13		102	T_2b
77	何家屋场滑坡	8	15	20		200	T_3xj
78	太山庙滑坡	29	33	12		107	T_2b
79	花栗树坡滑体	16	2	28		144	T_2b
80	枣树坪滑体	22	18	27		156	T_2b
81	花莲树滑坡	18	46	18		515	T_2b
82	黎家坟滑坡	21	40	12		170	J_2s
83	陈家沟滑坡	28	3	5		210	T_2b
84	火石滩滑坡	23	25	8		170	T_2b
85	竹林湾西崩滑体	25	4	30		348	J_2s
86	窝子滑坡	15	30	15		85	T_2b
87	深沟子（何家老屋）滑坡	17	27	20		125	J_2s
88	旧县坪滑坡	14	29	24	√	285	J_2s
89	杨家沱西滑坡	24	11	42	√	175	J_2s
90	凉水井崩滑体	25	15	48	√	183	J_2s
91	潘家沱崩滑体	15	9	40	√	200	J_2s
92	扇子坪滑坡	25	22	13		155	J_2s
93	石窑塘滑坡	40	15	45	√	0	J_2s
94	狮子碑滑坡	11	13	12	√	120	J_2s
95	云阳东城滑坡	22	18	34	√	130	J_2s
96	鱼塘崩滑体	22	3	23	√	220	J_2s
97	裂口山变形体	25	16	10	√	140	J_3s
98	川主庙滑坡	15	22	29	√	274	J_2s
99	大坟坡滑体	22	18	22	√	130	J_3s
100	石佛寺滑体	16	7	28	√	135	J_2s
101	云阳西城滑体（含五峰山）	15	13	32	√	260	J_3s
102	大夹槽滑坡	27	3	11		140	J_2s
103	皂角湾滑坡	22	5	10	√	105	J_2s
104	杜家老屋滑坡	21	29	6		110	J_2s
105	唐家岩滑坡	15	15	25		160	J_2s

滑坡编号	滑坡名称	滑坡影响因素					
		滑坡坡度/(°)	坡面走向与岩层走向夹角/(°)	岩层倾角/(°)	软弱夹层	滑坡高程/m	地层岩性
106	吉安滑坡	16	20	16		335	J_1z
107	水竹坝滑坡	15	13	5		100	J_2x
108	瓦窑坪滑坡	16	27	18		140	J_2s
109	冯家码头滑坡	15	20	5		150	J_2xs
110	冯家坪北滑坡	28	34	41		188	J_3s
111	李家湾滑坡	11	26	12		75	J_2s
112	麻地湾崩滑体	15	3	15		150	J_2x
113	安乐寺滑坡	10	39	5	√	105	J_2s
114	爬家岩滑坡	11	19	17	√	140	J_3p
115	罗家坡滑坡	13	1	17	√	150	J_3s
116	麻柳嘴镇滑坡	25	20	25	√	265	J_3s
117	八台山滑坡	45	0	30	√	58.2	K_b
118	马家坡滑坡	25	20	21	√	115.5	Smx
119	簸箕石滑坡	13	15	17	√	120	J_2s
120	小土角滑坡	23	14	4		225	T_1j
121	增福庙滑坡	13	2	8		62	J_2s
122	罗家滑坡	20	5	17	√	95	J_2s
123	回头沟滑坡	28	0	25	√	50	S
124	南山滑坡	25	1	15		86	J_2s
125	老菁湾滑坡	46	0	36		43	J_2s
126	文家沟滑坡	45	33	36		465	D_2g
127	沙子口滑坡	30	1	29	√	176	Q_1h
128	榛子林滑坡	17	7	20		159	D_2y
129	袁家湾滑坡	28	14	37		60	J_1z
130	关门山水库滑坡	55	0	51		100	J_2s
131	涪陵五中滑坡	25	4	28		107	J_1z
132	九里滑坡	26	3	28	√	285.6	D_2y
133	新民滑坡	15	7	31		137	T_3bg
134	蒋奶滑坡	21	15	30		243	T_3bg
135	龚家冲滑坡	19	18	35		80	J
136	谭家湾滑坡	27	29	15		210	J_3p

注　软弱夹层一栏打√号的代表该滑坡有软弱夹层。

9.1.2　顺层岩质滑坡影响因素分析

现采用数理统计的方法对统计的 136 个顺层岩质滑坡的内在影响因素进行统计分析。

（1）地形地貌。

地形地貌条件对顺层岩质滑坡的稳定性具有较大的影响，而坡高和坡角是单体滑坡地形地貌最基本的两个要素。

从图9.1不同坡度滑坡所占滑坡总数百分率的统计结果可见，顺层岩质滑坡的坡度在15°～25°区间最为发育，25°～30°发育程度次之。滑坡坡度区间划分时没有采用等间距的划分方式，而是对坡度集中区段细划，使坡度指标更有针对性。

图9.2是不同坡高滑坡占滑坡总数百分率的统计结果，从图中可以看出，顺层岩质滑坡的坡高在100～200m区间最为发育，坡高在200～300m区间发育程度次之，坡高小于100m滑坡较少发育。

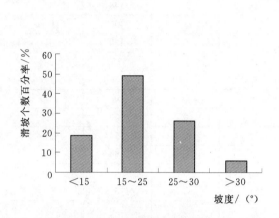

图9.1 不同坡度滑坡占滑坡总数百分率统计直方图

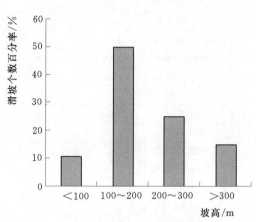

图9.2 不同坡高滑坡占滑坡总数百分率统计直方图

（2）地层岩性。

由统计的滑坡数据来看，顺层岩质滑坡集中发育在三叠系中统巴东组、侏罗系沙溪庙组及侏罗系中下统地层中。也有少量顺层岩质滑坡发育在志留系、二叠纪、泥盆纪等地层中。滑坡与地层岩性相关统计见图9.3。

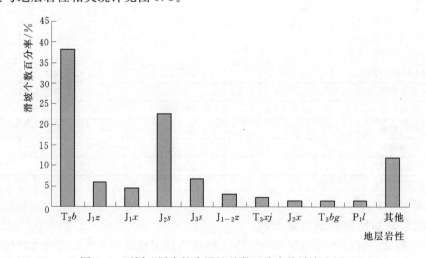

图9.3 不同地层岩性占滑坡总数百分率统计直方图

（3）地质构造。

岩层倾角及岩层走向与滑坡走向的夹角是影响顺层岩质滑坡发育和变形破坏模式的重

要的构造因素。

1) 岩层倾角大小的影响。岩层倾角的大小是影响顺层岩质滑坡稳定性的重要响因素之一。一般来说，当岩层倾角比较小的时候，滑坡的稳定性一般相对比较好；而当岩层倾角在 25°左右的时候，最易发生大型的顺层滑坡；当岩层倾角比较大的时候，边坡一般比较稳定。从统计直方图 9.4 可以看出，顺层岩质滑坡发育程度最高的是岩层倾角在 15°～35°，尤其是 15°～25°，而 15°以下顺层岩质滑坡较少发育。

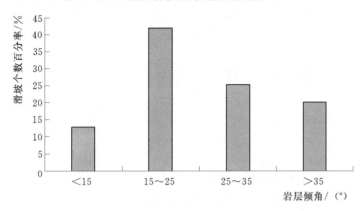

图 9.4　岩层倾角占滑坡总数百分率统计直方图

2) 坡面走向与岩层走向夹角大小的影响。坡面走向与岩层走向间夹角的增大会增加边坡的稳定性，且夹角越大，边坡的稳定性就越高。主要原因在于随坡面走向与岩层走向间夹角的增大，边坡滑动的约束条件增加，有效临空面变小，软弱夹层暴露宽度减小，因而发生大型滑坡的几率大大降低。图 9.5 是岩层走向与坡面走向夹角占滑坡总数百分率的统计结果，夹角在小于 10°和 10°～20°区间时顺层岩质滑坡最发育，而当夹角大于 30°时滑坡较少发育。

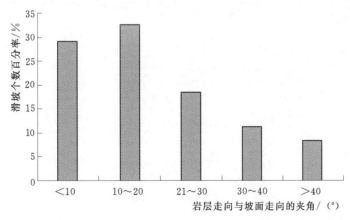

图 9.5　岩层走向与坡向夹角占滑坡总数百分率统计直方图

（4）软弱岩层。

川东地区从上三叠系到侏罗系为一套成层复杂交替的内陆湖河相砂岩、泥岩、页岩沉积建造。其下中三叠统巴东组为碳酸盐、白云岩、泥岩和砂岩建造。除强度较高的碳酸盐、砂岩外，夹有许多含不同矿物组分的泥岩、页岩岩层，其中某些泥、页岩层由于含有一定数量的膨胀黏土矿物，或者因结构强度较低，而成为软弱层。

软弱岩层在顺层边坡破坏中起重要的作用。在顺层边坡中软弱岩层顺层产出，是一个力学强度低的岩层，在岸坡的应力场中，容易形成应力集中区，并且应力容易超过软弱层的强度而首先在软弱层某处形成局部破坏，进而沿其渐进发展，以致局部破坏相互贯通形成滑面，从而发生滑坡。

另一方面软弱层垂直层向黏聚力较弱，当岩层发生变形弯曲时，可能出现层间脱空，由于脱空发展，上覆岩层在弯矩作用下而发生溃曲或弯折破坏，从而形成滑坡。

9.2 滑坡空间预测模型评价理论及方法

滑坡空间预测经历了从定性—半定量预测—定量预测的发展。对于区域性滑坡空间预测而言，其重要理论基础是工程地质类比法，即类似的滑坡工程地质条件及组合应具有类似的斜坡不稳定性和可能的滑坡作用，现有的类比方法已经从定性的类比发展到定量的类比。评价方法分为定性方法和定量方法两大类，定性的评价主要根据主观经验对滑坡的变形失稳危险性进行定性的描述；定量的方法是对滑坡发生破坏的可能性进行数学或数值模拟。定性的分析法主要有地质地形条件分析法、综合指标法等。定量的方法主要有信息量模型、确定性模型、统计模型等。滑坡空间预测和评价方法分类如图9.6所示。

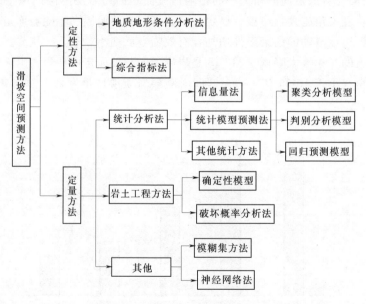

图9.6 滑坡空间预测和评价方法

9.2.1 方法介绍

（1）定性方法。

定性方法又称为专家评估法。定性方法主要是根据研究人员对所研究的问题作出的经验判断。定性方法所需要的数据主要来源于现场勘查，或者是对航片进行解译，因此对于缺乏深入研究和相关的滑坡数据的区域来说，该方法具有一定的可行性。定性分析一般有现场的地质地形分析和综合指标法两种方法。地质地形分析主要是地质学家根据现场的地质地形等特征，凭借专业经验直接对所研究的地区进行评价。综合指标分析是根据野外勘探等工作得到的滑坡诱发因子与滑坡发生之间的关系、作用过程等方面的认识，按照滑坡诱发因子的重要性对因子进行分级并赋予相应的权重。

（2）定量方法。

由于定性方法在权值确定方面存在一定的主观性，因此在实际应用中存在一定的局限性。定量方法是采用逐步评价的方法，首先对整个研究区或者是部分研究区的滑坡资料进行收集，作为训练区域和模型的因变量；然后确定滑坡各影响因子，根据每个影响因子对滑坡失稳的影响程度进行划分，最后进行整个研究区域的滑坡的易发性评价。定量方法的理论基础是未来的滑坡将发生在和已知的滑坡体相似的环境下。下面针对不同的定量评价的方法进行说明。

1）统计分析法是根据滑坡的各影响因子与过去和现在的滑坡分布之间的函数关系进行统计分析。统计分析是基于每一影响因子变量与滑坡分布的统计关系，其数学基础是基于原始数据的数理统计，因此滑坡的稳定性分析及滑坡分布与影响因子之间的相关关系较为客观准确。统计分析法中又包含信息量模型、聚类分析模型、判别分析模型、回归预测模型等。信息量模型的理论基础是信息论。信息量预测模型是通过统计分析，对评价因素的权值用条件概率的形式给出。回归预测模型法是建立滑坡灾害的结果与各影响因素之间的相关关系，某因素的回归系数越大，一般表示该因素对滑坡的作用越显著；聚类分析则不是直接建立滑坡与各因素的关系，而是通过对滑坡作用因素的定量分析，研究因素之间的组合规律，划分成不同因素的组合，并进一步与不同的滑坡灾害类型或滑坡灾害的地质地貌环境相比较，从而达到预测的目的。

2）确定性模型是利用传统的斜坡破坏力学计算模型，并结合基础空间数据对区域滑坡发生的危险性进行预测。确定性模型是建立在滑坡失稳的物理机制的基础上，一般采用静力模型。确定性模型对于滑坡稳定性评价的主要指标是根据特定的数学模型计算出来的稳定性系数。而研究区工作的详细程度及参数的获取情况直接影响了这种方法的准确性和可靠性。对于稳定系数的计算需要有关的几何边界参数、滑体与滑带剪切强度参数（内聚力、摩擦角）及孔隙水压力等资料。

3）破坏概率分析法是对确定性模型的改进。确定性模型是通过计算滑坡稳定性系数来对滑坡进行稳定性评价，它是用抗滑力和滑动力的比值来衡量滑坡的稳定性。但在实际的工程中，安全系数大于1的滑坡发生破坏，而安全系数小于1的滑坡保持稳定的例子却是屡见不鲜的。这是因为在确定性模型建立的过程中，不能考虑各种变化因素及其对岩土参数的影响，这些因素的变化通常是随机的，用确定性的方法难以反映出随机变化因素的影响。因此滑坡的概率分析方法得到了重视和发展。概率分析法考虑了边界条件以及计算参数的不确定性，它将安全系数看作是各种因素作用下的随机变量，通过滑坡的破坏概率分析来获得对滑坡稳定性的认识。

4）模糊集合的概念由美国控制论专家查德于1965年提出，模糊综合评判是一种数值定性的方法。模糊综合评判就是对受多种因素影响的现象或者是事物进行总的评价，即根据所给条件，对评判对象的全体，每个都赋予一个评判的指标，然后择优选择。滑坡的易发性受许多影响因素的影响，且各因素对滑坡的影响程度及重要程度，很难用一个肯定的结论来表述，往往是说影响较大、很大，其表述具有一定的模糊性。

5）人工神经网络模型，主要是通过模仿人脑，对输入的样本进行训练和学习、再学习，最后输出合理的学习结果。神经网络是一种比一般统计方法更为优越的智能化数据处理方法，特别是处理非线性关系数据的能力。模糊综合评判法和神经网络分析法突出的特点就是不需要建立所研究问题的物理概念模型，可以较好处理其他方法难以解决的不确定性或非线性的问题。

9.2.2　方法选择

滑坡空间预测模型的建立是滑坡危险性区划的重点和难点。定性的方法主要依据评价人员的主观经验，结合滑坡分布和各类图表评价滑坡将来的发展模式，存在较大的主观性。并且这种分析方法对个人专业知识背景要求较高。

定量的方法是根据已经发生的滑坡的历史数据的调查以及影响滑坡的各种因子数据，对评价指标进行分级和权重的确定。定量方法相较于定性的方法更具有客观性。

在定量的预测模型中，确定性模型预测是把滑坡的各类参数用已经测定的量予以数值，并按确定的关系式进行表达，诸如稳定性系数计算的各种条分法。确定性模型能够考虑边坡破坏的力学原理，但是需要收集大量的工程地质，水文地质等方面的大量数据，因此比较适合单体滑坡的研究，但其结果难以拓展到较大的区域范围。

信息量模型的统计分析需要较大的样本数量，因而信息量模型适用于大量调查数据的区域。

通过对文献资料的研究发现二元 Logistic 回归预测模型在滑坡空间预测中的应用较为广泛，而且也是一种较为有效的空间预测的方法，且二元 Logistic 回归突出了对滑坡主控因素的选择。

但理论研究和实践表明，传统的 Logistic 回归分析法在建立空间预测模型的过程中存在一定的缺陷。

滑坡是在地层岩性、地质构造及地形条件等因素的共同作用下产生的，然而传统的 Logistic 回归模型在建立的过程中是通过迭代筛选的方法，只选取对滑坡的产生有较大贡献的滑坡因素，而对滑坡产生贡献较小的影响因子则会被剔除。这样在模型建立中就会造成影响，就降低了模型的准确性。

造成上述结果的原因是建立模型的影响因素之间存在着多重共线性。多重共线性是指在自变量之间存在线性相关的现象，如果自变量之间存在着完全的线性相关，则它们之间的相关系数的绝对值为1。如果自变量之间完全没有相关关系，自变量之间都是相互独立的，那么它们之间的相关系数就为0。这是两种极端的状态，一般情况下，这两种情况并不常见，而经常出现的是自变量之间存在着不同程度的相关现象。

产生多重共线性的原因总结起来有三点。

1）由于样本数据收集的有限性导致的。这种情况下产生的多重共线性不是本质的，原则是可以通过收集更多的数据来解决，但具体实施起来会有一定的困难。

2）某些变量的物理含义就决定了它们之间的共线性。

3）为了建立更好的评价模型，我们在选择变量的过程中往往尽可能多的选择一些评价指标，这样就导致了多指标系统常存在的严重的多重共线性。

虽然回归模型的拟合效果较好，但是由于多重共线性的存在，回归模型中会出现以下几种问题：某些因素的回归系数通不过假设检验；或者在实际的情况中某个自变量与因变量之间有很强的相关性，而在回归模型中该变量的回归系数却不能通过假设检验，导致错误的剔除较为有用的影响因素。

在处理影响因素间共线性问题的方法上，主成分分析法是常用的一种方法。将影响因素首先通过主成分分析的处理，然后与回归分析的方法相结合，这种方法目前在医学和统计经济学的领域中得到较为广泛的应用。本书是在主成分分析的基础上，对主成分分析法加以改进，得到非线性主成分分析的方法，然后与 Logistic 回归模型结合，得到一种基于非线性主成分分析法的 Logistic 回归模型的新的空间预测的方法。

综合以上叙述，为了更好的寻求研究区顺层岩质滑坡空间预测的方法，建立适合顺层岩质滑坡空间预测的评价模型，在前人研究成果的基础上，基于抓住滑坡主控因素的思想，根据区域滑坡灾害的特点，首先选择传统的 Logistic 回归分析法建立滑坡的预测模型，然后通过对影响因素指标的处理，消除影响因素之间共线性的影响，对传统 Logistic 回归模型进行改进，建立基于非线性主成分分析法的 Logistic 回归模型。

9.2.3　Logistic 回归模型

在许多实际问题中，变量之间存在着相互依存的关系。一般，变量之间的关系可以大体上分为两类，一类是确定性关系，即存在确定的函数关系。另一类是非确定性关系，即它们之间有密切关系，但又不能用函数关系式来精确表示，如人的身高与体重的关系，炼钢时钢的碳含量与冶炼时间的关系等，有时即使两个变量之间存在数学上的函数关系，但由于实际问题中的随机因素的影响，变量之间的关系也经常有某种不确定性。为了研究这类变量之间的关系，就需要通过实验或观测来获取数据，用统计方法去寻找它们之间的关系，这种关系反映了变量之间的统计规律。研究这类统计规律的方法之一就是回归分析。

（1）回归预测方程的普遍模式。

由于影响滑坡的因子中有些地质因子可以量化，有些因子则难以量化，而宜采用定性的方法进行表达。因此，有时在建立滑坡灾害的空间预测的模型时需要采用二态变量的多元统计方法。

据最小二乘原理建立多元的回归预测方程

$$P_i = a_1 x_{1i} + a_2 x_{2i} + \cdots + a_m x_{mi} \tag{9.1}$$

式中：P_i 为第 i 号单元产生滑坡的回归预测值；a_j 为回归系数（$j=1,2,\cdots,m$）；x_{ji} 为第 i 号单元中变量的取值（$j=1,2,\cdots,m$）。

假设共有 m 个变量，n 个单元，则有下列矩阵

$$X = \begin{bmatrix} x_{11} & x_{12} & \cdots & x_{1m} \\ x_{21} & x_{22} & \cdots & x_{2m} \\ \vdots & \vdots & \ddots & \vdots \\ x_{n1} & x_{n2} & \cdots & x_{nm} \end{bmatrix} \quad P = \begin{bmatrix} P_1 \\ P_2 \\ \vdots \\ P_n \end{bmatrix}$$

P_i（$i=1，2，\cdots，n$）取值为 0 或 1，即该单元为已知滑坡单元时取值为 1，否则取值为 0。

把 X 和 P 代入下列方程，运用最小二乘原理，由下列线性方程组求解回归系数

$$
\begin{bmatrix}
\sum\limits_{j=1}^{m} x_{j1}x_{j1} & \sum\limits_{j=1}^{m} x_{j2}x_{j1} & \cdots & \sum\limits_{j=1}^{m} x_{jm}x_{j1} \\
\sum\limits_{j=1}^{m} x_{j1}x_{j2} & \sum\limits_{j=1}^{m} x_{j2}x_{j2} & \cdots & \sum\limits_{j=1}^{m} x_{jm}x_{j2} \\
\vdots & \vdots & \ddots & \vdots \\
\sum\limits_{j=1}^{m} x_{j1}x_{jm} & \sum\limits_{j=1}^{m} x_{j2}x_{jm} & \cdots & \sum\limits_{j=1}^{m} x_{jm}x_{jm}
\end{bmatrix}
\times
\begin{bmatrix}
a_1 \\ a_2 \\ \vdots \\ a_m
\end{bmatrix}
=
\begin{bmatrix}
\sum\limits_{j=1}^{m} p_j x_{j1} \\
\sum\limits_{j=1}^{m} p_j x_{j2} \\
\vdots \\
\sum\limits_{j=1}^{m} p_j x_{jm}
\end{bmatrix}
\tag{9.2}
$$

把求解得到的回归系数代入方程，在满足检验条件下，利用回归方程（9.1）进行滑坡灾害危险性空间预测。

（2）二元 Logistic 逻辑回归预测模型。

在一般的多元回归分析中，如果以滑坡发生的概率 P 作为因变量建立方程，则在用该方程进行计算时，会出现 $P>1$ 或 $P<0$ 的不合理情况，因此引入二元 Logistic 回归预测模型。

二元 Logistic 回归是指因变量为二分类变量时的回归分析。是在一个因变量和多个自变量之间形成多元回归关系。设因变量为 y，其取值 1 表示事件发生，取值 0 表示事件未发生；影响 y 的 n 个自变量分别记为 $x_1，x_2，\cdots，x_n$。假设用 P 表示滑坡事件发生的概率，取值范围为 $[0，1]$，$1-P$ 为滑坡不发生的可能性。当 P 的取值接近于 0 或 1 时，P 的变化就很难捕捉，因此需要对 P 值进行变换。一般取 $P/(1-P)$ 的自然对数的 $\ln[P/(1-P)]$，即对 P 做 logit 变换：

$$
\text{Logit}(P)=\ln[P/(1-P)] \tag{9.3}
$$

$\text{Logit}P$ 的取值范围为 $(-\infty，+\infty)$。以 P 为因变量建立多变量的回归方程

$$
\text{logit}P=\ln\left(\frac{P}{1-P}\right)=a+b_1 x_1+b_2 x_2+\cdots+b_n x_n \tag{9.4}
$$

可以得到式（9.5）

$$
P=\frac{e^{a+b_1 x_1+b_2 x_2+\cdots+b_n x_n}}{1+e^{a+b_1 x_1+b_2 x_2+\cdots+b_n x_n}} \tag{9.5}
$$

其中 $x_1，x_2，\cdots，x_n$ 为影响因变量结果概率的因子，$b_1，b_2，\cdots，b_n$ 为回归预测模型的系数，a 为常数。概率 P 值作为滑坡预测指数来描述影响因子对滑坡的影响程度或者滑坡发生的可能性的大小，从而预测滑坡未来的空间分布特征。

（3）Logistic 回归的参数估计。

Logistic 回归求解参数是采用最大似然法。该法的基本思想是先建立似然函数或对数似然函数，求似然函数或对数似然函数达到极大时参数的取值，称为参数的最大似然估计值。下面介绍如何通过最大似然估计法来估计 Logistic 回归模型的参数。

假设有由 N 个滑坡样本构成的总体，$Y_1，\cdots，Y_N$。从中随机抽取 n 个滑坡作为样本，回归预测值标注为 $y_1，\cdots，y_n$。设 $p_i=P（y_i=1\mid x_i）$ 为给定 x_i 的条件下得到结果

$y_i = 1$ 的条件概率；而在同样的条件下得到结果 $y_i = 0$ 的条件概率为 $P(y_i = 0 \mid x_i) = 1 - p_i$；于是，得到一个预测值的概率为式（9.6）

$$P(y_i) = p_i^{y_i}(1-p_i)^{1-y_i} \tag{9.6}$$

其中 $y_i = 1$ 或者是 $y_i = 0$ 只是表示对于一个特定的预测值，哪一项概率是有关的。当 $y_i = 1$ 时，$P(y_i) = p_i = P(y_i = 1 \mid x_i)$，否则 $P(y_i) = (1 - p_i) = P(y_i = 0 \mid x_i)$，因为各项预测相互独立，所以它们的联合分布可以表示为各边际分布的乘积：

$$L(\theta) = \prod_{i=1}^{n} p_i^{y_i}(1-p_i)^{1-y_i} \tag{9.7}$$

式（9.7）也称为 n 个预测样本的似然函数。由式（9.5）可知

$$p_i = e^{a+bx_i}/(1+e^{a+bx_i}) \tag{9.8}$$

我们的目的是求出能够使这一似然函数的值最大的参数估计，也就是说，最大似然估计就是求解出具有最大可能取得所给定的样本预测数据的参数估计。于是，最大似然估计的关键是估计出参数 a 和 b 的值，并通过它们使式（9.7）取得最大值。然而使似然函数 $L(\theta)$ 最大化的实际过程是非常困难的，一般是通过使似然函数的自然对数变换式（即 $\ln[L(\theta)]$）最大的方法，而不是直接对似然函数本身求最大。因为 $\ln[L(\theta)]$ 是 $L(\theta)$ 的单调函数，使 $\ln[L(\theta)]$ 取得最大值的 θ 值同样使 $L(\theta)$ 取得最大值。通过分析 $\ln[L(\theta)]$，式（9.7）中的相乘各项转变为对数项的相加，于是使得数学运算变得较为容易。Logictic 回归模型的对数似然值为式（9.9）

$$
\begin{aligned}
\ln[L(\theta)] &= \ln\Big[\prod_{i=1}^{n} p_i^{y_i}(1-p_i)^{1-y_i}\Big] \\
&= \sum_{i=1}^{n}\big[y_i\ln(p_i) + (1-y_i)\ln(1-p_i)\big] \\
&= \sum_{i=1}^{n}\Big[y_i\ln\Big(\frac{p_i}{1-p_i}\Big) + \ln(1-p_i)\Big] \\
&= \sum_{i=1}^{n}\Big[y_i(a+bx_i) + \ln\Big(1 - \frac{e^{a+bx_i}}{1+e^{a+bx_i}}\Big)\Big] \\
&= \sum_{i=1}^{n}\big[y_i(a+bx_i) - \ln(1+e^{a+bx_i})\big]
\end{aligned}
\tag{9.9}
$$

式（9.9）称为对数似然函数。为了估计能使 $\ln[L(\theta)]$ 最大的总体参数 a 和 b 值，先分别对 a 和 b 求偏导数，然后令它等于 0

$$\frac{\partial \ln[L(\theta)]}{\partial a} = \sum_{i=1}^{n}\Big[y_i - \frac{e^{a+bx_i}}{1+e^{a+bx_i}}\Big] \tag{9.10}$$

$$\frac{\partial \ln[L(\theta)]}{\partial b} = \sum_{i=1}^{n}\Big[y_i - \frac{e^{a+bx_i}}{1+e^{a+bx_i}}\Big]x_i \tag{9.11}$$

式（9.10）和式（9.11）称为似然方程。如果模型中有 k 个自变量，那么就有 $k+1$ 个联立方程来估计 a 和 b_1，b_2，$\cdots$，b_k 的值。在线性回归中，似然方程是通过把偏差平方和分别对 a 和 b 求偏导数所得到的，它对于未知参数都是线性的，因此很容易求解。但对于 Logistic 回归，式（9.10）和式（9.11）是 a 和 b 的非线性函数，所以求解十分困难。实际上，不借助于现代计算机技术，几乎是无法求解的。最大似然估计法是通过迭代计算

完成的，其迭代程序已经置于求解 Logistic 回归模型的软件 SPSS 中。

9.2.4 基于改进的非线性主成分分析的回归分析法

（1）传统主成分分析法。

在实际问题中，往往会涉及众多有关的变量。但是变量太多不仅会增加计算的复杂性，而且也给合理地分析问题和解决问题带来困难。一般来说，虽然每个变量都提供了一定的信息，但其重要性有所不同，在很多情况下，变量间有一定的相关性，从而使得这些变量所提供的信息在一定程度上有所重叠。因而人们希望对这些变量加以改造，用为数较少的互不相关的新变量来反应原变量所提供的绝大部分信息，通过对新变量的分析达到解决问题的目的。主成分分析便是在这种降维的思想下产生出来的处理高维数据的方法。主成分分析是 1901 年由 Pearson 首先提出，1933 年由 Hotelling 作了进一步的发展。主成分法是通过线性变换，将原来的多个指标组合成相互独立的少数几个能充分反映总体信息的指标，从而在不丢掉重要信息的前提下避开变量间共线性问题，便于进一步分析。在主成分分析中提取出的每个主成分都是原来多个指标的线性组合。

1）传统主成分分析的数学模型。设有 n 个滑坡样本，每个滑坡样本观测 p 个指标：X_1，X_2，$\cdots$，X_P，令 x_{ij}（$i=1,2,\cdots,n$；$j=1,2,\cdots,p$）为第 i 个样本的第 j 个指标的值，这样，得到原始数据矩阵

$$X=(X_1,X_2,\cdots,X_p)=\begin{bmatrix} x_{11} & x_{12} & \cdots & x_{1p} \\ x_{21} & x_{22} & \cdots & x_{2p} \\ \vdots & \vdots & \ddots & \vdots \\ x_{n1} & x_{n2} & \cdots & x_{np} \end{bmatrix} \tag{9.12}$$

其中 $X_i=(x_{1i},x_{2i},\cdots,x_{ni})$，$i=1,2,\cdots,p$

用数据矩阵 X 的 p 个指标向量 X_1，X_2，$\cdots$，X_p 作线性组合为

$$\left.\begin{array}{l} F_1=\alpha_{11}X_1+\alpha_{21}X_2+\cdots+\alpha_{P1}X_P \\ F_2=\alpha_{12}X_1+\alpha_{22}X_2+\cdots+\alpha_{P2}X_P \\ \cdots \\ F_P=\alpha_{1P}X_1+\alpha_{2P}X_2+\cdots+\alpha_{PP}X_P \end{array}\right\} \tag{9.13}$$

简化为
$$F_i=\alpha_{1i}X_1+\alpha_{2i}X_2+\cdots+\alpha_{pi}X_p,i=1,2,\cdots,p \tag{9.14}$$

满足上述要求的综合指标向量 F_1，F_2，$\cdots$，F_P 就是我们所需的主成分。对于原始指标所提供的信息量依次递减，方差来度量每个主成分所提取的信息量，主成分方差的贡献对应原始指标相关矩阵相应的特征值 λ_i，每个主成分的组合系数 $\alpha_i=(\alpha_{1i},\alpha_{2i},\cdots,\alpha_{pi})$ 就是特征值对应的特征向量，方差的累计贡献率为 $l_i=\lambda_i/\sum_{j=1}^{p}\lambda_j$，$l_i$ 越大，说明相应的主成分反映综合信息的能力越强。

2）传统主成分分析的操作步骤。

a. 首先对样本进行中心标准化处理，目的是为了消除不同变量量纲的影响，变换如下

$$Y_j=\frac{X_j-E(X_j)}{\sqrt{Var(X_j)}} \quad (j=1,2,\cdots,p) \tag{9.15}$$

得到标准化的数据 $y_{ij}=\dfrac{x_{ij}-\overline{x_j}}{S_j}$，其中 $\overline{x_j}=\dfrac{1}{n}\sum\limits_{i=1}^{n}x_{ij}$，$S_j^2=\dfrac{1}{n}\sum\limits_{i=1}^{n}(x_{ij}-\overline{x_j})^2$

b. 计算标准化以后的样本数据 $Y=(y_{ij})_{n\times p}$ 的 p 个指标的相关系数的矩阵 $R=(r_{ij})_{p\times p}$，其中

$$r_{ij}=\frac{\sum\limits_{k=1}^{n}(x_{ki}-\overline{x_i})(x_{kj}-\overline{x_j})}{\sqrt{(x_{ki}-\overline{x_i})^2}\ \sqrt{(x_{kj}-\overline{xj})^2}} \tag{9.16}$$

$$(i=1,2,\cdots,n;j=1,2,\cdots,p)$$

c. 求相关系数矩阵 R 的特征值 $\lambda_1\geqslant\lambda_2\geqslant\cdots\lambda_p$，并求出相应的正交化单位特征向量。

$$\alpha_p=\begin{bmatrix}\alpha_{11}\\\alpha_{21}\\\vdots\\\alpha_{p1}\end{bmatrix},\alpha_2=\begin{bmatrix}\alpha_{12}\\\alpha_{22}\\\vdots\\\alpha_{p2}\end{bmatrix},\cdots,\alpha_1=\begin{bmatrix}\alpha_{11}\\\alpha_{21}\\\vdots\\\alpha_{p1}\end{bmatrix}$$

则 X 的第 i 个主成分可以用各个指标 X_i 的线性组合来表示

$$F_i=\alpha_i X \qquad i=1,2,\cdots,p \tag{9.17}$$

d. 确定主成分的个数，在已经确定的全部 p 个主成分中合理的选择 r 个主成分来实现最终的评价。这个步骤用方差的累计贡献率为 $l_i=\lambda_i/\sum\limits_{j=1}^{p}\lambda_j$ 来实现，r 的确定以累计贡献率达到足够大为原则，一般为 80% 以上。

e. 计算在各个主成分上得分。将经过标准化处理后的原始数据带入式（9.17）得到各个主成分的得分。

（2）非线性主成分回归分析法。

和传统的主成分分析方法相比，非线性主成分分析法在对原始数据的处理和变换上更为合理。

原始数据一般包含了两方面重要的信息：一是各指标变异程度的差异信息，由各指标的方差大小来反映；二是各指标之间相互影响程度上的信息，由相关系数来体现。但要对多组不同量纲、不同数量级的数据进行比较时，需要对它们先进行无量纲化处理。

传统的主成分分析方法所采取的是中心标准化的方法，即原始数据各指标均值化为 0，方差为 1，主成分的计算方法就由计算原始数据的协方差矩阵转化为计算标准化后数据的相关系数矩阵。这种标准化的方法在消除原始数据量纲的同时，也消除了各指标变异程度的差异信息。

另外主成分分析法是一种数据降维的方法，是将原来众多的具有一定的相关性的评价指标重新组合成一组较少个数的互不相关的综合指标。一般来说，主成分分析的效果与评价指标间的相关程度高低成正比。评价指标间的相关程度越高，主成分分析的效果越好。然而当指标间的相关性不大的时候，第一个主成分所提取的原始指标的信息通常比较少。因此，为了满足累计方差贡献率不低于某阈值，就有可能选择较多的主成分，此时的主成分分析的降维作用不明显，这是经典主成分分析的一个不足之处。因此，有必要对经典的主成分分析加以改造，进行非线性的主成分的研究，不仅能明显地提高降维效果，而且评

价的稳定性和合理性也有所提高。

非线性主成分分析法是指先对原始数据进行中心化对数比的处理然后进行非线性主成分的分析。

非线性主成分分析具体操作步骤如下：

1）对原始数据作中心化对数比变换，通过变换后的主成分分析可得到非线性特征的数据。

$$y_{ij} = \ln x_{ij} - \frac{1}{p} \sum_{t=1}^{p} \ln x_{it} \tag{9.18}$$

2）计算中心化对数比样本协方差矩阵

$$S = (s_{ij})_{n \times n} \tag{9.19}$$

其中 $s_{ij} = \frac{1}{n} \sum_{k=1}^{n} (y_{ki} - \overline{y}_i)(y_{kj} - \overline{y}_j)$，$\overline{y}_i = \frac{1}{n} \sum_{k=1}^{n} y_{ki}$，$\overline{y}_j = \frac{1}{n} \sum_{k=1}^{n} y_{kj}$

3）计算协方差矩阵 S 的各特征值 $\lambda_1 \geqslant \lambda_2 \geqslant \cdots \geqslant \lambda_n$，它的大小反应了各主成分的影响力，$e_1$，$e_2$，$\cdots$，$e_n$ 是相应的标准化特征向量，则第 i 个非线性主成分为

$$F_i = \sum_{j=1}^{n} e_{ij} \ln x_{ij} \tag{9.20}$$

4）确定主成分个数。前 m 个主成分的累积贡献率 $\sum_{i=1}^{m} \lambda_i / \sum_{j=1}^{n} \lambda_j$ 达 80% 时，取 m 个主成分作为综合评价指标。得到 m 个相互独立的非线性主成分。

5）计算各个非线性主成分得分。将经过中心化对数比处理后的数据带入式（9.20）得到各个主成分的得分。

将得到的各个非线性主成分的得分作为新的自变量与因变量 Y（是否是顺层岩质滑坡）建立新的回归方程。建立回归方程的具体操作步骤重复传统二元 Logistic 回归模型建立的过程。

9.3 顺层岩质滑坡空间预测模型的建立

9.3.1 顺层岩质滑坡影响因子的选择

滑坡空间预测需要考虑多种影响因子的综合作用。本书根据 9.1 节对顺层岩质滑坡各类影响因素的分析以及前人的研究成果，初步选取滑坡高程、地形坡度、岩层走向与坡面走向的夹角、地层岩性、岩层倾角以及软弱夹层作为模型评价因子。

上述变量多属于连续型变量，少数属于离散型。对统计的 136 个已经发生顺层岩质滑坡的连续型变量进行相关系数计算。由变量之间的相关系数可以看出，各个连续型变量之间存在着一定的相关关系。但是由于这些影响因素对滑坡的产生起着重要的作用，不能对其进行简单的剔除或者是删减。而地层岩性、软弱夹层作为离散型变量可不计算其相关性。表 9.2 为连续型变量的相关系数计算结果。

表 9.2　　　　　　　　　　　**连续型变量相关系数计算结果**

	地形坡度 /(°)	坡面走向与岩层 走向夹角/(°)	岩层倾角 /(°)	滑坡高程 /m
地形坡度	1.00			
坡面走向与岩层走向夹角	−0.02	1.00		
岩层倾角	0.32	0.04	1.00	
滑坡高程	−0.06	0.27	0.10	1.00

综上所述共确定了滑坡高程、地形坡度、岩层走向与坡面走向的夹角、地层岩性、岩层倾角以及软弱夹层等 6 类预测变量，并将各种变量进行编码（表 9.3）。

表 9.3　　　　　　　　　　　**顺层岩质滑坡灾害预测因子变量表**

因子	变量类型	变量	编码	因子	变量类型	变量	编码
地形坡度	分类变量			J_3s	哑变量	x_{14}	5
<15°	哑变量	x_1	1	$J_{1-2}z$	哑变量	x_{15}	6
15°~24°	哑变量	x_2	2	T_3xj	哑变量	x_{16}	7
25°~30°	哑变量	x_3	3	其他	参考变量	x_{17}	8
>30°	参考变量	x_4	4	软弱夹层		x_{18}	1
坡面走向与岩层走向夹角	分类变量			坡高	分类变量		
<10°	哑变量	x_5	1	<100	哑变量	x_{19}	1
10°~20°	哑变量	x_6	2	100~200	哑变量	x_{20}	2
20°~30°	哑变量	x_7	3	200~300	哑变量	x_{21}	3
30°~40°	哑变量	x_8	4	>300	参考变量	x_{22}	4
>40°	参考变量	x_9	5	岩层倾角	分类变量		
地层岩性	分类变量			<15°	哑变量	x_{23}	1
T_2b	哑变量	x_{10}	1	15°~25°	哑变量	x_{24}	2
J_1z	哑变量	x_{11}	2	25°~35°	哑变量	x_{25}	3
J_1x	哑变量	x_{12}	3	>35°	参考变量	x_{26}	4
J_2s	哑变量	x_{13}	4				

9.3.2　Logistic 回归模型的建立

为了满足二元 Logistic 回归模型建立对因变量的要求，采用的数据除 9.1 节统计的 136 个顺层岩质滑坡数据以外，增加了 50 个非顺层岩质滑坡数据。总共 186 个滑坡样本数据。

Logistic 回归分析模型在建模过程中能够自身挑选变量，即只有对因变量贡献率达到一定程度的自变量才能进入回归模型中，对因变量没有贡献或者贡献很小的变量，最终会被剔除。

将样本模型导入 SPSS 统计软件中进行二元 Logistic 回归分析，采用最大似然估计的方法进行参数计算，进行多次迭代过程后得到三类显著性小于 0.05 的因子即坡面走向与

岩层走向的夹角、岩层倾角、软弱夹层等（见表 9.4），其他因子由于显著性较差，被
剔除。

表 9.4　　　　　　　　　顺层岩质滑坡灾害预测变量的 Logistic 回归系数

影响因子		变量	回归系数	显著性	影响因子		变量	回归系数	显著性
坡面走向与岩层走向夹角	$<10°$	x_5	1.865	0.001	岩层倾角	$<15°$	x_{23}	-0.757	0.021
	$10°\sim20°$	x_6	2.038	0.001		$15°\sim25°$	x_{24}	1.026	0.006
	$21°\sim30°$	x_7	2.793	0.000		$25°\sim35°$	x_{25}	-0.097	0.000
	$30°\sim40°$	x_8	1.821	0.013	软弱夹层		x_{18}	11.133	0.000
常数项			-1.051	0.047					

由各评价因子的回归系数可以看出，影响顺层岩质滑坡发育的主要因素依次为软弱夹
层、$0°\sim30°$ 的坡面走向与岩层走向夹角、$15°\sim25°$ 的岩层倾角。

根据表 9.4，得到顺层岩质滑坡回归预测模型

$$P_i = \frac{e^{1.865x_5 + 2.038x_6 + \cdots -0.097x_{25} - 1.051}}{1 + e^{1.865x_5 + 2.038x_6 + \cdots -0.097x_{25} - 1.051}} \tag{9.21}$$

为了验证 Logistic 回归模型建立的正确性，将建模用的 136 个顺层岩质滑坡数据代入
式（9.21），得到 136 个滑坡的回归预测值。该过程可由 SPSS 建模过程中直接实现。由
建模所用的 136 个顺层岩质滑坡数据回判结果（表 9.5）可知，建模所用的 136 个顺层岩
质滑坡数据中有 115 个判断正确，有 21 个判断错误，正确率为 84.6%，说明模型的预测
效果较好。

表 9.5　　　　　　　　　Logistic 回归模型回判检验结果

滑坡样本数量/个	判断正确数量/个	判断错误数量/个	正确率/%
136	115	21	84.6

由建立的回归方程可以看出，影响因素中只有软弱夹层、坡面走向与岩层走向夹角、
岩层倾角三个预测变量被选入。而地层岩性，坡高和坡度在模型建立的过程中被剔除。然
而，通过 9.1 节对影响因素作用的分析，地层岩性，坡高和坡度对于顺层岩质滑坡的产生
同样相当重要的作用。这说明在传统的二元 Logistic 回归模型的建立中，由于因素之间共
线性的存在，造成错误地剔除了重要的影响因素。

9.3.3　非线性主成分回归分析模型的建立

顺层岩质滑坡的空间预测的评价指标主要有 X_1—地形坡度、X_2—岩层走向与坡面走
向的夹角、X_3—岩层倾角、X_4—斜坡高程、X_5—地层岩性、X_6—软弱夹层。由连续型变
量相关系数计算结果来看，各指标间的相关系数较小，适合采用非线性主成分分析法。提
取非线性主成分的过程通过 MATLAB 编程实现。

1）对统计的 186 个滑坡样本数据作中心化对数比变换，在消除影响因素不同量纲的
影响的同时，保留了各指标变异程度的差异信息。

变换后的数据如表 9.6 所示。

表 9.6　　　　　　　　顺层岩质滑坡空间预测影响因素中心化对数比变换数据

滑坡样本	滑坡坡度 X_1	岩层走向与坡面走向的夹角 X_2	岩层倾角 X_3	滑坡高程 X_4	地层岩性 X_5	软弱夹层 X_6
1	-0.7303	-0.7303	-0.1283	-0.1283	-0.0314	-0.7303
2	-0.6452	-0.0431	-0.1681	-0.0431	-0.6452	-0.6452
3	-0.7128	-0.4117	-0.2357	-0.1107	-0.2357	-0.7128
4	-0.4863	-0.4863	-0.3614	-0.4863	-0.4863	-0.9635
5	-0.3032	-0.7804	-0.4793	-0.3032	-0.3032	-0.4793
$\vdots$	$\vdots$	$\vdots$	$\vdots$	$\vdots$	$\vdots$	$\vdots$
183	-0.3442	-0.3442	-0.3442	-0.1681	-0.6452	-0.3442
184	-0.3921	-0.6931	-0.6931	-0.3921	0.2099	-0.3921
185	-0.8914	-0.4935	-0.8914	-0.5904	-0.2893	-0.8914
186	-0.7829	-0.5610	-0.9590	-0.6580	-0.3569	-0.9590

2）计算中心化对数比滑坡样本的协方差矩阵（见表 9.7），协方差矩阵可以完整描述原始数据的全部信息，协方差矩阵的主对角线上的元素恰好为各指标的方差，而非主对角线上的元素则涵盖了各个指标间相关系数的关系。

表 9.7　　　　　　　　中心化对数比变换以后样本协方差矩阵

滑坡影响因素	X_1	X_2	X_3	X_4	X_5	X_6
X_1	0.044	0.005	0.024	0.017	-0.012	0.024
X_2	0.005	0.060	0.000	0.011	-0.031	0.021
X_3	0.024	0.000	0.058	0.024	-0.020	0.019
X_4	0.017	0.011	0.024	0.045	-0.012	0.022
X_5	-0.012	-0.031	-0.020	-0.012	0.092	-0.008
X_6	0.024	0.021	0.019	0.022	-0.008	0.046

3）计算滑坡样本协方差矩阵 S 的各特征值 $\lambda_1 \geqslant \lambda_2 \geqslant \cdots \geqslant \lambda_6$，根据特征值计算各个主成分的累积贡献率（见表 9.8），前 m 个主成分的累积贡献率达 80% 时，取 m 个主成分作为综合评价指标。非线性主成分分析法在计算的过程中将特征根由大到小进行排序，特征根最大的即为第一主成分，依次类推。而每一主成分的贡献率也是由特征根计算出来的数额，因此贡献率最大的即为第一主成分，其次为第二主成分，依次类推。

表 9.8　　　　　　　　非线性主成分分析结果

主成分	特征根	贡献率/%	累积贡献率/%
1	0.1441	41.62	41.62
2	0.0811	23.42	65.04
3	0.0548	15.84	80.88
4	0.0290	8.38	89.26
5	0.0220	6.36	95.62
6	0.0152	4.38	100

从 MATLAB 的计算结果可知，在确定主成分的个数时，按照主成分的累积贡献率大于 80% 的原则，由表 9.8 可以看出前三个主成分的累积贡献率达到 80.88%，即前三个主成分可以反映 80% 以上的滑坡影响因素的信息，因此取三个主成分作为综合评价指标。

主成分得分的系数矩阵如表9.9。

表 9.9   非线性主成分得分系数矩阵

影响因素	成 分		
	1	2	3
滑坡坡度 X_1	−0.0190	0.3562	0.3291
岩层走向与坡面走向的夹角 X_2	0.6593	−0.3708	−0.3675
岩层倾角 X_3	−0.4284	0.4094	0.4069
滑坡高程 X_4	0.0938	0.3026	0.3438
地层岩性 X_5	0.4285	0.6185	−0.5854
软弱夹层 X_6	0.4394	0.3063	0.3608

由此可得对应的 3 个非线性主成分为

$$
\left.
\begin{aligned}
F_1 &= -0.0190x_1 + 0.6593x_2 - 0.4284x_3 + 0.0938x_4 + 0.4285x_5 + 0.4349x_6 \\
F_2 &= 0.3562x_1 - 0.3708x_2 + 0.4094x_3 + 0.3026x_4 + 0.6185x_5 + 0.3063x_6 \\
F_3 &= 0.3291x_1 - 0.3675x_2 + 0.4069x_3 + 0.3438x_4 - 0.5854x_5 + 0.3608x_6
\end{aligned}
\right\}
\tag{9.22}
$$

每个非线性主成分中各个影响因素的系数反映了该影响因素对该主成分影响的大小。影响因素前的系数小于 0.1，该影响因素的信息在主成分中基本可以忽略不计。从式（9.22）各个非线性主成分的系数可以看出，第一个主成分主要反映了四个指标（岩层走向与坡面走向夹角、软弱夹层、地层岩性、岩层倾角）的信息。第二和第三个主成分反映了坡度、岩层走向与坡面走向夹角、岩层倾角、滑坡高程、地层岩性、软弱夹层六个指标的信息。

4）进行非线性主成分回归分析。根据得到的非线性主成分得分公式（式 9.22），计算 186 个滑坡样本三个主成分的得分（见表 9.10）。

表 9.10   各主成分得分如下表所示

滑坡样本编号	第一主成分 F_1	第二主成分 F_2	第三主成分 F_3
1	0.099	1.983	0.226
2	1.433	0.355	0.573
3	0.535	1.292	0.587
4	1.064	1.563	0.683
⋮	⋮	⋮	⋮
89	0.474	1.625	0.509
90	0.607	1.769	0.501
91	0.358	2.004	0.090
⋮	⋮	⋮	⋮
185	0.611	1.852	2.073
186	0.744	1.996	2.066

将得到的三个主成分的得分作为新的自变量与因变量 Y（是否是顺层岩质滑坡）做回归预测。这个步骤同样是在 SPASS 统计软件中实现。经过多次迭代筛选变量，得到回归预测方程式（9.23）。

$$
P = \frac{e^{3.750 - 0.808F_1 - 1.964F_3}}{1 + e^{3.750 - 0.808F_1 - 1.964F_3}}
\tag{9.23}
$$

式中：F_1、F_3 为非线性主成分，而第二个主成分 F_2 由于显著性太差而被剔除。

将式（9.22）中的两个主成分 F_1，F_3 带入式（9.23），得到原始影响因素指标表示的回归方程

$$P=\frac{e^{3.750-0.631x_1+0.189x_2-0.453x_3-0.751x_4+0.8071x_5-1.06x_6}}{1+e^{3.750-0.631x_1+0.189x_2-0.453x_3-0.751x_4+0.8071x_5-1.06x_6}} \quad (9.24)$$

式中：x_1，x_2，$\cdots$，x_6 为通过中心化对数比处理后的各影响因素。

由式（9.24）可得，方程将坡高、坡度、坡面走向与岩层走向的夹角、地层岩性、软弱夹层、岩层倾角六个影响因素全部引入了回归方程。由影响因素前面的回归系数可以判断各个影响因素对滑坡的影响程度，影响最大的因素为软弱夹层，然后依次是地层岩性、斜坡高程、坡度、岩层倾角、最后是坡面走向与岩层走向的夹角。

为了验证非线性主成分回归模型建立的正确性，将建模用的 136 个顺层岩质滑坡数据经中心化对数比处理以后带入式（9.24），得到 136 个滑坡的回归预测值。该过程可直接由 SPSS 建模过程中直接实现。由建模所用的 136 个顺层岩质滑坡数据回判结果（见表 9.11）可知，建模所用的 136 个顺层岩质滑坡数据中有 131 个判断正确，仅有 5 个判断错误，正确率为 96.3%，说明模型的预测效果比较好。

表 9.11　　　　　　　　非线性主成分回归模型回判检验结果

滑坡样本数量/个	判断正确数量/个	判断错误数量/个	正确率/%
136	131	5	96.3

将 Logistic 回归模型建模过程中的回判结果（表 9.5）和非线性主成分回归模型建模过程中的回判结果（表 9.11）进行比较，由两个模型在回判结果的正确率来看，非线性主成分回归模型预测的正确率更高，建模效果更好。

9.4　顺层岩质滑坡空间预测模型应用与评价

为了对建立的顺层岩质滑坡空间预测模型进一步进行评价，本书选取了三峡库区奉节县—云阳县一段顺层岸坡进行应用。研究区选择云阳—奉节这一库岸段（见图 9.7），该段总长约 70km，部分岸坡段滑坡十分发育，是三峡库区顺层岸坡中滑坡最为发育的地段，为顺层岩质滑坡的研究提供了丰富的实例。

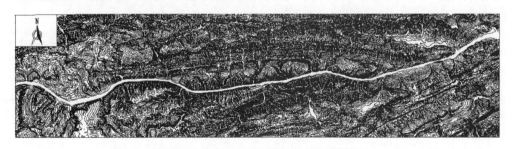

图 9.7　研究区云阳-奉节库岸段地形图

对该段库岸斜坡的划分以斜坡两侧冲沟为界，共划分 107 个单元，其中已知的顺层岩质滑坡有 27 个，并对 107 个单元的地层岩性、坡高、坡度、岩层的倾角、坡面走向与岩层走向夹角、软弱夹层等六个因素的数据进行统计。

对于斜坡单元滑坡的易发性评价，目前采用最多的是四级和五级的划分，本书对斜坡单元滑坡易发性回归预测值进行等距法划分，以 0.20 为公差进行五级划分（见表 9.12）。

表 9.12　　　　　　　　　　　　斜坡单元滑坡易发性分级及特点

易发度	易发度等级	易发性分区
0.0～0.2	极不易发	不可能产生滑坡
0.2～0.4	低易发	滑坡产生的可能性较小
0.4～0.6	中易发	在降雨和库水等外力的作用下可能产生滑坡
0.6～0.8	高易发	潜在滑坡
0.8～1.0	极高易发	滑坡

9.4.1　模型应用

（1）Logistic 回归模型的应用。

根据顺层岩质滑坡回归预测模型［式（9.21）］，将统计的云阳—奉节的顺层岸坡影响因素代入 Logistic 回归模型，得到各个斜坡单元滑坡的回归预测值（表 9.13）。

表 9.13　　　　　　　　　　　　斜坡单元滑坡易发性回归预测值

斜坡单元编号	回归预测值	斜坡单元编号	回归预测值	斜坡单元编号	回归预测值	斜坡单元编号	回归预测值
1√	0.891	28	0.146	55	0.557	82√	1
2	0.514	29	0.139	56	0.486	83√	0.514
3	0.432	30	0.141	57	0.557	84	0.672
4	0.557	31	0.241	58	0.141	85√	0.728
5√	1	32	0.241	59	0.156	86	0.832
6√	0.863	33	0.262	60	0.146	87	0.882
7	0.241	34	0.241	61√	0.941	88	0.858
8	0.272	35	0.262	62	0.863	89√	1
9	0.385	36	0.256	63	0.882	90	0.941
10√	0.941	37	0.256	64	0.858	91	0.256
11	0.514	38	0.241	65√	1	92	0.241
12	0.528	39	0.241	66	0.557	93√	1
13	0.494	40	0.514	67	0.514	94	0.858
14√	1	41	0.478	68√	0.858	95√	1
15	0.863	42	0.385	69	0.843	96√	1
16√	0.843	43	0.373	70	0.662	97	0.832
17	0.858	44	0.421	71	0.662	98	0.858
18	0.241	45	0.728	72	0.141	99√	0.260
19	0.263	46	0.858	73	0.241	100	0.271
20	0.141	47√	1	74	0.494	101	0.232
21	0.144	48	0.941	75√	0.672	102	0.241
22	0.882	49	0.882	76√	0.557	103	0.241
23√	0.663	50	0.882	77√	0.863	104	0.672
24	0.514	51√	1	78√	0.882	105	0.728
25	0.423	52	0.728	79√	0.863	106	0.662
26	0.385	53	0.514	80√	0.863	107√	1
27	0.141	54	0.514	81√	0.882		

注　打√的为已知的顺层岩质滑坡。

统计表 9.13 中不同滑坡易发程度斜坡的分组汇总如表 9.14 所示。

表 9.14　　　　　　Logistic 回归模型滑坡易发度统计表

易发性	数量/个	所占比例/%
不可能发生滑坡	10	9.35
发生滑坡可能性小	24	22.43
可能发生滑坡	22	20.56
潜在滑坡	10	9.35
滑坡	41	38.31
总计	107	100.00

由表 9.14 中可以看出，Logistic 回归模型预测的滑坡数有 41 个，潜在的滑坡有 10 个，在降雨和库水等外力作用下可能发生滑坡的单元有 22 个。其中已知顺层岩质滑坡中有 21 个预测正确，正确率为 78%。

（2）非线性主成分回归分析模型的应用。

首先对统计的顺层岸坡影响因子原始数据进行中心化对数比处理。将中心化对数比之后的数据代入三个非线性主成分的方程，分别计算三个主成分的得分，并将主成分得分代入新的回归预测方程，根据回归预测值对滑坡进行预测评价，预测结果见表 9.15。

表 9.15　　　　　各斜坡单元滑坡非线性主成分得分及回归预测值

斜坡单元编号	第一主成分	第二主成分	第三主成分	回归预测值
1 √	−0.088	1.340	1.191	0.815
2	0.442	1.264	1.664	0.531
3	0.935	1.506	1.629	0.449
4	1.359	0.299	1.259	0.544
5 √	1.540	1.004	0.095	0.910
6 √	0.357	1.507	0.632	0.902
7	0.364	1.626	2.336	0.244
8	0.630	1.074	2.001	0.335
9	0.781	1.496	1.799	0.398
10 √	0.365	1.768	0.766	0.876
11	0.788	2.070	1.704	0.442
12	1.729	0.479	1.155	0.521
13	2.028	0.789	0.974	0.550
14 √	0.645	1.479	0.938	0.800
15	1.935	1.081	0.632	0.720
16 √	1.558	0.984	0.378	0.852
17	1.015	0.486	0.448	0.886
18	0.744	1.996	2.066	0.287

斜坡单元编号	第一主成分	第二主成分	第三主成分	回归预测值
19	0.779	1.674	1.950	0.330
20	0.091	1.358	2.305	0.299
21	0.408	0.805	2.060	0.349
22	0.061	1.479	0.902	0.873
23 √	−0.049	1.936	0.929	0.877
24	0.224	2.203	0.960	0.844
25	0.724	2.330	0.534	0.893
26	1.524	0.977	−0.020	0.928
27	0.944	1.342	2.258	0.190
28	1.012	0.468	2.305	0.169
29	1.524	1.763	2.155	0.153
30	0.364	1.626	2.336	0.244
31	0.091	1.358	2.305	0.299
32	0.268	0.683	2.021	0.393
33	0.781	1.496	1.799	0.398
34	0.366	1.068	2.104	0.337
35	0.461	1.522	2.029	0.353
36	0.788	2.070	1.704	0.442
37	1.729	0.479	1.155	0.521
38	−0.043	1.585	1.685	0.617
39	1.447	0.195	1.452	0.433
40	1.536	0.690	0.773	0.729
41	−0.246	1.698	1.701	0.647
42	0.981	1.862	1.355	0.573
43	−0.158	0.662	1.620	0.667
44	1.641	0.755	0.846	0.682
45	1.818	0.974	0.476	0.794
46	1.535	0.979	0.216	0.889
47 √	0.607	1.769	0.501	0.907
48	−0.318	0.810	1.116	0.860
49	0.318	2.759	0.831	0.865
50	1.329	0.502	0.542	0.834
51 √	0.474	1.625	0.509	0.914
52	1.701	0.856	0.599	0.768
53	1.828	0.566	1.182	0.488

斜坡单元编号	第一主成分	第二主成分	第三主成分	回归预测值
54	1.359	0.299	1.259	0.544
55	0.309	1.119	1.672	0.554
56	1.194	1.642	1.407	0.506
57	1.308	0.072	1.414	0.479
58	1.403	1.118	2.356	0.118
59	1.312	0.556	2.239	0.153
60	1.012	0.468	2.305	0.169
61 √	0.358	2.004	0.090	0.964
62	0.336	2.790	0.681	0.895
63	−0.219	2.239	0.947	0.888
64	−0.037	1.938	1.166	0.816
65 √	0.076	1.721	0.387	0.949
66	0.442	1.264	1.664	0.531
67	1.324	0.907	1.452	0.457
68 √	1.164	0.336	0.716	0.803
69	−0.501	1.955	1.244	0.847
70	−0.064	0.553	1.573	0.671
71	−0.158	0.662	1.620	0.667
72	0.779	1.674	1.950	0.330
73	0.366	1.068	2.104	0.337
74	0.655	1.926	1.711	0.465
75 √	0.724	2.330	0.534	0.893
76 √	0.724	2.330	0.534	0.893
77 √	0.187	1.810	0.650	0.911
78 √	1.190	0.615	0.353	0.890
79 √	−0.050	2.061	0.824	0.898
80 √	1.418	0.862	0.340	0.874
81 √	−0.442	1.523	1.116	0.872
82	0.581	1.379	0.117	0.955
83 √	0.989	0.936	0.384	0.900
84	0.591	1.403	1.375	0.639
85 √	0.054	2.506	0.978	0.856
86	1.558	0.984	0.378	0.852
87	0.336	2.790	0.681	0.895
88	1.418	0.862	0.340	0.874

斜坡单元编号	第一主成分	第二主成分	第三主成分	回归预测值
89 √	0.375	2.031	0.206	0.955
90	−0.345	1.314	0.646	0.941
91	0.091	1.358	2.305	0.299
92	0.677	1.931	1.873	0.383
93 √	0.365	1.135	0.367	0.939
94	0.038	1.671	0.940	0.867
95 √	0.910	0.829	0.108	0.943
96 √	0.102	1.764	0.175	0.965
97	0.334	1.746	0.932	0.839
98	1.691	1.129	0.370	0.840
99 √	0.187	1.810	0.650	0.911
100	0.309	1.119	1.672	0.554
101	0.442	1.264	1.664	0.531
102	0.655	1.926	1.711	0.465
103	0.611	1.852	2.073	0.307
104	−0.246	1.698	1.701	0.647
105	0.340	2.271	1.269	0.728
106	0.606	2.238	1.413	0.619
107 √	1.164	1.119	−0.117	0.954

注 表中打√的单元为已知的顺层岩质滑坡。

将表 9.15 非线性主成分回归分析的具体预测结果进行分组汇总统计见表 9.16。

表 9.16   **非线性主成分回归模型滑坡易发度统计表**

易发性	数量/个	所占比例/%
不可能发生滑坡	6	5.61
发生滑坡可能性小	18	16.82
可能发生滑坡	22	20.56
潜在滑坡	14	13.09
滑坡	47	43.92
总计	107	100

由表 9.16 可以看出，基于非线性主成分回归模型预测的滑坡数有 47 个，潜在的滑坡有 14 个，在降雨和库水等外力作用下可能发生滑坡的单元有 22 个。其中已知的 27 个顺层岩质滑坡全部预测正确，正确率为 100%。根据以上预测成果编制基于非线性主分回归分析的顺层岩质滑坡分布预测图（见图 9.8）。

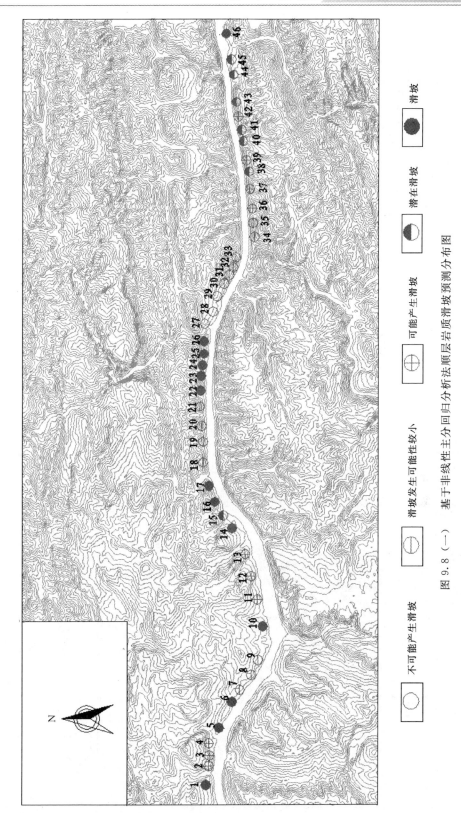

图 9.8 （一）　基于非线性主分回归分析法顺层岩质滑坡预测分布图

图 9.8（二） 基于非线性主分回归分析法顺层岩质滑坡预测分布图

9.4.2　模型评价

为了更好地对两个模型进行评价，我们选取研究区内已知的 27 个顺层岩质滑坡的回归预测值进行比较，见表 9.17。

表 9.17　　　　　　　　　已知顺层岩质滑坡单元回归预测值统计表

已知斜坡单元编号	Logistic 回归预测值	非线性主成分回归预测值	已知斜坡单元编号	Logistic 回归预测值	非线性主成分回归预测值
1	0.891	0.815	77	0.863	0.911
5	1.000	0.910	78	0.882	0.890
6	0.863	0.902	79	0.863	0.898
10	0.941	0.876	80	0.863	0.874
14	1.000	0.800	81	0.882	0.872
16	0.843	0.852	83	0.514	0.900
23	0.663	0.877	85	0.728	0.856
47	1.000	0.907	89	1.000	0.955
51	1.000	0.914	93	1.000	0.939
61	0.941	0.964	95	1.000	0.943
65	1.000	0.949	96	1.000	0.965
68	0.858	0.803	99	0.260	0.911
75	0.672	0.893	107	1.000	0.954
76	0.557	0.893			

经对比，在已知顺层岩质滑坡的预测中，Logistic 回归模型预测的 27 个已知顺层岩质滑坡中有 2 个被预测为可能发生滑坡，2 个被预测为发生滑坡的可能性较小，3 个被预测为潜在滑坡，其余的 21 个预测正确，正确率为 78%。而非线性主成分回归模型预测结果中，所有的已知顺层岩质滑坡均预测正确，正确率为 100%。这说明非线性主成分回归预测模型优于传统的 Logistic 回归模型预测。

传统的 Logistic 回归模型在建立的过程中通过多次迭代筛选剔除了坡度、高程、地层岩性这三个影响因素。将上述五个预测错误的顺层岩质滑坡的影响因素与统计的顺层岩质滑坡影响因素分布规律进行比较，这五个顺层岩质滑坡的坡度、高程、地层岩性因子都处在对顺层岩质滑坡发育影响较大的影响因素分布区间。剔除的因子不代表其对因变量的影响没有统计学意义，可能因为这些影响因素变量中存在的共线性掩盖了它们的影响，因而传统的 Logistic 回归模型不能充分利用所统计的数据、全面地反映实际情况，其预测的准确性就降低了。

而基于非线性主成分的 Logistic 回归模型在建立的过程中，首先通过非线性主成分分析法对原始数据进行处理。非线性主成分分析法是通过线性变换，将原来的多个因子指标组合成相互独立的少数几个能充分反映总体信息的因子指标，并且在这个过程中保留原始数据的信息不丢失。因此在滑坡影响因子的处理过程中，可以保留大部分的原始数据的信息，这样可以提高回归预测模型的准确性。

基于上述分析，改进的基于非线性主成分的 Logistic 回归预测模型比传统的 Logistic 回归模型有更高的准确性。

9.5 小结

本章通过对顺层岩质滑坡资料统计整理，分析了顺层岩质滑坡地质构造、地层岩性、地形地貌等影响因素。首先建立传统的二元 Logistic 回归分析的预测模型，在此基础上，通过对影响因素进一步的处理，对传统的 Logistic 模型进行改进，建立了基于非线性主成分分析法的 Logistic 回归预测模型，并以三峡库区奉节—云阳顺层库岸段为例，对模型进行应用与评价，取得了以下一些结论和成果。

1) 在充分收集和整理顺层岩质滑坡数据资料的基础上，针对 136 个顺层岩质滑坡，分析滑坡影响因子的统计关系，初步确定了顺层岩质滑坡的形成发生与分布的主要内在影响因素为地层岩性、软弱夹层、坡面走向与岩层走向夹角、坡高、坡度和岩层倾角。阐述了不同影响因子对滑坡的影响规律。由地形地貌因素来看，斜坡的坡度在 $15°\sim25°$ 区间，坡高在 $100\sim200m$ 区间最为发育。由地层岩性来看，在三叠系中统巴东组、侏罗系沙溪庙组及侏罗系中下统地层中顺层岩质滑坡最为发育。由地质构造来看，岩层倾角在 $15°\sim35°$，尤其是 $15°\sim25°$ 之间，坡面走向与岩层走向夹角小于 $10°$ 和 $10°\sim20°$ 区间时顺层岩质滑坡最发育。

2) 根据统计的滑坡灾害数据，建立基于传统的 Logistic 回归分析的滑坡空间预测模型。得到影响顺层岩质滑坡发育的主要影响因子为软弱夹层、$0°\sim30°$ 的坡面走向与岩层走向夹角、$15°\sim25°$ 的倾角。在该模型中地层岩性、坡度、坡高三个影响因子没有被选入回归方程。

3) 建立非线性主成分回归滑坡空间预测模型。由各影响因素的回归系数，得到各影响因子对顺层岩质滑坡的影响程度依次为软弱夹层，地层岩性、斜坡高程、坡度、岩层倾角以及坡面走向与岩层走向的夹角。

4) 分别利用传统的 Logistic 回归模型和基于非线性主成分的回归模型对三峡库区奉节—云阳库岸段顺层岩质岸坡进行滑坡预测。Logistic 回归模型预测的滑坡数有 41 个，潜在的滑坡有 10 个，在降雨和库水等外力作用下可能发生滑坡的单元有 22 个。其中已知顺层岩质滑坡中有 21 个预测正确，正确率为 78%。基于非线性主成分回归模型预测的滑坡数有 47 个，潜在的滑坡有 14 个，在降雨和库水等外力作用下可能发生滑坡的单元有 22 个。其中已知的 27 个顺层岩质滑坡全部预测正确，正确率为 100%。预测应用结果比较说明，非线性主成分回归预测模型优于传统的 Logistic 回归模型预测。

第 10 章　三峡库区藕塘滑坡库水响应特征及稳定性预测评价

10.1　藕塘滑坡工程地质概况及滑坡基本特征

10.1.1　自然地理

藕塘滑坡位于奉节县长江南岸（图 10.1），系安坪乡新集镇所在地，该集镇现有常住人口 3960 人（2010 年 9 月 6 日统计）。2008 年 10 月以来，随着三峡水库实验性蓄水至正常蓄水运行，滑坡东西两侧局部产生变形。

图 10.1　藕塘滑坡全貌

10.1.2　地貌特征

藕塘滑坡是一个大型顺层基岩滑坡。平面形态大体呈前宽后窄的"古钟"状（见图 10.1、图 10.2）。

滑体西侧（上游）以田湾沟—油坊沟为界，东侧（下游）大体以老房子—鹅颈项沟口—大沟为界。上游侧缘冲沟切割深 2～10m，下游侧缘冲沟切割深 1～20m，沟坡均较陡。

滑坡平均地面坡度 15°，滑坡高程 180～220m 范围发育一宽缓平台，宽 140～240m，系安坪新集镇所在地。

滑体前缘高程 90～102m，后缘高程 475m，滑体南北向（从前缘到后缘）长约

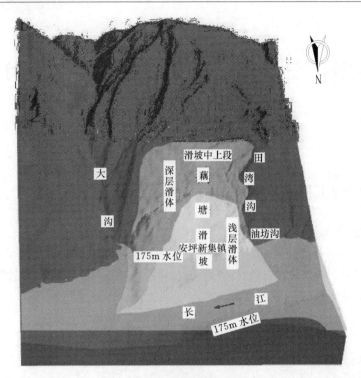

图 10.2　藕塘滑坡形态图

1500m，东西宽 830～1170m，一般厚 40～70m，最大厚度 114m。

藕塘滑坡按平面范围和深度包含深层、浅层两层滑体（见图 10.2～图 10.4），其中深层滑体（含浅层滑体），面积 133 万 m²，体积 6380 万 m³；浅层滑体，面积 63 万 m²，体积 1550 万 m³。

藕塘滑坡体下伏基岩面总体形态西低东高，基岩面呈一斜面，斜面总体上迁就于基岩岩层的走向及倾向，西侧缘基岩面陡倾。基岩面具"靠椅状"特点，前缘顺坡向坡角略带反翘。滑坡体的厚度特点总体上是：顺坡方向为坡上薄、坡下厚，顺流向为上游厚度大，下游厚度小。

10.1.3　滑坡构造背景及物质组成

故陵向斜、齐岳山背斜分别位于滑坡区西北与东南方向，受其控制，滑坡区为单斜构造，岩层倾向 320°～350°、倾角 20°～27°。勘查区未见断层，但裂隙较发育。

滑坡区基岩为侏罗系下统珍珠冲组第一段（J_{1z}^{2-1}）的灰色、深灰色、灰黄色砂岩、粉砂岩夹灰色黏土岩及黑色炭质页岩。

根据滑体物质组成的差异性，自上而下可分为三层（见图 10.3 和图 10.4）。

1）第一层：黏土夹碎石层（Q^{del}—①），一般厚 2～5m，结构较松散，零星分布于浅层滑体表层。

2）第二层：强风化具层序的碎裂岩体（Q^{del}—②），物质成分主要为砂岩、粉砂岩，一般厚 15～32m，最大厚度约 56m，分布较连续，广泛分布于整个滑坡表层。

3）第三层：中风化具层序的碎裂岩体（Q^{del}—③），物质成分主要为粉砂质黏土岩、

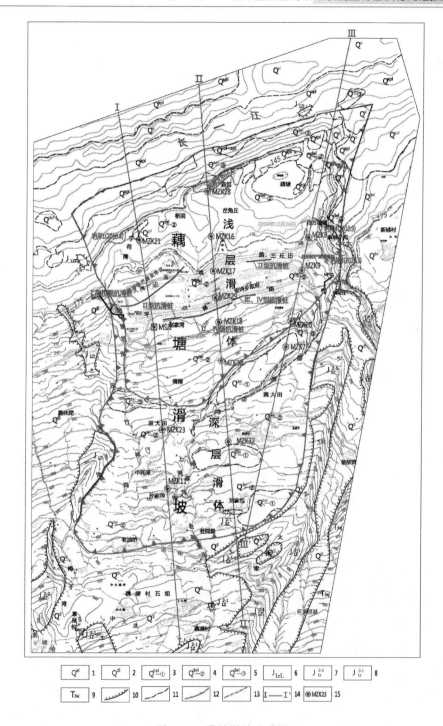

图 10.3　藕塘滑坡地质图

1—第四系冲积物；2—第四系坡积物；3—滑坡堆积第一层；4—滑坡堆积第二层；5—滑坡堆积第三层；
6—侏罗系下统自流井组；7—侏罗系下统珍珠冲组第二段；8—侏罗系下统珍珠冲组第一段；9—侏罗系
下统须家河组；10—基岩与第四系分界线；11—第四系物质分界线；12—滑坡边界线；13—推测滑坡
剪出口；14—剖面及编号；15—钻孔及编号

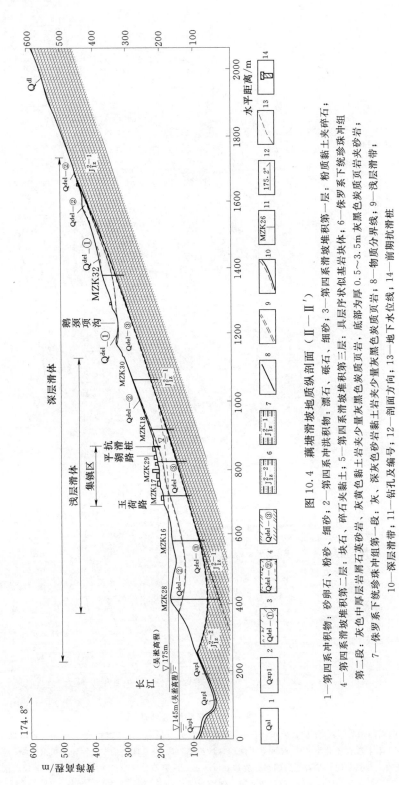

图 10.4　藕塘滑坡地质纵剖面（Ⅱ—Ⅱ′）

1—第四系冲积物：砂卵石、粉砂、细砂；2—第四系冲洪积物：漂石、砾石、细砂；3—第四系滑坡堆积第一层：粉质黏土夹碎石；
4—第四系滑坡堆积第二层：块石、碎石夹黏土；5—第四系滑坡堆积第三层：具层序状似基岩岩块体；6—侏罗系下统珍珠冲组
第二段：灰色中厚层岩屑石英砂岩，灰黄色黏土岩夹少量灰黑色炭质页岩，底部为厚 0.5～3.5m 灰黑色炭质页岩夹珍珠砂岩；
7—侏罗系下统珍珠冲组第一段第二层；8—物质分界线；9—浅层滑带；
10—深层滑带；11—钻孔及编号；12—剖面方向；13—地下水位线；14—前期抗滑桩

粉砂岩和砂岩，一般厚 30～50m，较厚处达 65～86m，呈碎裂状结构；平面上分布不连续，零星或局部出露于滑坡表部，剖面上分布较连续，多下伏于第二层之下。

10.1.4　滑带土特征

（1）滑带土的物质组成。

滑带土与滑床面基岩呈突变接触，滑动挤压强烈，上下界面可见清晰黑色黏土条带，滑带挤压碾磨强烈，碎石大小一般 0.5cm×1cm～3cm×4cm，多呈次棱角状，少数具一定磨圆并见定向排列，结构松散。

深层滑带土：厚度大，一般 1.5～5m，性状差，主要物质组成为深灰色或灰黑色黏土夹碎石碎屑，黏土呈可塑状，碎石具一定磨圆度，粒径一般 2～4cm，岩性主要为砂岩，其中黏土的含量一般占 50%～60%，碎石碎屑含量占 40%～50%，性状差。

浅层滑带土：厚 0.3～2.2m，主要物质组成为深灰色、黄褐色黏土夹碎石碎屑，黏土呈可塑状，碎石具一定磨圆度，粒径一般 1～3cm，岩性主要为砂岩，其中黏土的含量一般占 60%～70%，碎石碎屑含量占 30%～40%，性状差。

（2）滑带土的分布特征。

勘察布设有 32 个钻孔，其中 31 个钻孔孔深均穿过浅层滑带及深层滑带，1 个钻孔未穿过深层滑带（MZK22），受钻探工艺影响 MZK14 未取到深层滑带土。剩余 30 个钻孔均清晰揭示两层滑带。

（3）滑带土矿物成分。

根据滑带土的 X 衍射物相分析结果来看，其主要矿物为绿泥石、伊利石、高岭石、石英、长石等，其鉴定结果见表 10.1。

表 10.1　　　　　　　藕塘滑坡滑带土样 X 衍射物相半定量分析成果表

取样位置	试样编号	矿 物 成 分				
		绿泥石	伊利石	高岭石	石英	长石
MPD1	MPD1—1	40	30	5	22	3

10.1.5　滑床的基本特征

根据竖井、平洞及钻孔等揭露的成果综合分析，藕塘滑坡体滑床面总体形态是南高北低，顺长江水流向呈西低东高，顺向坡岩层层面滑床，滑床面形态呈"勺"状，前缓后陡，前部倾角为 6°～9°，中、后部倾角为 18°～21°。

滑坡体滑床岩层为侏罗系下统珍珠冲组第一段（J_{1z}^{2-1}）的灰色、深灰色、灰黄色砂岩、粉砂岩夹灰色黏土岩及黑色炭质页岩。

滑坡下伏基岩属单斜构造，岩层产状：330°～350°∠17°～20°。根据钻孔揭露，其风化程度相对较弱，一般揭露为中等、微风化带，岩体较坚硬，透水性微弱，中等风化带厚 7～19m，微风化带厚 14～27m。

10.1.6　滑坡水文地质

（1）地表水及地下水基本情况。

滑坡上游侧缘发育油坊沟—田湾沟—梅子湾沟，下游侧发育大沟，长江河谷深切，为滑坡区地表、地下水的排泄基准。

滑坡体地下水为孔隙水，赋存于滑体内碎石土、碎块石土层及含碎石粉质黏土层的孔隙中，主要接受大气降水的补给，其渗流路径一般较短。泉水点流量一般较小，随季节变化，枯季流量一般 0.5～5L/min，部分断流；丰水期流量明显增大，可达 10～50L/min，个别泉水点流量超过 150L/min。

滑坡体地下水补给：一为大气降水补给，二为后缘斜坡及山体内的地表、地下水补给，三为库水位上升时江水补给地下水。

滑坡体地下水排泄：一是以井泉方式排出地表汇入冲沟后排泄入江，二是滑坡体下部地下水直接排入长江，三是入渗补给深部基岩地下水。

滑坡地表水、地下水与库水位的动态关系：三峡水库蓄水后，地表水直接排入水库、排径变短；地下水在高程 145m 以下已成静止的地下水，在水位变动带 175～145m 运行时，滑体中的地下水位则与库水位涨落相关，涨升时库水入渗地下水，降落时地下水排入库水。

（2）滑坡体的渗透性。

根据现场抽水试验及注水试验成果，滑体中部强风化碎裂岩体（Q^{del}—②）渗透系数 $K=1.72\times10^{-5}\sim8.70\times10^{-3}$ cm/s，属弱—中等透水；滑体下部中风化碎裂岩体（Q^{del}—③）的渗透系数 $K=1.11\times10^{-4}\sim9.11\times10^{-2}$ cm/s，属中等—强透水。

10.2 藕塘滑坡变形分析

10.2.1 滑坡变形概况

藕塘滑坡在 2008 年 10 月底三峡库区首次 172m 试验性蓄水以来，东部和西部发生了较为明显的变形。受库水位变动及降雨影响宏观变形迹象一直持续存在，自 2010 年全面专业监测以来，坡体变形十分明显，期间藕塘滑坡的宏观变形主要包括：

1）2010 年 3—4 月，受高库水位影响，滑坡庙包临江地带、大沟边上及芋荷湾江边发生了崩岸现象。

2）2011 年 8 月下旬在镇中心小学大门口出现裂缝 DT103，后期持续变形，现已长达 113m，并且正在向中部集镇方向缓慢扩展。

3）滑坡东部小沟公路上局部出现较明显的拱起现象，DT76 裂缝附近的土质公路出现路基垮塌现象，DT72 裂缝所在的公路出现一条长 20m 左右，宽 4cm 左右的裂缝（见图 10.5）。

图 10.5 东部较严重变形区典型变形现象

4）西部学校广场 DT82 裂缝拉裂宽度已达 8.7cm，广场西边台阶上的裂缝处于缓慢变化中，广场下部的 M25、M27 测斜孔一带公路内边缘处的裂缝在继续渐变增宽（见图 10.6）。

　　　（a）DT82—2 裂缝　　　　　　　　　　　（b）广场梯坎裂缝

图 10.6　西部较严重变形区典型变形现象

5）玉荷路东端三岔路口附近于 2012 年 1 月底出现突变裂缝，已导致该处民房的支撑柱发生粉碎性断裂。

6）2012 年 4 月底位于滑体东部鹅颈项下三岔路口附近出现明显崩裂缝，崩面宽 1～5cm，可见深 1～10cm，长约 30m，裂缝仍在持续变形（见图 10.7）。

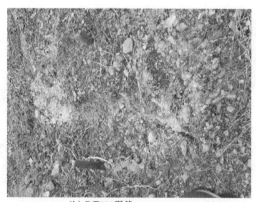

　　　（a）DT99—1 裂缝　　　　　　　　　　　（b）DT106 裂缝

图 10.7　集镇至鹅颈项区典型变形现象

7）滑坡东侧 PD1 勘探平洞变形严重，局部浆砌块石拉裂，顶部浆砌块石严重垮塌。

8）鹅颈项以上西侧的中前部双大田前缘机耕路转弯处的 L18、L19 裂缝变形在 2012 年 6 月至 9 月的强降雨作用下进一步加剧，该地段已严重下陷导致大部分垮塌，平均沉降 1.9m 左右，裂缝最长约 28m，最宽增至约 1.7m，前方坡面和下方新修的水泥小路已经垮塌（见图 10.8）。

10.2.2　滑坡变形分析

（1）滑坡变形分区及变形时间分段。

(a) 双大田前缘道路转处L19 　　　　　　　　(b)DT104 新裂缝

图 10.8　鹅颈项以上滑坡区典型变形现象

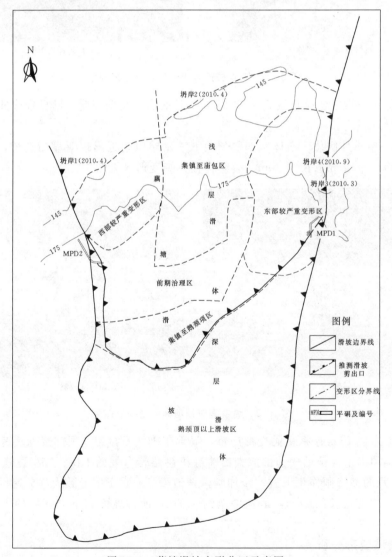

图 10.9　藕塘滑坡变形分区示意图

由监测数据可知，各监测点累计位移量及变形速率不尽相同，为寻找其变形特点及规律，现根据滑坡的变形特征及变形程度，将滑坡浅层滑体分为治理区、东部较严重变形区、西部较严重变形区、集镇至庙包区、集镇至鹅颈项区及鹅颈项以上滑坡区 6 个区域（见图 10.9）；深层滑体分为东部较严重变形区深层滑体、西部较严重变形区深层滑体及中部整体深层滑体，其中滑坡中部整体深层滑体包括集镇至庙包区、集镇至鹅颈项区及鹅颈项以上滑坡区。

地表位移监测分析发现，监测点的变形速率在时间上表现出明显的阶段性。结合 2007 年 10 月至 2012 年 12 月 27 日所采集的监测数据，对各变形区的地表及深部位移监测数据分阶段进行分析，表 10.2 为滑坡变形阶段时间表。

表 10.2　　　　　　　　　　　　滑坡变形阶段时间表

滑坡变形阶段	时　　间	备　　注
第一阶段	2008 年 8 月至 2009 年 7 月	为滑坡变形启动阶段，首次 172m 高水位涨落作用
第二阶段	2009 年 7 月下旬至 2010 年 12 月	变形较为缓慢
第三阶段	2010 年 12 月下旬至 2011 年 6 月	变形较为缓慢
第四阶段	2011 年 6 月至 2012 年 1 月底	变形相对变大，恰为雨季
第五阶段	2012 年 1 月至 2012 年 6 月中旬	变形相对趋缓
第六阶段	2012 年 6 月中旬至 2012 年 9 月下旬	该阶段在所有阶段中变形最大，恰为雨季
第七阶段	2012 年 9 月下旬至 2012 年 12 月下旬	变形相对趋缓

（2）滑坡变形综合分析。

根据各监测手段取得的监测数据显示，藕塘滑坡东、西两侧较为严重变形区、集镇至庙包区于 2008 年 10 月最先开始发生变形，变形启动的原因主要受首次 172m 高水位涨落作用的影响，滑坡变形表现为多层（深层及浅层）滑动变形的特征，且在第四阶段及第六阶段变形较快（第六阶段普遍变形显著），而在第二、第三、第五阶段变形普遍较慢，在雨季与枯季滑坡变形明显有快慢之分。根据滑坡的宏观变形特征、地表位移以及测斜孔深部位移监测数据等综合分析判断得出如下结论。

1）藕塘浅层滑坡在东部较严重变形区、西部较严重变形区、集镇至庙包区、集镇至鹅颈项区、鹅颈项以上滑坡区均已发生蠕滑，而前期治理区的浅层滑体由于抗滑桩的作用还未发生蠕滑变形。另外，西部较严重变形区、集镇至庙包区以及集镇至鹅颈项区局部受到抗滑桩的作用，各区抗滑桩附近的浅层滑体变形相对较为缓慢，而远离抗滑桩部位的滑体变形较快。从变形成因上来看，藕塘浅层滑体的变形主要受 175m 高水位运行（特别是首次 172m 试验性蓄水和首次 175m 正式蓄水）及降雨（特别是暴雨）影响比较大。

2）分析认为，藕塘滑坡东部（Ⅲ—Ⅲ′剖面）深层滑体已经发生蠕变且变形最为严重，变形主要受降雨影响较大（特别是暴雨）；西部（Ⅳ—Ⅳ′和Ⅴ—Ⅴ剖面）深层滑体可能正在沿 M25（孔深 76m）和 M27（孔深 61m）连成的潜在滑面发生蠕变，其变形主要受库水位变动（特别是高水位运行后库水位下降）和降雨影响较大；位于藕塘滑坡中部（Ⅱ—Ⅱ′剖面）的深层滑体，由于位于平湖路附近的 M29 还没发生错位，说明平湖路以下的深层滑体并未发生明显变形，现阶段可能处于高度的应力集中状态，前缘反翘正发挥

着巨大的抗滑作用，而平湖路以上的深层滑体已经发生蠕滑，其变形主要受库水位变动
（特别是高水位运行后库水位下降）和降雨影响较大。总体来看，藕塘滑坡平湖路以上的
深层滑体已经发生蠕变，而平湖路以下的深层滑体变形不明显。

综合分析表明，藕塘滑坡整体处于蠕滑变形阶段，东、西部较严重变形区浅层滑体及
鹅颈项以上滑坡区的地表变形明显，影响东部、西部浅层滑坡稳定性的主要影响因素为库
水位涨落和暴雨，而鹅颈项以上深层滑体的稳定性主要受暴雨影响。在暴雨和库水位急剧
变化联合作用下，滑坡体变形较为明显。

10.3 藕塘滑坡变形机理

10.3.1 滑坡影响因素

任何滑坡的形成都是自身地质条件和外部诱发因素综合作用的产物。藕塘滑坡是经过
漫长的地质历史时期演化形成的，结合滑坡物质组成和其结构特征及变形特征综合分析，
认为藕塘滑坡的形成与其地层岩性、地形地貌、库水位变化、河流冲刷下切作用、大气降
雨等密切相关。

（1）内在因素。

1）地形地貌。藕塘滑坡前缘反翘直临长江，西侧以田湾沟—油坊沟为界，东侧大体
以老房子—鹅颈项沟口—大沟为界，后缘为陡峭斜坡。整个滑坡呈靠椅状，且前缘反翘。
坡体形态容易积聚强大的势能，鹅颈项以上滑坡区（深层）始终具有较高的势能，不断地
推挤作用于中前部滑体，而前缘反翘，应力得不到释放，前缘应力高度集中，长此以往，
当遇持续强降雨时，地表雨水来不及排走，部分雨水向滑坡体内部入渗转化为地下水，形
成滑坡体自身的渗流场，会加剧滑动面的滑移，而前缘反翘形成了一道天然的屏障，不利
于地下水的及时排泄，而成为地下水的富集区，影响滑坡体的稳定性。

2）岸坡地质结构。藕塘滑坡位于故陵向斜南翼东端，滑坡区内发育有两组构造节理，
岩层产状为 $330°\sim350°\angle18°\sim25°$，岸坡呈顺向坡结构，且上陡下缓、呈靠椅状，不利岸
坡稳定。

藕塘滑坡地层岩性为侏罗纪下统珍珠冲组中—厚层细粒岩屑长石砂岩、泥质粉砂岩夹
黏土岩及炭质页岩，易滑软层上覆岩体和下伏岩体均以长石砂岩、粉砂岩等硬岩为主，形
成了上硬下软和硬岩夹软岩的组合特征。在自重作用下，岸坡岩土体沿黏土岩及薄层炭质
页岩等易滑软层发生蠕变和滑移。

不利的岸坡结构致使岸坡岩体在长江下切冲刷、库水位作用及降雨影响下发生顺层滑
移破坏。

（2）外部因素。

1）库水位变化。藕塘滑坡为典型的水库型顺层岩质滑坡，滑体前缘高程 $90\sim102m$，
滑坡体前缘位于库水位下。据监测资料，滑坡东、西部较严重变形区及集镇至庙包区受
2008 年 10 月底三峡库区 172m 试验性蓄水影响，率先启动变形。当库水位位于 145m 时，
浅层滑带约 32％淹没在库水位以下；而当库水位上升至到 172m 时，浅层滑带增至约
45％被库水淹没，原本处于江面以上的浅层滑带被长期浸泡在水面以下，致使浅层滑带的

抗滑段不断软化，其抗剪强度显著降低，在地下水的润滑作用下其抗滑力也大幅度减小，最终沿浅层滑带发生顺层滑移破坏。

地下水位监测资料显示，藕塘滑坡东、西部较严重变形区以及庙包至集镇区由于临库及滑体的渗透性相对较好，其地下水位与库水位的变化趋势具有同步性，东部、西部较严重变形区浅层滑体的稳定性主要受库水位涨落的影响。藕塘滑坡西部的潜在深层滑体及中部的深层滑体的变形受库水位变动影响较大，主要是由于库水位变动对潜在深层滑面的浸泡软化作用。

此外，藕塘滑坡浅层滑体变形较大，多出现在高水位持续运行后首次库水位下降的时段，分析其原因可能还与库水对滑坡的反压作用有关，结合Ⅱ—Ⅱ′剖面分析，当库水位位于 175m 时，玉荷路以下将近 80％的滑体在水下，反压作用非常明显，同时库水对滑带的浸泡软化作用相当明显，抗滑段阻滑力显著降低，当库水位下降时，库水的反压作用也随之减小，导致滑坡发生变形。

2）河流冲刷、下切作用。新构造运动以来，本区大面积间歇性隆升，长江河谷不断下切。长江河道的侵蚀和水流的冲刷淘蚀作用致岸坡形成临空面，为滑坡的形成提供了临空条件，东、西两侧及庙包发生崩岸现象就是最好的证据。

3）降雨作用。奉节县地处四川盆地东部，属中亚热带湿润季风气候，无霜期年均 287d，年平均降水量 1132mm，全年降水主要集中于每年 5—9 月，这 5 个月的月平均降雨量均在 100mm 以上，其中 5 月、6 月、7 月三个月的月平均降雨量甚至超过了 150mm（资料来源：维基百科和中央气象台）。滑坡监测点位移在第四阶段（2011 年 6 月至 2012 年 1 月底）和第六阶段（2012 年 6 月中旬至 2012 年 9 月中旬）这两个包含雨季的时段明显增大，同时众多测斜孔集中在 2011 年和 2012 年这两年暴雨时节发生错位，如 M09、M10、M27、M32 分别于 2012 年 9 月 8 日、2012 年 7 月 7 日、2011 年 7 月 15 日、2011 年 7 月 23 日发生错位。此外据相关资料，蓄水前的 1998 年 6 月、7 月的大暴雨曾在集镇一带引发一些局部变形现象。藕塘滑坡局部一些区域一直受着强降雨的影响，如中间屋、老油坊等地。这些事例可以很清楚地说明大气降水对滑体的变形有着非常重要的影响，降雨作用是藕塘滑坡变形的重要影响因素。

10.3.2　滑坡形成机制及变形机理

（1）滑坡形成机制。

综合分析认为藕塘滑坡的形成成因为：早期受长江侵蚀、深切作用形成高斜坡，原高斜坡由于受硬岩夹软岩的不利岩性组合及裂隙发育的影响形成临空面并在岩体自重作用下沿顺向坡炭质页岩层发生蠕变，使得坡脚岩体应力集中，最终发生弯曲变形，随后长江河谷进一步深切，坡脚岩体首先被剪断，坡体最终沿炭质页岩层（软层）及剪切面发生滑移，从而形成藕塘滑坡的深层滑体（第一次序滑体）；经过漫长的时间，河流冲刷侵蚀河谷将堵江的滑体逐步冲开，临空面再一次形成，滑坡碎裂岩体由于应力调整而沿顺层潜在滑面发生蠕变，长期在重力作用下易滑面逐步贯通，最终导致浅层滑坡（第二序次滑体）形成；经后期河流侵蚀及风化作用，形成现今的藕塘滑坡地貌，最后在三峡库区 172m 试验性蓄水作用下，藕塘滑坡再次发生变形（见图 10.10）。滑坡在形成过程中的平面和剖面序次关系见图 10.11、图 10.12。

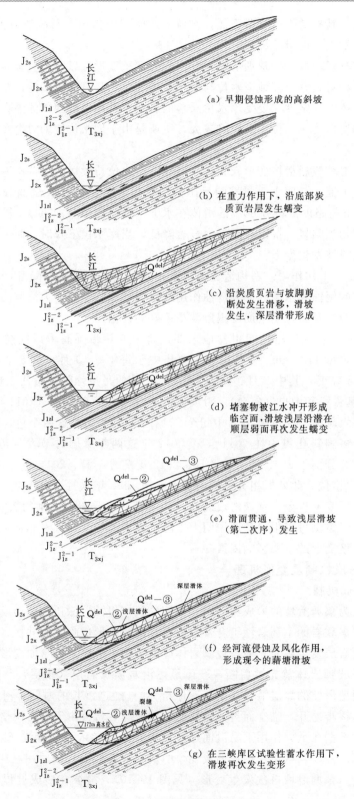

(a) 早期侵蚀形成的高斜坡

(b) 在重力作用下，沿底部炭质页岩层发生蠕变

(c) 沿炭质页岩与坡脚剪断处发生滑移，滑坡发生，深层滑带形成

(d) 堵塞物被江水冲开形成临空面，滑坡浅层沿潜在顺层弱面再次发生蠕变

(e) 滑面贯通，导致浅层滑坡（第二次序）发生

(f) 经河流侵蚀及风化作用，形成现今的藕塘滑坡

(g) 在三峡库区试验性蓄水作用下，滑坡再次发生变形

图 10.10　滑坡形成模式图

（2）滑坡变形机理。

浅层滑体变形机理：藕塘滑坡浅层滑体主要受高水位对滑带浸泡软化作用影响，同时库水涨落及暴雨对其稳定性影响也较大，库水对局部浅层滑体还具有浮托减重作用。

当库水位位于 175m 高水位时，浅层滑带将近一半浸泡于水下，藕塘滑坡滑带矿物将近 30％为伊利石黏土矿物，前缘阻滑段受库水的长期浸泡作用下软化，抗剪强度不断降低，加上前缘滑体还受到库水的浮托作用，最终使得浅层前缘滑体抗滑力减小。库水位变动和暴雨联合作用加强了岩土体内地下水的渗流活动，加大动水压力，增大滑坡下滑力。

深层滑体变形机理：藕塘深层滑体稳定性主要受暴雨的影响，库水位次之。在暴雨的作用下，滑坡体内地下水位急剧升高，一方面使得岩土体抗剪强度大大减小，另一方面地下水沿风化裂隙的渗流，会在滑体内部形成动水压力，影响滑坡的稳定性。

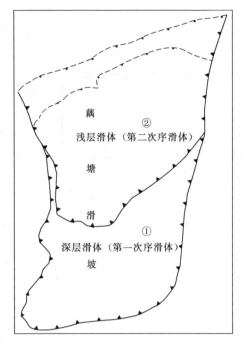

图 10.11　滑坡形成序次关系平面示意图

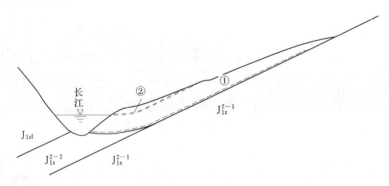

图 10.12　滑坡形成序次关系剖面示意图

监测分析表明，藕塘滑坡东部深层滑体主要受暴雨产生的渗透力作用影响较大，而库水位对其影响不大；藕塘滑坡西部潜在深层滑体及中部深层滑体受高水位浸泡软化及暴雨作用影响较大。

10.4　藕塘滑坡稳定性预测评价

本节主要采用工程地质数值模拟方法对滑坡的稳定性进行预测评价。

采用数值模拟手段预测藕塘滑坡稳定性，从定量的角度分析其失稳破坏的可能并探讨在降雨和库水位的涨落变化工况下滑坡的应力场、位移场、渗流场的变化规律以及塑性区分布情况，对滑坡的稳定性作出预测评价。

10.4.1 ABAQUS 软件介绍

ABAQUS 是国际上最先进的有限元软件之一，它具有丰富的本构模型及单元类型，特别适合岩土工程分析，非常适合非线性分析和耦合场分析。此外，ABAQUS 为用户提供的用户子程序接口非常灵活和方便，用户可以采用子程序自定义边界条件、荷载条件、材料等，方便用户在原有软件基础上进行二次开发，从而满足自身需求来解决实际问题。

10.4.2 模型的建立

（1）有限元网格计算模型。

分别选取Ⅲ、Ⅰ、Ⅱ剖面分别作为东部较严重变形区、西部较严重变形区及滑坡中部滑体的计算剖面。

图 10.13～图 10.15 分别为东部较严重变形区、西部较严重变形区及滑坡中部滑体的 ABAQUS 二维有限元网格计算模型，划分的网格采用孔压/位移耦合 CPE6MP 平面应变单元模拟。同时考虑到二期治理前期抗滑桩的作用，将治理区的浅层滑带设为刚体（但渗透系数与未治理区域的滑带一致），计算域包括 Q^{del}—②滑体、浅层滑带（分为治理区和未治理区）、Q^{del}—③滑体、深层滑带和基岩。

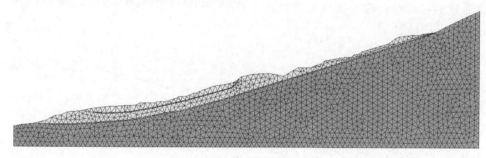

图 10.13 东部较严重变形区（Ⅲ剖面）有限元网格计算模型

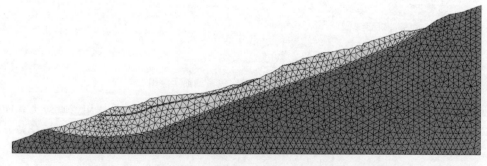

图 10.14 西部较严重变形区（Ⅰ剖面）有限元网格计算模型

其中，东侧较严重变形区的计算模型长 1911m，高 543.5m，整个模型被剖分为 3004 个三角形单元，共计 6243 个节点；西侧较严重变形区的计算模型长 1742m，高 539m，分为 2823 个三角形单元，共计 5868 个节点；藕塘滑坡中部滑体的计算模型长 1640m，高

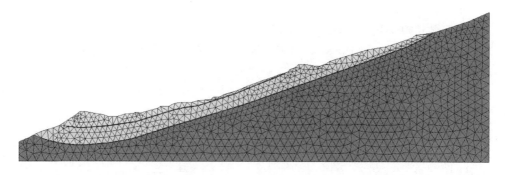

图 10.15　藕塘滑坡滑体（Ⅱ剖面）有限元网格计算模型

508m，整个模型被剖分为 2174 个三角形单元，共计 4527 个节点。

（2）边界约束条件及荷载的设置。

在进行流固耦合计算之前，需对模型设置边界约束条件及荷载（包括自重、库水压力及降雨荷载），计算域边界约束条件分为如下两部分。

1）位移边界条件：底部边界水平、垂直方向均无位移，左右两侧水平方向无位移；

2）渗流初始边界条件：采用空间分布函数 $10*(y1\sim y)$（$y1$ 为库水位高程，y 为结点的纵坐标），对结点施加孔压，并设置初始孔隙比和饱和度均为 1.0。

此外，为实现在各个工况下对滑坡体施加水压、降雨荷载，需用到如下 3 个用户子程序。

a. 荷载用户子程序（施加水的压强）：

```
    SUBROUTINE  DLOAD(F,KSTEP,KINC,TIME,NOEL,NPT,LAYER,KSPT,
  1 COORDS,JLTYP,SNAME)
C     施加表面荷载
    INCLUDE 'ABA_PARAM. INC'
C
    DIMENSION TIME(2),COORDS(3)
    CHARACTER * 80 SNAME
    用户代码定义 F(荷载的大小)
    RETURN
        END
```

b. 边界条件用户子程序（施加孔压边界条件）：

```
    SUBROUTINE  DISP(U,KSTEP,KINC,TIME,NODE,NOEL,JDOF,COORDS)
C     施加边界条件
    INCLUDE 'ABA_PARAM. INC'
C
    DIMENSION U(3),TIME(2),COORDS(3)
    用户代码定义边界条件 U
    RETURN
        END
```

c. 降雨函数用户子程序（施加降雨荷载）：

```
SUBROUTINE DFLOW(FLOW,U,KSTEP,KINC,TIME,NOEL,NPT,COORDS,
    1 JLTYP,SNAME)
C       施加降雨荷载
        INCLUDE 'ABA_PARAM.INC'
C
        DIMENSION TIME(2),COORDS(3)
        CHARACTER * 80 SNAME
        用户代码定义 FLOW(降雨强度)
        RETURN
            END
```

10.4.3　参数的选取

根据室内试验、工程勘察资料及智能位移反演法，获得藕塘滑坡计算参数取值范围见表 10.3。

表 10.3　　　　　　　　　藕塘滑坡有限元计算物理力学参数取值范围表

部位	岩土材料	容重 /(kN/m³)		峰值抗剪强度指标				弹模模量 /MPa	泊松比	渗透系数 /(m/s)
		天然	饱和	天然状态		饱和状态				
				c /kPa	ϕ/ (°)	c /kPa	ϕ/ (°)			
滑体	强风化碎裂岩	21	23	15	20	10	18	150	0.32	6.68×10^{-5}
	中风化碎裂岩	22	24	25	27	10	25	320	0.34	3.13×10^{-4}
滑带	深层滑带	20	22	15	16	10	15	85	0.31	1.72×10^{-7}
	浅层滑带	20	22	15	13	10	13	40	0.3	1.64×10^{-7}
滑床	砂岩、泥岩	27	27.5	700	35	650	33	4000	0.25	1.46×10^{-9}

10.4.4　预测工况

考虑到库水骤升骤降叠加暴雨为最不利情况，暴雨持时及强度选取 1982 年 7 月中旬云阳—奉节发生的特大暴雨（后面简称"82.7 暴雨"，前三天降雨强度 75mm/d，中间停一天，接着又持续三天强度为 30mm/d 的降雨），现选取以下两种预测工况（见表 10.4）。

表 10.4　　　　　　　　　　　预测工况条件下荷载作用情况

预测工况	工况特征	受力情况
骤升＋暴雨工况	水位 145m 升至 175m（变化速率 2m/d）＋暴雨	自重＋地下水压力＋暴雨
骤降＋暴雨工况	水位 175m 降至 145m（变化速率 2m/d）＋暴雨	自重＋地下水压力＋暴雨

　　骤升＋暴雨工况：自重＋145m 骤升至 175m 水位＋暴雨（三峡公司正在研究库水位以 2m/d 的调度方案，故选取库水位由 145m 以 2m/d 的速率骤升至 175m，同时在库水位上升最开始 7 天叠加 82.7 特大暴雨）。

　　骤降＋暴雨工况：自重＋175m 骤降至 145m 水位＋暴雨（库水位由 175m 以 2m/d 的速率骤降至 145m，同时在库水位下降最后 7 天叠加 82.7 特大暴雨）。

10.4.5　东部较严重变形区稳定性预测评价

　　（1）骤升＋暴雨工况下计算结果。

　　图 10.16 给出了库水位由 145m 骤升至 175m 叠加暴雨工况下东部较严重变形区的合位移等值线图，位移最大值主要集中在鹅颈项及后缘部位。

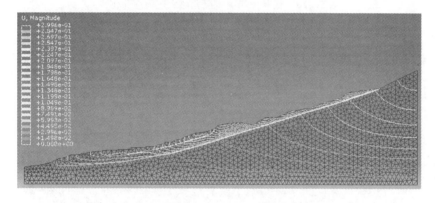

图 10.16　骤升＋暴雨工况合位移等值线图（单位：m）

　　图 10.17 为该预测工况下的剪应力等值线图。

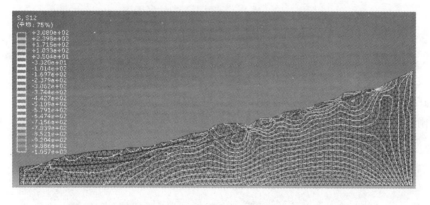

图 10.17　骤升＋暴雨工况剪应力等值线图（单位：kPa）

　　图 10.18 为该工况下（暴雨作用于最后 7d）不同时刻（浸没时刻 $t=0d$、$t=1.5d$、$t=3.5d$、$t=6d$、$t=9d$、$t=15d$）坡内浸润线。从中可以看出，该工况下地下水位线总体上升幅度较大，且在前缘地下水位线弯折现象加剧。

　　图 10.19 给出了该工况下的塑性区分布情况。位于浅层滑带的塑性区非常明显，玉荷路以上的浅层滑带已全部贯通，占整个滑带的 2/3。位于深层滑带的塑性区也比较明显，主要集中在玉荷路至鹅颈项，特别是位于 M09 与 M10 之间的深层滑带塑性区最明显，但

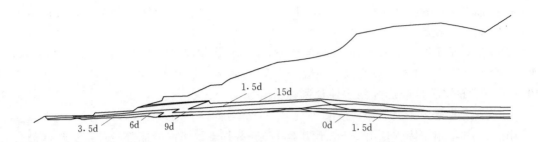

图 10.18　骤升＋暴雨工况孔隙水压力变化图

深层滑带的前缘反翘段塑性区并不明显。

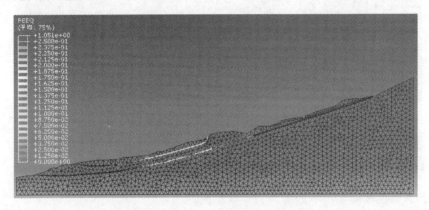

图 10.19　骤升＋暴雨工况塑性区云图

（2）骤降＋暴雨工况下计算结果。

图 10.20 给出了库水位由 175m 骤降至 145m 叠加暴雨工况下东部较严重变形区的合位移等值线图。与库水骤升工况相比较而言，其位移分布特征有很大的差别，位移最大值主要集中在玉荷路以上的浅层滑体，其位移在数值上也远远大于前者。这是由于在库水位骤降及暴雨联合作用下，滑坡体内的地下水位急剧变化，产生了较大的渗透力，增大了下滑力，最终使得藕塘滑坡的浅层滑体发生滑移变形。

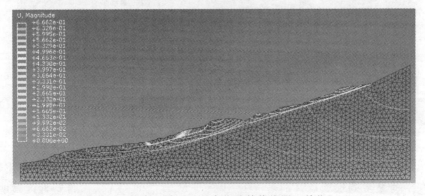

图 10.20　骤降＋暴雨工况合位移等值线图（单位：m）

　　图 10.21 为库水位在 175m 高水位叠加暴雨工况下的剪应力等值线图。从图中可以看出,应力集中区主要集中在平湖路部位、滑坡中后部,这与位移分布规律是相符的。

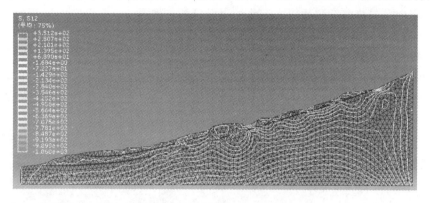

图 10.21　骤降＋暴雨工况剪应力等值线图（单位：kPa）

　　图 10.22 为库水位骤降叠加暴雨工况下（暴雨发生在最后 7d）不同时刻（浸没时刻 t ＝0d、t＝1.7d、t＝5d、t＝8.5d、t＝11.5d、t＝15d）坡内浸润线。从中可以看出,该工况地下水位总体下降幅度较大,说明库水位骤降和暴雨对东部较严重变形区滑体的稳定性影响较大。

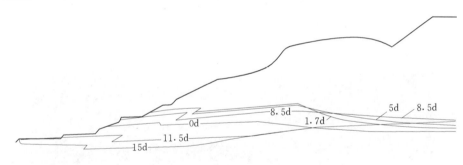

图 10.22　骤降＋暴雨工况孔隙水压力变化图

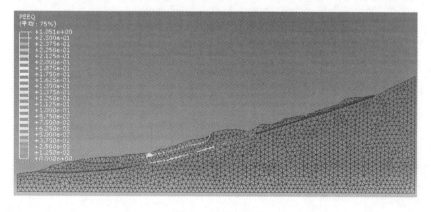

图 10.23　骤降＋暴雨工况塑性区云图

图 10.23 给出了该预测工况下的塑性区分布情况。浅层滑带的塑性区几乎已经完全贯通,分析认为浅层滑坡已经发生滑移破坏;同时深层滑带的塑性区分布范围与前一预测工况相似,集中在玉荷路至鹅颈项,而前缘阻滑段并未贯通。

10.4.6 西部较严重变形区稳定性预测评价

(1) 骤升+暴雨工况下计算结果。

图 10.24 给出了库水位由 145m 骤升至 175m 叠加暴雨工况下西部较严重变形区的合位移等值线图。其位移最大值主要集中在中前部集镇及鹅颈项部位,集镇部位的位移值有所增大。

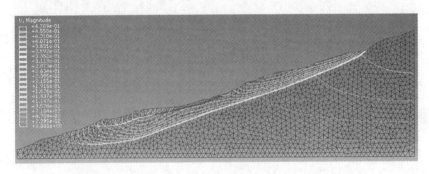

图 10.24 骤升+暴雨工况合位移等值线图(单位:m)

图 10.25 为该预测工况下的剪应力等值线图。从图中可以看出,应力集中区主要集中在治理区及滑坡后缘部位。

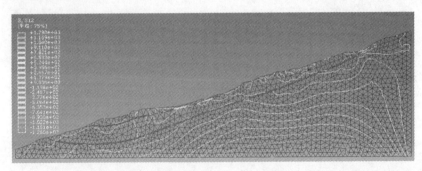

图 10.25 骤升+暴雨工况剪应力等值线图(单位:kPa)

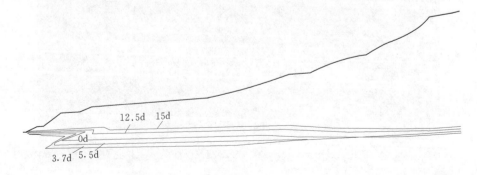

图 10.26 骤升+暴雨工况孔隙水压力变化图

图 10.26 为该预测工况下不同时刻（浸没时刻 $t=0d$、$t=3.7d$、$t=5.5d$、$t=12.5d$、$t=15d$）坡内浸润线。从中可以看出，该工况地下水曲线变化总体来看，地下水位线上升幅度较大，主要集中在滑体的中前部。

图 10.27 给出了该工况下的塑性区分布情况。滑坡西部浅层滑带的塑性区并不明显，主要分布治理区以下的区域；而深层滑带的塑性区主要集中在玉荷路至鹅颈项，并逐渐向滑坡中后部及后缘延伸，但前缘反翘阻滑段的塑性区并不明显。

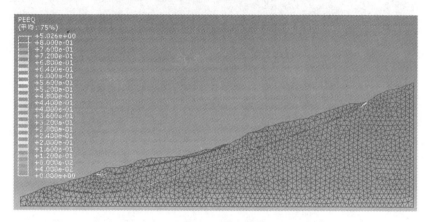

图 10.27　骤升＋暴雨工况塑性区云图

（2）骤降＋暴雨工况下计算结果。

图 10.28 给出了库水位由 175m 骤降至 145m 叠加暴雨工况下西部较严重变形区的合位移等值线图。其位移分布特征同样与骤升工况相差不大，位移最大值主要集中在西侧人民广场和鹅颈项以上部位，其位移在数值上略大于前者。

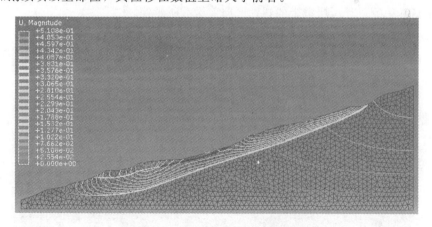

图 10.28　骤降＋暴雨工况合位移等值线图（单位：m）

图 10.29 为该预测工况下的剪应力等值线图。从图中可以看出，应力集中区主要集中在前缘庙包、滑坡中前部集镇区以及鹅颈项部位，这与位移分布规律是相符的。

图 10.30 为该工况下（暴雨发生在前 7d）不同时刻（浸没时刻 $t=0d$、$t=0.8d$、$t=1.5d$、$t=7.8d$、$t=8.7d$、$t=12d$、$t=15d$）坡内浸润线。从中可以看出，该工况地下水

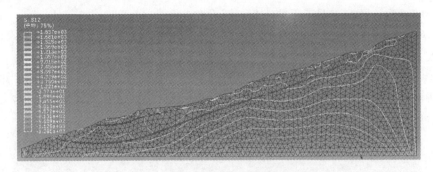

图 10.29　骤降＋暴雨工况剪应力等值线图（单位：kPa）

曲线变化总体来看下降幅度较大，且主要集中在滑坡中前部。

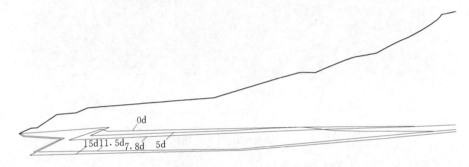

图 10.30　骤降＋暴雨工况孔隙水压力变化图

图 10.31 给出了库水位骤降叠加暴雨工况下的塑性区分布情况。与前一预测工况的塑性区分布基本一致，且深层滑带的塑性区向前缘有所延伸。

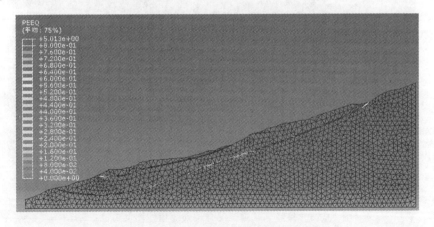

图 10.31　骤降＋暴雨工况塑性区云图

10.4.7　滑坡中部滑体稳定性预测评价

（1）骤升＋暴雨工况下计算结果。

图 10.32 给出了库水位由 145m 骤升至 175m 叠加暴雨工况下滑坡中部滑体的合位移

等值线图。其位移在庙包和鹅颈项部位同时达到最大值。随着库水位上升，地下水对前缘滑体的浮托力增加，导致阻滑力减小，致使其顺坡向位移增加。

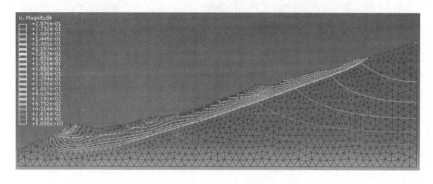

图 10.32　骤升＋暴雨工况合位移等值线图（单位：m）

图 10.33 为该预测工况下的剪应力等值线图。

图 10.33　骤升＋暴雨工况剪应力等值线图（单位：kPa）

图 10.34 为该预测工况下不同时刻（浸没时刻 $t=0d$、$t=2.2d$、$t=4.2d$、$t=12d$、$t=15d$）坡内浸润线。从中可以看出，地下水曲线在库水位上升和暴雨作用下总体具较大上升幅度，且在滑坡前缘处存在非常明显的折曲现象。

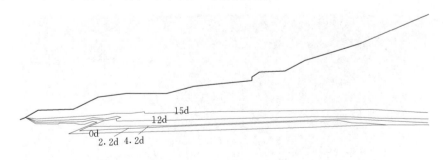

图 10.34　骤升＋暴雨工况孔隙水压力变化图

图 10.35 给出该预测工况下的塑性区分布情况。滑坡中部浅层滑带的塑性区主要集中在集镇至庙包区，且庙包部位较为明显，而治理区的塑性应变并不明显；深层滑带的塑性区非常明显，主要集中在集镇至鹅颈项区域内，而前缘庙包的反翘阻滑段并未贯通，塑性

区在该部位并不明显。

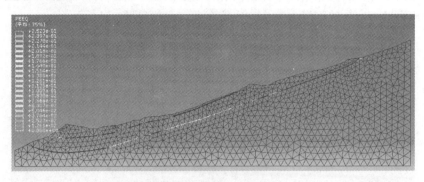

图 10.35 骤升＋暴雨工况塑性区云图

（2）骤降＋暴雨工况下计算结果。

图 10.36 给出了库水位由 175m 骤降至 145m 叠加暴雨工况下滑坡中部滑体的合位移等值线图。其位移分布特征与骤升＋暴雨工况下极为相似，庙包和鹅颈项部位同时达到最大值，其位移在数值上也大于前者，最大值约为 0.31m。这是由于受暴雨及库水位骤降的双重影响下，导致地下水位急剧发生变化，滑坡体内产生较大的动水压力，增大下滑力，引起滑坡变形。

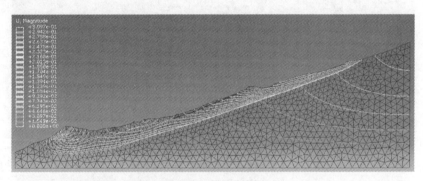

图 10.36 骤降＋暴雨工况合位移等值线图（单位：m）

图 10.37 骤降＋暴雨工况剪应力等值线图（单位：kPa）

图 10.37 为该预测工况下的剪应力等值线图。从图中可以看出，应力集中区主要集中在前缘庙包、滑坡中前部集镇区以及鹅颈项部位，这与位移分布规律是相符的。

图 10.38 为该预测工况下不同时刻（浸没时刻 $t=0$d、$t=1.5$d、$t=2.5$d、$t=8$d、$t=12$d、$t=15$d）坡内浸润线。总体来看，该工况地下水位下降幅度较大，主要集中在滑坡中前部。

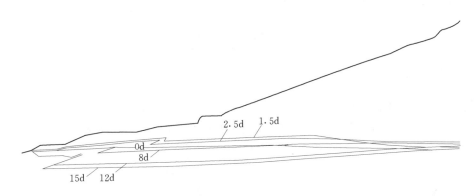

图 10.38　骤降＋暴雨工况孔隙水压力变化图

图 10.39 给出了该预测工况下的塑性区分布情况。与前一预测工况相比，深层、浅层滑带的塑性区分布基本一致，但塑性应变在数值上远大于前者。同时不难看出塑性区几乎已经贯通集镇至庙包区的浅层滑带；深层滑带的塑性应变急剧增大，接近 70% 的深层滑带已被贯通，但前缘反翘阻滑段仍未贯通。

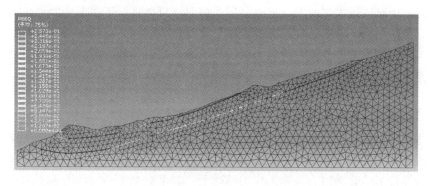

图 10.39　骤降＋暴雨工况塑性区云图

10.4.8　滑坡稳定性综合预测评价

藕塘滑坡现状为整体处于潜在不稳定状态，前期抗滑桩对部分浅层滑体（西部前缘抗滑桩以上滑体、集镇区）变形起到了一定的约束作用，但滑坡变形仍在持续发展，特别是雨季暴雨时节，深部滑体蠕变变形也在持续进行。结合地质分析及数值模拟预测认为：藕塘滑坡深层滑体由于深层滑带在前缘反翘的阻滑作用发生大规模乃至整体顺层滑移破坏的可能性不大；藕塘滑坡东部浅层滑体在库水位骤降叠加暴雨作用下可能会发生滑移破坏，而中部、西部浅层滑体由于受前期抗滑桩的阻滑作用不会发生整体滑移破坏，但不排除局部可能会发生滑移破坏。

第 11 章　三峡库区凉水井滑坡库水响应特征及预测评价

11.1　引言

三峡库区云阳县凉水井滑坡是特大顺层岩质滑坡的又一典型例子。

2008 年 11 月至 2009 年 5 月，三峡库区云阳县凉水井滑坡受三峡水库 172m 试验性蓄水影响，变形严重。2008 年 11 月 22 日，滑坡开始变形，滑坡上居民房屋出现裂缝；2009 年 3—4 月，滑坡以每天 1cm 的速度变形，滑坡周缘出现贯通性拉裂缝，宽 10～25cm，后缘下错 45～60cm，滑体局部平面位移 45cm，滑坡中部出现横向拉裂缝，滑坡前缘出现塌岸现象。2009 年 5 月水库水位回落至 156m 后，滑坡变形趋于平缓，2010 年 10 月水库正式蓄水至 175m 至 2012 年 6 月，该滑坡未出现明显的进一步变形迹象。

滑坡变形威胁滑坡体上居民生命安全，并威胁长江航运。2008 年 11 月，滑坡体上 11 户居民 55 人撤离滑坡区。2009 年 4 月，政府有关部门发出了凉水井滑坡的黄色预警信号。

滑坡发生变形后近 4 年时间，有关科研单位对该滑坡进行了深入的勘察研究和连续的综合信息监测，得到了滑坡的变形破坏机理以及变形破坏趋势的初步结论。初步勘查分析认为，凉水井滑坡为一古滑坡，滑面为第四系滑坡堆积层与基岩接触面，滑带物质为含角砾粉质黏土和砂土，滑坡平面面积 11.82 万 m^2，滑体平均厚度约 34.5m，总体积约 407.79 万 m^3。

国内一些学者和工程师对于凉水井滑坡的变形机理和稳定性进行了有益的研究和探索。由于勘查工作缺乏平洞和竖井等重型勘查手段，使得该滑坡的地质模型还存在模糊之处，滑坡变形破坏机理还不十分清楚，这将影响滑坡的预测预报和预警工作。

在现场调查和已有勘察、监测工作的基础上，本章对凉水井滑坡的地质力学模型进行了研究和探讨，对滑坡影响因素及滑坡机理进行了分析，并预测了滑坡破坏模式。

11.2　滑坡区地质概况

滑坡区位于长江右岸斜坡，属构造剥蚀丘陵地貌和河流阶地地貌。滑坡区内陆地部分主要为构造剥蚀丘陵地貌，地势起伏，南高北低，东西部较平缓，区内中部及后部地形较陡，后部可见圈椅状陡崖，自然坡度 30°～35°，前部较缓，从地形地貌看，滑坡前缘地形较缓，后部地形较陡（见图 11.1）。

根据工程地质测绘以及勘查钻探揭露，滑坡区内地层主要为第四系残坡积含角砾粉质

图 11.1　凉水井滑坡全貌

黏土（Q_4^{el+dl}）、第四系崩坡积含碎石、块石粉质黏土（Q_4^{col+dl}）、滑坡堆积体（Q_4^{col}）、冲洪积砂土（Q_4^{al+pl}）和侏罗系中统沙溪庙组泥岩、砂岩互层（J_2S），基岩中未见明显层间剪切错动带等软弱夹层。

根据 1∶20 万重庆市构造纲要图，滑坡区位于故陵向斜南翼，经调查和收集资料未发现断层及破碎带。滑坡区属重庆至长江三峡弱震地区，地震加速度为 0.05g。据滑坡现场调查，岸坡岩体中仅见长约 2m 充填方解石的短小缓倾角裂隙，未见长大缓倾角裂隙或断层。

滑坡区内发育 2 条冲沟，由于区内地形坡度陡，地表水体径流和排泄条件较好。滑坡表部崩坡积含碎石、块石粉质黏土（Q_4^{col+dl}）为中等—强透水，滑坡堆积体（Q_4^{col}）砂岩块裂岩完整性较好，为弱透水层。大气降水一部分通过地表和冲沟排泄至长江，一部分下渗补给地下水。基岩为砂岩、泥岩互层，泥岩透水性较差，隔水性较好，地下水容易在滑床附近富集，但基岩层面较陡，砂岩中存在大量裂隙、空隙等径流渠道，向下排泄至长江，地下水赋存条件差。在江水位高于地下水位时长江水补给地下水。滑坡区地下水主要类型为松散介质孔隙水和基岩裂隙水。

11.3　滑坡地质模型

2009 年 5 月至 6 月，在凉水井滑坡上进行了详细勘察，主要勘察手段为地面测绘和钻探，由于种种原因，未能进行平洞和竖井勘探。地质勘察基本查清了滑坡的测边界和后缘边界，由于没有进行平洞和竖井勘探，对于滑坡的底边界（滑带）和空间范围还不是很清楚，认识较模糊，于是对于滑坡的地质模型就有了不同的认识和推断，比较典型的地质模型如下述的地质模型一、地质模型二。

11.3.1　地质模型一

（1）滑坡边界。

滑坡后缘边界为滑体土与基岩陡坎的接触带，位于区内南部基岩陡崖下，已发生裂缝；东侧边界位于勘查区东部冲沟以东约 85m 的裂缝外侧；西侧边界位于西部冲沟以西 80m 的裂缝外侧；滑坡前缘位于长江水位下，高程为 100m 左右的位置。凉水井滑坡边界裂缝已全部贯通，延伸至长江，平面形态呈 U 形，裂缝宽度一般为 5～30cm，局部超过 1.0m，下挫高度一般为 10～45cm，局部超过 1.5m。

（2）滑面（带）形态。

滑面（带）为第四系滑坡堆积层与基岩接触面，滑面形态整体后陡前缓，逐渐变缓，后部坡度一般为 35°～45°，前部坡度一般为 8°～15°，穿过了原河漫滩上堆积的砂土层。纵剖面上滑面形态呈折线形，见图 11.2。

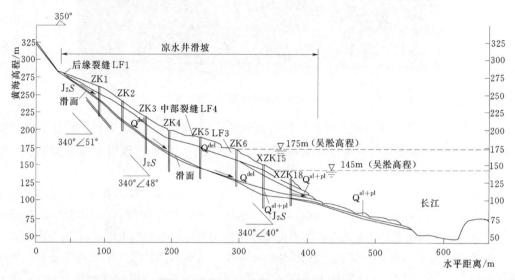

图 11.2　滑坡地质模型—典型剖面图

（3）滑坡规模及滑体厚度空间变化。

凉水井滑坡为覆盖于基岩上部的第四系滑坡堆积（Q_4^{col}）构成，前缘最低高程 100m，后缘最高高程 319.5m，相对高差 221.5m，平面纵向长度 434m，横向宽 358m，面积约 11.82 万 m^2，滑体平均厚度约 34.5m，总体积约 407.79 万 m^3。滑坡整体上中后部较厚，厚度为 44.1m，前缘及后缘较薄，横向厚度变化不大，中部稍厚，前缘、后部及两侧相对较薄，两侧厚度逐渐减小。

（4）滑坡物质组成及结构特征。

滑体：凉水井滑坡的滑体为滑坡堆积（Q_4^{col}），包括含角砾粉质黏土，粉质黏土夹碎块石、砂、泥岩块石和粉细砂。该滑坡堆积体物质组成在垂向上变化较大，物质呈不均匀分布，但滑坡堆积上部以含角砾粉质黏土、碎块石土为主，下部以砂岩、泥岩块石为主。

滑带：陆域部分滑带主要依据探槽、探井及钻孔揭露的滑带土体特征来综合确定。根据探槽、钻孔、探井揭露，凉水井滑坡滑动带位于第四系滑坡堆积层与下伏基岩接触带，由于该滑带土较薄（总厚度 3～5cm，其中黏土层厚度 1～3cm），且由于滑带附近砂岩、泥岩块石较破碎，钻孔中难以发现该夹层，但根据钻孔揭露地层结构和岩芯产状变化等特征，综合确定滑带位置为砂岩、泥岩块石与基岩的接触带。水域部分根据水上钻孔揭露，砂岩、泥岩块石下为粉细砂土，该砂土为原长江河漫滩，砂土下为基岩，砂土为软弱层，因此将其判定为滑带。

滑床：凉水井滑坡滑床为侏罗系中统沙溪庙组（J_2s）互层砂岩和泥岩，岩层产状为

$340°\angle45°\sim51°$，基岩面呈近似靠椅状，滑坡滑床形态与其滑面形态基本一致，后缘较陡，中部和前部逐渐变缓。

11.3.2　对地质模型一的质疑

（1）对于模型一滑带的质疑。①按照地质模型一，岸坡岩体滑移超覆于河床冲积沙层之上约 200m 距离，就是说滑坡至少滑移了 200m，那么，按照 200m 的滑移距离，滑带的厚度至少应该在 30cm 以上（厚者可达 1m），而模型一的滑带厚度仅是在后缘坑槽中发现有 3～5cm 厚的含角砾粉质黏土；②钻孔中未发现滑带，钻孔柱状图中所谓滑面上下的岩芯基本一致，均描述为 15～30cm 的柱状岩芯及碎块（分析认为应是强—弱风化状态的基岩）；③模型一滑带仅滑坡中后部为顺层，中下部为切层，即滑带约 80%部分为切层，而不仅仅是坡脚（前缘）切层，而且凉水井地段并未发现较长大的缓倾角裂隙和裂隙密集带，推测的前缘切层结构面存在的可能性很小，这不符合顺层滑坡的滑带发育规律。所以，分析认为，模型一推测的滑带存在的可能性是很小的或是不成立的。

（2）对模型一的稳定性复核。

选用基于刚体极限平衡法的 GEO-SLOPE 软件，采用模型一的物理力学参数（参照表 11.3），对模型一进行库水位 175m 工况稳定性复核计算。计算结果表明：库水位 175m 工况下滑坡稳定性系数为 0.7～0.8，即在 175m 工况下，凉水井滑坡已失稳，与现实情况不相符。

上述分析表明，地质模型一存在多处疑点，与实际不符。

11.3.3　地质模型二

综合资料研究和现场调查，本书作者提出新的凉水井滑坡地质模型，即滑坡地质模型二，其典型地质剖面图见图 11.3。

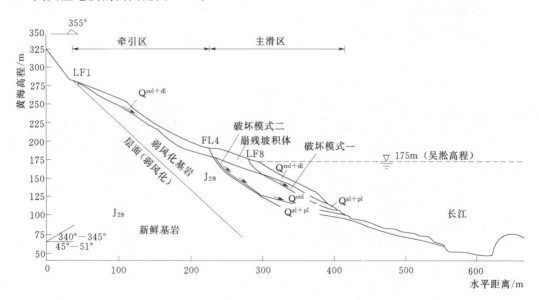

图 11.3　滑坡地质模型二典型剖面图（含变形裂缝及预测破坏模式）

滑坡分为主滑区和牵引区。

1）主滑区：以岸坡中部公路（约200m高程）或中部裂缝LF4为后缘，东西两侧以侧缘裂缝为边界。滑体以深厚老滑坡块石堆积体（或块裂岩）为主。滑坡自上而下，表部为粉质黏土夹块石，厚15~25m，其下为第一层冲积粉细沙层，第一层粉细沙下则为老滑坡块石堆积体（或块裂岩），厚40~50m，块裂岩与河床基岩之上为第二层冲积粉细沙层，此为潜在滑带。滑体总厚达60~70m。主滑区滑坡体积约200万 m³。

滑坡剪出口高程约为100m。

滑带：块裂岩与河床基岩之间的接触带为潜在滑带，见有第二层冲积粉细沙层及角砾土，接触带产出状态起伏不平，似未形成统一平顺的滑带，似乎说明，自堆积以来，块裂岩体并未产生滑移，所以，所谓主滑区滑体实为一古崩滑堆积体。

极限平衡计算分析表明，主滑区滑体在175m库水位下，稳定性系数为1.3，滑体整体是稳定的，与实际情况基本相符。在水库172m初期蓄水库水抬升、浸泡及库岸塌岸作用下，滑坡堆积体产生应力调整，坡体发生蠕动变形及局部位移，滑体整体并未破坏下滑。

2）牵引区：岸坡中部公路（约200m高程）或中部裂缝LF4以上至基岩陡坎为牵引区，后缘边界与模型一的后缘边界一致，滑体为崩坡积的粉质黏土夹块石为主，厚20m左右。牵引区滑坡体积约40万 m³。

牵引区滑体厚度薄、物质粒度较细而区别于主滑体，为主滑体块石堆积之后的崩坡堆积物。主滑体的蠕滑及局部位移牵动牵引区滑体位移继而产生后缘拉裂缝。

经比较研究，作者认为，模型二较为合理。

11.3.4 滑坡形成机制

按照模型二，凉水井滑坡形成过程经历了如下几个阶段（见图11.4）。

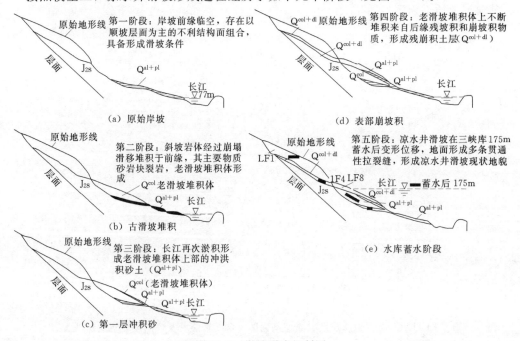

图11.4 滑坡形成机制图

　　第一阶段［图 11.4（a）］，原始岸坡。岸坡前缘临空，存在以顺坡层面为主的不利岸坡稳定结构面组合，具备形成滑坡条件。

　　第二阶段［图 11.4（b）］，古滑坡堆积形成。岸坡斜坡岩体经过崩塌滑移堆积于前缘的河漫滩冲积沙层（第二层冲积沙）之上，其主要物质为砂岩块裂岩，古滑坡堆积体形成。

　　第三阶段［图 11.4（c）］，第一层冲积沙形成。长江再次形成河流冲积物，堆积于古滑坡堆积体之上。

　　第四阶段［图 11.4（d）］，表部崩坡积形成。第一层冲积物之上堆积来自岸坡崩坡积物。此后，河流下切，古崩塌堆积浮出水面，成为岸坡，因其坡缓，人类置田舍于其上。

　　第五阶段［图 11.4（e）］，水库蓄水阶段。在三峡水库 172m 及 175m 蓄水后，古崩滑堆积体在库水抬升、浸泡及库岸塌岸作用下，滑坡堆积体产生应力调整，坡体发生蠕动变形及局部位移，坡体产生裂缝，并牵动后山表部岩土体（牵引区）拉裂。

　　滑坡形成机制与过程如图 11.4 所示。

11.4　滑坡变形特征及变形机理

11.4.1　滑坡变形监测概述

　　2008 年 11 月 22 日至 2009 年 4 月 4 日，滑坡变形监测主要以裂缝人工监测为主。主要监测后（侧）缘裂缝及中部裂缝。2009 年 4 月 5 日以后，全面启动凉水井滑坡高精度全自动立体监测系统，包括 24 个地表水平位移监测点、12 个地表裂缝自动监测点、7 个深部位移监测孔、3 个光纤推力监测孔、3 个地下水位监测孔、1 个雨量观测点。

　　由于种种原因，上述监测方法中，光纤推力监测、地下水位监测、深部位移监测均失败，仅地表位移监测和裂缝监测数据有效可用。

11.4.2　滑坡变形特征

　　2008 年 11 月 22 日至 2012 年 6 月 13 日的地表裂缝（见图 11.5）及位移变形监测成果见表 11.1 及图 11.6。

　　根据变形监测资料，自 2008 年 11 月滑坡启动变形以来，滑坡总体上经历了两大变形阶段：一是启动大变形阶段（2008 年 10 月 18 日至 2008 年 11 月 22 日），二是蠕滑阶段（2008 年 11 月 22 日至 2012 年 6 月 13 日），其中蠕滑阶段由于库水位调度和暴雨作用又经历了若干小变形脉冲时段。分述如下。

表 11.1　　　　　　　　　滑坡变形位移统计分析表

变形阶段	变形时段	日　期	库水运行特征	降雨	地面平均位移速率/(mm/d)	
					主滑坡	牵引区
启动大变形	1.2008 年水库水位初期骤升	2008 年 10 月 18 日至 11 月 5 日	水位由 145m 骤升至 172m，平均速率约为 1m/d（0.4～2.7m/d）		25.78（裂缝监测）	

续表

变形阶段	变形时段	日 期	库水运行特征	降雨量	地面平均位移速率/(mm/d)	
					主滑坡	牵引区
蠕滑阶段	2.2008 年高水位运行	2008 年 11 月 5 日至 12 月 5 日	172m 高水位运行		2.07（裂缝监测）	
		2008 年 12 月 5 日至 2009 年 1 月 31 日	170～169m 水位运行			
	3.2009 年雨季	2009 年 4 月 5 日至 6 月 15 日	下降期 160～145m，0.1～0.8m/d，平均 0.3m/d	暴雨 3d(40～60mm/d)	2.62	2.75
	4.2009 年低水位期	2009 年 6 月 16 日至 9 月 15 日	145m 低水位期	最大：20mm/d	0.61	0.74
	5.2009 年水位骤升	2009 年 9 月 15 日至 10 月 23 日	蓄水水位抬升期 146～170m，0.5～1.8m/d，平均 0.8m/d	最大：30mm/d	0.12	0.14
	6.2009 高水位运行	2009 年 10 月 23 日至 12 月 31 日	171～170m 高水位		1.47	1.53
	7.2010 年高水位缓降	2010 年 1 月 1 日至 6 月 15 日	高水位缓降期 172～145m，0.1～0.5m/d，平均 0.2m/d	最大：20mm/d	0.78	0.76
	8.2010 年低水位	2010 年 6 月 16 日至 8 月 15 日	145 低水位期		0.39	0.53
	9.2010 年水位骤升	2010 年 8 月 15 日至 10 月 31 日	蓄水水位抬升期 146～175m，0.4～1.7m/d，平均 0.7m/d		0.27	0.40
	10.2010 年高水位运行	2010 年 11 月 1 日至 12 月 31 日	175m 水位运行期		0.46	0.50
	11.2011 年高水位缓降期	2011 年 1 月 1 日至 7 月 4 日	高水位缓降期 175～145m，0.2～0.5m/d，平均 0.3m/d		0.51	0.63
	12.2011 年低水位期	2011 年 7 月 5 日至 9 月 4 日	低水位期 145m		0.24	0.50
	13.2011 年水位骤升	2011 年 9 月 5 日至 10 月 25 日	蓄水水位抬升期 151～174m，一般 0.4～0.6m/d，最大 2.5m/d		0.31	0.49
	14.2011 年高水位运行	2011 年 10 月 26 日至 2012 年 1 月 31 日	175m 高水位运行期		0.62	0.69

续表

变形阶段	变形时段	日　期	库水运行特征	降雨	地面平均位移速率/(mm/d)	
					主滑坡	牵引区
蠕滑阶段	15.2012 年雨季～暴雨	2012 年 2 月 1 日至 6 月 13 日	高水位缓降期 172～163m（2 月 1 日至 5 月 3 日），0.2～0.3m/d（5 月 4 日至 6 月 13 日），0.4～0.8m/d	5 月 30 日至 6 月 1 日暴雨雨量 160mm	1.11	1.19

（a）后缘左侧拉裂缝（LF1）

（b）前缘中部横向裂缝（LF4）

图 11.5　滑坡变形现象（2008 年 11 月）

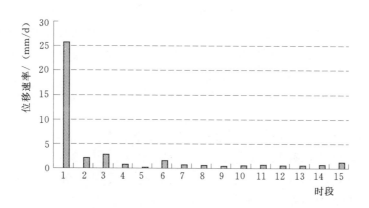

图 11.6　滑坡位移速率与时段关系

（1）启动大变形阶段（时段 1）。

2008 年 10 月 18 至 11 月 5 日，三峡水库开始 172m 试验性蓄水，库水位由 145m 骤升至 172m，上升速度为 0.4～2.7m/d，平均速率约为 1m/d。

2008 年 11 月 22 日在 172m 高水位运行将近半个月后，滑坡开始变形，变形特征主要表现为滑坡中部坡面横向拉裂 LF4（大致沿高程 200m 的简易公路）、后缘地表拉裂缝 LF1、两侧缘剪张裂隙带、前缘房屋拉裂、前缘岸坡出现塌岸；后缘拉裂缝最宽 2.2m，平均宽约 1.2m，两侧剪张裂缝最宽 0.6m，后缘地表拉裂缝与两侧剪张裂隙带已连续贯通；中部拉裂带长 40m，单条裂缝最宽 5cm。

本阶段只有人工裂缝监测手段，由裂缝监测成果推测出滑坡最小平均位移速度 $v=$ 25.78mm/d。本阶段位移速度快，变形大，造成了公路坍塌及房屋的破坏。

（2）蠕滑阶段（包括时段 2～15）。

截至 2010 年 8 月，三峡库水进行了为期 2 年的 172m 试运行蓄水。2010 年 8 月，三峡水库正式进入正常高水位 175m 水位运行。

宏观及微观监测表明，滑坡经历了 2008 年底初期大变形后，至 2012 年 6 月 13 日滑坡地表未见新的明显宏观变形迹象，滑坡一直处于蠕滑状态，在 2009 年库水骤升阶段及 2009 年、2012 年暴雨时段滑坡变形速率略有加快，但滑坡总体仍属蠕滑状态。监测资料表明，蠕滑阶段累计位移达 1166.23mm（至 2012 年 6 月 13 日）；滑坡位移速度在暴雨时段以及第二次骤升和高水位运行时段表现为 1～2mm/d，其他时段均小于 0.8mm/d，一般在 0.2～0.6mm/d；牵引区位移速度略大于主滑区速度。

11.4.3 滑坡影响因素及变形机理分析

（1）库水的浸泡软化和骤升浮托作用启动了滑坡的变形。

2008 年 10 月 18 日至 2008 年 11 月 5 日，三峡水库开始 172m 试验性蓄水，库水位由 145m 骤升至 172m，淹没滑坡阻滑段，上升速度为 0.4～2.7m/d，平均速率约为 1m/d。随之，在库水 172m 高水位浸泡 15d 后，滑坡于 11 月 20 日出现较大变形。

主滑坡实为一古老崩滑块裂岩堆积体，块裂岩完整性较好，透水性较差，库水突然上升近 30m，对滑体产生较大的浮托作用。潜在滑带为冲积粉细沙层与碎屑角砾土组成，在库水的初期浸泡软化作用下，滑带抗剪强度降低。在上述软化和浮托联合作用下，滑坡阻滑段阻滑力减小，但未低于滑动力，只是出现应力调整，主滑坡前部出现剪滑隆起，后部出现拉裂缝，继而牵引上部牵引区拉裂位移。高水位作用产生的库岸坍塌再造也引起滑坡岸坡应力调整。

需要指出的是，自 2008 年 10 月至 2012 年 6 月间，有 4 次库水骤升和高水位浸泡，但只有第一次（2008 年 11 月）骤升和高水位运行启动大变形，第二次（2009 年 9 月至 12 月）的库水骤升和高水位运行只是加快了滑坡蠕滑速度，位移速度由约 0.14mm/d 增至 1.53mm/d，位移增量较大；第三次（2010 年）和第四次（2011 年）的库水骤升和高水位运行均未产生蠕滑速度的明显增加，速度增量为 0.2～0.3mm/d，位移速度均小于 0.8mm/d。这是什么原因呢？分析认为：其一，库水位浸泡软化可能是诱发滑坡的主要原因，而库水升降对滑带的干湿循环软化作用是有限度的，特别是对于以碎屑为主、无黏土矿物的滑带物质，软化作用在两个干湿循环后就逐渐减小甚至不明显了；其二，由于库水骤升时平均上升速度一般为 0.8～1m/d，上升速度并不快，由此产生的浮托力不大。

此外，监测分析表明，由于滑坡表部为中等—强透水崩坡堆积体，且库水为缓降（小于 0.5m/d），所以库水位下降时，滑坡变形速率较平缓。

综合研究表明，在库水位初期蓄水的变形启动阶段，滑坡变形机制为浸泡软化型和浮托减重型的复合型。

（2）降雨是水库运行阶段滑坡的主要影响因素。

监测资料表明，降雨特别是暴雨对滑坡的变形影响较大。

2009 年雨季（2009 年 6 月），连续 3 天日降雨量达 $40\sim60$mm/d，受连续暴雨作用，滑坡位移速度加快，位移量明显增加，主滑坡平均位移速度 $V=2.62$mm/d，牵引区平均位移速度 $V=2.75$mm/d。而 2010 年、2011 年雨季未见连续暴雨，滑坡位移量不大，滑坡平均位移速度约 0.5mm/d。2012 年 6 月，出现暴雨，5 月 30 日至 6 月 1 日三天暴雨，雨量 160mm，致使滑坡蠕变速度加快，主滑坡平均位移速度 $V=1.11$mm/d，牵引区平均位移速度 $V=1.19$mm/d，但滑坡仍未出现新的明显宏观变形迹象。监测发现，每次降雨量超过 10mm 时，量测的大部分自动地表位移速度有较显著增加，但持续时间较短。

从滑坡位移增量与降雨基本同步或略有滞后的关系来看，降雨特别是暴雨主要影响滑坡表部的崩坡积层，加大该层角砾土夹块石的容重，降低其抗剪强度，以及加大滑坡后缘裂缝的静、动水压力。

所以，降雨主要是暴雨对滑坡变形有一定影响，但滑坡启动变形四年来暴雨作用所产生的滑坡位移速度增量依然较小，滑坡变形量仍然为蠕滑量级。

分析表明，在现有的库水升降速率运行条件下，未来对于滑坡的稳定性影响因素，主要是降雨特别是暴雨和久雨，而库水位的升降运行主要影响库岸再造即产生塌岸。

综合研究表明，在库水位运行阶段，滑坡变形机制主要为降雨型。

滑坡的变形破坏是一个复杂的物理、化学及力学过程，其机理十分复杂，往往是多场耦合作用的结果。所以，对于凉水井滑坡的地质力学模型和变形机理的认识还需在实践中逐步完善。

11.4.4　滑坡变形数值模拟

（1）建立数值计算模型。

根据凉水井滑坡的地质条件和地形地貌特征，选取较为典型的凉水井滑坡纵剖面作为计算模型，长 750m，高 330m。根据地质资料，计算域包含滑体、潜在滑带和基岩，采用大型有限元通用软件 ABAQUS 将整个模型剖分了 1664 个三角形单元，共计 3519 个节点，采用孔压/位移耦合 CPE6MP 平面应变单元模拟，二维计算模型与网格见图 11.7。对其进行流固耦合的计算，计算域边界约束条件分为如下两部分。

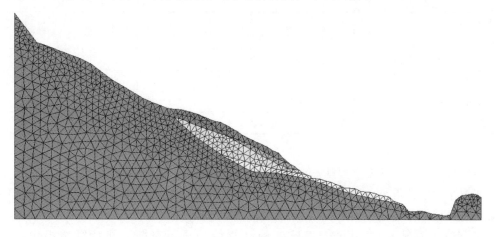

图 11.7　凉水井滑坡计算模型

1) 位移边界条件主要假设底部边界为全约束，前后两侧及左右两侧均采用法向约束，坡体表面为自由边界。

2) 渗流初始边界条件则通过空间分布的计算公式：$10 \times$（Y1～Y）（其中 Y1 为水面线的纵坐标）对所有在水面线以下的块体施加节点孔压来模拟。此外，设置初始孔隙比和饱和度均为 1.0。

根据监测资料显示，凉水井滑坡在 2008 年 175m 试验性蓄水阶段变形启动而且最为剧烈，本节旨在拟合 2008 年蓄水至 2009 年 6 月中旬库水位缓降期这个阶段的变形特征，检验滑坡模型及参数的精确性，为后续的预测评价提供基础条件。在进行库水位对滑坡稳定性数值模拟研究时，考虑的拟合工况及荷载作用情况如表 11.2 所示。

表 11.2 拟合工况条件下荷载条件

工况编号	工 况 特 征	时间/d	受力情况
1	水位 145m	2	自重＋地下水压力
2	水位 145m 升至 155.5m（库水变化速率 1.3m/d）	8	自重＋地下水压力
3	水位 155.5m 升至 172m（库水变化速率 0.9m/d）	12	自重＋地下水压力
4	水位 172m 水位＋降雨（雨强 10mm/d）	18	自重＋地下水压力＋降雨
5	水位 172m 水位下滑坡前缘塌岸	30	自重＋地下水压力
6	水位 172m 缓降至 145m（库水变化速率 0.15m/d）	180	自重＋地下水压力

根据室内试验、工程勘察资料及智能位移反演法，获得凉水井滑坡有限元分析计算岩土物理力学参数如表 11.3 所示。

表 11.3 凉水井滑坡有限元计算物理力学参数取值范围表

部位	容重 γ /(kN/m³)		峰值抗剪强度指标				弹模或变形模量 E /MPa		泊松比 μ	渗透系数 k /(m/s)
	饱和状态	天然状态	饱和状态		天然状态		天然状态	饱和状态	饱和状态	
			c_0/kPa	ϕ_0/(°)	c_0/kPa	ϕ_0/(°)				
粉质黏土夹块石	23	22.4	11.5	19.5	15	26	40	32	0.3	1.64×10^{-6}
上层砂土	20.5	20	26.4	22.5	28	25	50	40	0.3	2.6×10^{-5}
砂泥岩块石	23.5	22.4	200	36	150	30	80	65	0.25	1.64×10^{-5}
下层砂土	20.5	20	10.5	16.5	15	20	50	40	0.3	2.6×10^{-6}
基岩	25.5	25	1350	43	2100	45	2.6×10^4	2.5×10^4	0.26	5.8×10^{-8}

（2）计算结果分析。

根据以上所建立的力学模型，通过参数选择、初始边界条件以及荷载条件设置等来对不同工况下凉水井滑坡的渗流场、位移场、应力场及塑性区进行模拟，并得到相应的结果，其中等值线图通过将 ABAQUS 计算结果导入到后处理软件 tecpot360 中获得，现重点对工况 1、工况 4、工况 5、工况 6 的计算结果进行分析。在计算结果中，由于

ABAQUS 中规定以受拉为正，与土力学规定的方向相反，故 ABAQUS 中的最小主应力对应于岩土工程中的最大主应力。

1）位移场。图 11.8（a）、图 11.9（a）、图 11.10（a）分别给出了库水位在 145m 水位状态下，滑坡模型的合位移等值线云图、水平方向位移云图、竖直方向位移云图。可以看出，由于自重荷载和孔隙水压力作用下，滑体在水平、竖直方向均产生位移，其中最大位移发生在滑体的中上部及前缘，合位移和沉降位移的最大值均位于滑体中上部，约为 0.45m，而水平位移最大值出现在滑体前缘，约为 0.22m；滑坡后缘也存在变形，但不是很明显，合位移约为 0.1m，沉降位移约为 0.1m。总的说来，滑坡有向临空面滑动变形的趋势。

图 11.8（b）、图 11.9（b）、图 11.10（b）分别给出了水库蓄水至 172m 水位且叠加降雨（小雨）工况的位移结果。其变形特征以及分布规律和 145m 水位状况下基本一致，相比较而言，其位移在数值上远远大于前者，其中合位移的最大值为 1m，一般值约为 0.6m，水平位移最大值约为 0.8m，沉降位移的最大值发生在滑体的中前部，约为 0.7m；滑坡后缘变形也比较明显，合位移值约为 0.4m。之所以在 172m 水位下滑坡后缘及中前部明显变大，主要是由于首次 172m 高水位试验性蓄水后，滑坡体前部的上、下两层砂土长期淹没于水中，受浮托、软化作用，使得砂土层抗剪强度不断降低，导致滑坡中前部岸坡块裂岩堆积体发生应力调整、蠕滑，产生滑坡中部及前部裂缝，进而拉动后部牵引区岩土体，同时在降雨的推动作用下，后缘也产生明显裂缝。位移场的模拟计算结果与实际是相符的。

图 11.8（c）、图 11.9（c）、图 11.10（c）模拟了凉水井滑坡在 172m 高水位下前缘发生崩塌后的位移结果。与之前结果相对比，崩岸后位移的最大值上移至滑坡的中部，合位移的最大值剧增至 3m，该部位再次发生崩岸的可能性较大；同时第二大值出现在滑坡前部，该部位合位移的值约为 1m。这种位移分布规律很好地拟合了 LF4、LF8 两条裂缝的发展演变过程，在库水位及降雨同时作用下，首先裂缝 LF8 发展形成，在加之河流长期冲刷侵蚀库岸坡脚，使得滑坡前缘发生崩岸坍塌，应力重新调整，滑坡中部发生应力集中，再加之下层砂土层在库水作用下抗剪强度显著下降产生蠕滑，最终形成裂缝 LF4。

图 11.8（d）、图 11.9（d）、图 11.10（d）给出了该滑坡在 172m 缓降至 145m 水位工况下的位移结果。其合位移、X 方向位移及沉降量的最大值分别为 4.2m、3.6m 及 2m，均大于之前各工况下的位移变形值，这与"监测数据显示 2009 年降水期滑坡变形速率最大"是完全相符的。分析其原因应为 2008 年底本滑坡于高水位阶段启动变形后，滑坡应力处于一直释放中，直至水位降至 145m 附近 10 日后变形才减速后趋于稳定，滑坡变形存在一定滞后现象。

2）应力场。图 11.11（a）为库水位位于 145m 水位状态下滑坡模型的最大主应力云图。从图中可以看出，主要表现为压应力，仅在滑体最表层存在拉应力，最大拉应力为 0.004MPa，说明在 145m 低水位下滑体浅部块体处存在拉应力，但作用不是很明显。而在工况四、工况五、工况六下［图 11.11（b）、图 11.11（c）、图 11.11（d）］，其拉应力值发生明显变化，滑体表面最大拉应力值依次为 0.0096MPa、0.0369MPa、0.103MPa，

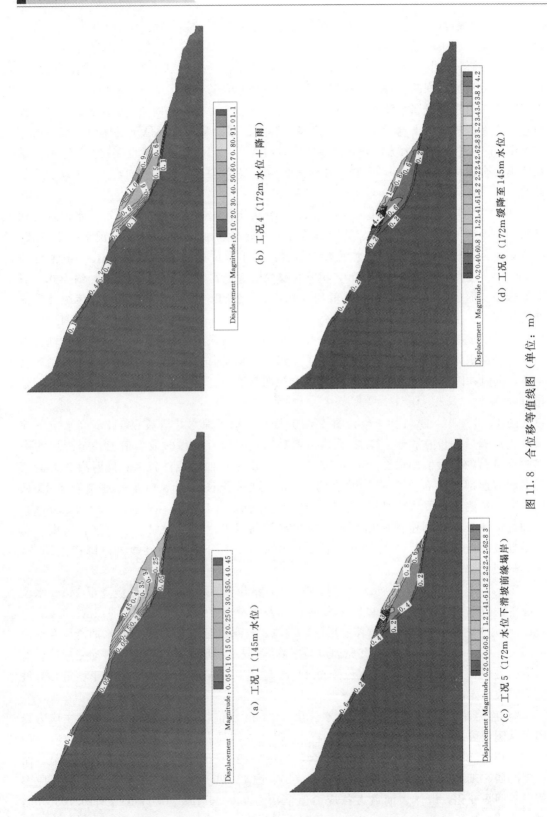

Displacement Magnitude: 0. 05 0. 10. 15 0. 20. 25 0. 30. 35 0. 4 0. 45

(a) 工况 1 (145m 水位)

Displacement Magnitude: 0. 10. 20. 30. 40. 50. 60. 70. 80. 91-01. 1

(b) 工况 4 (172m 水位＋降雨)

Displacement Magnitude: 0. 20. 40. 60-0. 8 1 1. 21. 41-61. 8 2 2. 22. 42. 62. 8 3

(c) 工况 5 (172m 水位下滑坡前缘塌岸)

Displacement Magnitude: 0. 20. 40. 60-0. 8 1 1. 21. 41-61. 8 2 2. 22. 42. 62. 83 3. 23. 43. 63. 8 4 4. 2

(d) 工况 6 (172m 缓降至 145m 水位)

图 11. 8 合位移等值线图（单位：m）

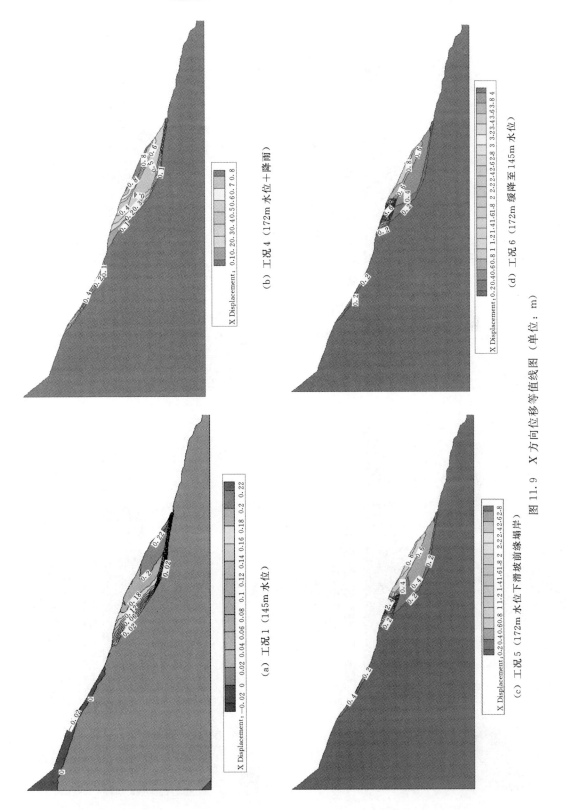

(a) 工况 1 （145m 水位）

(b) 工况 4 （172m 水位＋降雨）

(c) 工况 5 （172m 水位下滑坡前缘塌岸）

(d) 工况 6 （172m 缓降至 145m 水位）

图 11.9　X 方向位移等值线图（单位：m）

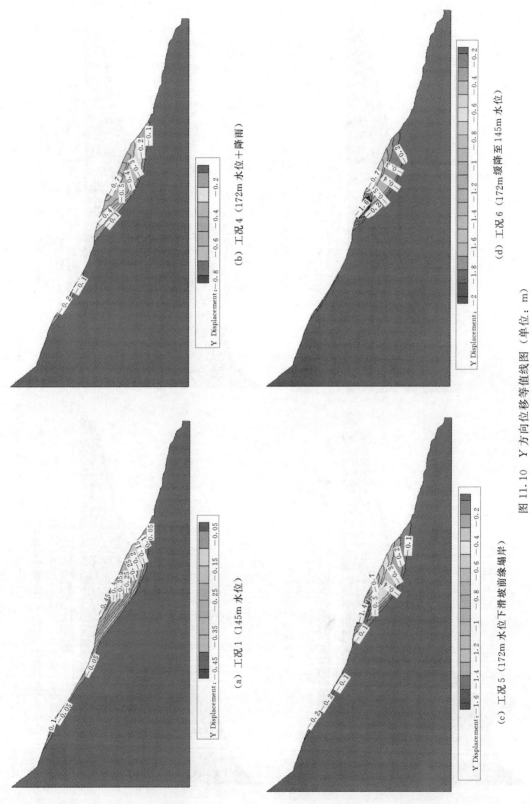

(a) 工况1（145m 水位）

(b) 工况4（172m 水位＋降雨）

(c) 工况5（172m 水位下滑坡前缘塌岸）

(d) 工况6（172m 缓降至 145m 水位）

图 11.10　Y 方向位移等值线图（单位：m）

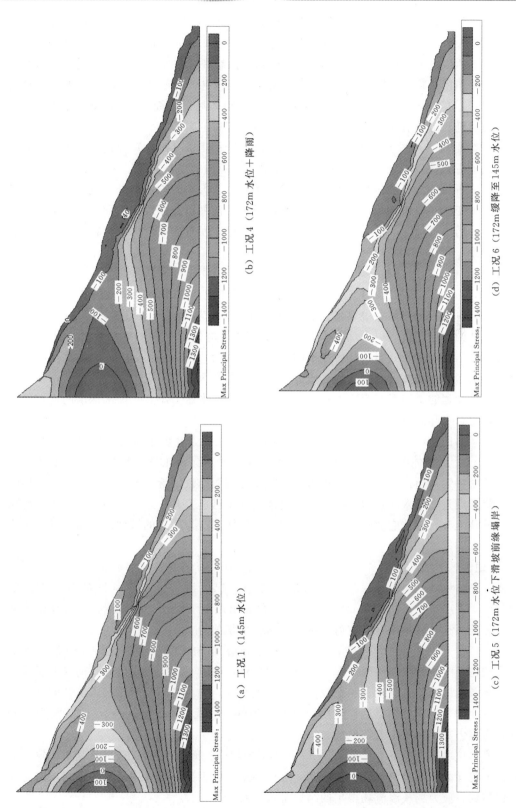

(a) 工况 1（145m 水位）

(b) 工况 4（172m 水位＋降雨）

(c) 工况 5（172m 水位下滑坡前缘塌岸）

(d) 工况 6（172m 缓降至 145m 水位）

图 11.11　最大主应力等值线图

呈依次增大趋势，其中在 172m 缓降至 145m 水位工况下拉应力最大，这与位移等值线图的发展趋势一致，并说明滑体浅部块体处在后三个工况下出现了较明显的拉裂缝和错动变形。分析其原因主要是由于水库蓄水至 172m 后，前缘裂缝主要为滑坡前缘受塌岸以及滑带前缘软化作用影响下前缘滑体拉裂形成。这与"至 2009 年 4 月 4 日，滑坡周缘出现贯通性拉裂缝，宽 10~25cm，后缘下挫 45~60cm，滑体局部平面位移 45cm，滑坡中部出现横向拉裂缝，滑坡前缘出现塌岸现象"的事实是相符的。

图 11.12（a）~图 11.12（d）和图 11.13（a）~图 11.13（d）分别给出了以上四种主要工况下滑坡模型的最小主应力等值线云图和剪应力等值线云图。不难看出在基岩与砂、泥岩块石层的分界线存在应力集中，最小主应力及剪应力均在该处发生突变，说明该处最易发生变形和剪切破坏，往往产生与坡面或坡底面平行的压致拉裂面，这些部位往往最先屈服，形成塑性区。同时在剪应力等值线云图中，发现后缘滑体也存在较为明显的应力集中现象。

3）渗流场。

图 11.14（a）~图 11.14（d）给出了以上四种工况条件下滑坡模型的孔隙水压力等值线云图，可以看出在模型中部出现明显的分隔带，即为浸润线（孔压为零的线），浸润线以上区域为非饱和区，以下为饱和区，这就意味滑坡体内存在着饱和渗流与非饱和渗流。孔隙水压力呈层状分布，与所给出的条件是符合的，因为 ABAQUS 中假设孔压（包括吸力）随深度是线性分布的。在孔压云图中，非饱和区内基质吸力呈线性分布，且随着滑坡体后缘高程的增加而逐渐增大；饱和区域内，孔隙水压力压着孔隙水深度的增加而逐渐增大，符合实际规律。

需要指出的是，在库水位位于 172m 叠加降雨的工况下孔隙水压力等值线云图中［见图 11.14（b）］，坡体内的非饱和区明显减少，与其他工况相比，浸润线并非呈单纯向坡内下凹的抛物线，而是呈上、下段近水平中间段与坡面一致的近三段折线形式，不难推断出大气降雨通过坡面入渗在短时间使得坡内地下水位迅速上升，几乎充满整个坡体，孔隙水压力显著上升，有效应力减小，特别是中后部滑体，这与后述的塑性区分布及发展规律是基本一致的。

4）塑性区。

图 11.15（a）~图 11.15（d）给出了各个工况下滑坡体内塑性区的分布图。由 11.15（a）可以看出，在 145m 水位下塑性区最先出现在下层砂土层区域，也就是说该区域最先屈服，这与砂土层自身抗剪强度较低是密切相关的。

图 11.15（b）给出了库水位蓄水至 172m 水位叠加降雨工况下的塑性区分布图。同上一工况相比，滑坡体内塑性区分布发生很大的变化，除了下层砂土层以外，前缘上层砂土层及后缘牵引区滑体也出现了相对较为显著的塑性区，这与实际变形是基本吻合的。

前缘库岸发生部分塌岸后，陡坎处见明显塑性区［见图 11.15（c）］，这是因为该处较陡，易应力集中，发生剪切破坏。

在库水位缓降工况下［见图 11.15（d）］，塑性区分布与工况 4、工况 5 基本一致，但在数值上明显大于以上两个工况。因此，可以判定在该工况下滑坡变形最为剧烈，这与前面的位移场、应力场及渗流场得出的结论基本一致。

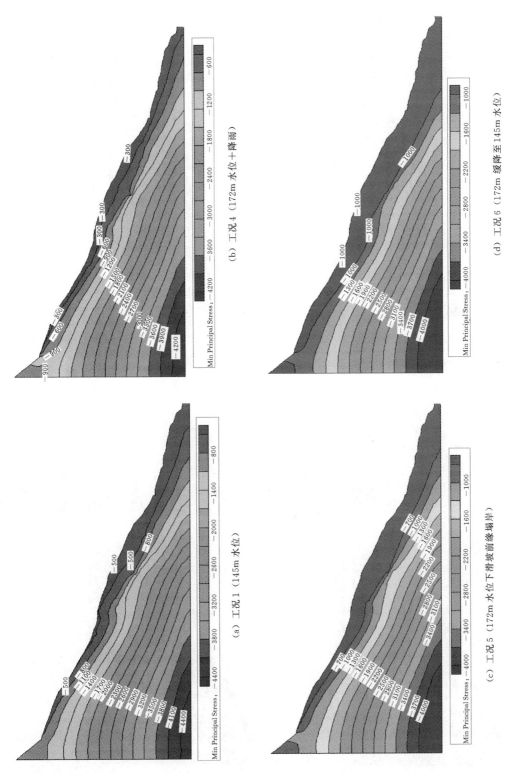

(a) 工况 1 (145m 水位)

(b) 工况 4 (172m 水位＋降雨)

(c) 工况 5 (172m 水位下滑坡前缘塌岸)

(d) 工况 6 (172m 缓降至 145m 水位)

图 11.12　最小主应力等值线图

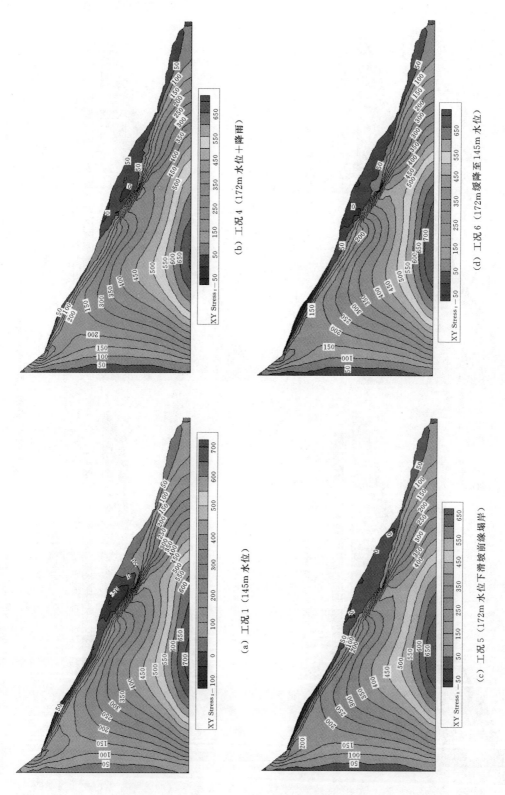

(b) 工况 4（172m 水位+降雨）

(d) 工况 6（172m 缓降至 145m 水位）

(a) 工况 1（145m 水位）

(c) 工况 5（172m 水位下滑坡前缘塌岸）

图 11.13　剪应力等值线图（单位：kPa）

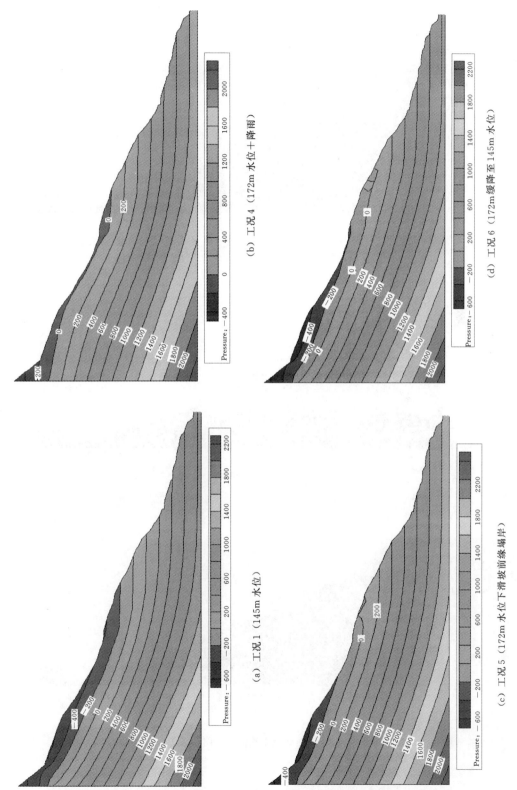

(a) 工况 1 （145m 水位）

(b) 工况 4 （172m 水位＋降雨）

(c) 工况 5 （172m 水位下滑坡前缘塌岸）

(d) 工况 6 （172m 缓降至 145m 水位）

图 11.14　孔隙水压力等值线图（单位：kPa）

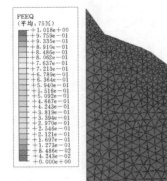
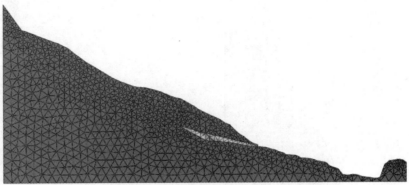

(a) 工况1 (145m水位)

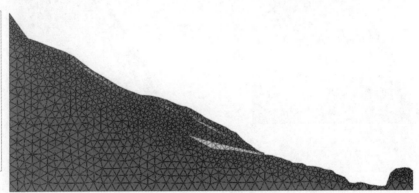

(b) 工况4 (172m水位+降雨)

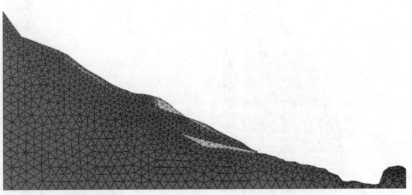

(c) 工况5 (172m水位下滑坡前缘塌岸)

图 11.15 (一)   塑性区分布等值线云图 (单位：kPa)

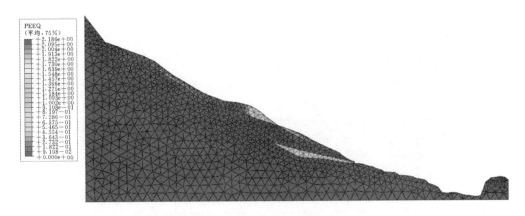

(d) 工况 6（172m 缓降至 145m 水位）

图 11.15（二）　塑性区分布等值线云图（单位：kPa）

11.5　滑坡稳定性预测评价

11.5.1　滑坡稳定性数值预测评价

　　根据三峡水库调度规划，三峡水库坝前水位在 145m—175m—145m 之间来回变动，水位变幅达 30m。基于此，对凉水井滑坡进行库水位骤升、175m 高水位叠加暴雨及库水位骤降三种预测工况（见表 11.4）进行数值模拟分析评价。

表 11.4　　　　　　　　　　预测工况条件下荷载作用情况

工况编号	工 况 特 征	时间/d	受力情况
7	骤升工况：水位 145m 升至 175m（库水上升速率 2m/d）	15	自重＋地下水压力
8	高水位工况：水位 175m 水位＋10 年一遇暴雨（雨强 100mm/d，历时 2 天）	5	自重＋地下水压力＋降雨
9	骤降工况：水位 175m 降至 145m（库水下降速率 2m/d）	15	自重＋地下水压力

　　（1）骤升工况（工况 7）。

　　1）位移场。图 11.16（a）～图 11.16（c）给出了库水位以 2m/d 的速度骤升工况下的位移结果。与拟合工况相比较而言，其位移在数值上远远大于前者，其中合位移的最大值约为 4.2m，而水平位移最大值为 4m，沉降位移的最大值为 2.1m，均发生在滑体中部。随着库水位上升，地下水对前缘滑体的浮托力增加，导致阻滑力减小，致使其顺坡向位移增加。

　　2）应力场。图 11.17（a）～图 11.17（c）为库水位骤升工况下的应力计算结果。从图中可以看出，与拟合工况分布基本一致，最大主应力等值线图主要表现为压应力，仅在滑体最表层存在拉应力，但拉应力区有所扩张，最大拉应力上升至 0.13MPa。说明在该工况下滑体浅部块体处存在拉应力，作用相对较明显。同时在三种应力等值线图中均发现基岩与砂、泥岩块石层的分界区域出现应力集中现象。

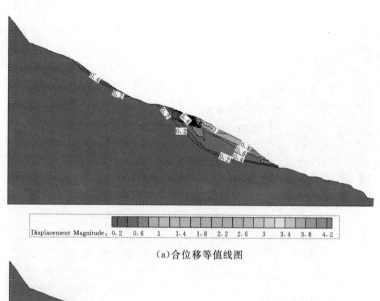

（a）合位移等值线图

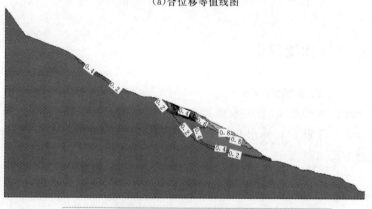

（b）X 方向位移等值线图

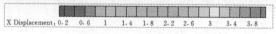

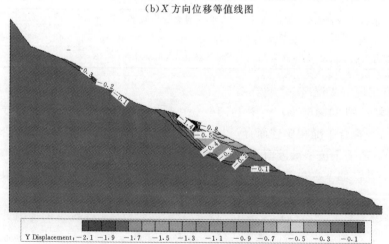

（c）Y 方向位移等值线图

图 11.16　骤升工况位移等值线图（单位：m）

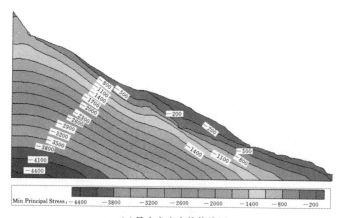

（a）最小主应力等值线图

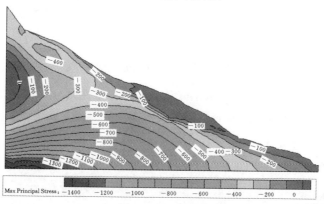

（b）最大主应力位移等值线图

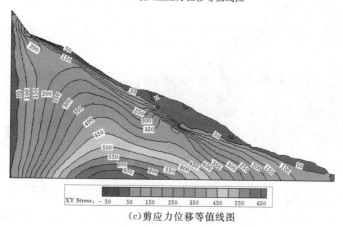

（c）剪应力位移等值线图

图 11.17 骤升工况应力等值线图（单位：kPa）

3）渗流场。图 11.18 为库水位骤升工况下不同时刻（浸没时刻 $t=0$d、$t=4.5$d、$t=7.2$d、$t=9.6$d、$t=15$d）坡内浸润线。从中可以看出，随着库水位的上升，各时刻地下水位线有所变化，主要表现为中前部变幅较大，后部靠近滑坡后缘浸润线基本重合，变化不大。由于滑体渗透系数相对较小，使得浸润线变化滞后于库水位变化，库水有向坡体

"倒灌"的趋势，当水位达到175m时，随着时间的增长，"倒灌"效应逐步减弱，直至消失。

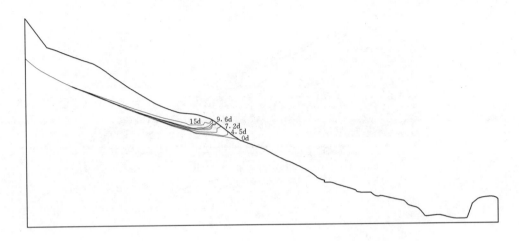

图 11.18　骤升工况孔隙水压力等值线图（单位：kPa）

4）塑性区。图 11.19 给出了库水位骤升工况下的塑性区分布情况。与拟合工况相比较而言，塑性区分布与工况六基本一致，塑性区主要集中在下层砂土层、前缘上层砂土层及后缘牵引区滑体，但在数值上略大于工况六。

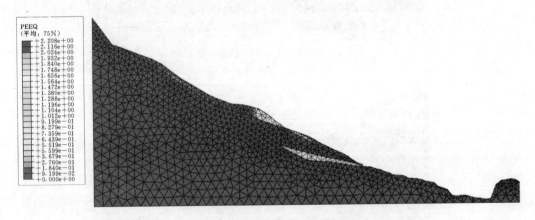

图 11.19　骤升工况塑性区云图

（2）水库 175m 高水位＋暴雨工况（工况 8）。

1）位移场。图 11.20（a）～图 11.20（c）给出了库水位在 175m 高水位叠加暴雨工况下的位移结果。与拟合工况相比较而言，其位移在数值上远远大于前者，与骤升工况在数值上大致相同。与骤升工况唯一区别在于，滑坡中后部薄层表层滑体也出现了较大位移变形，该部位合位移最大值约为 1.2m。这是由于受降雨及库水位在 175m 水位的影响下，导致地下水发生显著上升，甚至充满整个坡体，使得滑坡的稳定性下降及整体发生顺坡向的位移变形。

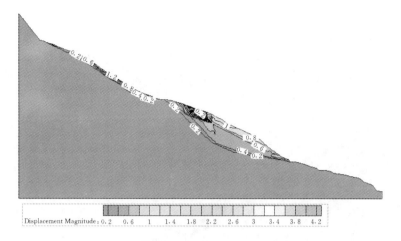

（a）合位移等值线图

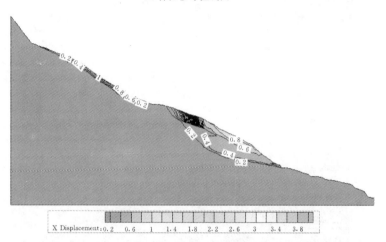

（b）X 方向位移等值线图

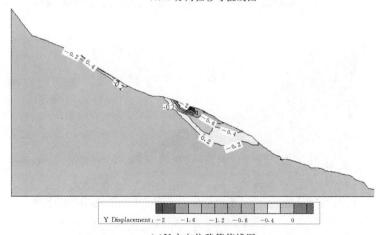

（c）Y 方向位移等值线图

图 11.20   175m 高水位叠加暴雨工况位移等值线图（单位：m）

2）应力场

图 11.21（a）～图 11.21（c）为库水位在 175m 高水位叠加暴雨工况下的应力计算结果。从图中可以看出，与拟合工况分布基本一致，最大主应力等值线图主要表现为压应力，仅在滑体最表层存在拉应力，但拉应力区有所扩张，最大拉应力上升至 0.08MPa，应力集中现象与骤升工况结果相差不大。

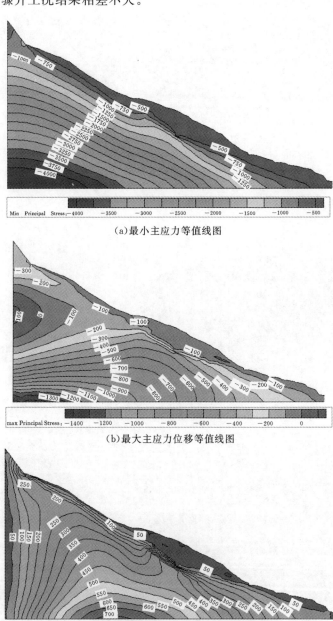

（a）最小主应力等值线图

（b）最大主应力位移等值线图

（c）剪应力位移等值线图

图 11.21　175m 高水位叠加暴雨工况应力等值线图（单位：kPa）

3）渗流场。

图 11.22 为库水位在 175m 叠加暴雨工况下不同时刻（浸没时刻 $t=0$d、$t=2$d、$t=2.3$d、$t=4$d、$t=5$d）坡内浸润线。从中可以看出，由于受暴雨影响滑坡前缘浸润线在 175m 基础上有所上升，但整体变幅不大；坡体中后部地下水位变幅较大，在降雨期（2～4d）浸润线明显上升，至第 4 天地下水几乎充满整个坡体，降雨结束后，地下水位有所下降，但仍然较高。主要是由于时间短暂，还未来得及消散。

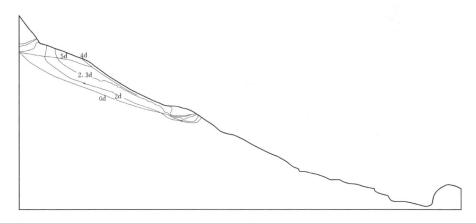

图 11.22　175m 高水位叠加暴雨工况孔隙水压力等值线图（单位：kPa）

4）塑性区。

图 11.23 给出了库水位在 175m 高水位叠加暴雨工况下的塑性区分布情况。与拟合工况相比较而言，塑性区分布与工况 6 基本一致，但在数值上远远大于工况 6，特别是后缘牵引区滑体，塑性区非常明显。由于在降雨及高水位的影响下，地下水位显著上升，前缘及中部滑体在库水浮托力的作用下，滑体有效重度降低，进而降低了滑坡的阻滑力，因此滑坡稳定性显著下降。

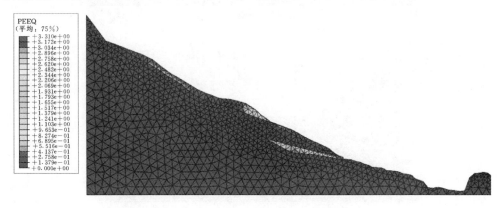

图 11.23　175m 高水位叠加暴雨工况塑性区云图

（3）骤降工况（工况 9）。

1）位移场。图 11.24（a）～图 11.24（c）给出了库水位以 2m/d 的速度骤降工况下的位移结果。与拟合工况相比较而言，其位移在数值上远远大于前者，其中合位移的最大值约为 4.4m，而水平位移最大值为 4.2m，沉降位移的最大值为 2.2m，均发生在滑体中部，在数值上稍大于预测工况 7 和工况 8。同时滑坡中后部牵引区有滑体也出现了较大位移变形，这与工况 8 基本一致。之所以在后缘还存在较大位移变形，主要是由于降雨后地下水还来不及消散，在降雨及库水位骤降的双重影响下，导致地下水对前缘滑体产生较大的动水压力，最终使得后缘滑体受牵引，顺坡向位移明显增加。

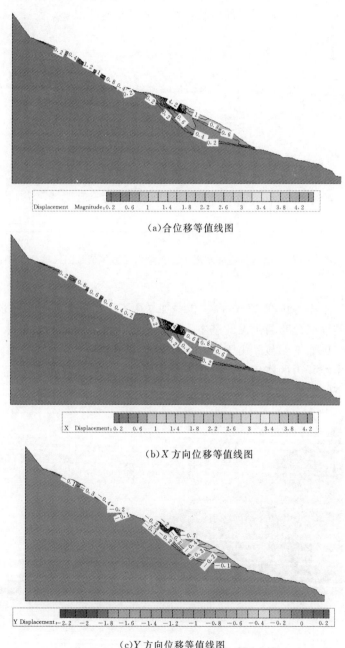

（a）合位移等值线图

（b）X 方向位移等值线图

（c）Y 方向位移等值线图

图 11.24 骤降工况位移等值线图（单位：m）

2）应力场。图 11.25（a）～图 11.25（c）为库水位骤降工况下的应力计算结果。从图中可以看出，与拟合工况分布基本一致，最大主应力等值线图主要表现为压应力，仅在滑体最表层存在拉应力，但拉应力区有所扩张，最大拉应力上升至 0.09MPa，与骤升工况相比，数值有所下降。应力集中现象与骤升工况结果相差不大。

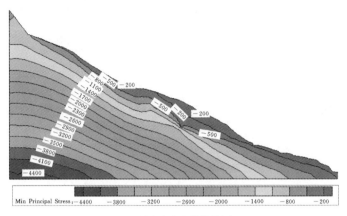

（a）最小主应力等值线图

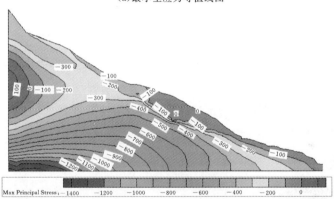

（b）最大主应力位移等值线图

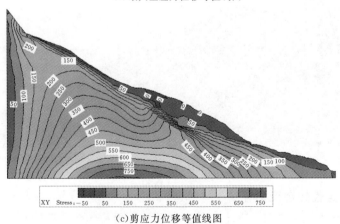

（c）剪应力位移等值线图

图 11.25　骤降工况应力等值线图（单位：kPa）

3）渗流场。图 11.26 为库水位骤降工况下不同时刻（浸没时刻 $t=0$d、$t=5$d、$t=$ 8d、$t=9.7$d、$t=11.5$d、$t=15$d）坡内浸润线。从中可以看出，随着库水位的下降，各时刻的地下水位线变幅较大，初始水位线是工况 8 的延续，不难看出经过 5d 后由于之前暴雨引起的超孔隙水压力基本得以消散，地下水位线趋于正常。同时发现浸润线呈"汤勺状"，前缘呈下凹状。随着时间的增长，直至库水位降至最低水位 145m 这种"下凹"现象逐渐消失，分布区域也逐渐减小。

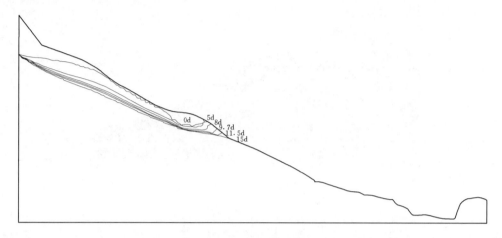

图 11.26　骤降工况孔隙水压力等值线图（单位：kPa）

4）塑性区。图 11.27 给出了库水位骤降工况下的塑性区分布情况。塑性区分布与工况六基本一致，但在数值上远远大于工况 6，其数值与工况 8 基本一致。表明库水位骤降对滑坡的稳定性影响较大。

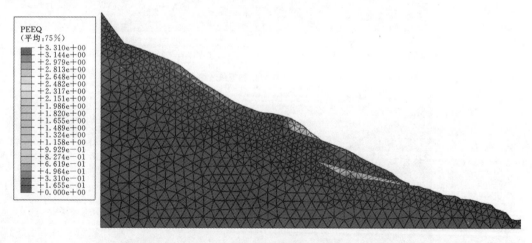

图 11.27　骤降工况塑性区云图

11.5.2　滑坡稳定性综合预测评价

定性和定量分析结果表明，在未来特大暴雨、久雨和库岸再造的共同作用下，按照地质模型二，凉水井滑坡破坏模式可能有模式一、模式二，见图 11.3，即滑坡表部岩土体将首先发生滑塌（破坏模式一），也有发生滑坡整体深层滑动破坏的可能（破坏模式二），其稳定预测评价见表 11.5。

表 11.5　　　　　　　　　　　　凉水井滑坡稳定分析简表

模式	方量/万 m³	变 形 现 状	稳定性预测
一	50	172～175m 高水位上升及暴雨造成塌岸、裂缝、蠕滑、局部大位移；库水缓降对变形影响不大	库水高水位运行及快速升降造成塌岸
二	200	172～175m 高水位上升及暴雨时位移裂缝；库水缓降对变形影响不大。目前整体呈蠕变状态	库水与特大暴雨联合作用整体滑移失稳
牵引区	40	172～175m 高水位上升及暴雨时受主滑体牵引裂缝位移；现状呈蠕变状态	被前缘滑体失稳牵引滑移破坏

1）破坏模式一：以凉水井岸坡裂缝 LF8（约 175m 高程）为后缘，以上部第一层冲洪积砂土为潜在滑带，埋深 15～25m，方量约 50 万 m³。

稳定现状：该堆积体或潜在滑坡由于底部沙层分布产出呈起伏状态，且前缘块石块径相对较大，自堆积以来并未发生显著位移，稳定性较好。2008 年 11 月 172m 蓄水时，库水作用导致岸坡前缘塌岸，后缘拉裂（LF8）；塌岸停止后，坡体经应力调整，又处于相对稳定状态。

稳定性预测评价：在库水不断作用下，坡体将以塌岸及滑塌方式破坏。

2）破坏模式二：以凉水井岸坡中部裂缝 LF4 为后缘，以岸坡底部第二层冲洪积砂土为滑带，滑体以深厚老滑坡块石堆积体（或块裂岩）为主，包含模式一，潜在滑带埋深达 60～70m，方量约 200 万 m³。

稳定现状：该堆积体或潜在滑坡由于底部沙层分布产出呈起伏状态，为曲折面或不连续面，且老滑坡块石堆积体（或块裂岩）相对较完整，因此，自老滑坡堆积体形成以来并未发生显著位移，稳定性较好。2008 年 11 月 172m 蓄水时，库水上升浮托块裂岩，导致岸坡块裂岩堆积体发生应力调整、蠕滑，后缘拉裂（LF4），进而拉动后部牵引区岩土体裂缝位移（LF1）；浮托作用产生的应力调整完成后，岸坡块裂岩堆积体又进入相对稳定或蠕变状态。坡体位移监测资料证实了上述分析结论。

稳定性预测评价：在库水反复上升浮托和暴雨的联合作用下，滑坡块裂岩堆积体可能整体滑移失稳破坏。

11.6　小结

针对凉水井滑坡两个不同的地质模型进行了对比研究，认为地质模型二较为合理，认为凉水井滑坡是一个顺层岩质古崩滑堆积体，目前还未形成统一连续的滑带，滑坡按不同的堆积形成秩序及稳定性相关关系分为主滑坡和后部牵引区。

经过滑坡影响因素及变形机理分析，认为库水对滑坡的作用即库水对滑坡阻滑段的浮托、阻滑段滑带的软化和滑坡前缘表部松散坡体的侵蚀塌岸是启动滑坡变形裂缝的根本原因；在现有的库水升降速率运行条件下，未来对于滑坡的稳定性影响因素，主要是降雨特别是暴雨和久雨，而库水位的升降则主要影响库岸再造即产生塌岸。所以，滑坡变形破坏机理较为复杂，在库水位初期蓄水的变形启动阶段，滑坡变形机制为浸泡软化型和浮托减重型的复合型；在库水位运行阶段，滑坡变形机制主要为降雨型。

滑坡目前处于缓慢的应力调整和应力释放过程中，滑坡变形总体处于蠕变状态。

滑坡的破坏模式及稳定性预测分析结果表明，在未来特大暴雨久雨条件和库岸再造的共同作用下，滑坡表部岩土体将首先发生滑塌（模式一），也有发生整体深层滑动破坏的可能（模式二）。

第 12 章 研 究 结 论 与 展 望

12.1 主要研究结论

（1）千将坪滑坡地质力学模型。

千将坪滑坡以中后部顺层层间剪切错动带及前缘近水平裂隙型断层带联合构成底滑面，以走向 SE 的陡倾角裂隙型断层形成侧向切割边界，以青干河岸坡为临空面构成千将坪滑坡的边界。滑体主要由块裂岩体组成，在滑坡表部局部见有松散堆积块体及原地表崩坡积物。层间剪切错动泥化带，错动面处为碎斑岩局部糜棱岩化，原岩成分为碳质页岩夹灰岩条带或团块。缓倾角近水平裂隙性断层单条延伸长度为 7～15m，连通率为 50％～60％。三峡水库蓄水使得滑坡体前缘抗滑段岩土体在库水浸泡作用下抗剪强度降低并受到库水的浮托作用，造成滑坡抗滑力降低，出现局部拉裂变形。后续的强降雨使得后缘滑带的抗剪强度进一步降低，滑坡抗滑力降低，同时降雨引起后缘缘滑体渗透力增大，增加了中后部滑体对前缘岩桥的推力，并最终剪断岩桥，造成滑坡整体失稳。

（2）千将坪滑坡层间剪切错动泥化带物理力学性质。

干湿循环试验表明，与 CU 试验结果相比较其黏聚力下降 28.7％，内摩擦角下降 18.8％。衡载试验表明，即使不考虑层间剪切错动泥化带干湿循环后的强度参数的降低，在三峡水库水位蓄水、大气降雨等条件下，土体吸湿，伴随着孔隙水压力的上升、基质吸力的降低到一定程度时，同样会使得原本稳定的土体破坏、坡体失稳。现场原位试验表明，滑坡滑动前，黏聚力（6.83～43.7）×10^3Pa，内摩擦角 20.3°～25.9°，滑坡滑动后，黏聚力（3.28～21.33）×10^3Pa，内摩擦角 6.7°～15.2°。土颗粒定向排列造成滑坡岩土体抗剪强度下降幅度较大，黏聚力下降 50％左右，内摩擦角下降 40％。

滑带软化模型试验研究表明，在浸泡 33 天后，滑带土的黏聚力和内摩擦角衰减幅度达到 34.4％和 17.6％，分别占 120 天内衰减幅度的 89.1％和 79.6％。据此可推断滑带的浸水软化是千将坪滑坡在浸泡 1 月后发生失稳滑动的主要原因。

（3）千将坪滑坡饱和—非饱和渗透特性。

三峡水库 135m 蓄水影响的范围主要在 135m 高程附近，高程 142m 以上滑坡地下水位受库水影响不明显。2003 年 6 月 21 日至 7 月 11 日强降雨作用，对滑坡后部地下水位的影响较前沿大，地下水位平均抬升 6～14m。降雨结束后坡体后缘地下水位消落速度较快，但滑坡前沿消落缓慢。当考虑水库蓄水与大气降雨耦合时，耦合情况水位的抬升，超过降雨和库水单独作用时地下水位抬升之和。耦合作用比单独作用地下水位高出 4～6m。

（4）千将坪滑坡变形破坏特征。

采用二维有限元、三维有限元分析方法、三维极限平衡分析方法以及不连续变形分析方法（DDA）等计算方法和物理模型试验对千将坪滑坡的变形破坏特征、稳定性及失稳后的运动特征进行分析。分析结果均表明：千将坪滑坡失稳历程分两个阶段：第一个阶段发生在库水蓄水至接近135m时，该滑坡前沿变形较大、滑坡后部出现裂缝，此时滑坡滑带没有贯通；第二阶段发生135m蓄水后一段时间，即2003年6月底，该滑坡发生第二次整体滑移，此次滑移造成滑带贯通，最终导致滑坡整体失稳。

三维有限元分析还揭示了，水库蓄水至135m高程后，在连续降雨条件下（6月21日至7月11日），滑坡中后部的岩体位移方向为顺坡向向下，同时，在滑坡西侧230m高程附近的位移方向有转向青干河下游的趋势，其转向主要偏向110°~120°。不连续变形分析方法（DDA）揭示了千将坪滑坡启动后，滑体前缘块体水平位移为205m，冲上对岸后爬高为46m，滑坡体后缘块体水平位移为188m，整个滑坡运动历时70 s，最大滑速为13.8m/s。上述分析结果说明，所建立的千将坪滑坡地质力学模型是正确的，所采用的分析计算方法是合理的，分析结果与现场实际是基本一致的。

（5）特大顺层岩质水库滑坡变形破坏机理。

提出了特大顺层岩质水库滑坡以库水浸泡软化滑带及浮托减重为主要机理的变形破坏机理类型。千将坪滑坡地质力学模型研究及岩土物理力学实验、滑坡大型物理模型试验及数值试验结果综合表明，滑带被水浸泡弱化强度降低是滑坡主要的致滑原因，水库蓄水引起的浮托力作用及孔隙水压作用也是滑坡致滑的重要原因。

（6）微地震监测预报预警岩质滑坡的可行性。

提出了微震监测特大顺层岩质滑坡的实验依据。千将坪滑坡物理模型试验记录的微震事件较清晰地反映滑坡变形破裂破坏过程，并揭示滑带破裂贯通总体上具有自滑坡前缘逐步向滑坡中部发展的规律，从试验角度论证了利用微地震监测预报预警岩质滑坡的可行性。

（7）特大顺层岩质水库滑坡预测预报研究。

在千将坪滑坡机理研究成果的基础上，①通过与千将坪滑坡相似的国内外典型的特大型水库型顺层岩质滑坡的比较研究，进一步归纳研究特大顺层岩质水库滑坡的地形地质条件、诱发因素、变形特征的基本规律；②建立了特大顺层岩质水库滑坡的空间预测模型；③总结了特大顺层岩质水库滑坡的临滑变形特征。

（8）以三峡库区藕塘滑坡为研究实例，描述了藕塘滑坡的库水响应特征，分析了滑坡的变形机理，对滑坡的稳定性进行了预测评价。

藕塘滑坡在2008年10月底三峡库区首次172m试验性蓄水以来，坡体局部变形十分明显，东部和西部产生了较为明显的变形，滑坡后部岩体发生明显的顺层位移，受库水位变动及降雨影响滑坡宏观变形迹象一直持续存在。

预测分析认为：藕塘滑坡深层、浅层滑体在库水位骤升骤降叠加暴雨作用下将会进一步变形。总体来看，藕塘滑坡深层滑体由于深层滑带在前缘反翘的阻滑作用，发生顺层滑移破坏的可能性不大；藕塘滑坡东部浅层滑体在库水位骤降叠加暴雨作用下可能会发生滑移破坏，而中部、西部浅层滑体由于受前期抗滑桩的阻滑作用不会发生整体滑移破坏，但不排除局部发生滑移破坏的可能。

（9）以三峡库区凉水井滑坡为研究实例，研究了滑坡的地质模型、库水响应特征、变形机理，并对滑坡稳定性进行了预测评价。

2008 年 11 月至 2009 年 5 月，三峡库区云阳县凉水井滑坡受三峡水库 172m 试验性蓄水影响，变形严重。2009 年 5 月水库水位回落至 156m 后，滑坡变形趋于平缓，2010 年 10 月水库正式蓄水至 175m 以来，该滑坡未出现明显的进一步变形迹象。

针对凉水井滑坡两个不同的地质模型进行了对比研究，认为地质模型二较为合理，认为凉水井滑坡是一个顺层岩质古崩滑堆积体，目前还未形成统一连续的滑带，滑坡按不同的堆积形成秩序及稳定性相关关系分为主滑坡和后部牵引区。

经过滑坡影响因素及变形机理分析，认为库水对滑坡的作用即库水对滑坡阻滑段的浮托、阻滑段滑带的软化和滑坡前缘表部松散坡体的侵蚀塌岸是启动滑坡变形裂缝的根本原因；在现有的库水升降速率运行条件下，未来对于滑坡的稳定性影响因素，主要是降雨特别是暴雨和久雨，而库水位的升降则主要影响库岸再造即产生塌岸。所以，滑坡变形破坏机理较为复杂，在库水位初期蓄水的变形启动阶段，滑坡变形机制为浸泡软化型和浮托减重型的复合型；在库水位运行阶段，滑坡变形机制主要为降雨型。滑坡目前处于缓慢的应力调整和应力释放过程中，滑坡变形总体处于蠕变状态。

滑坡的破坏模式及稳定性预测分析结果表明，在未来特大暴雨久雨条件和库岸再造的共同作用下，滑坡表部岩土体将首先发生滑塌，也有发生整体深层滑动破坏的可能。

12.2 展望

1) 顺层岩质滑坡的启动及高速滑动机理是极其复杂的，本书提出的滑坡机理是在滑坡结构和力学边界高度概化基础上的研究成果，与滑坡真正的启动滑动过程和机理可能存在一定距离；滑坡的物质组成结构特征及力学边界越清楚则滑坡地质力学模型越接近实际，滑坡机理研究成果愈接近真实状态。更多典型滑坡的综合研究，将会丰富和提升本书的研究成果。

2) 滑坡预报判据是世界级难题，本次研究成果只是对滑坡的临滑变形特征及其他临滑破坏信息进行了研究总结，特大顺层岩质滑坡的预报判据还有待进一步研究。

3) 关于滑坡研究方法，无论是物理模型模拟还是数值实验研究，均难以做到真正的水岩耦合实验分析，这对于研究成果的正确性和有效性是有影响的，这是我们面临的需要攻克的前沿课题。

4) 滑坡动态的综合信息分析是研究滑坡机理及预报判据的有效途径。三峡库区庞大和系统的滑坡预报预警平台是滑坡综合信息的来源，该预警平台丰富宝贵的滑坡动态信息资料是滑坡动态研究的坚实基础，在未来的进一步的研究中将发挥极其重要的作用。

参 考 文 献

[1]　刘德富，罗先启，肖诗荣，等．三峡库区千将坪滑坡形成机制研究 [R]．三峡大学，2007．

[2]　文宝萍．千将坪滑坡滑带与滑坡牵引区软弱带发育特征及其变化规律研究 [R]．中国地质大学（北京），2007．

[3]　程谦恭，彭建兵．高速岩质滑坡动力学 [M]．成都：西南交通大学出版社，1999．

[4]　肖诗荣，刘德富，胡志宇．三峡库区千将坪滑坡地质力学模型研究 [J]．岩土力学．2007，28 (7)：1459 - 1464．

[5]　肖诗荣，刘德富，胡志宇．三峡库区千将坪滑坡高速滑动机理 [J]．岩土力学．2010，31 (11)：3531 - 3536．

[6]　肖诗荣，刘德富，胡志宇．世界三大典型水库型顺层岩质滑坡工程地质比较研究 [J]．工程地质学报，2010，18 (1)：52 - 59．

[7]　肖诗荣，刘德富，姜福兴，等．三峡库区千将坪滑坡地质力学模型试验研究 [J]．岩石力学与工程学报，2010，29 (5)：1023 - 1030．

[8]　肖诗荣，卢树盛，管宏飞，等．三峡库区凉水井滑坡地质力学模型研究 [J]．岩土力学，2013，34 (12)：3534 - 3542．

[9]　肖诗荣，胡志宇，卢树盛，等．三峡库区水库复活型滑坡分类 [J]．长江科学院院报，2013，30 (11)：39 - 44．

[10]　郑宏，刘德富．弹塑性矩阵 Dep 的特性和有限元边坡稳定性分析中的极限状态标准 [J]．岩石力学与工程学报，24 (7)：1099 - 1106．

[11]　钟立勋．意大利瓦依昂水库滑坡事件的启示 [J]．中国地质灾害与防治学报，1994，5 (2)：77 - 84．

[12]　张学年，盛祝平．长江三峡库区顺层岸坡研究 [M]．北京：地震出版社，1993．

[13]　张倬元，王兰生，王士天，等．工程地质分析原理 [M]．北京：地质出版社，2008．

[14]　胡广韬．滑坡动力学 [M]．北京：地质出版社，1995．

[15]　徐进，邓荣贵，任光明，等．鸡扒子滑坡的地质力学模拟研究 [J]．地质灾害与环境保护．1990，1 (1)：46 - 54．

[16]　谢守义，徐卫亚．降雨诱发滑坡机制研究 [J]．武汉水利电力大学学报，1999.32 (1)．

[17]　张业明，刘广润．三峡库区千将坪滑坡构造解析及启示 [J]．人民长江，2004.35 (9)．

[18]　廖秋林、李晓．三峡库区千将坪滑坡的发生、地质地貌特征、成因及滑坡判据研究 [J]．岩石力学与工程学报，2005．

[19]　李守定，李晓，刘艳辉，等．千将坪滑坡滑带地质演化过程研究 [J]．水文地质工程地质，2008，(2)：18 - 23．

[20]　文宝萍，申健，谭建民．水在千将坪滑坡中的作用机理 [J]．水文地质工程地质，2008，(3)：12 - 18．

[21]　E. Semenza, M. Ghirotti. History of the 1963 Vaiont slide: the importance of geological factors. Bulletin of Engineering Geology and the Environment (2000) 59 (2)：87 - 97.

[22]　M . GHIROTTI. Edoardo Semenza：The importance of geological and geo-morphological factors in the identification of the ancient Vaiont Landslide. Landslides from Massive Rock Slope Failure, 395 - 406.

[23] Stephen G. Evans, Gabriele Scarascia Mugnozza, Alexander Strom. On the initiation of large rockslides: Perspectives From A New Analysis Of The Vaiont Movement Record. Landslides from Massive Rock Slope Failure, 2006, 49: 77 - 84.

[24] 唐辉明，章广成. 库水位下降条件下斜坡稳定性研究 [J]. 岩土力学，2005.26（2）.

[25] 郭志华，周创兵，等. 库水位变化对边坡稳定性的影响 [J]. 岩土力学，2005.26（2）.

[26] 朱冬林，任光明，聂德新，等. 库水位变化下对水库滑坡稳定性影响的预测 [J]. 水文地质工程地质，2002（3）：6 - 9.

[27] 殷坤龙，汪洋，唐仲华. 降雨对滑坡的作用机理及动态模拟研究 [J]. 地质科技情报，2003，21（1）：75 - 78.

[28] 戚国庆，黄润秋，速宝玉，等. 岩质边坡降雨入渗过程的数值模拟 [J]. 岩石力学与工程学报，2003，22（4）：625 - 629.

[29] 殷跃平. 三峡库区地下水渗透压力对滑坡稳定性影响研究 [J]. 中国地质灾害与防治学报，2003，14（3）：1 - 8.

[30] 邹宗兴，唐辉明，熊承仁，等. 大型顺层岩质滑坡渐进破坏地质力学模型与稳定性分析 [J]. 岩石力学与工程学报. 2012（11）.

[31] 李守定，李晓，吴疆，等. 大型基岩顺层滑坡滑带形成演化过程与模式 [J]. 岩石力学与工程学报. 2007（12）.

[32] 程圣国，方坤河，罗先启，等. 基于岩体刚度的顺层岩质滑坡破坏特性研究 [J]. 岩土力学. 2006（S2）.

[33] 张永兴，胡居义，文海家. 滑坡预测预报研究现状述评. 地下空间，2003. V01.23，No.2.200 - 222.

[34] 林军. 福建水口库区塌岸现状及滑坡涌浪预测. 福建地质. 1999，18（2）.

[35] 晏同珍. 水文工程地质与环境保护. 北京：中国地质大学出版社，1994.

[35] 殷坤龙，汪洋，等. 降雨对滑坡作用机理及动态模拟研究 [J]. 地质科技情报，2002，21（1）.

[37] 刘才华，陈从新，冯夏庭. 库水位上升诱发边坡失稳机理研究. 岩土力学，2005.26（5）：769 - 773.

[38] 柴军瑞. 论连续介质渗流与非连续介质渗流. 红水河，2002.21（1）. 43 - 45.

[39] 荣冠，张伟，周创兵. 降雨入渗条件下边坡岩体饱和非饱和渗流计算. 岩土力学，2005，26（10）：1545 - 1550.

[40] 黄润秋，许强，戚国庆. 降雨及水库诱发滑坡的评价与预测 [M]. 北京：科学出版社，2007：121 - 122.

[41] Fredlund D. G., Rahardjo H. Unsaturated Soil Mechanics. 陈仲颐，张在明译. 非饱和土力学 [M]. 北京：中国建筑工业出版社，1997.

[42] 赖小玲，叶为民，王世梅. 滑坡滑带土非饱和蠕变特性试验研究 [J]. 岩土工程学报，2012，34（2）：286 - 293.

[43] 江权，冯夏庭，周辉，等. 层间错动带的强度参数取值探讨 [J]. 岩土力学，2011，32（11）：3379 - 3386.

[44] 沈泰. 地质力学模型试验技术的进展. 长江科学院院报，2001.10：32 - 36.

[45] 罗先启，刘德富，吴剑. 雨水及库水作用下滑坡模型试验研究. 岩石力学与工程学报，2005，24（14）：2476 - 2483.

[46] 罗先启，陈海玉，沈辉. 自动网格法在大型滑坡模型试验位移测试中的应用. 岩土力学，2005，26（2）：231 - 238.

[47] 胡修文，唐辉明. 三峡库区赵树岭滑坡稳定性物理模拟试验研究 [J]. 岩石力学与工程学报，2005.

[48] 周创兵，张辉，彭玉环．蠕变－样条联合模型及其在滑坡时间预报中的应用．自然灾害学报，1996，5（4）：60－67.

[49] 许强，黄润秋，李秀珍．滑坡时间预测预报研究进展［J］．地球科学进展，2004，19（3）：478－483.

[50] 李秀珍，许强，黄润秋，等．滑坡预报判据研究［J］．中国地质灾害与防治学报，2003，14（4）：5－11.

[51] 汪发武，张业明，霍志涛．The July 14，2003 Qianjiangping landslide，Three Gorges Reservoir，China. Landslides（2004）1：157－162.

[52] Skempton，A. W.．Bedding－plane slip. residual strength and the Vaiont landslide. Geotechnique，1966，16：82－84.

[53] Müller L.．New considerations on the Vaiont slide. RockMech Eng Geol.，1968，6（1/2）：1－91.

[54] 张玉军，朱维申，杨家岭．藕塘古滑体在三峡水库形成后的平面弹塑性有限元稳定分析［J］．工程地质学报，2000，8（2）：253－256.

[55] 殷跃平，彭轩明．三峡库区千将坪滑坡失稳探讨［J］．水文地质工程地质．2007，3.

[56] 殷坤龙．滑坡灾害预测预报［M］．北京：中国地质大学出版社，2004..

[57] 邹宗兴，唐辉明，熊承仁，等．大型顺层岩质滑坡渐进破坏地质力学模型与稳定性分析［J］．岩石力学与工程学报，2012，31（11）：2222－2231.

[58] 徐鼎平，冯夏庭，崔玉军，等．含层间错动带岩体的破坏模式及其剪切特性研究方法探讨［J］．岩土力学，2012，33（1）：129－136.

[59] 江权，冯夏庭，周辉，等．层间错动带的强度参数取值探讨［J］．岩土力学，2011，32（11）：3379－3386.

[60] 邬爱清，丁秀丽，卢波，等．DDA方法块体稳定性验证及其在岩质边坡稳定性分析中的应用［J］．岩石力学与工程学报，2008，27（4）：664－672.

[61] 邓东平，李亮．一般形状边坡下准严格与非严格三维极限平衡法［J］．岩土工程学报，2013，35（3）：501－511.

[62] 吴琼，唐辉明，王亮清，等．库水位升降联合降雨作用下库岸边坡中的浸润线研究［J］．岩土力学，2009，30（10）：3025－3031.

[63] 舒继森，唐震，才庆祥．水力学作用下顺层岩质边坡稳定性研究［J］．中国矿业大学学报，2012，41（4）：521－525.

[64] 郑宏，刘德富，罗先启．基于变形分析的边坡临界滑面的确定［J］．岩石力学与工程学报，2004，25（6）：708－716.

[65] 郑宏，田斌，刘德富．关于有限元边坡稳定性分析中安全系数的定义问题［J］．岩石力学与工程学报，24（3）：2225－2230.

[66] 李玉生．中国典型滑坡．北京：科学出版社，1988，323－327.

[67] 谢守义、张学年等．长江三峡库区典型滑坡降雨诱发的概率分析［J］．工程地质学报．1995.3（2）.

[68] 周伟．基于Logistic回归和SINMAP模型的白龙江流域滑坡危险性评价研究［D］．兰州大学，2012.

[69] 杜娟，殷坤龙，柴波．基于诱发因素响应分析的滑坡位移预测模型研究［J］．岩石力学与工程学报，2009，28（9）：1783－1789.

[70] 王志旺，李端有，王湘桂．区域滑坡空间预测方法研究综述［J］．长江科学院院报，2012，29（5）：78－94.

[71] 许强．滑坡的变形破坏行为与内在机理［J］．工程地质学报，2012，20（2）：145－151.

[72] 程圣国，傅又群，罗先启．滑坡滑带土原位直剪试验应用研究［J］．路基工程，2008，（2）：10

-11.

[73] 宋文平，邹文翰，伏维松. 非饱和渗流作用下云阳西城滑坡稳定性分析 [J]. 防灾科技学院学报，2010，12 (4)：70 - 77.

[74] 成永刚，王玉峰. 层面倾角对顺层岩质滑坡贡献率研究 [J]. 岩土力学，2011，32 (12)：3708 - 3712.

[75] 魏云杰，陶连金，王文沛，等. 顺层岩质边坡变形机制分析与治理效果模拟 [J]. 成都理工大学学报，2011，38 (5)：516 - 521.

[76] 胡其志，周辉，肖本林，等. 水力作用下顺层岩质边坡稳定性分析 [J]. 岩土力学，2010，31 (11)：3594 - 3598.

图 2.1 滑坡全貌

图 2.2 滑坡侧视图

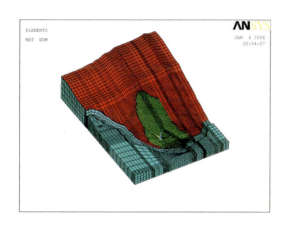

图 6.19 千将坪滑坡三维有限元计算模型

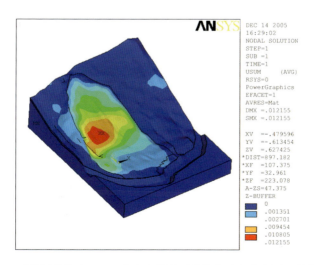

图 6.20 千将坪滑坡在 115m 库水位作用下整体位移场分布图（单位：m）

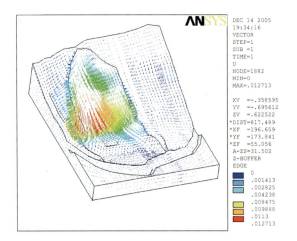

图 6.26 千将坪滑坡在 135m 库水位和降雨共同作用下位移场分布图（单位：m）

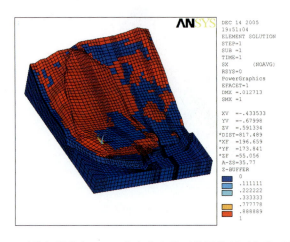

图 6.28 千将坪滑坡在 135m 库水位和降雨共同作用下塑性区分布图

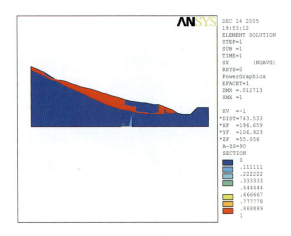

图 6.29 千将坪滑坡在 135m 库水位和降雨共同作用下 $X=0$ 剖面塑性区分布图

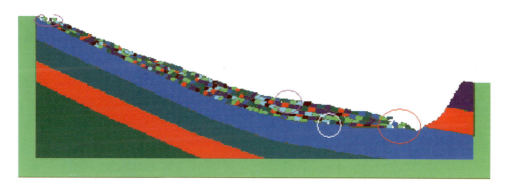

图 6.36　千将坪滑坡 DDA 分析 400 时步变形（$t=11\mathrm{s}$）

图 6.39　千将坪滑坡 DDA 分析 3000 时步变形（$t=60\mathrm{s}$）

图 10.1　重庆奉节藕塘滑坡全貌

图 11.1　重庆云阳凉水井滑坡全貌

图 11.7　凉水井滑坡二维有限元计算模型